ISNM

INTERNATIONAL SERIES OF NUMERICAL MATHEMATICS
INTERNATIONALE SCHRIFTENREIHE ZUR NUMERISCHEN MATHEMATIK
SERIE INTERNATIONALE D'ANALYSE NUMERIQUE

Editors:
Ch. Blanc, Lausanne; A. Ghizzetti, Roma; R. Glowinski, Paris; G. Golub, Stanford;
P. Henrici, Zürich; H. O. Kreiss, Pasadena; A. Ostrowski, Montagnola; J. Todd, Pasadena

VOL. 18

Moderne mathematische Methoden in der Technik

Band 3

STEFAN FENYÖ

Professor der Mathematik an der Technischen Universität Budapest

B

1980
BIRKHÄUSER VERLAG
BASEL · BOSTON · STUTTGART

CIP–Kurztitelaufnahme der Deutschen Bibliothek

Fenyö, Stefan:
Moderne mathematische Methoden in der Technik /
Stefan Fenyö – Basel, Boston, Stuttgart: Birkhäuser.
Bd. 1 verf. von Stefan Fenyö u. Thomas Frey.
   NE: Frey, Thomas:
Bd. 3. – 1980.
   (International series of numerical mathematics;
   Vol. 18)
   ISBN 3-7643-1097-9

© Birkhäuser Verlag Basel, 1980
   ISBN 3-7643-1097-9
   Printed in Germany

Vorwort

Der vorliegende letzte Band unserer Serie ist den Grundbegriffen der Operatorentheorie und einiger seinen Anwendungen gewidmet. Die scheinbar sehr abstrakte Begriffe und Tatsachen der Funktionalanalysis spielen eine immer bedeutsamere Rolle in den verschiedenen technischen Disziplinen, unser Ziel ist mit diesem Band den Praktiker die Aneignung des Stoffes durch eine Praxisorientierte Darstellung zu erleichtern.

Das Buch gliedert sich in drei Teile. Der erste Teil enthält eine Einführung in die Operatorentheorie, der zweite gibt als eine Anwendung des ersten Teiles eine Darstellung der Theorie der Integralgleichungen. Im dritten Teil findet der Leser die Lösung der Grundaufgaben der Potentialtheorie mit Hilfe der Methoden der vorangehenden Kapiteln.

Wie auch in den vorangehenden Bänden ist die Darstellung elementar, die vom Leser vorausgesetzte Vorkenntnisse überschreiten den Stoff nicht, welcher üblicherweise in den ersten Semester an den Technischen Hochschulen und Universitäten vorgetragen werden. Auch dieser Band kann selbständig, unabhängig von den vorangehenden Bänden studiert werden. Ausnahmen sind die Begriffe des Lebesgueschen und des Stieltjesschen Integrals, welche im Bd. I. behandelt wurden und von welchen wir auch im vorliegenden Band Gebrauch machen. Die Wiederholung dieser Begriffe hier wäre natürlich nicht begründet.

Zur Erleichterung des Verständnisses haben wir öfters die vorangehenden Bände zitiert um die gleiche Tatsache von verschiedenen Gesichtspunkten zu erläutern. Derjenige Leser, welcher die Bände I. und II. dieser Reihe nicht kennt, kann diese Teile ohne den Faden zu verlieren, durchspringen.

Bei der Auswahl und Darstellungsweise des Stoffes haben wir berücksichtigt, daß wir in erster Linie den Praktiker ansprechen wollen. Deshalb versuchten wir den Stoff wie möglich anschaulich darzustellen aber hüteten uns oberflächlich zu sein oder mit heuristischen Gedankengänge um zu begnügen. Wir versuchten auch jede Behauptung zu beweisen und verzichteten nur dann Beweise widerzugeben, wenn diese weitführende Begriffsbildungen oder Vorkenntnisse erfordern. Aus diesem Grund glauben wir, das Buch kann auch für Mathematikstudenten zu einer ersten Einführung gut dienen.

Das Ursprungliche Programm des vorliegenden Bandes mußte wegen des unerwarteten Todes von Herrn Prof. Dr. T. Frey abgeändert werden der einen Teil des ersten Bandes dieser Reihe geschrieben hat. Er sollte der Koautor dieses Bandes sein, seine mehrjährige Krankheit und sein Tod verhinderte ihn seine Vorstellungen zu verwirklichen. Dieses Buch soll seinem Angedenken gewidmet sein.

Zum Schluß möchten wir auch an dieser Stelle unseren Dank an Frau Dr. Eva V. Nagy von der Technischen Universität Budapest aussprechen die mit wertvollen Ratschlägen und durch Lesen der Korrekturen unsere Arbeit unterstützt hat. Unser Dank gilt auch an den Birkhäuser Verlag welcher großzügig allen unseren Wünschen entgegengekommen ist und dem die schöne Ausstattung des Buches zu verdanken ist.

Budapest, April 1980   Stefan Fenyö

Inhaltsverzeichnis

I Theorie der linearen Operatoren

1.1 Metrische Räume

1.11 Begriff des metrischen Raumes

1. Problemstellung. Wir werden die Ausführungen, welche wir im Abschnitt 101.02 in Band 1 (s. Fenyö–Frey: Modern Mathematische Methoden in der Technik. Band 1, Birkhäuser-Verlag, Basel 1967, im folgenden nur als Band 1 zitiert) gemacht haben, weitgehend verallgemeinern. Wir haben die Haupteigenschaften der Punktmengen des dreidimensionalen euklidischen Raumes kennengelernt und wollen diese Begriffe auf möglichst allgemeine Mengen übertragen. Wir werden in dieser Art zu sehr abstrakten Begriffen geführt, welche sich aber in zahlreichen Anwendungen der Mathematik als sehr nützlich und fruchtbar erweisen werden. Der Leser, welcher den Inhalt des Bandes 1 nicht kennt, kann die jetzigen Darstellungen unabhängig vom ersten Band lesen und verstehen, derjenige aber, der den zitierten Abschnitt kennt, der wird die dortigen Begriffe als Spezialfall der jetzigen erkennen.

2. Axiome des metrischen Raumes. Es sei A eine Menge, dessen Elemente von beliebiger Natur sind. A kann eine endliche oder unendliche Menge sein. Wir definieren eine Abbildung $d: A \times A \to \mathbb{R}$ (wobei $\mathbb{R}$ die Menge aller reellen Zahlen bedeutet), so daß die folgenden Bedingungen erfüllt seien:

1. $d(x, y) \geq 0$ für beliebige Elemente x, y aus A,
2. $d(x, y) = 0$ genau dann, wenn $x = y$ ist,
3. $d(x, y) = d(y, x)$ $(x, y \in A)$ (Symmetrie),
4. $d(x, y) \leq d(x, z) + d(z, y)$ $(x, y, z \in A)$ (Dreiecksungleichung).

d ist also eine Funktion von zwei Variabeln, die Variabeln sind Elemente der Menge A, die abhängige Variable nimmt nichtnegative reelle Werte an, so daß die Axiome 1, 2, 3, 4 erfüllt sind. Eine solche Funktion heißt eine *Abstandfunktion* oder auch eine *Metrik*.

Eine Menge A, in welcher eine Abstandfunktion d definiert ist, heißt ein *metrischer Raum*. Ein metrischer Raum ist also durch eine Menge A und durch eine Abstandfunktion d definiert und wird üblicherweise durch das Paar (A, d) bezeichnet. Wenn die Abstandfunktion für ein- und allemal festgelegt ist und daher die Gefahr eines Mißverständnisses nicht vorhanden ist, dann werden wir den metrischen Raum nur mit der Grundmenge A bezeichnen und der Kürze halber über den metrischen Raum A sprechen.

Die Axiome 1–4 heißen die *Axiome des metrischen Raumes*.

3. Beispiele. a) $A = \mathbb{R}^3$ (der dreidimensionale euklidische Raum). Die Elemente der Grundmenge sind die Vektoren $x = (x_1, x_2, x_3)$ und die Abstandfunktion

$$d(x, y) = \sqrt{(x_1 - y_1)^2 + (x_2 - y_2)^2 + (x_3 - y_3)^2}. \tag{1.11.01}$$

Man kann sich leicht überzeugen, daß d den Bedingungen 1–4 genügt. Ansonsten haben wir das schon in Band 1, S. 18–19, ausführlich diskutiert. In diesem Fall bedeutet Bedingung 4 folgendes: Wenn wir im Raum drei Punkte x, y, z betrachten, dann bilden diese ein (eventuell-entartetes) Dreieck. Die Länge einer beliebigen Seite dieses Dreiecks ist nicht größer als die Summe der anderen zwei Seiten. Daher stammt der Name *Dreiecks-ungleichung*.

b) Wir betrachten die Menge aller n-Tupeln von reellen Zahlen $x = (x_1, x_2, \ldots, x_n)$. In dieser Menge führen wir die Abstandfunktion

$$d(x, y) = \sqrt{(x_1 - y_1)^2 + (x_2 - y_2)^2 + \cdots + (x_n - y_n)^2} \qquad (1.11.02)$$

ein. Der Leser kann sich leicht überzeugen, daß die Eigenschaften 1, 2, 3 gelten. Auch die Bedingung 4 ist erfüllt, auf ihren Beweis kommen wir später in (1.26.03) zurück. Den so definierten metrischen Raum werden wir mit $\mathbb{R}^n$ bezeichnen und nennen ihn *n-dimensionalen euklidischen Raum*. Ist $n = 3$, so erhalten wir das Beispiel a) zurück. Für $n = 1$ ergeben sich die reelle Zahlen mit der Abstandfunktion $d(x, y) = |x - y|$. Für diesen Fall läßt sich leicht prüfen, daß alle Axiome des metrischen Raumes erfüllt sind. Wir werden anstatt $\mathbb{R}^1$ immer $\mathbb{R}$ schreiben.

b′) Um zu zeigen, daß man in einer Grundmenge auf verschiedenen Arten eine Abstandfunktion einführen kann, wollen wir wieder die Menge aller n-Tupeln von reellen Zahlen betrachten. Jetzt aber sei der Abstand zweier Elemente $x = (x_1, x_2, \ldots, x_n)$ und $y = (y_1, y_2, \ldots, y_n)$ durch die Formel $d(x, y) = \max\limits_{k=1,2,\ldots,n} |x_k - y_k|$ definiert. Der Leser kann leicht nachprüfen, daß auch diese Metrik den Bedingungen 1, 2, 3 und 4 genügt. Den metrischen Raum aller n-Tupeln mit der jetzt eingeführten Abstandfunktion werden wir im weitern mit $\mathbb{M}^n$ bezeichnen.

c) Man kann auch die Menge aller n-Tupeln von komplexen Zahlen $x = (x_1, x_2, \ldots, x_n)$ betrachten und hier die Metrik

$$d(x, y) = \sqrt{|x_1 - y_1|^2 + |x_2 - y_2|^2 + \cdots + |x_n - y_n|^2} \qquad (1.11.03)$$

einführen. Auch (1.11.03) befriedigt die Axiome 1, 2, 3, wovon sich der Leser leicht überzeugt; auf den Beweis, daß auch 4 erfüllt ist, kommen wir in 1.26.3 noch zurück. Den jetzt definierten metrischen Raum werden wir mit $\mathbb{C}^n$ bezeichnen. Für $n = 1$ schreiben wir einfach $\mathbb{C}$, das ist die Menge aller komplexen Zahlen mit $d(x, y) = |x - y|$.

d) Der Raum $C(I)$. Es sei $I = [a, b]$ ($a < b$) ein endliches und abgeschlossenes Intervall. Wir betrachten die Menge aller in I definierten und dort stetigen Funktionen. Man kann in dieser Menge z.B. die folgende Abstandfunktion einführen:

$$d(x, y) = \max\limits_{t \in I} |x(t) - y(t)|. \qquad (1.11.04)$$

Diesen metrischen Raum werden wir mit $C(I)$ bezeichnen. Wir beweisen jetzt, daß (1.11.04) tatsächlich eine Metrik ist. Daß 1 erfüllt ist, ist trivial. Ist $x(t) = y(t)$ für alle $t \in I$, dann ist $d(x, y) = 0$. Auch die Umkehrung gilt: Ist

$d(x, y) = 0$, das bedeutet, das Maximum der stetigen Funktion $|x(t) - y(t)|$ verschwindet, da sie nichtnegativ ist, verschwindet sie in I identisch. Dann aber ist $x(t) = y(t)$ ($t \in I$), 2 ist somit befriedigt. Die Symmetrie von (1.11.04) gilt offensichtlich. Auch die Dreiecksungleichung gilt, denn sind x, y, z drei stetige Funktionen, dann gilt

$$|x(t) - y(t)| = |x(t) - z(t) + z(t) - y(t)| \leq |x(t) - z(t)| + |z(t) - y(t)|,$$

woraus sich die Eigenschaft 4 sofort ergibt.

e) **Der Raum S.** Die Grundmenge bestehe aus allen unendlichen Zahlenfolgen. Sind $x = (x_1, x_2, x_3, \ldots)$, $y = (y_1, y_2, y_3, \ldots)$ zwei Elemente dieser Menge, dann definiert man einen Abstand zwischen ihnen durch die Formel

$$d(x, y) = \sum_{k=1}^{\infty} \frac{1}{2^k} \frac{|x_k - y_n|}{1 + |x_k - y_k|}. \tag{1.11.05}$$

Die Definition ist für alle Paare von Elementen sinnvoll, denn

$$0 \leq \frac{|x_k - y_n|}{1 + |x_k - y_k|} \leq 1,$$

also ist die konvergente Reihe $\sum_{k=1}^{\infty} \dfrac{1}{2^k}$ eine Majorante von der rechten Seite von (1.1105), welche demzufolge immer konvergent ist. Den eben definierten metrischen Raum werden wir mit S bezeichnen.

Wir haben noch zu zeigen, daß die in (1.11.05) definierte Funktion d den Axiomen des metrischen Raumes genügt.

Offensichtlich sind 1 und 3 erfüllt. Ist $x = y$, d.h. $x_k = y_k$ für $k = 1, 2, 3, \ldots$, dann gilt offensichtlich $d(x, x) = 0$. Andererseits, da jedes Glied der Reihe (1.11.05) nichtnegativ ist, kann ihre Summe nur dann verschwinden, wenn jedes Glied verschwindet. Aus

$$\frac{1}{2^k} \frac{|x_k - y_n|}{1 + |x_k - y_k|} = 0 \quad \text{folgt} \quad x_k = y_n,$$

womit 2 bewiesen ist.

Um 4 beweisen zu können, bemerken wir, daß die Funktion

$$\frac{t}{1+t} \qquad (t > 0)$$

monoton wächst. (Das kann der Leser selbst leicht prüfen.) Deshalb gilt die Ungleichung (α und β sind beliebige Zahlen)

$$\frac{|\alpha + \beta|}{1 + |\alpha + \beta|} \leq \frac{|\alpha| + |\beta|}{1 + |\alpha| + |\beta|} = \frac{|\alpha|}{1 + |\alpha| + |\beta|} + \frac{|\beta|}{1 + |\alpha| + |\beta|}$$

$$\leq \frac{|\alpha|}{1 + |\alpha|} + \frac{|\beta|}{1 + |\beta|}. \tag{1.11.06}$$

Es seien x, y, z drei beliebige Elemente aus S. Dann gilt nach (1.11.06)

$$\frac{|x_k - y_k|}{1 + |x_k - y_k|} = \frac{|x_k - z_k + z_k - y_k|}{1 + |(x_k - z_k) + (z_k - y_k)|} \leq \frac{|x_k - z_k|}{1 + |x_k - z_k|} + \frac{|z_k - y_k|}{1 + |z_k - y_k|}.$$

Wenn wir diese Ungleichung mit $\frac{1}{2^k}$ multiplizieren und nach k summieren, ergibt sich die Dreiecksungleichung.

f) Es sei A eine beliebige Menge. In dieser kann man immer eine Metrik einführen, z.B. in folgender Weise:

$$d(x, y) = \begin{cases} 1 & \text{für} \quad x \neq y \\ 0 & \text{für} \quad x = y \end{cases} \quad (x, y \in A). \tag{1.11.07}$$

Es wird dem Leser empfohlen, sich zu überlegen, daß die Funktion (1.11.07) tatsächlich eine Metrik ist.

4. Begriff der Konvergenz im metrischen Raum.

Man kann mit Hilfe einer Metrik in einem metrischen Raum (A, d) einen Konvergenzbegriff einführen, welcher ähnlich dem bekannten Konvergenzbegriff der Punktfolgen im der zweidimensionalen Ebene oder im dreidimensionalen Raum (wie wir das in Abschnitt 101.02 Band 1, ausführlich behandelt haben) ist.

Es sei A eine unendliche Menge und $x_1, x_2, \ldots, x_n, \ldots$ (abgekürzt geschrieben $\{x_n\}$) eine unendliche Folge seiner Elemente. Wir sagen: Die betrachtete Elementenfolge ist *konvergent zum Grenzwert* x_0, falls die Zahlenfolge $d(x_n, x_0)$ gegen Null strebt. Ausführlicher: x_n konvergiert gegen x_0 für $n \to \infty$, in Zeichen: $\lim_{n \to \infty} x_n = x_0$, falls $\lim_{n \to \infty} d(x_n, x_0) = 0$.
Um zum Ausdruck zu bringen, daß x_n im Raum (A, d) gegen x_0 strebt, werden wir oft das Symbol

$$x_n \xrightarrow{(A,d)} x_0 \qquad (n \to \infty)$$

oder auch vereinfacht $x_n \xrightarrow{A} x_0$ $(n \to \infty)$ verwenden. Offensichtlich kann man die Definition der Konvergenz und die des Grenzwertes auch in folgender Weise formulieren: $x_n \xrightarrow{(A,d)} x_0$ $(n \to \infty)$ trifft genau dann zu, wenn zu jeder im voraus gegebenen positiven Zahl ε eine positive Zahl $N = N(\varepsilon)$ bestimmt werden kann, so daß $d(x_n, x_0) < \varepsilon$ für jedes n mit $n > N(\varepsilon)$ gilt. Man kann wörtlich wie in den Elementen der Analysis beweisen: Wenn eine unendliche Elementenfolge konvergent ist, dann ist auch jede unendliche Teilfolge dieser zum gleichen Grenzwert konvergent.

Satz 1. *Der Grenzwert einer Elementenfolge in einem metrischen Raum ist eindeutig bestimmt.*

Beweis. Die in Frage stehende Elementenfolge sei $\{x_n\}$, welche gleichzeitig zu zwei verschiedenen Grenzwerten, etwa zu x_0' und x_0'', konvergiert. Daß x_0' und x_0'' verschieden sind, bringt mit sich: $d(x_0', x_0'') > 0$. Die Annahme über zwei verschiedenen Grenzwerten führt zu einem Widerspruch. Nach der

Dreiecksungleichung gilt nämlich

$$0 < d(x_0', x_0'') \leqq d(x_0', x_n) + d(x_n, x_0'').$$

Für hinreichend große Werte von n ist nach der Definition des Grenzwertes

$$d(x_0', x_n) < \frac{d(x_0', x_0'')}{3} \, ; \qquad d(x_n, x_0'') < \frac{d(x_0', x_0'')}{3} \, .$$

Für solche Werte non n gilt

$$d(x_0', x_0'') < \tfrac{2}{3} d(x_0', x_0''),$$

und da $d(x_0', x_0'') > 0$ ist, müßte $\tfrac{2}{3}$ größer als 1 sein.

Dieser Widerspruch ist aus der Voraussetzung $d(x_0', x_0'') > 0$ entstanden. Also muß $x_0' = x_0''$ sein; es kann nur ein Grenzwert existieren. $\square$

5. Die Stetigkeit der Metrik. Wir werden oft von einer sehr wichtigen Ungleichung bezüglich einer Metrik Gebrauch machen.

Satz. 2. *Es seien d eine Abstandfunktion, x, y, x', y' vier beliebige Elemente der Menge A, auf welcher d erklärt ist. Dann gilt*

$$|d(x', y') - d(x, y)| \leqq d(x, x') + d(y, y'). \tag{1.11.08}$$

Beweis. Aus der Dreiecksungleichung folgt

$$d(x', y') \leqq d(x', x) + d(x, y) + d(y, y'),$$

woraus sich

$$d(x', y') - d(x, y) \leqq d(x, x') + d(y, y')$$

ergibt. Wenn wir hier x' mit x und y' mit y vertauschen und die Symmetrie der Abstandfunktion beachten, erhalten wir

$$d(x, y) - d(x', y') \leqq d(x, x') + d(y, y').$$

Daraus folgt insgesamt (1.11.08). $\square$

Im Besitz des Statzes 2 können wir eine wichtige Eigenschaft der Abstandfunktion herleiten. Wir sagen, daß (nicht unbedingt Abstandfunktion) $f : A \times A \to \mathbb{C}$ für x_0, y_0 *stetig* ist, falls $f(x_0, y_0)$ erklärt ist und für beliebige Folgen $\{x_n\}$ und $\{y_n\}$ mit $x_n \xrightarrow{(A,d)} x_0$; $y_n \xrightarrow{(A,d)} y_0$ $(n \to \infty)$ die Beziehung $\lim\limits_{n \to \infty} f(x_n, y_n) = f(x_0, y_0)$ gilt.

Satz 3. *Die Abstandfunktion d ist für beliebige Elemente x_0, y_0 stetig.*

Beweis. Wir haben folgendes zu zeigen: Sind x_0, y_0 beliebige Elemente aus A und $\{x_n\}, \{y_n\}$ zwei beliebige Elementenfolgen aus A mit $x_n \xrightarrow{(A,d)} x_0$ und $y_n \xrightarrow{(A,d)} y_0$ $(n \to \infty)$, dann gilt $\lim\limits_{n \to \infty} d(x_n, y_n) = d(x_0, y_0)$. Nach (1.11.08) ist

$$|d(x_n, y_n) - d(x_0, y_0)| \leqq d(x_n, x_0) + d(y_n, y_0).$$

Die rechte Seite strebt gegen Null, woraus die Behauptung folgt. $\square$

6. Beispiele für die Konvergenz in metrischen Räumen. Die in 3a, b und c
angeführten Beispiele metrischer Räume waren dem gewöhnlichen eukli-
schen Raum eng verwandt. Auch der Begriff der Konvergenz in diesen
Räumen ist ganz analog dem Konvergenzbegriff von Punktfolgen im
euklidischem Raum.

Konvergenz im Raum $C(I)$ (vgl. 3, Beispiel d). Man betrachtet eine unendliche Folge $\{x_n(t)\}$ von Funktionen aus $C(I)$. Nach unserem Konvergenzbegriff konvergiert diese zur Funktion $x_0(t) \in C(I)$, falls zu jeder Zahl $\varepsilon > 0$
eine Zahl $N = N(\varepsilon) > 0$ bestimmt werden kann, so daß [vgl. dazu (1.11.04)]

$$d(x_n, x_0) = \max_{t \in I} |x_n(t) - x_0(t)| < \varepsilon \, ;$$

für jedes n mit $n > N$ und alle $t \in I$ gilt.

Daraus folgt

$$|x_n(t) - x_0(t)| < \varepsilon \text{ für } n > N, \text{ das gilt für alle } t \in I.$$

Da erkennen wir die gleichmäßige Konvergenz der Folge $\{x_n\}$ gegen x_0.
$x_n \overset{S}{\to} x_0$ *bedeutet genau die gleichmäßige Konvergenz.*

Die Konvergenz im Raum S (vgl. 3, Beispiel e). Es soll diesmal die
Elementenfolge $x^{(n)} = (x_1^{(n)}, x_2^{(n)}, x_3^{(n)}, \ldots)$ $(n = 1, 2, 3, \ldots)$ des Raumes S betrachtet werden. Daß diese gegen $x^{(0)} = (x_1^{(0)}, x_2^{(0)}, x_3^{(0)}, \ldots)$ nach der Metrik
des Raumes S konvergiert, bedeutet (s. 1.11.05), daß

$$d(x^n, x^{(0)}) = \sum_{k=1}^{\infty} \frac{1}{2^k} \frac{|x_k^{(n)} - x_k^{(0)}|}{1 + |x_k^{(n)} - x_k^{(0)}|}$$

für $n \to \infty$ gegen Null strebt. Wegen der Positivität der Glieder obiger Reihe
gilt

$$\frac{1}{2^k} \frac{|x_k^{(n)} - x_k^{(0)}|}{1 + |x_k^{(n)} - x_k^{(0)}|} < d(x^{(n)}, x^{(0)}) \qquad (k = 1, 2, 3, \ldots),$$

deshalb muß für jeden festen Wert von k die Beziehung

$$|x_k^{(n)} - x_k^{(0)}| \to 0 \qquad (n \to \infty)$$

gelten, d.h.

$$x_k^{(n)} \to x_k^{(0)} \qquad (n \to \infty, k = 1, 2, 3, \ldots).$$

Ist umgekehrt diese Bedingung erfüllt, so können wir wegen der
gleichmäßigen Konvergenz der Reihe (1.11.05) bezüglich n $\left(\sum_{k=1}^{\infty} \frac{1}{2^k} \text{ ist eine}\right.$
konvergente Majorante$\Big)$ einen gliedweisen Grenzübergang durchführen,
und da jedes Glied gegen Null strebt, folgt $d(x^{(n)}, x^{(0)}) \to 0$. Wir haben somit
festgestellt: *Die Konvergenz einer Folge von Elementen in* S *ist die koor-
dinatenweise Konvergenz. d.h. die Konvergenz jeder Koordinate der Elemente*
$x^{(n)}$ *gegen die entsprechende Koordinate des Grenzwertes* $x^{(0)}$.

Zum Schluß werden wir die Bedeutung der Konvergenz in einer beliebigen Menge A nach der Abstandfunktion (1.11.07) näher untersuchen. Eine Folge $\{x_n\}$ konvergiert genau dann gegen $x_0 \in A$, wenn $d(x_n, x_0) \to 0$. Das aber ist nur dann möglich, wenn alle x_n von einem beliebigen Index an mit x_0 gleich sind, d.h., *in diesem metrischen Raum sind nur diejenigen Folgen konvergent*, bei welchen alle Glieder (von eventuell endlich vielen abgesehen) *miteinander gleich sind.*

7. Die Übertragung einiger Begriffe der Punktmengenlehre auf metrische Räume. Die Begriffe, welche wir hier einführen werden, sind dem Leser für den Fall des euklidischen Raumes wohlbekannt, sie sollen für einen beliebigen metrischen Raum (A, d) übertragen werden.

Unter einer offenen Kugel mit dem Mittelpunkt $x_0 \in A$ und Radius $\underline{r}$, bezeichnet mit $K_r(x_0)$, verstehen wir die folgende Teilmenge von A:

$$K_r(x_0) = \{x \mid x \in A : d(x, x_0) < r\}. \tag{1.11.09}$$

Die *abgeschlossene Kugel*, bezeichnet mit $\bar{K}_r(x_0)$, wird folgt definiert:

$$\bar{K}_r(x) = \{x \mid x \in A : d(x, x_0) \leqq r\}. \tag{1.11.10}$$

Der *Rand* oder die *Kugeloberfläche* sei mit $\partial K_r(x_0)$ bezeichnet, welche man derart definiert:

$$\partial K_r(x_0) = \{x \mid x \in A : d(x, x_0) = r\}. \tag{1.11.11}$$

Offensichtlich gilt $\bar{K}_r(x_0) = K_r(x_0) \cup \partial K_r(x_0)$.

Als *Kugelumgebung* eines Elementes $x_0 \in A$ bezeichnet man eine beliebige offene Kugel mit dem Mittelpunkt x_0.

Umgebung eines $x_0 \in A$ heißt eine beliebige Teilmenge von A, die eine Kugelumgebung von x_0 enthält.

Es sei B eine Teilmenge von A. Das Element x heißt ein *inneres Element* von B, falls: a) $x \in B$; b) ein $r > 0$ derart existiert, daß $K_r(x) \subset B$. (Anders: x ist ein inneres Element von B, wenn x zu B gehört, und es existiert eine Kugel mit dem Mittelpunkt x_0, welche in B liegt.)

Das Element $x \in A$ ist ein *äußeres Element* bezüglich der Teilmenge B, wenn: a) $x \notin B$; b) ein r existiert, so daß $K_r(x) \cap B = \emptyset$ gilt ($\emptyset$ bezeichnet die leere Menge).

Ein Element $x \in A$ ist ein *Häufungselement* der Teilmenge B, falls jede Kugelumgebung von x mindestens ein von x verschiedenes gemeinsames Element von B enthält, unabhängig davon, ob x zu B gehört oder nicht.

Die Vereinigung der Menge der innern Elemente und Häufungselemente von B bilden die Menge der *Berührungselemente* von B.

Die Menge aller Elemente x, welche nicht zu B gehören, bildet die *Komplementärmenge* von B, welche wir mit B^c bezeichnen werden.

Wenn jedes Element einer Teilmenge B von A inneres Element ist, dann heißt B eine *offene Menge*. Gehört dagegen jedes Häufungselement (manchmal auch als Häufungspunkt bezeichnet) zur Menge B, dann heißt B *abgeschlossen*.

Wenn man zur Menge B alle ihre Häufungselemente hinzunimmt, ergibt sich die *Abschließung* von B, welche wir mit $\bar{B}$ bezeichnen werden.

Man sieht unmittelbar ein: Die Menge B ist genau dann abgeschlossen, wenn $\bar{B} = B$ gilt.

Wenn x_0 ein Element der Menge B ist mit der Eigenschaft, daß x_0 eine Kugelumgebung hat, welche außer x_0 kein weiteres Element aus B hat, dann heißt x_0 ein *isolierter Punkt* von B.

Ein Element x_0 heißt ein *Randelement* von B, falls jede Kugel $K_r(x_0)$ mindestens ein von x_0 verschiedenes, nicht zu B gehöriges Element enthält.

Offensichtlich ist die ganze Grundmenge A des metrischen Raumes sowohl offen als auch abgeschlossen. Es ist naheliegend und vor allem zweckmäßig, die leere Menge $\varnothing$ ebenfalls als gleichzeitig offen und abgeschlossen aufzufassen.

8. Teilraum, Isometrie. Es sei (A, d) irgendein metrischer Raum und B eine Teilmenge von A. Da für jedes Elementenpaar der Menge A ein Abstand definiert ist, so ist dieser dadurch auch in B definiert. Mit der Abstandfunktion d wird B, zu einem metrischen Raum. Man sagt, daß die Metrik in B von der Metrik des Raumes (A, d) *induziert* wird oder, daß der Raum (B, d) im Raum (A, d) *enthalten* ist. Wenn außerdem B eine abgeschlossene Menge ist, so heißt (B, d) ein *Teilraum* des metrischen Raumes (A, d).

Wir betrachten jetzt zwei metrische Räume (A, d_A) und (B, d_B) (d_A, d_B bedeuten die Abstandfunktionen im ersten bzw. zweiten Raum). Wenn zwischen ihren Elementen eine solche eineindeutige Beziehung hergestellt werden kann, daß der Abstand zwischen entsprechenden Elementenpaaren der Räume (A, d_A) und (B, d_B) gleich ist, dann heißen solche Räume *isometrisch*. Es ist klar, daß alle metrische Beziehungen, die in einem der isometrischen Räume gelten, dann auch in dem andern richtig sind. Deshalb ist der Unterschied zwischen solchen Räumen nur ein Unterschied der konkreten Natur der Elemente und berührt nicht die *wesentlichen* mit dem Abstand zusammenhängenden Eigenschaften des Raumes.

Dieser Umstand berechtigt zur Identifizierung isometrischer Räume.

Ein lehrreiches *Beispiel* für isometrische Räume ist das Folgende. Es sei $I = [a, b]$ ein endliches Intervall, welches wir für ein und allemal mit den Punkten $a = t_0 < t_1 < \cdots < t_{n-1} < t_n = b$ in Teilintervalle zerlegen. E bezeichne die Menge aller in $[a, b]$ erklärten dort stetigen Funktionen, welche für $t = t_k$ beliebige Werte ξ_k ($k = 0, 1, 2, \ldots, n$) annehmen und in jedem Intervall $[t_k, t_{k+1}]$ linear sind (Abb. 1). In der Menge E werden wir die Abstandfunktion $d_c(x, y) = \max_{t \in I} |x(t) - y(t)|$, $x, y \in E$ wie in (1.11.04)

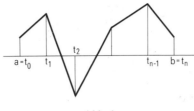

Abb. 1

einführen. Der andere metrische Raum sei der Raum $\mathbb{M}^n$ (Beispiel b') mit seiner Metrik $d_{\mathbb{M}^n}$. Nun behaupten wir, daß (E, d_c) und $[\mathbb{M}^n, d_{\mathbb{M}^n})$ isometrisch sind. Jede Funktion $x \in E$ ist offensichtlich durch das n-Tupel $\xi = (\xi_1, \xi_2, \ldots, \xi_n)$ eineindeutig bestimmt und ungekehrt. Es besteht also eineindeutige Zuordnung zwischen den betrachteten Räumen. Anderseits gilt

$$d_c(x, y) = \max_{t \in I} |x(t) - y(t)| = \max_{k=0,1,\ldots,n} |\xi_k - \eta_k| = d_{\mathbb{M}^n}(\xi, \eta),$$

deshalb sind (E, d_c) und $(\mathbb{M}^n, d_{\mathbb{M}^n})$ isometrisch.

9. Abstand eines Elementes von einer Teilmenge, Abstand von zwei Teilmengen eines metrischen Raumes. Es seien (A, d) irgendein metrischer Raum und B eine Teilmenge von A. Weiter unten benötigen wir den Begriff des *Abstandes eines Elementes* $x_0 \in A$ *von der Teilmenge B*, welchen wir mit $d(x_0, B)$ bezeichnen und durch

$$d(x_0, B) := \inf_{y \in B} d(x_0, y) \tag{1.11.12}$$

definieren. Man sieht sofort, daß $d(x_0, B) = 0$ gleichbedeutend mit $x_0 \in \bar{B}$ ist. Ist B abgeschlossen, d.h. $B = \bar{B}$, dann ist das Infimum und der rechten Seite von (1.11.12) durch das Minimum zu ersetzen.

Es seien jetzt B_1, B_2 zwei Teilmengen von A. Ihren Abstand, bezeichnet mit $d(B_1, B_2)$, werden wir wie folgt definieren:

$$d(B_1, B_2) := \inf_{x \in B_1} d(x, B_2) = \inf_{y \in B_2} d(B_1, y) = \inf_{\substack{x \in B_1 \\ y \in B_2}} d(x, y). \tag{1.11.13}$$

Wenn beide Mengen B_1 und B_2 abgeschlossen sind, dann ist das Infimum ein Minimum.

1.12 Vervollständigung metrischer Räume

1. Begriff des vollständigen metrischen Raumes. Es sei (A, d) irgendein metrischer Raum und in ihm $\{x_n\}$ eine gegen x_0 konvergente Elementenfolge. Dann ist nach dem Konvergenzbegriff in metrischen Räumen $d(x_n, x_0) < \frac{\varepsilon}{2}$ für alle n mit $n > N(\varepsilon)$. Es seien nun n und m beliebige positive ganze Zahlen größer als $N(\varepsilon)$, dann gilt nach der Dreiecksungleichung:

$$d(x_n, x_m) \leq d(x_0, x_n) + d(x_0, x_m) < \varepsilon \quad \text{für} \quad n, m > N(\varepsilon). \tag{1.12.01}$$

Jede konvergente Elementenfolge hat also die Eigenschaft, daß je zwei ihrer Elemente von einem gewissen Index an einen kleineren Abstand aufweisen als eine in voraus gegebene noch so kleine positive Zahl. Diese Eigenschaft nennen wir *Cauchysche Eigenschaft. Alle Konvergenten Folgen in einem metrischen Raum haben die Cauchysche Eigenschaft.* Es erhebt sich ganz natürlich die Frage, ob umgekehrt, jede Folge mit der Cauchyschen Eigenschaft konvergent in (A, d) ist? Diese Fragestellung ist umso mehr gerechtfertigt, da im metrischen Raum der reellen Zahlen mit der Abstandfunktion $d(x, y) = |x - y|$ bekanntlicherweise die Antwort «ja» ist. Wir wissen aus den Elementen der Analysis: Wenn für eine Zahlenfolge $\{x_n\}$ die Beziehung $|x_n - x_m| < \varepsilon$ für alle $n, m > N(\varepsilon)$ gilt, dann hat die Folge einen reellen Grenzwert. Das gleiche gilt auch für $\mathbb{C}$, für den Raum aller komplexen Zahlen, oder für $\mathbb{R}^2$ und $\mathbb{R}^3$. Wenn man diese Beispiele betrachtet, ist man geneigt, die Vermutung auszusprechen, daß die Cauchysche Eigenschaft notwendig und hinreichend für die Konvergenz in einem beliebigen metrischen Raum ist.

Ein einfaches Gegenbeispiel überzeugt uns, daß diese Vermutung falsch ist. Es sei nämlich die Grundmenge des metrischen Raumes $\mathbb{Q}$ die Menge aller rationalen Zahlen, in welcher wir die obige Abstandfunktion $d(x, y) = |x - y|$ erklären. In dieser kann man leicht eine Zahlenfolge finden, welche die Cauchysche Eigenschaft besitzt, trotzdem konvergiert diese nicht gegen ein Element des metrischen Raumes $\mathbb{Q}$. Man nehme z.B. die Dezimalbruchentwicklung von $\sqrt{2}$: $\sqrt{2} = 1,4142135\ldots$ Wenn wir die Zahlenfolge 1; 1,4; 1,41; 1,414; 1,4142; $\ldots$ betrachten, dann hat diese sicher die Cauchysche Eigenschaft, denn der Absolutbetrag der Differenz des n-ten und m-ten Gliedes ($n > m$) ist höchstens $9 \cdot 10^{-m}$, und das wird kleiner als eine beliebig kleine positive Zahl ε, falts m hinreichend groß ist. Trotzdem konvergiert die betrachtete Zahlenfolge zu keiner rationalen Zahl (sondern zu $\sqrt{2}$, welche irrational ist).

Es gibt also metrische Räume, in welchen jede Folge mit der Cauchyschen Eigenschaft gegen ein Element des Raumes konvergiert, wie z.B. die Räume $\mathbb{R}$, $\mathbb{C}$, $\mathbb{R}^2$, $\mathbb{R}^3$, usw., und es sind solche wie z.B. der Raum $\mathbb{Q}$, in welchen das nicht gilt. Diejenigen metrischen Räume, in welchen die Bedingung (1.12.01) auch hinreichend für die Konvergenz einer Folge ist, nennen wir *vollständige metrische Räume,* diejenigen dagegen, wo das nicht zutrifft, sind *unvollständige metrische Räume.* Die Räume $\mathbb{R}$, $\mathbb{R}^2$, $\mathbb{R}^3$, $\mathbb{C}$ sind z.B. vollständig, $\mathbb{Q}$ ist dagegen unvollständig.

Wir kommen zum obigen Beispiel des Raumes $\mathbb{Q}$ nochmals zurück. Dieser Raum ist unvollständig. Wenn wir aber zu den rationalen Zahlen die irrationalen dazunehmen, $\mathbb{Q}$ also durch die irrationalen Zahlen ergänzen, erhalten wir den Raum $\mathbb{R}$, welcher schon ein vollständiger Raum ist. Diese Erfahrung führt uns zu folgender Frage: Kann man immer einen unvollständigen metrischen Raum durch Hinzunahme gewisser Elemente zu einem vollständigen metrischen Raum ergänzen? Die Beantwortung dieser Frage wird der Gegenstand dieses Abschnittes sein.

Wir werden eine Folge von Elementen aus (A, d) als eine *Cauchysche Folge* bezeichnen, falls sie die Cauchysche Eigenschaft (1.12.01) hat.

Es seien (A, d) ein metrischer Raum und B eine Obermenge von A, d.h. $A \subset B$ (wir bezeichnen mit $\subset$ die echte Teilmenge). Wenn es uns gelingt, in B eine Abstandfunktion $\tilde{d}$ derart zu definieren, daß $\tilde{d}(x, y) = d(x, y)$ für alle Elemente x, y von A gilt, dann sagt man: $\tilde{d}$ ist eine *Erweiterung* oder *Fortsetzung* von d auf die Menge B.

Wenn wir den unvollständigen metrischen Raum (A, d) durch Hinzunahme gewisser Elemente zu einem vollständigen metrischen Raum ergänzen wollen (falls dies überhaupt möglich ist), dann müssen wir natürlich auch d auf die neue Obermenge fortsetzen.

2. Die Vervollständigung eines metrischen Raumes. Unter der *Vervollständigung* des metrischen Raumes (A, d) verstehen wir den kleinsten vollständigen Raum, welcher (A, d) enthält. Das Wort «kleinste» ist dabei dahingehend zu verstehen, daß die Vervollständigung eine Teilmenge jedes andern vollständigen Raumes ist, der ebenfalls (A, d) enthält. Zueinander isometrische Räume werden dabei gemäß 1.11.8 identifiziert.

Das vorige Beispiel $\mathbb{Q}$ erläutert den Sinn und Bedeutung der vorigen Begriffsbildung. Wenn man zu den rationalen Zahlen alle irrationalen Zahlen hinzunimmt, ergibt sich der vollständige Raum $\mathbb{R}$. Mann kann aber aus $\mathbb{Q}$ einen vollständigen Raum auch derart bilden, daß man außer den irrationalen Zahlen auch noch alle komplexen Zahlen hinzunimmt, dadurch werden wir zum vollständigen Raum $\mathbb{C}$ geführt, auch dieser enthält $\mathbb{Q}$. Aus naheliegendem Grund werden wir nicht $\mathbb{C}$, sondern $\mathbb{R}$ als Vervollständigung betrachten.

Und nun kommen wir auf die Beantwortung unserer früheren Frage.

Satz 1. *Zu jedem metrischen Raum (A, d) gibt es eine Vervollständigung.*

Beweis. Wir führen den Beweis in mehreren Schritten durch.

a) Zwei Cauchysche Folgen $\{x_n\}$ und $\{x'_n\}$ nennen wir äquivalent, falls $\lim_{n \to \infty} d(x_n, x'_n) = 0$ gilt.

Wenn eine von zwei äquivalenten Folgen konvergiert, so konvergiert auch die andere gegen dasselbe Element von A. Aus $x_n \xrightarrow{(A,d)} x_0$ folgt nämlich $d(x'_n, x_0) \leq d(x'_n, x_n) + d(x_n, x_0)$, und die rechte Seite strebt gegen Null für $n \to \infty$, deshalb gilt $x'_n \xrightarrow{(A,d)} x_0$.

b) Wir betrachten jetzt die Menge aller Cauchyschen Folgen und zerlegen diese in Klassen, wobei alle untereinander äquivalenten Folgen zu ein und derselben Klasse gehören sollen. Mit $\tilde{A}$ bezeichnen wir die Menge aller dieser Klassen. Offensichtlich sind zwei Cauchysche Folgen, die einer dritten äquivalent sind, auch untereinander äquivalent; deshalb kann ein und dieselbe Folge nicht zwei verschiedenen Klassen angehören, die Klassen sind also disjunkt (elementefremd). $\tilde{x}$ sei eine Klasse und $\{x_n\}$ eine Cauchysche Folge in $\tilde{x}$. Dann sagen wir: Die Cauchysche Folge $\{x_n\}$ ist ein *Repräsentant* von $\tilde{x}$.

c) $\tilde{x}$ und $\tilde{y}$ seien zwei beliebige Klassen aus $\tilde{A}$. Wir wählen in $\tilde{x}$ irgendeinen Repräsentanten $\{x_n\}$ und in $\tilde{y}$ die Folge $\{y_n\}$. Mit Hilfe der Ungleichung (1.11.08) erhalten wir

$$|d(x_m, y_m) - d(x_n, y_n)| \leq d(x_m, x_n) + d(y_m, y_n).$$

Weil aber die Folgen $\{x_n\}$ und $\{y_n\}$ Cauchysche Folgen sind, so strebt die rechte Seite nach Null, noch mehr die linke Seite. Das aber bedeutet, daß $\{d(x_n, y_n)\}$ eine Cauchysche Zahlenfolge ist, deshalb konvergiert diese, also existiert $\lim_{n \to \infty} d(x_n, y_n)$. Wir setzen

$$\tilde{d}(\tilde{x}, \tilde{y}) := \lim_{n \to \infty} d(x_n, y_n) \qquad (1.12.02)$$

und zeigen jetzt, daß $\tilde{d}(\tilde{x}, \tilde{y})$ nur von den Klassen $\tilde{x}, \tilde{y}$ abhängt und von den Repräsentanten unabhängig ist. Ist nämlich die Cauchysche Folge $\{x'_n\}$ äquivalent zu $\{x_n\}$ und $\{y'_n\}$ äquivalent zu $\{y_n\}$ (d.h. $\{x'_n\}$ und $\{x_n\}$ gehören beide zu $\tilde{x}$, das gleiche gilt für $\{y'_n\}$ und $\{y_n\}$), so erhalten wir durch nochmalige Anwendung von (1.11.08)

$$|d(x'_n, y'_n) - d(x_n, y_n)| \leq d(x_n, x'_n) + d(y_n, y'_n),$$

und erhalten durch Berücksichtigung die Definition der Äquivalenz zweier Cauchyschen Folgen durch Grenzübergang

$$\lim_{n \to \infty} d(x_n, y_n) = \lim_{n \to \infty} d(x'_n, y'_n) = \tilde{d}(\tilde{x}, \tilde{y}).$$

d) Wir beweisen jetzt, daß die unter (1.12.02) definierte Funktion $\tilde{d}$ eine Abstandfunktion über $\tilde{A}$ ist, d.h. den Axiomen 1–4 in 1.11.2 genügt.

Die Bedingungen 1 und 3 sind offensichtlich erfüllt.

Um die Bedingung 2 nachzuprüfen, brauchen wir nur zu zeigen, daß aus $\tilde{d}(\tilde{x}, \tilde{y}) = 0$ stets $\tilde{x} = \tilde{y}$ folgt. Behalten wir die obigen Bezeichnungen bei, so folgt aus $\tilde{d}(\tilde{x}, \tilde{y}) = 0$ nach (1.12.02) $\lim_{n \to \infty} d(x_n, y_n) = 0$, d.h. die Cauchyschen Folgen $\{x_n\}$ und $\{y_n\}$ sind äquivalent, also fallen die Klassen $\tilde{x}$ und $\tilde{y}$ zusammen. Die Umkehrung, daß nämlich $\tilde{d}(\tilde{x}, \tilde{x}) = 0$ gilt, ist trivial.

Die Bedingung 4 (die Dreiecksungleichung) ergibt sich leicht. Es seien $\tilde{x}, \tilde{y}$ und $\tilde{z}$ drei beliebige Klassen aus $\tilde{A}$ mit den Repräsentanten $\{x_n\}, \{y_n\}, \{z_n\}$, dann gilt

$$d(x_n, y_n) \leq d(x_n, z_n) + d(z_n, y_n). \qquad (n = 1, 2, 3, \ldots)$$

Durch Grenzübergang $n \to \infty$ ergibt sich

$$\tilde{d}(\tilde{x}, \tilde{y}) \leq \tilde{d}(\tilde{x}, \tilde{z}) + \tilde{d}(\tilde{z}, \tilde{y}).$$

$\tilde{d}$ ist tatsächlich eine Abstandfunktion über $\tilde{A}$, deswegen ist $(\tilde{A}, \tilde{d})$ ein metrischer Raum.

e) Im nächsten Schritt überzeugen wir uns davon, daß $\bar{A}$ eine Obermenge von A ist. Es sei nämlich x ein beliebiges Element aus A, und wir betrachten die Cauchysche Folge: $\{x, x, x, \ldots\}$. Die Klasse $\tilde{x}_x$ aller Cauchyschen Folgen, welche die Folge $(x, x, x, \ldots)$ enthält, sind diejenigen Folgen, welche in (A, d) gegen x konvergieren. Diese Klasse $\tilde{x}_x$ ist ein Element von $\bar{A}$. Diese ist aber mit dem Element x eindeutig bestimmt, sie kann also mit dem Element x identifiziert werden. In diesem Sinn folgt aus $x \in A$ die Beziehung $\tilde{x}_x \in \bar{A}$. Mit andern Worten: Betrachtet man diejenige Teilmenge A' von $\bar{A}$ bestehend aus allen Klassen von Cauchyschen Folgen, welche Folgen von der Gestalt $\{x, x, x, \ldots\}$ enthalten, dann ist A' mit A identisch, die Beziehnung $A \subseteq \bar{A}$ ist gerechtfertigt.

Es ist klar, daß A' und A isometrisch sind, da die Werte $d(x, y)$ und $\tilde{d}(\tilde{x}_x, \tilde{y}_y)$ $(x, y \in A)$ miteinander identisch sind:

$$\tilde{d}(\tilde{x}_x, \tilde{y}_y) = \lim_{n \to \infty} d(x_n, y_n) = d(x, y), \tag{1.12.03}$$

wobei wir aus $\tilde{x}_x$ bzw. $\tilde{y}_y$ den Repräsentanten $\{x_n = x; n = 1, 2, 3, \ldots\}$ bzw. $\{y_n = y; n = 1, 2, 3, \ldots\}$ gewählt haben. Wir haben in 1.11.8 die Vereinbarung getroffen, isometrische Räume nicht zu unterscheiden.

Die Beziehung (1.12.03) bedeutet, daß $\tilde{d}$ eine Erweiterung (Fortsetzung) von d auf $\bar{A}$ ist. Hier wurde beachtet, daß der Grenzwert in (1.12.02) von den gewählten Repräsentanten unabhängig ist.

f) Es bezeichne $\tilde{x}$ ein beliebiges Element aus $\bar{A}$ und $\varepsilon > 0$ eine im voraus gegebene Zahl. Wenn $\{x_n\}$ ein Repräsentant von $\tilde{x}$ ist, dann können wir eine positive Zahl N derart bestimmen, daß $d(x_k, x_n) < \varepsilon$ für alle $k, n > N$ gilt. Halten wir jetzt die ganze Zahl k $(>N)$ fest und betrachten das Element $\tilde{x}_{x_k}$ aus $\bar{A}$, welches die Cauchysche Folge $\{x_k, x_k, \ldots\}$ enthält. Dann ist

$$\tilde{d}(\tilde{x}_{x_k}, \tilde{x}) = \lim_{n \to \infty} d(x_k, x_n) < \varepsilon.$$

Das bedeutet: *Zu jedem Element $\tilde{x}$ aus $\bar{A}$ und zu jeder positiven Zahl ε läßt sich ein Element $y \in A$ derart bestimmen, daß $d(\tilde{x}_y, \tilde{x}) < \varepsilon$ ist.* (1.12.04)

Hier bedeutet $\tilde{x}_y$ diejenige Klasse von Cauchyschen Folgen, welche die Folge $\{y, y, y, \ldots\}$ enthält, welche also mit y identifizierbar ist. Die Tatsache (1.12.04) kann man deshalb anschaulicher so formulieren: Zu jedem Element $\tilde{x}$ aus $\bar{A}$ und zu jeder Zahl $\varepsilon > 0$ läßt sich immer ein Element y aus A bestimmen, daß der Abstand von $\tilde{x}$ zu y die Zahl ε nicht überschreitet.

g) Wir kommen jetzt zum Beweis, daß der metrische Raum $(\bar{A}, \tilde{d})$ vollständig ist. Es sei nämlich $\{\tilde{x}^{(n)}\}$ eine Cauchysche Elementenfolge aus $\bar{A}$, d.h. zu jedem $\varepsilon > 0$ gibt es ein $N > 0$, mit

$$\tilde{d}(\tilde{x}^{(n)}, \tilde{x}^{(m)}) < \varepsilon, \qquad n, m > N. \tag{1.12.05}$$

Wir werden jetzt eine beliebige positive Zahlenfolge $\{\varepsilon_n\}$ mit $\varepsilon_n \to 0$ $(n \to \infty)$ wählen und bestimmen nach (1.12.04) zu jedem $\tilde{x}^{(n)}$ ein $y_n \in A$ so, daß $\tilde{d}(\tilde{x}_{y_n}, \tilde{x}^{(n)}) < \varepsilon_n$ ist. ($\{y_n, y_n, y_n, \ldots\} \in \tilde{x}_{y_n}$). Wir zeigen, daß $\{y_n\}$ eine Cauchysche

Folge in A ist. Tatsächlich gilt

$$d(y_n, y_m) = \tilde{d}(\tilde{x}_{y_n}, \tilde{x}_{y_m}) \leqq \tilde{d}(\tilde{x}_{y_n}, \tilde{x}^{(n)}) + \tilde{d}(\tilde{x}^{(n)}, \tilde{x}^{(m)})$$
$$+ \tilde{d}(\tilde{x}^{(m)}, \tilde{x}_{y_m}) < \varepsilon_n + \varepsilon_m + \tilde{d}(\tilde{x}^{(n)}, \tilde{x}^{(m)}).$$

Wenn wir die Zahl $\varepsilon > 0$ im voraus angegeben haben, dann lassen sich m und n so bestimmen, daß die rechte Seite ε nicht überschreitet.

Ist aber $\{y_n\}$ eine Cauchysche Folge in A, dann definiert diese ein Element $\tilde{y}$ aus $\tilde{A}$. $\tilde{y}$ wird sich als der Grenzwert von $\{\tilde{x}^{(n)}\}$ erweisen. In der Tat, wenn $\{x_k^{(n)}\}$ ein Repräsentant von $\tilde{x}^{(n)}$ ist, dann haben wir nach der Dreiecksungleichung

$$\tilde{d}(\tilde{x}^{(n)}, \tilde{y}) \leqq \tilde{d}(\tilde{x}^{(n)}, \tilde{x}_{x_k^{(n)}}) + \tilde{d}(\tilde{x}_{x_k^{(n)}}, \tilde{y}).$$

Andererseits aber ist

$$\tilde{d}(\tilde{x}^{(n)}, \tilde{x}_{x_k^{(n)}}) = \lim_{p \to \infty} d(x_p^{(n)}, x_k^{(n)}) < \frac{\varepsilon}{2}$$

für hinreichend großes k (n beliebig). Halten wir diesen Wert von k fest, dann ist

$$\tilde{d}(\tilde{x}_{x_k^{(n)}}, \tilde{y}) = \lim_{q \to \infty} d(x_k^{(n)}, y_q) < \frac{\varepsilon}{2},$$

wenn man n hinreichend groß wählt. Damit ist die Behauptung bewiesen. $\{\tilde{x}^{(n)}\}$ hat also $\tilde{y}$ als Grenzwert. Da der Grenzwert in einem metrischen Raum eindeutig bestimmt ist, ist $\tilde{y}$ der Limes der Folge $\{\tilde{x}^{(n)}\}$. $(\tilde{A}, \tilde{d})$ ist also vollständig.

h) Es bleibt schließlich noch zu beweisen, daß $(\tilde{A}, \tilde{d})$ der kleinste vollständige metrische Raum ist, welcher (A, d) enthält.

(B, d_B) sei ein anderer vollständiger metrischer Raum, welcher (A, d) enthält. Identifizieren wir dann diejenigen Elemente des Raumes (B, d_B), die Grenzwerte von Cauchyschen Folgen aus (A, d) sind, mit den Klassen äquivalenter Folgen, so erhalten wir wegen der Vollständigkeit von (B, d_B), daß $(\tilde{A}, \tilde{d})$ in (B, d_B) enthalten ist.

Damit ist schließlich die Vervollständigung des Raumes (A, d) in dem oben definierten Sinne erreicht. $\square$

Der Gedankengang des Beweises entspricht wortwörtlich demjenigen G. Cantors, als er aus den rationalen Zahlen die reellen Zahlen abgeleitet hat.

1.13   Separable und kompakte metrische Räume

1. Dichte Teilmengen. Wir kommen auf die Erscheinung (1.12.04) nochmals zurück. Nach dieser kann zu jedem Element $\tilde{x}$ von $(\tilde{A}, \tilde{d})$ ein Element der Teilmenge A, etwa y, bestimmt werden, so daß der Abstand von $\tilde{x}$ zu y kleiner als eine in voraus gegebene positive Zahl ist. Was wir bei dem Verhältnis zwischen den Mengen A und $\tilde{A}$ beobachten konnten, werden wir jetzt verallgemeinern durch Einführung des Begriffes *dichte Teilmenge*.

Es seien (A, d) irgendein metrischer Raum und B eine Teilmenge von A. Wir sagen: Die Teilmenge B ist im metrischen Raum *dicht*, falls zu jedem Element $x \in A$ und jedem $\varepsilon > 0$ ein y aus B existiert, so daß $d(x, y) < \varepsilon$ gilt. B sei dicht in (A, d) und $x \in A$. Wir wählen eine Nullfolge $\{\varepsilon_n\}$ ($\varepsilon_n > 0$, $n = 1, 2, 3, \ldots$). Zu jedem $n = 1, 2, 3, \ldots$ gibt·es in B ein Element y_n mit $d(x, y_n) < \varepsilon_n$. Folglich gilt $y_n \xrightarrow{(A,d)} x$. *Man kann also zu einem beliebigen Element $x \in A$ eine Folge aus der Menge B auswählen, die gegen x konvergiert, d.h. jedes Element $x \in A$ ist darstellbar in der Form* $\lim_{n \to \infty} y_n = x$ ($y_n \in B$, $n = 1, 2, 3, \ldots$).

$$(1.13.01)$$

Besitzt die Teilmenge B umgekehrt diese Eigenschaft, so ist sie offensichtlich dicht in (A, d). Hieraus folgt, daß B genau dann dicht in (A, d) ist, wenn die Abschließung $\bar{B}$ von B die Menge A ist. Die Eigenschaft (1.12.04) bedeutet, daß jeder metrische Raum in seiner Vervollständigung dicht ist. Demzufolge ist die Menge $\mathbb{Q}$ aller rationalen Zahlen dicht in der Menge aller reellen Zahlen.

Ein weiteres Beispiel: Man betrachtet den Raum $C(I)$ (vgl. 1.11.3, Beispiel d) mit der Abstandfunktion (1.11.04). Die Menge P aller in $I = [a, b]$ erklärten Polynome ist eine dichte Teilmenge in $C(I)$. Nach dem Weierstraßschen Approximationssatz (vgl. Abschnitt 101.08 in Band 1, S. 34) kann man nämlich zu jeder in $[a, b]$ stetigen Funktion $x(t)$ und zu jedem $\varepsilon > 0$ ein Polynom $p(t)$ derart bestimmen, daß $|p(t) - x(t)| < \varepsilon$ für $t \in I$, d.h. $d(p, x) < \varepsilon$ gilt. Man kann den Weierstraßschen Approximationssatz derart formulieren: *P ist eine in $C(I)$ dichte Menge.*

2. Separable Räume. Ein metrischer Raum (A, d) heißt *separabel*, wenn in ihm eine abzählbare dichte Teilmenge existiert.

Satz 1. *Ist ein metrischer Raum (B, d) in einem separablen metrischen Raum (A, d) enthalten, dann ist auch (B, d) separabel.*

Beweis. Daß (A, d) separabel ist, bedeutet, daß eine abzählbare Menge $D = \{x_k\}$ existiert, welche in (A, d) dicht liegt.

Wir wählen eine Nullfolge $\{\varepsilon_n\}$ ($\varepsilon_n > 0$, $n = 1, 2, 3, \ldots$). B ist nach Voraussetzung eine Teilmenge von A, deshalb finden wir zu jedem $k = 1, 2, 3, \ldots$ ein Element $z_{k,n}$ in B so daß

$$d(x_k, z_{k,n}) < d(x_k, B) + \varepsilon_n \qquad (n = 1, 2, 3, \ldots)$$

gilt. Sind $x \in B$ und $\varepsilon > 0$ beliebig gegeben, dann existiert wegen der Separabilität von (A, d) ein Element $x_k \in D$ mit $d(x, x_k) < \varepsilon$. Für alle n mit $\varepsilon_n < \varepsilon$ erhalten wir damit

$$d(x, z_{k,n}) \leqq d(x, x_k) + d(x_k, z_{k,n}) \leqq \varepsilon + d(x_k, B) + \varepsilon_n < 3\varepsilon,$$

woraus folgt, daß die Menge $\{z_{k,n}\}$ in B dicht ist, wobei diese Menge abzählbar ist. $\square$

3. Beispiele für separable Räume. a) Der Raum $\mathbb{R}$ ist separabel, denn $\mathbb{Q}$, die Teilmenge aller rationalen Zahlen, ist einerseits dicht in $\mathbb{R}$, andererseits eine abzählbare Menge.

b) Der Raum $\mathbb{R}^n$ ist separabel. Man betrachtet nämlich die Menge aller n-Tupeln von rationalen Zahlen. Das ist eine abzählbare Teilmenge von $\mathbb{R}^n$, dabei ist sie, wie man sich leicht überzeugt, in $\mathbb{R}^n$ dicht. Aus ähnlichen Gründen erweist sich auch der Raum $\mathbb{C}^n$ als separabel.

c) Der Raum $C(I)$ $(I = [a, b])$ ist ebenfalls separabel. Wenn man nämlich $P_r(I)$, die Teilmenge aller Polynome in I mit rationalen Koeffizienten betrachtet, dann erkennt man, daß $P_r(I)$ eine abzählbare Menge ist. Ein Polynom ist offensichtlich mit seinen Koeffizienten eindeutig bestimmt, es gibt also genausoviele Polynome mit rationalen Koeffizienten als endlich-dimensionale Vektoren mit rationalen Komponenten gebildet werden können. Die Mächtigkeit dieser letzten ist aber abzählbar (weil eine abzählbare Vereinigung von abzählbaren Mengen wieder abzählbar ist). Dabei ist $P_r(I)$ in $P(I)$, in der Menge aller Polynome dicht (Übungsaufgabe!). Andererseits ist nach dem Weierstraßschen Approximationssatz $P(I)$ in $C(I)$ dicht, also im Endergebnis $P_r(I)$ in $C(I)$ dicht, womit die Separabilität von $C(I)$ beweisen ist.

d) Der Raum S ist auch separabel. Wir bezeichnen mit q die Menge aller unendlichdimensionalen Vektoren von der Gestalt $\{x_1, x_2, \ldots, x_n, 0, 0, 0, \ldots\}$. Dann ist $q \subset S$. Dabei ist q in S dicht. Es sei nämlich $x = \{x_1, x_2, \ldots\} \in S$. Man kann zu jedem $\varepsilon > 0$ ein N derart bestimmen, daß

$$\sum_{k=n+1}^{\infty} \frac{1}{2^k} \frac{|x_k|}{1 + |x_k|} < \varepsilon \qquad (n > N)$$

gilt. Wenn wir zu x den Vektor $x^{(n)} = \{x_1, x_2, \ldots, x_n, 0, 0, 0, \ldots\} \in q$ nehmen (wobei $n > N$ ist), dann gilt

$$d(x, x^{(n)}) = \sum_{k=n+1}^{\infty} \frac{1}{2^k} \frac{|x_k|}{1 + |x_k|} < \varepsilon.$$

Wir bezeichnen demnächst mit q_r die Gesamtheit aller unendlich-dimensionalen Vektoren von der Gestalt $\{r_1, r_2, r_3, \ldots, r_n, 0, 0, 0 \cdots\}$, wobei die Komponenten r_k rationale Zahlen sind. q_r ist aus dem gleichen Grund abzählbar, weswegen $P_r(I)$ im vorangehenden Beispiel abzählbar war. Dabei ist q_r in q dicht, denn für $\{x_1, x_2, \ldots, x_n, 0, 0, \ldots\}$ kann man die rationalen Zahlen r_i immer so bestimmen, daß $\max\limits_{j=1,2,\ldots n} |x_j - r_j| < \varepsilon$ ist, woraus

$$d(x^{(n)}, r^{(n)}) < \varepsilon \sum_{k=1}^{\infty} \frac{1}{2^k} \text{ folgt } (r^{(n)} = \{r_1, r_2, \ldots, r_n, 0, 0, \ldots\}). \; q_r \text{ ist also eine in } S$$

dichte, abzählbare Menge.

e) Der Leser könnte aus den vorangehenden Beispielen den Eindruck gewinnen, daß jeder metrische Raum separabel ist. Daß das nicht der Fall ist, wird durch folgendes Beispiel bewiesen. Es sei $I = [a, b]$ ein Intervall $(a < b)$, und $M(I)$ bezeichne den metrischen Raum aller auf I erklärten reellen und beschränkten Funktionen, wo wir die Abstandfunktion

$$d(x, y) = \sup_{t \in I} |x(t) - y(t)| \qquad (x, y \in M(I)) \qquad (1.13.02)$$

einführen. Es wird dem Leser empfohlen, zur Übung nachzuprüfen, daß (1.13.02) ein Abstand ist und daß mit diesem $M(I)$ ein vollständiger Raum ist. Die Konvergenz in $M(I)$ ist mit der gleichmäßigen Konvergenz gleichbedeutend. Es wird sich herausstellen, daß $M(I)$ nicht separabel ist.

Zum Beweis betrachten wir die Menge M_0 aller charakteristischen Funktionen, d.h. die Menge aller Funktionen definiert auf I, welche nur die zwei Werte Null und Eins annehmen. M_0 ist eine echte Teilmenge von $M(I)$. Die Mächtigkeit von M_0 ist genau der Mächtigkeit aller Teilmengen von I gleich, und da I eine unendliche Menge ist, ist die Mächtigkeit ihrer Teilmengen, wie aus den Elementen der Analysis bekannt, überabzählbar. M_0 ist also keine abzählbare unendliche Menge. D sei irgendeine in $M(I)$ dichte Menge. Jedem $x(t) \in M_0$ ordnen wir ein $z(t) \in D$ mit $d(x, z) < \frac{1}{2}$ zu. Dabei entsprechen verschiedenen Elementen x und x' aus M_0 auch verschiedene Elemente z und z' aus D. Aus $d(x, z) < \frac{1}{2}$ und $d(x', z) < \frac{1}{2}$ folgt nämlich $d(x, x') < d(x, z) + d(z, x') < 1$. Es ist aber wegen $x \neq x'$ stets $d(x, x') = 1$, weil beide x und x' charakteristische Funktionen sind, und zwei *verschiedene* charakteristische Funktionen haben nach (1.13.02) den Abstand 1.

Somit besteht eine eineindeutige Zuordnung zwischen der nicht abzählbaren Menge M_0 und der willkürlich ausgewählten, in $M(I)$ dichten Teilmenge D. D ist also nicht abzählbar.

4. Kompakte metrische Räume. Eine beschränkte Menge im Raum $\mathbb{R}$ der reellen Zahlen hat bekanntlich die sehr wichtige Eigenschaft, daß man aus jeder Folge von reellen Zahlen dieser Menge eine konvergente Teilfolge auswählen kann. Diese Aussage ist für beschränkte (d.h. in einer Kugel enthaltene) Mengen in beliebigen metrischen Räumen nicht mehr richtig, wie man das anhand von Gegenbeispielen beweisen kann. Damit wird die Wichtigkeit der folgenden Definition verständlich: Eine Menge D eines metrischen Raumes (A, d) heißt *kompakt im Raum* (A, d), wenn man aus einer beliebigen Folge $\{x_n\}$ von Elementen der Menge D eine im Raum (A, d) konvergente Teilfolge $\{x_{n_k}\}$ auswählen kann. Der *Raum* (A, d) heißt *kompakt*, wenn seine Grundmenge A im Raum (A, d) kompakt ist.

Die Forderung der Kompaktheit eines Raumes erweist sich als eine sehr starke Forderung und sondert eine verhältnismäßig enge Klasse von Räumen aus. Der Raum $\mathbb{R}$ aller reellen Zahlen ist z.B. nicht kompakt; aus der unendlichen Zahlenfolge $1, 2, 3, 4, \ldots$ kann man keine in $\mathbb{R}$ konvergente Teilfolge aussondern, obwohl jede beschränkte Teilmenge aus $\mathbb{R}$, wie schon erwähnt wurde, kompakt ist.

Satz 2. *Ein kompakter Raum ist vollständig.*

Beweis. Es sei $\{x_n\}$ eine Cauchysche Folge im kompakten metrischen Raum (A, d). Nach der Voraussetzung kann man aus $\{x_n\}$ eine Teilfolge $\{x_{n_k}\}$

auswählen, die gegen ein Element $x_0 \in A$ konvergiert: $x_{n_k} \xrightarrow{(A,d)} x_0$ $(k \to \infty)$. Für beliebiges k gilt nun

$$d(x_k, x_0) \leqq d(x_k, x_{n_k}) + d(x_{n_k}, x_0).$$

Die beiden Summanden auf der rechten Seite dieser Ungleichung streben nach Null (und zwar der erste deswegen, weil $\{x_n\}$ eine Cauchysche Folge ist). Wir erhalten also $d(x_k, x_0) \to 0$ $(k \to \infty)$, x_0 is also der Grenzwert der Folge $\{x_n\}$. $\square$

1.14 Kompakte Mengen. Der Arzelà–Ascolischer Satz

1. Kompakte Mengen von n-Tupeln. Nach dem bekannten Bolzano–Weierstraßschen Satz aus den Elementen der Analysis wissen wir, daß aus jeder beschränkten Menge von Zahlen eine konvergente Zahlenfolge ausgewählt werden kann, d.h. jede beschränkte Zahlenmenge kompakt ist. Dieser Satz gilt auch für den Raum $\mathbb{R}^n$: Haben wir eine beschränkte Menge D in $\mathbb{R}^n$, so läßt sich aus dieser eine in $\mathbb{R}^n$ konvergente Folge aussondern, d.h. D ist kompakt. D ist beschränkt, das bedeutet, es existiert eine positive Zahl M mit $d(x, \theta) \leqq M$ für jedes Element x aus D, wobei θ der n-Tupel $(0, 0, \ldots, 0)$ ist. Da $d(x, \theta) = \sqrt{x_1^2 + x_2^2 + \cdots + x_n^2}$ ist, folgt aus der Beschränktheit von D, daß

$$|x_k| \leqq \sqrt{x_1^2 + x_2^2 + \cdots + x_n^2} \leqq M, \qquad (k = 1, 2, \ldots, n)$$

d.h. $|x_k| \leqq M$ ist. Wir beweisen nun unsere Behauptung. Für die Menge aller ersten Komponenten der Elemente von D gilt $|x_1| \leqq M$, diese ist beschränkt, enthält somit eine in $\mathbb{R}$ konvergente Folge, etwa $\{x_1^{(r_1)}\}$. (Für diese gilt $\lim_{r_1 \to \infty} x_1^{(r_1)} = x_1^{(0)}$.) Es gilt $|x_2^{(r_1)}| \leqq M$, daher hat $\{x_2^{(r_1)}\}$ eine konvergente Teilfolge, etwa $\{x_2^{(r_2)}\}$, für diese gilt $\lim_{r_2 \to \infty} x_2^{(r_2)} = x_2^{(0)}$, dabei gilt auch $\lim_{r_2 \to \infty} x_1^{(r_2)} = x_1^{(0)}$. Da $|x_2^{(r_2)}| \leqq M$ ist, kann man aus $\{x_3^{(r_2)}\}$ eine konvergente Teilfolge, etwa $\{x_3^{(r_3)}\}$ aussondern für welche $\lim_{r_3 \to \infty} x_3^{(r_3)} = x_3^{(0)}$, und damit auch $\lim_{r_3 \to \infty} x_k^{(r_3)} = x_k^{(0)}$ $(k = 1, 2)$ gilt. u.s.w. Schießlich ist $\lim_{r_n \to \infty} x_k^{(r_k)} = x_k^{(0)}$ $(k = 1, 2, \ldots, n)$.

Die gleiche Aussage gilt auch für den Raum $\mathbb{M}^n$ (1:11.3, Beispiel b'). Das ergibt sich daraus, weil $\max_{k=1,2,\ldots n} |x_k - y_k| \leqq \sqrt{(x_1 - y_1)^2 + \cdots + (x_n - y_n)^2}$ gilt. Jede beschränkte Menge in $\mathbb{R}^n$ ist auh in $\mathbb{M}^n$ beschränkt, und jede in $\mathbb{R}^n$ konvergente Folge ist auch in $\mathbb{M}^n$ konvergent.

Diese letzte Behauptung läßt sich auch auf Grund der Ungleichung

$$\sqrt{(x_1 - y_1)^2 + \cdots + (x_n - y_n)^2} \leqq \sqrt{n} \max_{k=1,2,\ldots,n} |x_k - y_k|$$

zeigen, da $\sqrt{n}$ eine feste Konstante ist. *Mengen in $\mathbb{R}^n$ und $\mathbb{M}^n$ sind also gleichzeitig beschränkt, dann auch kompakt, und Folgen in $\mathbb{R}^n$ und $\mathbb{M}^n$ sind gleichzeitig konvergent oder nicht.*

2. Das Hausdorffsche ε-Netz. Um ein brauchbares Kriterium für die Kompaktheit einer Menge in einem metrischen Raum formulieren zu können, benötigen wir folgende Definition:

Es seien ε eine beliebige positive Zahl und D eine Teilmenge des metrischen Raumes (A, d). Die Menge M heißt ein *Hausdorffsches ε-Netz* (oder kurz: ε-Netz) *für die Menge* D, wenn zu jedem $x \in D$ ein Element $z \in M$ existiert, so daß $d(x, z) < \varepsilon$ gilt.

3. Ein Kriterium für die Kompaktheit einer Menge

Satz 1. *Für die Kompaktheit einer Menge D des vollständigen metrischen Raumes (A, d) ist es notwendig und hinreichend, daß zu jedem $\varepsilon > 0$ ein endliches ε-Netz für D existiert.*

Beweis. a) (notwendig). Wir führen den Beweis indirekt, indem wir voraussetzen, daß ein gewisses $\varepsilon > 0$ existiert, für welches es kein endliches ε-Netz für D gibt. Wir nehmen ein beliebiges Element $x_1 \in D$. Die Menge $\{x_1\}$ bildet kein ε-Netz für D, deshalb gibt es ein $x_2 \in D$ derart, daß $d(x_1, x_2) \geqq \varepsilon$ gilt. Die Menge $\{x_1, x_2\}$ ist auch kein ε-Netz für D, folglich gibt es ein $x_3 \in D$ mit $d(x_1, x_3) \geqq \varepsilon$; $d(x_2, x_3) \geqq \varepsilon$. Setzen wir dieses Verfahren fort, so erhalten wir eine Folge $\{x_n\}$ von Elementen aus D mit der Eigenschaft $d(x_m, x_n) \geqq \varepsilon$ für $m \neq n$ ($m, n = 1, 2, 3, \ldots$). Offensichtlich kann man aus dieser Folge keine konvergente Teilfolge auswählen, weil jede konvergente Folge eine Cauchysche Folge ist.

b) (hinreichend). Es sei vorausgesetzt, daß zu jedem $\varepsilon > 0$ ein endliches ε-Netz für D existiert. Wir nehmen eine beliebige Folge $\{x_n\}$ von Elementen aus D und zeigen, daß man aus ihr eine konvergente Teilfolge auswählen kann. Dazu geben wir uns eine Nullfolge $\{\varepsilon_n\}$ ($\varepsilon_n > 0, n = 1, 2, 3, \ldots$) vor und betrachten ein nach Voraussetzung existierendes endliches ε_1-Netz. Konstruieren wir um jeden Punkt dieses ε_1-Netzes eine Kugel mit dem Radius ε_1, so gehört jedes Element der Menge D mindestens einer Kugel an. Da es nur endlich viele Kugeln gibt, sind in einer von ihnen sicher unendlich viele Elemente der Folge $\{x_n\}$ enthalten. Diese Kugel sei $K_{\varepsilon_1}(z_1)$.

Wir nehmen weiter ein ε_2-Netz für D und betrachten die Kugeln um die Elemente dieses ε_2-Netzes mit dem Radius ε_2. Wie vorher, liegen in einer dieser Kugeln unendlich viele Elemente der Folge $\{x_n\}$, die außerdem in $K_{\varepsilon_1}(z_1)$ enthalten sind. Das sei die Kugel $K_{\varepsilon_2}(z_2)$. Setzen wir dieses Verfahren fort, so erhalten wir eine Folge von Kugeln $K_{\varepsilon_1}(z_1), K_{\varepsilon_2}(z_2), \ldots$ mit der Eigenschaft, daß im Durchschnitt einer beliebigen endlichen Anzahl von ihnen unendlich viele Punkte der Folge $\{x_n\}$ liegen. Deshalb können wir eine Teilfolge $\{x_{n_k}\}$ auswählen mit

$$x_{n_1} \in K_{\varepsilon_1}(z_1); \qquad x_{n_2} \in K_{\varepsilon_1}(z_1) \cap K_{\varepsilon_2}(z_2); \ldots; x_{n_k} \in \bigcap_{i=1}^{k} K_{\varepsilon_i}(z_i); \ldots$$

($n_k > n_{k-1} > \cdots > n_1$). Da die beiden Elemente x_{n_i}, x_{n_j} für $i \leqq j$ zur selben Kugel $K_{\varepsilon_i}(z_i)$ gehören, gilt $d(x_{n_i}, x_{n_j}) \leqq d(x_{n_i}, z_i) + d(z_i, x_{n_j}) < 2\varepsilon_i$. Das bedeutet, daß $\{x_{n_i}\}$ eine Cauchysche Folge ist, daher ist diese Folge wegen der

Vollständigkeit des Raumes (A, d) gegen ein Element $x_0 \in A$ konvergent. □

Es soll bemerkt werden, daß im Teil vom a) des Beweises die Vollständigkeit des Raumes (A, d) keine Rolle spielt. Deshalb ist die Notwendigkeit der Bedingung für jeden, also nicht nur für vollständige Räume gültig.

Folgende Ergänzung zum Satz 1 hat in den Anwendungen des Satzes ihre Bedeutung:

Satz 2. *Für die Kompaktheit einer Menge D in einem vollständigen metrischen Raum (A, d) ist schon hinreichend, daß es zu jedem $\varepsilon > 0$ ein kompaktes ε-Netz gibt.*

Beweis. Zu einem kompakten ε-Netz existiert ein endliches ε-Netz, das offensichtlich ein (2ε)-Netz für die Ausgangsmenge ist. Daraus folgt die Kompaktheit. □

4. Zusammenhang zwischen Kompaktheit und Separabilität

Satz 3. *Ein kompakter metrischer Raum ist separabel.*

Beweis. Es sei (A, d) ein kompakter Raum. Wir wählen eine beliebige Nullfolge $\{\varepsilon_k\}$ $(\varepsilon_k > 0, k = 1, 2, \ldots)$ und bezeichnen mit M_{ε_k} ein endliches ε_k-Netz. Dann ist die Menge $D := \bigcup_{k=1}^{\infty} M_{\varepsilon_k}$ offensichtlich abzählbar und in (A, d) dicht. □

Im Zusammenhang mit diesen Überlegungen wollen wir uns den Unterschied zwischen kompakten und separablen Räumen klarmachen. In einem separablen Raum gibt es eine abzählbare Menge, mit deren Elementen sich jedes Element des Raumes beliebig genau annähern läßt. Im Fall eines kompakten Raumes besteht diese Möglichkeit, wie wir gesehen haben, mit Hilfe der abzählbaren Menge, der Vereinigung der ε_k-Netze, ebenfalls (vgl. den Beweis des Satzes 3). Darüber hinaus können wir hier jedoch mit Hilfe eines endlichen ε-Netzes gleichzeitig jedes Element des Raumes approximieren, was in einem separablen Raum im allgemeinen nicht möglich ist. *Ein kompakter Raum läßt sich also dadurch charakterisieren, daß er beliebig genau « gleichmäßig » durch ein endliches « Skelett » approximiert werden kann.*

5. Der Arzelà–Ascolische Satz.
Es sei $I = [a, b]$ ein endliches und abgeschlossenes Intervall. Wir werden den metrischen Raum $C(I)$ aller auf I definierten und dort stetigen Funktionen, versehen mit der Metrik (1.11.04), betrachten. Es sei D irgendeine Teilmenge von $C(I)$. Wir werden ein sehr gut brauchbares Kriterium für die Kompaktheit von D finden.

Satz 4. (Arzelà–Ascolischer Satz). *Eine Menge D stetiger Funktionen ist genau dann kompakt in $C(I)$, wenn sie die folgenden Bedingungen erfüllt:*

1. *Die Funktionen der Menge D sind gleichmäßig beschränkt, d.h. es existiert*

eine von der Funktionen aus D unabhängige positive Zahl M, so daß

$$|x(t)| \leqq M \quad \text{für alle} \quad x \in D, \qquad (t \in I)$$

gilt.

2. *Die Funktionen der Menge D sind gleichgradig stetig, d.h. zu jedem $\varepsilon > 0$ gibt es eine, wieder von den Funktionen der Menge D unabhängige Zahl $\delta > 0$, so daß aus $|t' - t''| < \delta$ stets $|x(t') - x(t'')| < \varepsilon$ für alle $x \in D$ und $t', t'' \in I$ folgt.*

Beweis. a) (notwendig). Es sei D in $C(I)$ kompakt. Nach Satz 1 existiert zu einem beliebig vorgegebenen $\varepsilon > 0$ für D ein endliches ε-Netz, das von den stetigen Funktionen $x_1, x_2, \ldots, x_n$ gebildet werde. Da jede der Funktionen x_k beschränkt ist und es zu einem beliebigen Element $x \in D$ ein x_k mit $d(x, x_k) < \varepsilon$ gibt, folgt

$$|x(t)| = |x_k(t) + x(t) - x_k(t)| \leqq |x_k(t)| + |x(t) - x_k(t)|$$

$$\leqq \max_{t \in I} |x_k(t)| + \max_{t \in I} |x(t) - x_k(t)| = \max_{t \in I} |x_k(t)| + d(x, x_k)$$

$$\leqq \max_{t \in I} |x_k(t)| + \varepsilon.$$

Mit $M = \max\limits_{k=1,2\ldots n} [\max\limits_{t \in I} |x_k(t)|] + \varepsilon$ ist also die Bedingung 1 erfüllt.

Weiterhin existiert zu jeder Funktion x_k wegen ihrer Stetigkeit ein $\delta_k > 0$ derart, daß

$$|x_k(t') - x_k(t'')| < \varepsilon \quad \text{für} \quad |t' - t''| < \delta_k; \qquad t', t'' \in I$$

gilt. Wir setzen $\delta = \min\limits_{k=1,2\ldots n} \delta_k$ und nehmen eine beliebige Funktion $x \in D$. x_k sei wiederum ein Element des ε-Netzes mit $d(x, x_k) < \varepsilon$. Dann gilt

$$|x(t') - x(t'')| = |x(t') - x_k(t') + x_k(t') - x_k(t'') + x_k(t'') - x(t'')|$$

$$\leqq |x(t') - x_k(t')| + |x_k(t') - x_k(t'')| + |x_k(t'') - x(t'')|$$

$$\leqq d(x, x_k) + |x_k(t') - x_k(t'')| + d(x_k, x) \leqq 2\varepsilon + |x_k(t') - x_k(t'')|.$$

Für $|t' - t''| < \delta$ wird der Summand $|x_k(t') - x_k(t'')| < \varepsilon$, d.h. für diese Werte t' und t'' erhalten wir $|x(t') - x(t'')| < 3\varepsilon$. Da $x \in D$ beliebig gewählt war, sind die Funktionen der Menge D gleichgradig stetig.

b) (hinreichend). Wir setzen jetzt voraus, daß die Bedingungen 1 und 2 erfüllt sind. Wir wählen ein $\varepsilon > 0$ und zu diesem entsprechend der Bedingung 2 ein zugehöriges $\delta > 0$. Das Intervall $I = [a, b]$ werde nunmehr durch Punkte $a = t_0 < t_1 < \cdots < t_n = b$ mit $t_{k+1} - t_k < \delta$ $(k = 0, 1, \ldots, n-1)$ zerlegt. Wir betrachten die der Bedingung 1 entsprechende gemeinsame obere Schranke M und bilden stetige Funktionen, welche an den Stellen t_k Werte η_k mit $|\eta_k| \leqq M$ $(k = 0, 1, 2, \ldots, n)$ sonst beliebig annehmen und in den Teilintervallen (t_k, t_{k+1}) linear sind (Abb. 1). Die Menge dieser Funktionen bezeichnen wir mit E. Die Menge E ist kompakt, denn jede Funktion $\bar{x} \in E$

ist mit dem n-Tupel von Zahlen $(\eta_1, \eta_2, \ldots, \eta_n)$ eindeutig bestimmt. Dabei ist $|\eta_k| \leqq M$, also ist die Menge dieser n-Tupeln eine kompakte Menge, welche, wie wir gesehen haben, mit E isometrisch ist (in 1.11.8). Demzufolge ist E kompakt.

Andererseits bildet E ein ε-Netz für D. Um das zu zeigen, betrachten wir eine beliebige Funktion x aus D und ordnen ihr diejenige Funktion $\bar{x}$ aus E zu, welche durch die Punkte $(t_k, x(t_k))$ $(k = 0, 1, 2, \ldots, n)$ läuft. Es sei $t \in I$ ein beliebiger Punkt, dann liegt t in einem der Intervalle $[t_k, t_{k+1}]$. Bezeichnen wir mit m_k das Minimum und mit M_k das Maximum von $x(t)$ in $[t_k, t_{k+1}]$, dann wird $M_k - m_k < \varepsilon$ (wegen $t_{k+1} - t_k < \delta$). Offensichtlich gelten die Ungleichungen: $m_k \leqq x(t) \leqq M_k$; $m_k \leqq \bar{x}(t) \leqq M_k$, woraus $|x(t) - \bar{x}(t)| \leqq M_k - m_k < \varepsilon$ für $t \in I$ folgt. Daher haben wir $d(x, \bar{x}) < \varepsilon$. E ist tatsächlich ein ε-Netz für D. Das Vorhandensein eines kompakten ε-Netzes zu jedem $\varepsilon > 0$ ist aber nach Satz 2 schon hinreichend für die Kompaktheit von D. $\square$

6. Beispiele. a) Man sagt: eine Funktion $x \in C[a, b]$ genügt einer *Hölderschen Bedingung*, falls zwei Zahlen $c > 0$ und α mit $0 < \alpha \leqq 1$ existieren, so daß für beliebige Punkte $t, t'' \in [a, b]$

$$|x(t') - x(t'')| \leqq c\, |t' - t''|^\alpha \tag{1.14.01}$$

gilt. Für $\alpha = 1$ nennt man die obige Bedingung *Lipschitzsche Bedingung*. Genügt eine Funktion einer Hölderschen Bedingung, so sagt man oft, sie genüge einer *Lipschitzschen Bedingung mit den Exponenten α*. Die Klasse dieser Funktionen bezeichnet man mit Lip α.

Wir betrachten jetzt die Klasse Lip α und zeigen: *Eine Teilmenge D von Lip α ist kompakt, wenn die Funktionen von D gleichmäßig beschränkt sind.* Die Bedingung 1 im Arzelà–Ascolischen Satz ist nach der Voraussetzung erfüllt. Wählt man die Zahl δ in der Bedingung 2 dieses Satzes gleich $\left(\dfrac{\varepsilon}{c}\right)^{1/\alpha}$, so erkennt man auf Grund von (1.14.01) die gleichgradige Stetigkeit der Funktionen aus D. Nach dem Arzelà–Ascolischen Satz ist D kompakt.
b) Die Teilmenge aus $C[0, \pi]$ sei $D = \{\sin nt; n = 1, 2, 3 \ldots\}$. Die Bedingung 1 ist also erfüllt. Die Bedingung 2 ist aber nicht erfüllt, denn

$$\sin n\frac{\pi}{2n} = \left|\sin n\frac{\pi}{2n} - \sin n0\right| = 1,$$

also ist die betrachtete Menge nicht gleichgradig stetig, damit nicht kompakt.

7. Verallgemeinerung des Arzelà–Ascolischen Satzes. Der Arzelà–Ascolische Satz hat zahlreiche Verallgemeinerungen. Wir werden hier nur eine formulieren, welche wir später, in 1.63.1 verwenden werden.
Es sei (A, d) ein metrischer Raum. Wir werden eine Abbildung (Funktion) f von A in $\mathbb{C}$ an der Stelle $t \in A$ stetig nennen, ähnlich wie in 1.11.5, wenn es zu jedem $\varepsilon > 0$ ein $\delta > 0$ gibt, so daß

$$|f(t) - f(t')| < \varepsilon \quad \text{für jedes} \quad t' \in A \quad \text{mit} \quad d(t, t') < \delta$$

gilt. Wenn die Funktion an jeder Stelle $t \in A$ stetig ist, dann sagen wir: f ist im Raum (A, d) stetig. Wir werden in ähnlicher Weise wie oben mit $C(A, d)$, oder kürzer mit $C(A)$, die Menge aller auf (A, d) definierten stetigen komplexwertigen Funktionen bezeichnen. Wenn (A, d) kompakt ist, dann werden wir in $C(A)$ die Metrik

$$d_C(f, g) = \max_{t \in A} |f(t) - g(t)| \tag{1.14.02}$$

ein führen. Und nun formulieren wir die Verallgemeinerung des Satzes 4.

Satz 5. *Es sei (A, d) ein kompakter metrischer Raüm. Eine Teilmenge D von $C(A)$ ist genau dann kompakt (bezüglich der Metrik d_C), wenn*
1. *D gleichmäßig beschränkt ist, d.h. es gibt eine postive Zahl M mit*

   $$|f(t)| \leq M, \qquad t \in (A, d), \qquad f \in C(A);$$

2. *Die Funktionen aus D gleichgradig stetig sind, d.h. zu jedem $\varepsilon > 0$ gibt es ein $\delta > 0$, so daß aus $d(t', t'') < \delta$ stets $|f(t') - f(t'')| < \varepsilon$ für alle $f \in D$ und $t', t'' \in (A, d)$ folgt.*

Den *Beweis* bringen wir hier nicht, er verläuft genauso wie derjenige von Satz 4. Wenn $(A, d) = [a, b] = I$ ist, gewinnen wir den Satz 4 zurück.

1.2 Normierte Räume

1.21 Lineare Mengen

1. *Axiome der linearen Mengen.* Es bezeichne $\mathbb{K}$ entweder die Menge aller reellen Zahlen $\mathbb{R}$ oder die Menge $\mathbb{C}$ der komplexen Zahlen.

Es sei A eine Menge, deren Elemente von beliebiger Natur sind. A heißt eine *lineare Menge über* $\mathbb{K}$, wenn für je zwei ihrer Elemente eine Verknüpfungsoperation, bezeichnet mit + und Addition genannt, sowie für jede Zahl λ aus $\mathbb{K}$ und jedes Element x aus A ein Element, bezeichnet mit λx oder $\lambda.x$, zugeordnet ist, derart, daß die unten aufgezählten Axiome gelten:

+ ist eine Abbildung von $A \times A$ in A, in Zeichen: $+: A \times A \to A$. Das Element, welches durch diese Verknüpfungsvorschrift zu den Elementen x und y aus A zugeordnet wird, soll mit $x + y$ bezeichnet werden.

· bedeutet eine Abbildung von $\mathbb{K} \times A \to A$, und wie schon oben gesagt wurde, bezeichnen wir das zu $\lambda \in \mathbb{K}$ und x durch die Verknüpfungsoperation · zugeordnete Element aus A mit $\lambda.x$ oder kürzer λx. Diese Operation heißt Multiplikation mit einem Skalar aus $\mathbb{K}$.

Die Axiome der Verknüpfungsoperation + sind:
$a_1)$ $x + y = y + x$ $x, y \in A$ (Kommutativität)
$a_2)$ $(x + y) + z = x + (y + z)$ $x, y, z \in A$ (Assoziativität)

Die Axiome für die Operation .:
$m_1)$ $\lambda(x + y) = \lambda x + \lambda y$; $x, y \in A$
$m_2)$ $(\lambda + \mu)x = \lambda x + \mu x$; $x \in A$ (Distributivität)
$m_3)$ $(\lambda\mu)x = \lambda(\mu x)$; $x \in A$
$m_4)$ $1 \cdot x = x$; $x \in A$
$m_5)$ In A gibt es ein Element θ mit der Eigenschaft, daß für jedes $x \in A$ die Beziechnung $0 \cdot x = \theta$ gilt.

θ heißt das *Nullelement* der Menge A.

Es muß hier deutlich betont werden, daß in m_2 an der linken Seite das +-Zeichen nicht mit dem +-Zeichen an der rechten Seite zu verwechseln ist. Das +-Zeichen an der linken Seite in m_2 bedeutet nämlich die gewöhnliche, bekannte Addition zwischen zwei Zahlen aus $\mathbb{K}$, dafür steht aber an der rechten Seite die in A eingeführte Verknüpfungsvorschrift +. Wenn wir konsequent sein wollen, so müßten wir zwei verschiedene +-Zeichen einführen und verwenden. Um aber die Darstellung nicht nutzlos verwickelt zu machen, verzichten wir darauf, machen aber den Leser auf diese Inkonsequenz aufmerksam.

Ähnliches gilt auch für die Bezeichnung des Produktes zweier Zahlen aus $\mathbb{K}$ und für die Bezeichnung des Produktes einer Zahl mit einem Element aus A. Schon an der linken Seite von m_3 stehen zwei Produktzeichen: $\lambda\mu$ ist das Produkt von zwei gewöhnlichen Zahlen, und μx bezeichnet das Produkt eines Skalars mit einem Element aus A. Auch hier machen wir einfachheitshalber keinen Unterschied zwischen diesen inhaltlich verschiedenen

Multiplikationszeichen in der Hoffnung, daß die Gefahr eines Irrtums nicht auftritt.

Wenn $\mathbb{K} = \mathbb{R}$ ist, dann sagen wir: A ist eine *reelle lineare Menge*, und für $\mathbb{K} = \mathbb{C}$ heißt A eine *komplexe lineare Menge*.

2. Grundlegende Eigenschaften linearer Mengen

Satz 1. *Für jedes Element $x \in A$ gilt $x + \theta = x$.*

Beweis. Aus m_5, m_2 und m_4 folgt
$$x + \theta = 1 \cdot x + 0 \cdot x = (1 + 0) \cdot x = 1 \cdot x = x. \quad \square$$
Wir werden folgende Bezeichnung einführen: Es sei $(-1) \cdot x = -x \ (x \in A)$.

Satz 2. *Jedem Element $x \in A$ entspricht ein eindeutig bestimmtes Element $x' \in A$, so daß $x + x' = \theta$ gilt.*

Beweis. Das gesuchte Element x' ist $-x$, denn
$$x + x' = x + (-x) = 1 \cdot x + (-1) \cdot x = (1 - 1) \cdot x = 0 \cdot x = \theta.$$
Wir haben nur noch die Eindeutigkeit von x' nachzuweisen. Wäre nämlich ein weiteres Element x'' mit $x + x'' = \theta$, dann gilt
$$x' = x' + \theta = x' + (x + x'') = (x' + x) + x'' = \theta + x'' = x''. \quad \square$$

Es soll bemerkt werden, daß eine lineare Menge A eine *Abelsche Gruppe* bezüglich der Addition bildet.

Satz 3. *Für ein $\lambda \in \mathbb{K}$ und $x \in A$ gilt $-(\lambda x) = (-\lambda)x = \lambda(-x)$.*

Beweis. Aus m_3 und m_4 folgt
$$-(\lambda x) = (-1)(\lambda x) = (-\lambda)x = \lambda((-1) \cdot x) = \lambda(-x). \quad \square$$

Wir werden für $y + (-x) \ (x, y \in A)$ einfach $y - x$ schreiben und nennen diesen Ausdruck die *Differenz* von y und x.

Satz 4. *Zu je zwei Elementen $x, y \in A$ existiert ein eindeutig bestimmtes Element $z \in A$ derart, daß $x + z = y$ gilt.*

Beweis. Setzt man $z = y - x$, dann ist
$$x + (y - x) = x + y + (-1) \cdot x = 1 \cdot x + (-1) \cdot x + y = (1 - 1)x + y$$
$$= 0 \cdot x + y = \theta + y = y.$$
Wir zeigen jetzt, daß z eindeutig bestimmt ist. Genügt auch z' der angegebenen Bedingung, dann folgt
$$z' = z' + \theta = z' + (x + (-1)x) = (z' + x) + (-1) \cdot x = y - x = z. \quad \square$$

Die Beziehungen $x = y$ und $x - y = \theta$ sind äquivalent. Mit $x = y$ gilt nämlich auch

$$x - y = x + (-y) = (1 - 1) \cdot y = 0 \cdot y = \theta.$$

Ist umgekehrt $x - y = \theta$, dann folgt $y = y + (x - y) = y + (-y) + x = x + \theta = x$.

Es wird dem Leser empfohlen, zur Übung nachzuweisen, daß die Rechenregeln

$$\lambda(x - y) = \lambda x - \lambda y; \qquad (\lambda - \mu) \cdot x = \lambda x - \mu x;$$

gelten.

Satz 5. *Aus $\lambda x = \theta$ und $\lambda \neq 0$ folgt $x = \theta$.*

Beweis. Unter den genannten Voraussetzungen gilt

$$x = 1 \cdot x = \left(\frac{1}{\lambda} \lambda \right) \cdot x = \frac{1}{\lambda} (\lambda x) = \frac{1}{\lambda} \theta = \theta. \quad \square$$

Aus diesem Satz folgt unmittelbar: Aus $\lambda x = \lambda y$; $\lambda \in \mathbb{K}$, $\lambda \neq 0$ folgt $x = y$.

Satz 6. *Aus $\lambda x = \theta$ ($\lambda \in \mathbb{K}$; $x \in A$) und $x \neq \theta$ folgt $\lambda = 0$.*

Beweis. Wäre nämlich $\lambda \neq 0$ dann folgt aus Satz 5 $x = \theta$ im Gegensatz zur Voraussetzung. $\quad \square$

Aus $\lambda x = \mu x$ ($\lambda, \mu \in \mathbb{K}$ $x \in A$) und $x \neq \theta$ folgt offensichtlich $\lambda = \mu$.

Auf Grund des Axioms a_2 werden wir für $(x + y) + z$ einfach $x + y + z$ schreiben. Dasselbe gilt für mehr als zwei Summanden.

3. Algebraischer Isomorphismus. Es seien A und B zwei lineare Mengen über $\mathbb{K}$. Zwischen ihren Elementen sei eine eineindeutige Zuordnung $x \leftrightarrow y$ ($x \in A$, $y \in B$) mit der Eigenschaft, daß aus $x_1 \leftrightarrow y_1$; $x_2 \leftrightarrow y_2$ stets $\lambda_1 x_1 + \lambda_2 x_2 \leftrightarrow \lambda_1 y_1 + \lambda_2 y_2$ ($\lambda_1, \lambda_2 \in \mathbb{K}$) folgt. Dann sagen wir: Die linearen Mengen sind *algebraisch isomorph.* Die obige Zuordnung heißt *algebraischer* (manchmal auch *linearer*) *Isomorphismus.* Den Ausdruck $\lambda_1 x_1 + \lambda_2 x_2$ oder noch allgemeiner $\lambda_1 x_1 + \lambda_2 x_2 + \cdots + \lambda_n x_n$ ($\lambda_i \in \mathbb{K}$, $x_i \in A$; $i = 1, 2, \ldots, n$) nennen wir eine *lineare Kombination* der Elemente $x_1, x_2, \ldots, x_n$. Ein algebraischer Isomorphismus ist also eine solche eineindeutige Abbildung zwischen den Elementen von A und B, welche eine beliebige lineare Kombination der Elemente von A in die entsprechende lineare Kombination der Elemente von B überführt.

Zwei lineare Mengen, zwischen welchen ein algebraischer Isomorphismus besteht, werden wir miteinander identifizieren, also als gleich betrachten. Die Vektoren der zweidimensionalen Ebene ($\mathbb{R}^2$), z.B. mit der wohlbekannten Vektoraddition und Multiplikation mit einem Skalar, bilden über $\mathbb{R}$ eine lineare Menge.

Auch die Menge aller 2-Tupeln von reellen Zahlen mit der Addition $(x_1, y_1) + (x_2, y_2) = (x_1 + x_2; y_1 + y_2)$ und Multiplikation mit einer reellen Zahl $\lambda : \lambda(x, y) = (\lambda x, \lambda y)$ ist eine lineare Menge.

Vom vorigen Standpunkt aus wären die oben aufgeführten Mengen als ein und dieselbe lineare Menge anzusehen, was bekanntlich in der Analysis auch üblich ist.

4. Lineare unabhängige Elemente. Es seien wieder A eine lineare Menge und $x_1, x_2, \ldots, x_n$ beliebige festgehaltene Elemente aus A. Die Menge aller Linearkombination dieser, also die Menge aller Elemente von der Gestalt $\lambda_1 x_1 + \lambda_2 x_2 + \cdots + \lambda_n x_n$, wobei λ_i $(i = 1, 2, \ldots, n)$ die Menge $\mathbb{K}$ durchläuft, heißt die *lineare Hülle* von $x_1, x_2, \ldots, x_n$ und wird in Zukunft mit $L(x_1, x_2, \ldots, x_n)$ bezeichnet. Man sieht sofort, daß die lineare Hülle von $x_1, x_2, \ldots, x_n$ wieder eine lineare Menge ist, da die Addition von zwei ihrer Elemente und die Multiplikation eines Elementes mit einem Skalar nicht aus der linearen Hülle hinausführt. Es sei z.B. $A = \mathbb{R}^3$, und x_1, x_2 seien zwei nichtparallele Vektoren in $\mathbb{R}^3$. Dann ist $L(x_1, x_2)$ genau die durch x_1 und x_2 definierte Ebene. Ist x ein Vektor in $\mathbb{R}^3$, dann bedeutet $L(x)$ die Gesamtheit aller Vektoren von der Gestalt λx $(\lambda \in \mathbb{R})$. $L(x)$ ist also die Menge aller Vektoren, welche in der Richtung des Vektors x wirken; mit anderen Worten die Gerade, welche durch x bestimmt ist.

Die Elemente $x_1, x_2, \ldots, x_n$ aus A heißen *linear unabhängig*, wenn die Beziehung $\lambda_1 x_1 + \lambda_2 x_2 + \cdots + \lambda_n x_n = \theta$ nur für $\lambda_1 = \lambda_2 = \cdots = \lambda_n = 0$ richtig ist. Im entgegengesetzten Fall heißen die Elemente $x_1, x_2, \ldots, x_n$ linear abhängig. So z.B. sind die Elemente x und $-x$ linear abhängig, denn es gilt $1 \cdot x + 1 \cdot (-x) = \theta$ (hier ist $\lambda_1 = \lambda_2 = 1$). Ist eines der Elemente $x_1, x_2, \ldots, x_n$ das Nullelement, dann sind diese Elemente linear abhängig. Ist nämlich z.B. $x_1 = \theta$, dann ist $1 \cdot \theta + 0 \cdot x_1 + \cdots + 0 \cdot x_n = \theta$, wobei $\lambda_1 = 1 \neq 0$ ist.

Die Grundmenge von $C(I)$, also die Menge aller in I stetigen Funktionen mit den üblichen Operationen, ist eine lineare Menge. In dieser Menge sind die Funktionen $1, t, t^2, \ldots, t^n$ linear unabhängig. Denn jede Linearkombination dieser Funktionen ist ein Polynom vom Grad höchstens n. Ein Polynom stellt genau dann die Funktion in I identisch Null dar, wenn alle Koeffizienten verschwinden. (Das Nullelement in $C(I)$ ist offensichtlich die Funktion, welche in I identisch Null ist.)

Wenn A eine unendliche Menge ist, dann ist ein *unendliches System* von Elementen *linear unabhängig*, wenn je endlich viele verschiedene Elemente des Systems linear unabhängig sind. Das System von Funktionen $1, t, t^2, \ldots, t^n, \ldots$ in $C(I)$ ist aus dem obigen Grund ein linear unabhängiges Funktionensystem.

Ein linear unabhängiges Elementensystem $\{x_\gamma\}$, wobei γ eine beliebige Indexmenge Γ durchläuft, heißt *algebraische Basis* der linearen Menge A, wenn $L(\{x_\gamma\}) = A$ gilt. Jedes Element aus A kann demnach als Linearkombination von Elementen der algebraischen Basis dargestellt werden.

Diese Darstellung ist eindeutig. Es sei $x \in A$, dann ist $x = \sum\limits_{k=1}^{n} \lambda_k x_k$, Hätte man eine zweite ähnliche Darstellung $x = \sum\limits_{k=1}^{n} \lambda'_k x_k$, dann wäre $\sum\limits_{k=1}^{n} (\lambda_k - \lambda'_k) x_k = \theta$, woraus $\lambda_k = \lambda'_k$ $(k = 1, 2, \ldots, n)$ folgt, also sind die beiden Darstellungen miteinander gleich. Es sei bemerkt, daß die Annahme, wonach in der Darstellung von x die gleichen Elemente der algebraischen Basis teilnehmen, keine Einschränkung bedeutet, denn durch eventuelle Koeffizienten vom Wert 0 kann man das immer erreichen.

Unter den linearen Mengen haben diejenigen mit einer endlichen algebraischen Basis die einfachste Struktur. Solche lineare Mengen heißen *endlichdimensional*, die Anzahl der Basiselemente heißt die *Dimension* der gegebenen linearen Menge. Man zeigt leicht, daß die Dimension einer linearen Menge nicht von der Wahl der algebraischen Basis abhängt.

Es sei jetzt A eine endlichdimensionale lineare Menge von der Dimension n. Dann läßt sich, wie oben schon gesagt wurde, jedes Element $x \in A$ eindeutig in der Form $x = \lambda_1 x_1 + \lambda_2 x_2 + \cdots + \lambda_n x_n$ darstellen, wenn $\{x_1, x_2, \ldots, x_n\}$ die algebraische Basis von A ist. Indem wir dem Element x das n-Tupel $(\lambda_1, \lambda_2, \ldots, \lambda_n)$ zuordnen, entsteht eine eineindeutige Beziehung zwischen A und der linearen Menge L_n aller n-Tupeln von Zahlen aus $\mathbb{K}$. Man sieht sofort, daß zwischen den linearen Mengen A und L_n ein algebraischer Isomorphismus besteht. Es sei $x \leftrightarrow (\lambda_1, \lambda_2, \ldots, \lambda_n)$; $y \leftrightarrow (\mu_1, \mu_2, \ldots, \mu_n)$, das bedeutet

$$x = \sum_{k=1}^{n} \lambda_k x_k \quad \text{und} \quad y = \sum_{k=1}^{n} \mu_k x_k,$$

daher gilt

$$x + y = \sum_{k=1}^{n} (\lambda_k + \mu_k) x_k,$$

also $x + y \leftrightarrow (\lambda_1 + \mu_1, \lambda_2 + \mu_2, \ldots, \lambda_n + \mu_n)$. Genauso erkennt man, daß $\alpha x \leftrightarrow (\alpha\lambda_1, \alpha\lambda_2, \ldots, \alpha\lambda_n)$ für $\alpha \in \mathbb{K}$ gilt.

Wir sind also berechtigt, jede n-dimensionale lineare Menge A mit L_n zu identifizieren.   (1.21.01)

5. Bemerkung. Über lineare Mengen war schon in Band 1 (S.28) ganz kurz die Rede. Dort haben wir nur so viel behandelt, als wir in Band 1 benötigten. Die jetzigen Ausführungen ergänzen, was in Band 1 gebracht wurde.

1.22 Teilmengen linearer Mengen

1. Konvexe Teilmengen. Es sei A eine lineare Menge. Eine Teilmenge D von A heißt *konvex*, wenn sie mit zwei beliebigen Elementen x_1 und x_2 auch jede Linearkombination $\lambda_1 x_1 + \lambda_2 x_2$ enthält, wobei λ_1 und λ_2 den Bedingungen $\lambda_1 \geqq 0$; $\lambda_2 \geqq 0$, $\lambda_1 + \lambda_2 = 1$ genügen. Man überlegt sich leicht: Sind $x_1, x_2, \ldots, x_n$ Elemente einer konvexen Menge D, dann gehört auch das Element

$$x = \lambda_1 x_1 + \lambda_2 x_2 + \cdots + \lambda_n x_n \quad \left(\lambda_k \geqq 0, \quad k = 1, 2, \ldots, n; \quad \sum_{k=1}^{n} \lambda_k = 1\right) \quad (1.22.01)$$

zur Menge D.

Die Menge aller Elemente $x \in A$ von der Form (1.22.01), wobei $x_1, x_2, \ldots, x_n$ beliebig aus einer Teilmenge E von A sind, heißt die *konvexe Hülle* von E. Diese wird durch $K(E)$ bezeichnet.

Eine Linearkombination von der Gestalt (1.22.01) wird als eine *konvexe Linearkombination* der Elemente $x_1, x_2, \ldots, x_n$ bezeichnet.

2. Die algebraische und direkte Summe von Mengen. Es sei wieder A eine lineare Menge, D_1 und D_2 sind zwei beliebige Teilmengen von A. Die Gesamtheit aller Elemente $x \in A$, die sich in der Form $x = x_1 + x_2$ mit $x_1 \in D_1$ und $x_2 \in D_2$ darstellen lassen, nennt man die *algebraische Summe* der gegebenen Mengen und bezeichnet diese mit $D_1 + D_2$. Enthält D_1 nur ein einziges Element x_0 ($D_1 = \{x_0\}$), dann schreibt man oft anstatt $\{x_0\} + D_2$ nur $x_0 + D_2$, und das heißt die *Verschiebung* der Menge D_2 um das Element x_0.

Es seien D_1 und D_2 zwei lineare Teilmengen von A mit der Eigenschaft, daß $D_1 \cap D_2 = \{\theta\}$ ist. Dann wird ihre algebraische Summe als *direkte Summe* der Teilmengen bezeichnet. Für die direkte Summe verwenden wir das Symbol

$$D_1 \oplus D_2.$$

Satz 1. *In der direkten Summe $D_1 \oplus D_2$ von zwei linearen Teilmengen ist jedes Element eindeutig in der Form $x = x_1 + x_2$ mit $x_1 \in D_1$; $x_2 \in D_2$ darstellbar.*

Beweis. Wir setzen voraus, daß das Element $x \in D_1 \oplus D_2$ zwei verschiedene Darstellungen hat, nämlich

$$x = x_1 + x_2, \quad x_1 \in D_1, \quad x_2 \in D_2 \quad \text{und} \quad x = x_1' + x_2'; \quad x_1' \in D_1, \quad x_2' \in D_2.$$

Dann ist $x_1 + x_2 = x_1' + x_2'$, woraus $x_1 - x_1' = x_2' - x_2$ folgt. Wegen der Linearität der Teilmengen D_1 und D_2 gilt $x_1 - x_1' \in D_1$ und $x_2' - x_2 \in D_2$. D_1 und D_2 enthalten nur θ als gemeinsames Element, deswegen ist $x_1 - x_1' = \theta$ und $x_2' - x_2 = \theta$. Das bedeutet $x_1 = x_1'$ und $x_2 = x_2'$. $\square$

Man kann durch vollständige Induktion den Begriff der direkten Summe von linearen Teilmengen auf beliebig viele Summanden verallgemeinern.

3. Zur Erläuterung sollen hier einige Beispiele vorgeführt werden.
a) Im Raum $\mathbb{R}^3$ der räumlichen Vektoren betrachten wir alle Vektoren, welche in einer Ebene wirken. Das sind Vektoren aus $\mathbb{R}^2$, sie bilden

offensichtlich eine lineare Teilmenge von $\mathbb{R}^3$. Jetzt nehmen wir alle Vektoren $\mathbb{R}^1$, welche in Richtung einer mit der frühern Ebene nicht parallelen Geraden wirken. Auch $\mathbb{R}^1$ ist eine lineare Teilmenge von $\mathbb{R}^3$. Dabei gilt $\mathbb{R}^2 \cap \mathbb{R}^1 = \{\theta\}$ (θ ist hier der Nullvektor). Nach Satz 1 kann jeder Vektor $x \in \mathbb{R}^3$ eindeutig als die Summe eines gewissen Vektors aus $\mathbb{R}^2$ und eines solchen aus $\mathbb{R}^1$ dargestellt werden. Das ist genau der Satz über die eindeutige Zerlegbarkeit eines Vektors in zwei Komponenten; eine von diesen liegt in der Ebene, die andere Komponente in der Richtung der gegebenen Geraden. Der Satz 1 ist die Verallgemeinerung dieses elementaren Satzes. Hier ist

$$\mathbb{R}^3 = \mathbb{R}^1 \oplus \mathbb{R}^2.$$

b) $C^2[0, \infty)$ ist die lineare Menge aller für $t \geq 0$ definierten und zweimal stetig differenzierbaren Funktionen. Offenbar ist $C^2[0, \infty)$ eine lineare Teilmenge von $C[0, \infty)$. Wir definieren den Differentialoperator durch

$$\mathscr{D} = \frac{d^2}{dt^2} + \alpha \frac{d}{dt} + \beta. \qquad (\alpha, \beta \text{ reelle Konstanten}) \qquad (1.22.02)$$

Die Anwendung von $\mathscr{D}$ auf eine Funktion x aus $C^2[0, \infty)$ bedeutet die Bildung des Ausdruckes

$$\mathscr{D}x = \frac{d^2 x}{dt^2} + \alpha \frac{dx}{dt} + \beta x.$$

Wir werden jetzt zwei lineare Teilräume von $C^2[0, \infty)$ betrachten. Der erste sei:

$$N = \{x \mid \mathscr{D}x = 0, \quad x \in C^2[0, \infty)\},$$

d.h., in N befinden sich alle zweimal differenzierbaren Funktionen, welche die homogene Differentialgleichung $\mathscr{D}x = 0$ befriedigen. Der zweite Teilraum ist:

$$M = \left\{ x \mid x \in C^2[0, \infty), \, x(0) = 0, \, \frac{dx}{dt}(0) = 0 \right\}.$$

Auch dieser Raum ist linear. Dabei gilt $N \cap M = \{\theta\}$, denn $N \cap M$ enthält diejenigen Funktionen, welche Lösungen der homogenen Differentialgleichung $\mathscr{D}x = 0$ mit den Anfangsbedingungen $x(0) = x'(0) = 0$ sind ($' = d/dt$). So eine Funktion gibt es nur eine, nämlich $\theta = x(t) \equiv 0$ ($t \geq 0$). Wir können somit $N \oplus M$ bilden. Nun zeigen wir:

$$C^2[0, \infty) = N \oplus M.$$

Es sei $x \in C^2[0, \infty)$ beliebig. y bezeichne eine Lösung von $\mathscr{D}y = 0$ mit den Anfangsbedingungen $y(0) = x(0)$; $y'(0) = x'(0)$. Mit diesen Bedingungen ist y eindeutig bestimmt. Es gilt $y \in N$ und $x - y \in M$. Die gewünschte, nach Satz 1 eindeutige Zerlegung von x lautet $x = y + (x - y)$.

Viel anschaulicher wird der Satz 1 anhand unseres Beispiels, wenn wir folgendes Anfangswertproblem betrachten:

$$\mathscr{D}y = f, \qquad y(0) = y_0, \qquad y'(0) = y_1,$$

wobei y_0 und y_1 im voraus gegebene, beliebige reelle Zahlen sind und f eine nicht identisch verschwindende stetige Funktion in $[0, \infty)$ ist. Wir wissen aus den Elementen der Differentialgleichungen, daß unser Anfangswertproblem eine eindeutige Auflösung y in der linearen Menge $C^2[0, \infty)$ hat. Wir wenden auf die Lösung y den Zerlegungssatz 1 an: $y = x_1 + x_2$, wobei $x_1 \in N$ und $x_2 \in M$ ist. x_2 ist eine Lösung der inhomogenen Differentialgleichung $\mathscr{D}x_2 = f$ mit den homogenen Anfangsbedingungen $x_2(0) = 0$; $x_2(0) = 0$. Die Lösung unserer inhomogenen Anfangswertaufgabe ist die eindeutig dargestellte Summe einer gewissen Lösung der homogenen Differentialgleichung und der Lösung der inhomogenen Differentialgleichung mit homogenen Anfangswertbedingungen.

4. Produkt einer Teilmenge mit einem Skalar. Es sei wieder D eine Teilmenge der linearen Menge A. Mit λD ($\lambda \in \mathbb{K}$) bezeichnen wir die Menge aller Elemente von A, welche von der Gestalt λx ($x \in D$) sind. Die Menge λD kann man als Ergebnis einer auf D angewandten Ähnlichkeitstransformation (*Homothetie*) mit dem Zentrum im Nullpunkt und dem Ähnlichkeitskoeffizienten λ deuten. Ist $\lambda = -1$, so schreibt man für $(-1)D$ kürzer $-D$.

Für eine konvexe Menge E und für zwei beliebige nichtnegative Zahlen λ und μ mit $\lambda + \mu = 1$ gilt stets $\lambda E + \mu E = E$. Interessanterweise gilt demgegenüber für eine beliebige Teilmenge $D \subset A$ nur die Inklusion $D \subseteq \lambda D + \mu D$ ($\lambda \geqq 0$, $\mu \geqq 0$; $\lambda + \mu = 1$).

5. Faktormengen. Es seien A eine lineare Menge und D eine lineare Teilmenge von A. Zwei Elemente x und y aus A werden *äquivalent modulo D* genannt, falls $x - y \in D$ gilt. Wenn die Gefahr eines Irrtums nicht vorhanden ist, dann werden wir «modulo D» weglassen und x und y einfach als äquivalent bezeichnen. Die Menge aller Elemente, welche mit einem bestimmten Element äquivalent sind, bilden eine sogenannte *Äquivalenzklasse* (modulo D). Ein Element, welches in eine Äquivalenzklasse gehört, ist ein *Repräsentant* der Klasse. Wenn x und y zwei nichtäquivalente Elemente aus A sind (d.h. $x - y \notin D$), dann bestimmen diese zwei disjunkte Klassen. Hätten nämlich diese ein gemeinsames Element, etwa z, dann wären x und y mit z äquivalent, d.h. es wären $x - z \in D$ und $y - z \in D$, dann hätte man wegen $x - y = (x - z) + (z - y)$ und wegen der Linearität von D $x - y \in D$, also wären auch x und y miteinander äquivalent im Gegensatz zur Voraussetzung.

Ist $x \in A$ beliebig, dann haben alle Elemente x', welche mit x äquivalent sind, die Gestalt $x' = x + z$, wobei z die Teilmenge D durchläuft. In der Tat gilt $x' - x = z \in D$.

Wir betrachten jetzt alle möglichen Äquivalenzklassen. Diese bilden eine Menge. Ist $x \in A$, dann sei $(x)_D$ die Äquivalenzklasse modulo D, von der ein

Repräsentant x ist. Wir führen in der Menge der Äquivalenzklassen eine Addition- und eine Multiplikation-operation mit einer Zahl aus $\mathbb{K}$ durch folgende Definitionen ein:

$$(x)_D + (y)_D = (x+y)_D ; \qquad \lambda(x)_D = (\lambda x)_D \qquad (\lambda \in \mathbb{K}). \qquad (1.22.03)$$

Diese Definitionen sind sinnvoll. Es seien nämlich $x', x'' \in (x)_D$ und $y', y'' \in (y)_D$, dann ist $(x'+y')-(x''+y'')=(x'-x'')+(y'-y'') \in D$ wegen der Linearität von D und wegen der Beziehungen $x'-x'' \in D$ und $y'-y'' \in D$. Demzufolge gehören $x'+x''$ und $y'+y''$ zur gleichen Äquivalenzklasse.

Auch die Definition der Multiplikation mit einem $\lambda \in \mathbb{K}$ hat einen Sinn, denn $\lambda x' - \lambda x'' = \lambda(x'-x'') \in D$, weil $x'-x'' \in D$ und D ist eine lineare Menge.

Es wird dem Leser empfohlen, nachzuprüfen, daß die Definitionen (1.22.03) den Axiomen a_1, a_2 und m_1–m_5 in (1.21.1) genügen. Mit dieser Operation wird die Menge aller Äquivalenzklassen zu einer linearen Menge, welche wir *Faktorenmenge von A modulo D* (manchmal auch *Faktorenraum von A modulo D*) nennen und mit $A \mid D$ bezeichnen.

6. Beispiele. a) Es sei $A = \mathbb{R}^3$ aufgefaßt als die lineare Menge aller Vektoren im dreidimensionalen Raum. D bezeichne die lineare Teilmenge aller Vektoren, welche in einer durch den Ursprung gehende Ebene wirken. Dann besteht $\mathbb{R}^3 \mid D$ aus allen Vektoren, welche mit der obigen Ebene parallel sind.

b) Wir kommen zum Beispiel b) in Punkt 3 zurück und verwenden die dort eingeführten Bezeichnungen. Eine Äquivalenzklasse von $C^2[0,\infty) \mid N$ enthält alle Funktionen $x \in C^2[0,\infty)$, welche die Differentialgleichung $\mathscr{D}x = f$ nebst fester Funktion $f \in C[0,\infty)$ befriedigen.

c) Eine äußerst wichtige Faktormenge ist die folgende. Es bezeichne I ein (nicht unbedingt endliches) Intervall (a, b) $(a < b)$ und $L(I) = L$ die lineare Menge aller in I im Lebesgueschen Sinn integrierbaren Funktionen (vgl. dazu Kapitel 102 in Band 1). $N(I)$ bezeichne die lineare Menge aller in I fast überall (f.ü.) verschwindenden Funktionen (s. dazu S. 42 in Band 1). Dann enthält eine Äquivalenzklasse der Faktormenge $L(I) \mid N(I)$ alle nach Lebesgue integrierbaren Funktionen, welche sich höchstens an einer Teilmenge von I vom Maß Null unterscheiden. Wir werden, wie in der Literatur üblich, anstatt $L(I) \mid N(I)$ einfach nur $L(I)$ schreiben. $x \in L(I)$ soll also einen Repräsentanten derjenigen Äquivalenzklasse aus $L(I) \mid N(I)$ bedeuten, in welche die Funktion x gehört.

1.23 Normierte Räume

1. Definition der Norm. Es sei A eine lineare Menge über $\mathbb{K}$. Wir führen in A eine Abstandfunktion (Metrik) d ein, welche zu den Eigenschaften 1, 2, 3 und 4 in (1.11.02) zusätzlich die folgenden besonderen Eigenschaften besitzt:

a) $d(x+z, y+z) = d(x, y)$ $x, y, z \in A$ (Transitivität)

b) $d(\lambda x, \lambda y) = |\lambda| d(x, y)$ $\lambda \in \mathbb{K}$; $x, y \in A$ (Homogenität).

Mit ihrer Hilfe können wir jedem Element $x \in A$ eine nichtnegative Zahl, bezeichnet mit $\|x\|$, wie folgt zuordnen:

$$\|x\| = d(x, 0). \tag{1.23.01}$$

Die Zahl $\|x\|$ heißt die *Norm* von x; die lineare Menge A, in welcher wir mittels einer Abstandfunktion nach obiger Vorschrift eine Norm eingeführt haben, nennen wir *normierten* Raum.

Die wichtigsten Eigenschaften einer Norm sind die folgenden:

I. $\|x\| \geqq 0$ $(x \in A)$. Das ergibt sich unmittelbar aus der Eigenschaft 1 der Abstandfunktion.

II. $\|x\| = 0$ genau dann, wenn $x = 0$ ist. Das folgt aus der Eigenschaft 2 einer Metrik.

III. $\|\lambda x\| = |\lambda| \|x\|$ $(\lambda \in \mathbb{K}, x \in A)$. Setzt man in b) $y = 0$, erhält man die Homogenität der Norm.

IV. $d(x, y) = \|x - y\|$ $(x, y \in A)$. Man setzt in a) $z = -y$, dann ergibt sich $d(x - y, 0) = \|x - y\|$, was nach (1.23.01) mit der behaupteten Eigenschaft gleichbedeutend ist.

V. $\|x + y\| \leqq \|x\| + \|y\|$ $(x, y \in A)$. Diese Ungleichung heißt die *Dreiecksungleichung für die Normen*, denn sie ist eine unmittelbare Folge der Dreiecksungleichung der Metriken. Es gilt nämlich nach III, IV und 4 in 1.11.2:

$$\|x + y\| = d(x, -y) \leqq d(x, 0) + d(-y, 0) = \|x\| + \|-y\|$$
$$= \|x\| + |-1| \|y\| = \|x\| + \|y\|.$$

Man kann in einer linearen Menge auf verschiedene Arten eine Norm einführen. Ein normierter Raum ist mit der linearen Grundmenge und der Norm bestimmt, deshalb werden wir einen normierten Raum mit dem Paar $(A, \|.\|)$ bezeichnen. Wenn kein Irrtum entstehen kann, dann sprechen wir kurz vom normierten Raum A.

Wenn wir in A verschiedene Normen einführen, dann werden wir diese mittels der Symbole $\|.\|_1$, $\|.\|_2$ oder $\|.\|_a$, $\|.\|_b$ unterscheiden. Wenn $\|.\|_1$ und $\|.\|_2$ verschiedene Normen über der gleichen Grundmenge sind, dann sind $(A, \|.\|_1)$ und $(A, \|.\|_2)$ verschiedene normierte Räume. Werden verschiedene normierte Räume betrachtet, dann müssen ihre Normen auch unterschieden werden. Dazu dienen solche Bezeichnungsweisen wie $(A, \|.\|_A)$, $(B, \|.\|_B)$.

Die Eigenschaften I, II, III und V charakterisieren die Norm. Wenn wir nämlich in einer linearen Menge A zu jedem Element x eine Zahl $\|x\|$ mit den obengenannten Eigenschaften zuordnen, dann definiert $d(x, y) = \|x - y\|$ eine Metrik in A, welche die Zusatzeigenschaften a) und b) hat. Wenn wir prüfen wollen, ob eine Zuordnung $\|.\| : A \to \mathbb{R}$ eine Norm ist, müßen wir nur die Gültigkeit von I, II, III und V testen.

2. Einige Grundeigenschaften normierter Räume. Es sei $(A, \|.\|)$ ein normierter Raum. Dann gilt:

Satz 1. *Für beliebige Elemente* $x, y \in (A, \|.\|)$ *gilt*

$$\big| \|x\| - \|y\| \big| \leqq \|x - y\|.$$

Beweis. Aus V folgt $\|x\| = \|x - y + y\| \leq \|x - y\| + \|y\|$ und hieraus $\|x\| - \|y\| \leq \|x - y\|$. Vertauschen wir x und y, dann erhalten wir $\|y\| - \|x\| \leq \|x - y\|$, zusammen mit der ersten Ungleichung also $|\|x\| - \|y\|| \leq \|x - y\|$. □

Da ein normierter Raum ein spezieller metrischer Raum ist, deuten wir deshalb die *Konvergenz* in einem solchen, wie wir die Konvergenz in einem metrischen Raum definiert haben. Dementsprechend bedeutet $x_n \xrightarrow{(A, \|.\|)} x_0$ $(n \to \infty): d(x_n, x_0) = \|x_n - x_0\| \to 0$ $(n \to \infty)$.

Satz 2. *Die Norm ist eine stetige Funktion, d.h., gilt* $x_n \xrightarrow{(A, \|.\|)} x_0$, *dann ist* $\lim_{n \to \infty} \|x_n\| = \|x_0\|$.

Beweis. Unmittelbare Folge von Satz 3; 1.11. □

Satz 3. *Der Grenzwert einer Folge in einem normierten Raum ist eindeutig bestimmt.*

Beweis. Folgt aus Satz 1; 1.11. □

Satz 4. *Eine konvergente Folge ist beschränkt, d.h. ist* $\{x_n\}$ *in* $(A, \|.\|)$ *konvergent, dann gibt es eine positive Zahl* K *mit* $\|x_n\| \leq K$ $(n = 1, 2, 3, \ldots)$.

Beweis. Die Richtigkeit dieser Behauptung ergibt sich unmittelbar aus Satz 2. □

Satz 5. *Die Verknüpfungsoperationen* + *und* . *sind stetig, d.h. gilt* $x_n \xrightarrow{(A, \|.\|)} x_0$; $y_n \xrightarrow{(A, \|.\|)} y_0$, *dann folgt* $x_n + y_n \xrightarrow{(A, \|.\|)} x_0 + y_0$, *und für* $\lim_{n \to \infty} \lambda_n = \lambda_0$ $(\lambda_n \in \mathbb{K}, n = 0, 1, 2, \ldots)$ *gilt* $\lambda_n x_n \xrightarrow{(A, \|.\|)} \lambda_0 x_0$.

Beweis. Aus der Dreiecksungleichung folgen

$$\|(x_n + y_n) - (x_0 + y_0)\| \leq \|x_n - x_0\| + \|y_n - y_0\| \to 0 \qquad (n \to \infty)$$

und

$$\|\lambda_n x_n - \lambda_0 x_0\| = \|\lambda_n x_n - \lambda_0 x_n + \lambda_0 x_n - \lambda_0 x_0\| \leq \|(\lambda_n - \lambda_0) x_n\|$$
$$+ \|\lambda_0 (x_n - x_0)\| = |\lambda_n - \lambda_0| \|x_n\| + |\lambda_0| \|x_n - x_0\| \to 0 \quad n \to \infty. \quad □$$

3. Beispiele. a) $\mathbb{R}^n$ ist mit

$$\|x\|_{\mathbb{R}^n} = \sqrt{x_1^2 + x_2^2 + \cdots + x_n^2} \tag{1.23.02}$$

ein normierter Raum. Er entsteht aus der Abstandfunktion (1.11.02), da diese letztere auch die zusätzlichen Eigenschaften a und b besitzt.

An der linearen Menge aller n-dimensionalen Vektoren läßt sich auch z.B. die Norm

$$\|x\|_{\mathbb{M}^n} = \max_{k = 1, 2, \ldots, n} |x_i| \tag{1.23.03}$$

einführen; diese entsteht aus der Abstandfunktion $d_{\mathbb{M}^n}$ (s. 1.11.3, Beispiel b'), welche ebenfalls die Eigenschaften a und b hat.

Den normierten Raum mit der Norm (1.23.02) werden wir als solchen mit $\mathbb{R}^n$ bezeichnen, und er heißt n-dimensionaler euklidischer Raum. Die Norm (1.23.02) trägt den Namen *euklidische Norm*. Die Norm (1.23.03) wird dagegen als *Maximalnorm* bezeichnet. Den normierten Raum aller n-Tupeln mit der Maximalnorm werden wir immer mit $\mathbb{M}^n$ bezeichnen.

Ähnlich kann man auch $\mathbb{C}^n$ als normierten Raum mit der Norm

$$\|x\| = \sqrt{|x_1|^2 + |x_2|^2 + \cdots + |x_n|^2} \qquad (1.23.04)$$

auffassen, welche aus (1.11.03) entsteht. Die Norm (1.23.04) wird oft mit $\|.\|_{\mathbb{C}^n}$ bezeichnet.

b) Die lineare Menge $C(I)$ aller in ($I = [a, b]$) erklärten und stetigen Funktionen mit der Norm

$$\|x\| = \max_{t \in I} |x(t)| \qquad (1.23.05)$$

ist ein normierter Raum. Diese Norm entsteht aus der Metrik (1.11.04), welche ebenfalls den Bedingungen a und b genügt. Unter $C(I)$ werden wir den normierten Raum mit der Norm (1.23.05) (welche auch hier oft als *Maximalnorm* bezeichnet wird) verstehen.

c) Die Abstandfunktion (1.11.05) im Raum S erfüllt die Bedingung b offensichtlich nicht, deshalb kann mit dieser keine Norm definiert werden. Mit andern Worten: Wenn wir in (1.11.05) $y = 0$ setzen, so wird $d(x, 0)$ keine Norm sein, da $d(x, 0)$ die Eigenschaften III, IV und daher auch V nicht besitzt.

4. Teilraum eines normierten Raumes. Ein normierter Raum ist gleichzeitig ein metrischer Raum und eine lineare Menge. Wie oben in (1.23.01) definiert wurde, erzeugt jede Metrik mit den Zusatzeigenschaften a und b eine Norm. Aber auch umgekehrt: Definiert man in einem linearen Raum mit den Eigenschaften I, II, III und V eine Norm, so erzeugt diese durch $d(x, y) := \|x - y\|$ eine Metrik in der linearen Menge. Man kann leicht nachweisen, daß $\|x - y\|$ tatsächlich eine Abstandfunktion ist.

Den Begriff des Teilraumes für metrische Räume haben wir in 1.11.8 eingeführt. Es wird zweckmäßig sein, für den Begriff «Teilraum» bei normierten Räumen sich an diese Definition zu halten. Dabei sollte ein «Teilraum» andererseits eine lineare Menge sein. Dementsprechend werden wir als *Teilraum* eines normierten Raumes $(A, \|.\|)$ jede abgeschlossene lineare Menge, die in $(A, \|.\|)$ enthalten ist, bezeichnen.

Es sei D eine lineare Menge in $(A, \|.\|)$. Ihre Abschließung $\bar{D}$ (nach der Norm) ist auch eine lineare Menge. Sind nämlich x_0 und y_0 zwei Elemente der Abschließung $\bar{D}$, so gibt es zwei Elementenfolgen $\{x_n\}$ und $\{y_n\}$ aus D mit $x_n \xrightarrow{(A, \|.\|)} x_0$ und $y_n \xrightarrow{(A, \|.\|)} y_0$. Dann aber folgt aus Satz 5, daß

$x_n + y_n \xrightarrow{(A, \|.\|)} x_0 + y_0$ auch zu $\bar{D}$ gehört. Genauso sieht man ein, daß auch λx_0 in $\bar{D}$ ist.

Man kann einer beliebigen Teilmenge E von A die lineare Hülle $L(E)$ bilden; diese ist eine lineare Menge. Ihre Abschließung $\overline{L(E)}$ heißt die *abgeschlossene lineare Hülle von E*, auch diese ist eine lineare Menge. Jedes Element $x \in \overline{L(E)}$ läßt sich in der Form

$$x = \lim_{n \to \infty} \sum_{k=1}^{n} \lambda_k^{(n)} x_k^{(n)} \qquad (x_k^{(n)} \in E; \quad \lambda_k^{(n)} \in \mathbb{K}; \quad k, n = 1, 2, 3, \ldots)$$

darstellen (das Limes ist natürlich nach der Norm zu verstehen).

Ein System der Elemente $\{x_\gamma\}$ heißt *vollständig* im Raum $(A, \|.\|)$, wenn $\overline{L(\{x_\gamma\})} = A$ gilt, d.h. wenn die Menge aller Linearkombinationen der Elemente x_γ in $(A, \|.\|)$ dicht ist.

Auch in normierten Räumen kann man konvexe Mengen bilden, genauso wie in allgemeinen metrischen Räumen. Eine Kugel $K_\varepsilon(x_0) = \{x \mid \|x - x_0\| < \varepsilon\}$ (bzw. $\bar{K}_\varepsilon(x_0)$) ist konvex. Aus $x, y \in K_\varepsilon(x_0)$, $\lambda, \mu \geq 0$; $\lambda + \mu = 1$ folgt nämlich

$$\|(\lambda x + \mu y) - x_0\| = \|(\lambda x + \mu y) - (\lambda + \mu)x_0\|$$
$$= \|\lambda(x - x_0) + \mu(y - y_0)\| \leq \lambda \|x - x_0\| + \mu \|y - y_0\| < \lambda\varepsilon + \mu\varepsilon = \varepsilon,$$

d.h. es gilt $\lambda x + \mu y \in K_\varepsilon(x_0)$.

5. Isomorphe und isometrische normierte Räume. Sind zwei isomorphe Räume als metrische Räume isometrisch und als lineare Mengen isomorph, dann nennt man sie *linear isometrisch*. Genauer gesagt die Räume $(A, \|.\|_A)$ und $(B, \|.\|_B)$ heißen linear isometrisch, wenn zwischen ihren Elementen eine eineindeutige Zuordnung $a \leftrightarrow b$ besteht mit der Eigenschaft, daß aus $a \leftrightarrow b$ stets $\|a\|_A = \|b\|_B$ und aus $a_1 \leftrightarrow b_1$, $a_2 \leftrightarrow b_2$ stets $a_1 + a_2 \leftrightarrow b_1 + b_2$ $\lambda a_1 \leftrightarrow \lambda b_1$ folgt ($a_1, a_2 \in A$, $b_1, b_2 \in B$; $\lambda \in \mathbb{K}$).

Wir werden in Zukunft linear isometrische Räume nicht voneinander unterscheiden.

1.24 Endlichdimensionale normierte Räume

1. Konvergenz in endlichdimensionalen normierten Räumen. Es sei $(A, \|.\|)$ ein endlichdimensionaler normierter Raum, d.h., A als lineare Menge besitzt eine endliche algebraische Basis. Es wurde schon in (1.21.01) erwähnt, daß eine n-dimensionale lineare Menge mit L_n, d.h. mit der Menge aller n-Tupeln, isomorph ist. Deshalb können wir annehmen, daß die Elemente des betrachteten Raumes $(A, \|.\|)$ n-gliedrige Zahlenkomplexe (n-Tupeln) sind. Wir setzen

$$e_k = (0, \ldots, 0, 1, 0, \ldots, 0) \qquad k = 1, 2, \ldots, n$$

(die Eins steht an der k-ten Stelle). Dann läßt sich ein Element

$x = (\xi_1, \xi_2, \ldots, \xi_n)$ in der Form

$$x = \sum_{k=1}^{n} \xi_k e_k$$

darstellen. Folglich gilt die Abschätzung

$$\|x\| \leq \sum_{k=1}^{n} |\xi_k| \|e_k\| = \sum_{k=1}^{n} \alpha_k |\xi_k|, \qquad (1.24.01)$$

wobei die Konstanten $\alpha_k = \|e_k\|$ nicht von x abhängen.

Unser Ziel ist, ein gut brauchbares Kriterium für die Konvergenz einer Elementenfolge zu finden. Dazu müssen wir einen Hilfssatz vorausschicken.

Lemma 1. *Ist die Folge $\{x_m\}$ aus dem n-dimensionalen normierten Raum $(A, \|.\|)$ beschränkt, dann ist auch jede Folge $\{\xi_k^{(m)}\}$ $(k = 1, 2, \ldots, n)$ beschränkt (wobei $x_m = (\xi_1^{(m)}, \xi_2^{(m)}, \ldots, \xi_n^{(m)})$ ist).*

Beweis. Wir führen die Bezeichnung

$$\sigma_m := \sum_{k=1}^{n} |\xi_k^{(m)}| \qquad (m = 1, 2, 3, \ldots)$$

ein und zeigen, daß die Folge beschränkt ist. Diese Aussage wird indirekt bewiesen. Wäre nämlich $\{\sigma_m\}$ nicht beschränkt, dann würde diese Zahlenfolge eine Teilfolge enthalten, welche gegen ∞ strebt. Wenn wir diese Teilfolge umnumerieren, können wir behaupten, daß $\lim\limits_{n \to \infty} \sigma_n = \infty$ ist. Es sei

$$y_m := \frac{x_m}{\sigma_m}, \qquad y_m = (\eta_1^{(m)}, \eta_2^{(m)}, \ldots, \eta_n^{(m)}) \qquad (m = 1, 2, 3, \ldots).$$

Daraus folgt

$$\eta_k^{(m)} = \frac{\xi_k^{(m)}}{\sigma_m} \qquad (k = 1, 2, \ldots, n; \quad m = 1, 2, 3, \ldots).$$

Da

$$|\eta_k^{(m)}| = \frac{|\xi_k^{(m)}|}{\sigma_m} \leq \frac{\sum\limits_{p=1}^{m} |\xi_p^{(m)}|}{\sigma_m} = \frac{\sigma_m}{\sigma_m} = 1$$

für jedes k und m gilt, so wird jede Folge $\{\eta_k^{(m)}\}$ $(m = 1. 2, 3, \ldots)$ eine konvergente Teilfolge enthalten. Wieder durch Umnumerierung dieser Teilfolge erhalten wir $\lim\limits_{m \to \infty} \eta_k^{(m)} = \eta_k$ $(k = 1, 2, \ldots, n)$. Es sei $y := (\eta_1, \eta_2, \ldots, \eta_n)$. Dann gilt nach (1.24.01)

$$\|y_m - y\| \leq \sum_{k=1}^{n} \alpha_k |\eta_k^{(m)} - \eta_k| \to 0 \quad \text{für} \quad m \to \infty,$$

also gilt $y_m \xrightarrow{(A, \|.\|)} y$. Andererseits ist

$$\|y_m\| = \frac{\|x_m\|}{\sigma_m} \leq \frac{K}{\sigma_m} \qquad (m = 1, 2, \ldots),$$

weil $\{x_m\}$ laut Voraussetzung beschränkt ist (durch die Zahl K). Daraus folgt aber, daß $\|y_m\| \to 0$ $(n \to \infty)$, also wegen der Stetigkeit der Norm ist $y = 0$. Das ist aber mit $\eta_1 = 0$, $\eta_2 = 0$, $\ldots$, $\eta_n = 0$ gleichwertig und widerspricht der Beziehung

$$\sum_{k=1}^{n} |\eta_k^{(m)}| = \sum_{k=1}^{n} \frac{|\xi_k^{(m)}|}{\sigma_m} = \frac{1}{\sigma_m} \sum_{k=1}^{n} |\xi_k^{(m)}| = \frac{\sigma_m}{\sigma_m} = 1.$$

Ist aber $\{\sigma_m\}$ beschränkt etwa durch $M > 0$, dann gilt

$$|\xi_k^{(m)}| \leq \sum_{p=1}^{n} |\xi_p^{(m)}| = \sigma_m \leq M \qquad (k = 1, 2, \ldots, n; \quad m = 1, 2, 3, \ldots).$$

Damit ist das Lemma bewiesen. □

Mit Unterstützung dieses Hilfssatzes zeigen wir folgenden Satz:

Satz 1. *Notwendig und hinreichend für die Konvergenz der Folge $\{x_m\}$ im endlichdimensionalen normierten Raum ist*

$$\lim_{m \to \infty} \xi_k^{(m)} = \xi_k \qquad (k = 1, 2, 3, \ldots, n).$$

Beweis. a) Die Bedingung ist hinreichend. Denn ist $x_m = (\xi_1^{(m)}, \xi_2^{(m)}, \ldots, \xi_n^{(m)})$ $(m = 1, 2, 3, \ldots)$ und $\xi_k^{(m)} \to \xi_k$ $(k = 1, 2, 3, \ldots, n)$ für $m \to \infty$, dann folgt aus (1.24.01)

$$\|x^{(m)} - x\| \leq \sum_{k=1}^{n} \alpha_k |\xi_k^{(m)} - \xi_k| \to 0.$$

b) Die Notwendigkeit der Bedingung kann man wie folgt zeigen: Wir setzen jetzt voraus, daß $x_m \xrightarrow{(A, \|.\|)} x$ gilt. Die Allgemeinheit wird durch die Voraussetzung $x = 0$ nicht eingeschränkt, denn im entgegengesetzten Fall betrachtet man $\{x_m - x\}$. Die Elementenfolge $\left\{ \dfrac{x_m}{\|x_m\|} \right\}$ ist (durch 1) beschränkt, nach dem Lemma müssen deshalb auch die Folgen $\left\{ \dfrac{\xi_k^{(m)}}{\|x_m\|} \right\}$ $(k = 1, 2, 3, \ldots)$ beschränkt bleiben. Da aber $\|x_m\| \to 0$ $(m \to \infty)$ muß also $\xi_k^{(m)} \to 0$ $(m \to \infty)$ $k = 1, 2, \ldots, n$ gelten. □

Eine unmittelbare wichtige Folge des Satzes ist:

Corollar 1. *In jedem normierten Raum $(A, \|.\|)$ (von beliebiger Dimension) ist jede endlichdimensionale lineare Menge B abgeschlossen.*

Beweis. Wenn B endlichdimensional ist, so ist sie mit L_n isomorph. Da aber L_n abgeschlossen ist, gilt dasselbe für B. □

2. Kompakte Teilmengen in endlichdimensionalen normierten Räumen. Für die Kompaktheit einer Menge werden wir ein sehr einfaches Kriterium finden. Dazu aber benötigen wir ein Lemma:

Lemma 2. *Es seien* $(A, \|.\|)$ *ein* (*nicht unbedingt endlichdimensionaler*) *normierter Raum und* $(B, \|.\|)$ *ein echter Teilraum von* $(A, \|.\|)$. *Dann gibt es zu jedem* $0 < \varepsilon < 1$ *ein Element* x_0 *mit* $\|x_0\| = 1$, *welches die Ungleichung*

$$d(x_0, B) > 1 - \varepsilon$$

erfüllt.

Beweis. Da B eine abgeschlossene Menge (nach der Definition des Teilraumes) ist und nicht mit A zusammenfällt, existiert ein Element $\tilde{x} \in A$ mit $d(\tilde{x}, B) = \alpha > 0$. Weiterhin gibt es in B ein Element x', für das $\|\tilde{x} - x'\| < \dfrac{\alpha}{1 - \varepsilon}$ gilt. Wir setzen

$$x_0 = \frac{\tilde{x} - x'}{\|\tilde{x} - x'\|} = \frac{1}{\|\tilde{x} - x'\|}(\tilde{x} - x') = \gamma(\tilde{x} - x'). \qquad \left(\gamma = \frac{1}{\|\tilde{x} - x'\|}\right)$$

Dann ist $\|x_0\| = 1$, und für jedes $x \in B$ folgt

$$\|x_0 - x\| = \|\gamma\tilde{x} - \gamma x' - x\| = \gamma \left\| \tilde{x} - \left(x' + \frac{x}{\gamma}\right) \right\| = \gamma\, d\left(\tilde{x}, x' + \frac{x}{\gamma}\right)$$

$$\geqq \gamma \min_{y \in B} d(\tilde{x}, y) = \gamma\, d(\tilde{x}, B) = \gamma\alpha$$

$$= \frac{1}{\|\tilde{x} - x'\|}\, \alpha > \frac{1 - \varepsilon}{\alpha} \cdot \alpha = 1 - \varepsilon. \quad \square$$

Nun beweisen wir den grundlegend wichtigen Satz;

Satz 2. *Für die Kompaktheit jeder beschränkten Menge im normierten Raum* $(A, \|.\|)$ *ist notwendig und hinreichend, daß* $(A, \|.\|)$ *endlichdimensional ist.*

Beweis. a) Daß die Bedingung hinreichend ist, folgt sofort aus Satz 1. Es seien also $(A, \|.\|)$ endlichdimensional (von der Dimension n) und D eine beschränkte Teilmenge von A. Dann ist auch die beliebige unendliche Folge $\{x_n\}$ aus D beschränkt. Aus Lemma 1 folgt, daß für jedes $k = 1, 2, \ldots, n$ die Zahlenfolge $\{\xi_k^{(m)}\}$ beschränkt ist. Auf Grund des Bolzano–Weierstraßschen Satzes enthält diese eine konvergente Teilfolge: $\xi_k^{(m_p)} \to \xi_k \ (m_p \to \infty)$. Nach Satz 1 erhalten wir hieraus $x_{m_p} \to x \in D$.

Daß jede kompakte Teilmenge D im endlichdimensionalen normierten Raum $(A, \|.\|)$ beschränkt ist, ist trivial.

b) Die Bedingung ist auch notwendig. Den Beweis führen wir indirekt. Angenommen, der Raum $(A, \|.\|)$ sei unendlichdimensional. Wir betrachten ein beliebiges *normiertes Element* x_1 (d.h., für welches $\|x_1\| = 1$ gilt) und bezeichnen mit A_1 die lineare Hülle $L(\{x_1\})$. Dann gilt sicher $A_1 \neq A$, und nach Lemma 2 existiert ein normiertes Element x_2 aus A derart, daß $d(x_2, A_1) > \frac{1}{2}$ ausfällt. Die lineare Hülle $L(\{x_1, x_2\})$ werde mit A_2 bezeichnet. Durch Fortsetzung dieses Verfahrens erhalten wir eine Folge von Elementen $\{x_m\}$ und von Teilräumen $A_1 \subset A_2 \subset \cdots \subset A_m \subset \cdots$ mit den Eigenschaften

$$\|x_m\| = 1; \qquad A_m = L(\{x_1, x_2, \ldots, x_m\}); \qquad d(x_{m+1}, A_m) > \tfrac{1}{2}.$$

$$(m = 1, 2, \ldots) \quad (1.24.02)$$

Da die Folge $\{x_m\}$ (durch 1) beschränkt ist, können wir aus ihr im Falle der Kompaktheit eine konvergente Teilfolge auswählen. Das widerspricht aber der aus (1.24.02) folgenden Beziehung $\|x_p - x_q\| > \frac{1}{2}$ ($p > q$, $p, q = 1, 2, 3, \ldots$). Damit ist der Satz bewiesen. $\square$

3. Ein Minimumproblem. Wegen zahlreichen Anwendungen ist folgender Satz von besonderer Wichtigkeit:

Satz 3. *Es seien* $(A, \|.\|)$ *ein normierter Raum* (*von beliebiger Dimension*) *und* B *eine lineare Menge in* A. *Dann gibt es zu jedem Element* $x \in A$ *ein Element* $x_0 \in B$, *dessen Abstand von* x *gleich dem Abstand des Elementes* x *von der Menge* B *ist, d.h. für das* $\|x - x_0\| = d(x, B)$ *gilt.*

Der Satz bedeutet, daß x_0 das eindeutig bestimmte zu x nächstgelegene Element von B ist.

Beweis. Zu jedem $m = 1, 2, 3, \ldots$ findet man in B ein Element x_m derart, daß $\|x - x_m\| < d(x, B) + \dfrac{1}{m}$ gilt. Die Folge $\{x_m\}$ ist aber wegen

$$\|x_m\| = \|x - x + x_m\| \leq \|x\| + \|x - x_m\| \leq \|x\| + d(x, B) + \frac{1}{m}$$

$$< \|x\| + d(x, B) + 1 \quad (m = 1, 2, 3, \ldots)$$

beschränkt. Nach Satz 2 kann man also aus der Folge $\{x_m\}$ eine konvergente Teilfolge $\{x_{m_p}\}$ aussondern: $x_{m_p} \to x_0 \in B$ (auf Grund von Corollar 1). Dann gilt $\|x - x_0\| \leqq d(x, B)$. Da x_0 zu B gehört, ist $d(x, B) = \inf_{y \in B} d(x, y) \leqq d(x, x_0) = \|x - x_0\|$, woraus die Behauptung folgt. $\square$

Aus Satz 3 läßt sich ein wichtiger *Approximationssatz* ableiten. Es sei $C(I)$ der normierte Raum aller im abgeschlossenen Intervall I stetigen Funktionen. P_n bezeichne die Menge aller Polynome vom Grad höchstens n. Dann ist $P_n \subset C(I)$, und P_n ist von der Dimension n. Nach Satz 3 kann man zu jeder stetigen Funktion $x \in C(I)$ genau ein Polynom $p(t)$ aus P_n bestimmen, daß

$$\|x - p\| = \max_{t \in I} |x(t) - p(t)| = d(x, P_n) = d(x, P_n)$$

$$= \inf_{y \in P_n} d(x, y) = \inf_{y \in P_n} \|x - y\| = \inf_{y \in P_n} \max_{t \in I} |x(t) - y(t)|$$

gilt. Mit andern Worten: *Zu jeder in $I = [a, b]$ stetigen Funktion x gibt es genau ein Polynom, das die Funktion x im Vergleich mit allen übrigen Polynomen vom Grade nicht größer als n bestmöglich approximiert.*

1.25 Banach–Räume

1. Begriff des Banach–Raumes. Eine besonders wichtige Rolle unter den normierten Räumen spielen die *vollständigen normierten Räume*, die man (nach dem polnischen Mathematiker Stefan Banach) *Banach–Räume* nennt.

Die Vollständigkeit bedeutet hier folgendes: Wenn für eine Folge $\{x_n\}$ von $(A, \|.\|)$ die Beziehung $\|x_n - x_m\| \to 0$ $(n, m \to \infty)$ gilt, dann existiert in $(A, \|.\|)$ ein Element x mit $x_n \xrightarrow{(A, \|.\|)} x$ $(n \to \infty)$, weil $\|x_n - x_m\|$ mit $d(x_n, x_m)$ identisch ist. Eine Cauchysche Folge $\{x_n\}$ im normierten Raum ist also eine solche, bei der es zu jedem $\varepsilon > 0$ ein $N > 0$ gibt mit $\|x_n - x_m\| < \varepsilon$ für $n, m > N$.

Die normierten Räume $\mathbb{R}^n$, $\mathbb{C}^n$ $\mathbb{M}^n$ $(n = 1, 2, 3, \ldots)$, $C(I)$ erwiesen sich als vollständige metrische Räume, deshalb sind diese alle Banach–Räume.

Wir wollen jetzt ein Gegenbeispiel betrachten. Zu diesem Zweck werden wir in der Grundmenge von $C(I)$ die folgende Norm einführen:

$$\|x\|_2 = \left(\int_a^b |x(t)|^2 \, dt \right)^{1/2}. \tag{1.25.01}$$

Der Leser kann sich leicht überzeugen, daß $\|.\|_2$ die Eigenschaften der Normen I, II, III in 1.23.1 besitzt; auf den Beweis der Eigenschaften von V in 1.23.1 kommen wir in 1.26.3 zurück. Allerdings ist (1.25.01) eine Norm. Wir werden jetzt in $C(I)$, wobei diesmal $I = [-1, +1]$ bedeutet, die Folge von Funktionen betrachten:

$$x_n(t) = \begin{cases} 0 & \text{für} \quad -1 \le t < 0 \\ nt & \text{für} \quad 0 \le t \le 1/n \\ 1 & \text{für} \quad \dfrac{1}{n} < t \le 1. \end{cases} \quad (n = 1, 2, 3, \ldots)$$

Das Bild von x_n ist in Abb. 2 dargestellt. Nun zeigen wir, daß $\{x_n\}$ bezüglich der Norm $\|.\|_2$ eine Cauchysche Folge ist, welche jedoch zu keiner Funktion aus $C(I)$ konvergiert

Es sei $n < m$, dann ist $|x_n(t) - x_m(t)|$ gleich 0 für $-1 \le t \le 0$ und $\dfrac{1}{n} \le t \le 1$ und

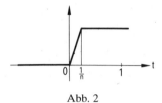

Abb. 2

sonst kleiner als 1, demzufolge ist

$$\|x_n - x_m\|_2 = \left(\int\limits_0^{1/n} (x_n(t) - x_m(t))^2 \, dt \right)^{1/2} < \sqrt{\frac{1}{n}}.$$

$\{x_n\}$ ist also tatsächlich eine Cauchysche Folge. Wir betrachten die *Heavisidesche Sprungfunktion*:

$$h(t) = \begin{cases} 0 & \text{für} \quad -1 \leqq t < 0 \\ 1 & \text{für} \quad 0 < t \leqq 1. \end{cases}$$

Dann ist

$$\|x_n - h\|_2^2 = \int\limits_0^{1/n} (nt - 1)^2 \, dt = \frac{1}{3n} \to 0. \qquad (n \to \infty)$$

h gehört nicht zur Klasse $C(I)$. Wir zeigen jetzt, daß die Folge $\{x_n\}$ in $C(I)$ keinen Grenzwert nach der Norm $\|.\|_2$ hat. Denn wäre ein solches x vorhanden, so hätten wir

$$\int\limits_{-1}^{1} (x(t) - h(t))^2 \, dt = \int\limits_{-1}^{+1} [x(t) - x_n(t) + x_n(t) - h(t)]^2 \, dt$$

$$= \int\limits_{-1}^{+1} [x(t) - x_n(t)]^2 \, dt + \int\limits_{-1}^{+1} [x_n(t) - h(t)]^2 \, dt$$

$$+ 2 \int\limits_{-1}^{+1} [x(t) - x_n(t)][x_n(t) - h(t)] \, dt.$$

Wir können n so groß wählen, daß die Summe der ersten beiden Glieder an der rechten Seite $< \varepsilon$ wird.

Ist $\max\limits_{t \in [-1,1]} |x(t)| = M$, so ist

$$\int\limits_{-1}^{+1} [x(t) - x_n(t)] \cdot [x_n(t) - h(t)] \, dt \leqq (M + 1) \int\limits_0^{1/n} (1 - nt) \, dt = \frac{M + 1}{2n}.$$

Deshalb gilt

$$\int_{-1}^{+1} [x(t) - h(t)]^2 \, dt \leqq \varepsilon + \frac{M+1}{2n}.$$

Das aber kann nur so richtig sein (da ε beliebig klein und n beliebig groß gewählt werden kann), wenn

$$\int_{-1}^{+1} [x(t) - h(t)]^2 \, dt = 0$$

ist. Wenn wir die Gestalt von $h(t)$ berücksichtigen, so ist dieses Ergebnis

$$\int_{-1}^{0} x(t)^2 \, dt + \int_{0}^{1} [x(t) - 1]^2 \, dt = 0.$$

Da beide Summanden nichtnegativ sind, müssen $\int_{-1}^{0} x(t)^2 \, dt = 0$ und $\int_{0}^{1} [x(t) - 1]^2 \, dt = 0$ gelten. Andererseits sind laut Voraussetzung die Integranden stetig, deswegen ist $x(t) = 0$ für $-1 < t < 0$ und $x(t) = 1$ für $0 < t < 1$, und das widerspricht der Annahme über die Stetigkeit von x.

Wir haben gezeigt, daß $(C(I), \|.\|_2)$ *unvollständig ist*, wobei $C(I)$ mit der Maximalnorm ein vollständiger normierter Raum ist. Es ist vielleicht nicht uninteressant, zu bemerken, daß die obige Funktionenfolge $\{x_n\}$ nach der Maximalnorm keine Cauchysche Folge darstellt, obwohl diese nach der $\|.\|_2$-Norm eine Cauchysche Folge ist.

2. Vervollständigung eines normierten Raumes zu einem Banach–Raum. Es sei $(A, \|.\|)$ irgendein normierter Raum. Wir können diesen bezüglich der Abstandfunktion $d(x, y) = \|x - y\|$ $(x, y \in A)$ zu einem vollständigen metrischen Raum $(\tilde{A}, \tilde{d})$ ergänzen nach dem in 1.12 kennengelernten Verfahren. Was wir jetzt zeigen, ist, daß die algebraischen Operationen $+$ und $\cdot$ sowie die Norm eindeutig auf die Vervollständigung erweitert werden können. Dazu benutzen wir die Tatsache, daß der Ausgangsraum, als metrischer Raum, in der Vervollständigung dicht liegt. Daraus folgt, daß zu beliebigen Elementen x und y aus $\tilde{A}$ zwei Folgen $\{x_n\}$ und $\{y_n\}$ in A existieren, so daß $x_n \xrightarrow{(A, d)} x$, $y_n \xrightarrow{(A, d)} y$ $(n \to \infty)$ gelten. Da die Addition $+$ in A schon definiert ist, können wir die Folge $z_n := x_n + y_n$ $(n = 1, 2, 3, \ldots)$ bilden. Diese ist eine Cauchysche Folge:

$$\|z_n - z_m\| = \|x_n + y_n - x_m - y_m\| \leqq \|x_n - x_m\| + \|y_n - y_m\| \to 0. \quad (n, m \to \infty)$$

Die Äquivalenzklasse, in welche $\{z_n\}$ gehört, oder, was dasselbe ist, $\lim_{n \to \infty} z_n = z$ in A, werden wir als $x + y$ definieren. Ähnlich ist $\{\lambda x_n\}$ ebenfalls eine Cauchysche Folge; ihr Grenzwert in $\tilde{A}$ sei λx. Der Leser überprüfe, daß die derart definierten Verknüpfungsvorschriften den Axiomen a_1, a_2, m_1–m_5 in

1.21.1 genügen. Dabei kann man ganz leicht nachweisen, daß diese Operationen eindeutig bestimmt sind, sie hängen von den gewählten Folgen nicht ab. Dabei gehen diese Definitionen in die schon bekannte Addition bzw. Multiplikation mit einem Skalar über, falls x und y Elemente aus A sind. Damit wurde $\tilde{A}$ zu einer linearen Menge.

$\tilde{d}$ ist als $\tilde{d}(x, y) = \lim\limits_{n \to \infty} d(x_n, y_n) = \lim\limits_{n \to \infty} \|x_n - y_n\|$ definiert. Es läßt sich ganz leicht nachprüfen, daß $\tilde{d}$ den zusätzlichen Bedingungen a und b in 1.23.1 genügt, weshalb für $\tilde{A}$ die Größe $\|x\|_{\tilde{A}} = \tilde{d}(x, 0)$ eine Norm ist ($x \in \tilde{A}$). Im Spezialfall $x \in A$ ist $\|x\|_A = d(x, 0) = \tilde{d}(x, 0) = \|x\|_{\tilde{A}}$.

Man kann also jeden normierten Raum zu einem Banach–Raum vervollständigen.

3. Endlichdimensionale Banach–Räume. Wir zeigen jetzt folgenden Satz, welchen wir in der Zukunft oft verwenden werden.

Satz 1. *Jeder endlichdimensionale normierte Raum ist ein Banach–Raum.*

Beweis. Es sei $(A, \|.\|)$ ein n-dimensionaler normierter Raum. Dieser ist nach (1.21.01) $(A, \|.\|)$ mit L_n algebraisch isomorph. Es sei $\{x_m\}$ ($x_m = (\xi_1^{(m)}, \xi_2^{(m)}, \ldots, \xi_n^{(m)})$) eine Cauchysche Folge. Wir bilden

$$x_p - x_q = (\xi_1^{(p)} - \xi_1^{(q)}, \xi_2^{(p)} - \xi_2^{(q)}, \ldots, \xi_n^{(p)} - \xi_n^{(q)}).$$

Wenn $\|x_p - x_q\| \to 0$ ($p, q \to \infty$), dann gilt $x_p - x_q \xrightarrow{(A, \|.\|)} 0$ ($p, q \to \infty$), deswegen haben wir nach Satz 1 in 1.24 die Beziehungen $\xi_k^{(p)} - \xi_k^{(q)} \to 0$ für $p, q \to \infty$ ($k = 1, 2, \ldots, n$). Da $\{\xi_k^{(p)}\}$ Cauchysche Zahlenfolgen sind ($k = 1, 2, \ldots, n$), existieren die Grenzwerte $\lim\limits_{p \to \infty} \xi_k^{(p)} = \xi_k$ ($k = 1, 2, \ldots, n$). Dann ist $x := (\xi_1, \xi_2, \ldots, \xi_n)$ der Grenzwert von $\{x_m\}$, wieder nach Satz 1 von 1.24. $\square$

4. Reihen in Banach–Räumen. Schon folgender Satz weist auf die besondere Wichtigkeit der Banach–Räume. Wir nennen die unendliche Reihe $x_1 + x_2 + \cdots + x_n + \cdots$ *konvergent*, falls die Folge ihrer Partialsummen $s_1 = x_1$; $s_2 = x_1 + x_2$; $\ldots$; $s_n = x_1 + \cdots + x_n$; $\ldots$ im normierten Raum konvergent ist. Wenn die folgende Reihe mit positiven Zahlengliedern

$$\|x_1\| + \|x_2\| + \cdots + \|x_n\| + \cdots$$

konvergent ist, dann sagen wir: unsere Reihe $\sum\limits_{k=1}^{\infty} x_k$ ist *absolutkonvergent*. Es ist aus den Elementen der Analysis bekannt: Wenn eine Reihe von Zahlen absolutkonvergent ist, dann ist sie konvergent. Diese Behauptung ist allgemein in normierten Räumen falsch. Dagegen gilt:

Satz 2. *Jede absolutkonvergente Reihe in einem Banach–Raum ist konvergent.*

Beweis. Setzen wir voraus, daß die Reihe $\sum\limits_{k=1}^{\infty} x_k$ $(x_k \in A;\ k = 1, 2, 3, \ldots)$

absolutkonvergent ist, d.h. $\sum\limits_{k=1}^{\infty} \|x_k\|$ konvergiert. Dann bilden die Partialsummen

$$\sigma_n := \sum_{k=1}^{n} \|x_k\| \qquad (n = 1, 2, 3, \ldots)$$

eine Cauchysche Zahlenfolge, d.h., zu jedem $\varepsilon > 0$ gibt es ein $N > 0$ derart, daß

$$0 \leqq \sigma_n - \sigma_m = \sum_{k=1}^{n} \|x_k\| - \sum_{k=1}^{m} \|x_k\| = \sum_{k=m+1}^{n} \|x_k\| < \varepsilon \qquad m > N;\ n > m$$

gilt. Auch die Folge $\{s_n\}$ ist in $(A, \|.\|)$ eine Cauchysche Folge, denn es gilt

$$\|s_n - s_m\| = \left\| \sum_{k=1}^{n} x_k - \sum_{k=1}^{m} x_k \right\| = \left\| \sum_{k=m+1}^{n} x_k \right\| \leqq \sum_{k=m+1}^{n} \|x_k\|$$

$$= \sigma_n - \sigma_m < \varepsilon \qquad (m > N,\ n > m).$$

Nach der Voraussetzung ist $(A, \|.\|)$ ein vollständiger normierter Raum, die Cauchysche Folge $\{s_n\}$ hat also einen Grenzwert. $\square$

1.26 Unitäre Räume

1. Das Skalarprodukt. Es sei A eine lineare Menge über K. Wir werden jedem Paar von Elementen eine komplexe Zahl zuordnen, d.h. ein Funktional $(.,.): A \times A \to \mathbb{C}$ definieren, so daß folgende Bedingungen (Axiome) erfüllt sind:

α) $(x, y) = \overline{(y, x)}$ $(x, y \in A)$
β) $(\lambda_1 x_1 + \lambda_2 x_2, y) = \lambda_1(x_1, y) + \lambda_2(x_2, y);$ $(\lambda_i \in \mathbb{K};\ x_i, y \in A,\ i = 1, 2)$
γ) $(x, x) \geqq 0$
δ) $(x, x) = 0$ genau dann, wenn $x = 0$ ist.

Eine Funktion $(.,.)$ (von zwei Veränderlichen in A mit Werten in $\mathbb{C}$), welche die Eigenschaften $\alpha - \delta$ besitzt, heißt ein *Skalarprodukt* (manchmal auch *inneres Produkt*). Eine lineare Menge, in welcher wir ein Skalarprodukt eingeführt haben, heißt eine *lineare Menge mit Skalarprodukt* und wird mit $(A, (.,.))$ bezeichnet. Wenn wir in einer linearen Menge zwei verschiedene Skalarprodukte einführen, dann werden wir diese durch die Bezeichnungen $(.,.)_1;$ $(.,.)_2$ oder $(.,.)_a,$ $(.,.)_b$ usw. unterscheiden. Handelt es sich um verschiedene lineare Mengen A und B mit Skalarprodukt, dann verwenden wir die Symbole $(A, (.,.)_A),$ $(B, (.,.)_B).$

2. Beispiele. a) In L_n ist z.B. die Vorschrift

$$(x, y) := \xi_1 \eta_1 + \cdots + \xi_n \eta_n$$
$$(x = (\xi_1, \xi_2, \ldots, \xi_n);\ y = (\eta_1, \eta_2, \ldots, \eta_n)) \qquad (1.26.01)$$

ein Skalarprodukt.

b) In der Grundmenge von $\mathbb{C}^n$ kann man ein Skalarprodukt so definieren:

$$(x, y) = \xi_1 \bar{\eta}_1 + \xi_2 \bar{\eta}_2 + \cdots + \xi_n \bar{\eta}_n$$

$$(x = (\xi_1, \ldots, \xi_n), \quad y = (\eta_1, \ldots, \eta_n)). \quad (1.26.02)$$

c) In der Grundmenge von $C(I)$ $(I = [a, b])$ läßt sich ein Skalarprodukt einführen durch die Vorschrift:

$$(x, y) = \int_a^b x(t) \bar{y}(t) \, dt \qquad (x, y \in C(I)). \tag{1.26.03}$$

Es wird dem Leser empfohlen, nachzuprüfen, daß die Definitionen (1.26.01), (1.26.02) und (1.26.03) tatsächlich Skalarprodukte darstellen.

3. Grundlegende Eigenschaften des Skalarproduktes. Sind $x, y_1, y_2 \in A$ und $\mu_1, \mu_2 \in \mathbb{K}$, dann gilt

$$(x, \mu_1 y_1 + \mu_2 y_2) = \bar{\mu}_1 (x, y_1) + \bar{\mu}_2 (x, y_2). \tag{1.26.04}$$

Das ergibt sich unmittelbar aus den Axiomen α und β. Dabei ist

$$(x, 0) = 0; \qquad (0, x) = 0. \tag{1.26.05}$$

Ist nämlich $0 = 0 \cdot y$, so gilt $(x, 0) = (x, 0y) = 0(x, y) = 0$. Die zweite Aussage folgt aus α.

Satz 1 (Schwarzsche Ungleichung). *Für beliebige Elemente x und y aus $(A, (., .))$ gilt*

$$|(x, y)|^2 \leqq (x, x)(y, y). \tag{1.26.06}$$

Beweis. Falls eines der Elemente 0 ist, so ist die Behauptung nach (1.26.05) trivial. Wir können also, ohne die Allgemeinheit einzuschränken, voraussetzen, daß z.B. $y \neq 0$ ist. Daraus folgt nach Axiom δ, daß $(y, y) \neq 0$ ist.

Es sei λ eine beliebige komplexe Zahl. Dann gilt

$$(x + \lambda y, x + \lambda y) = (x, x) + \bar{\lambda}(x, y) + \lambda(y, x) + |\lambda|^2 (y, y).$$

Nach Axiom γ ist die linke Seite für jeden Wert von λ eine nichtnegative reelle Zahl, deshalb ist

$$(x, x) + \bar{\lambda}(x, y) + \lambda(y, x) + |\lambda|^2 (y, y) \geqq 0. \qquad (\lambda \in \mathbb{C})$$

Wir wählen speziell $\lambda = -(x, x)/(y, y)$. Dann folgt

$$(x, x) - \frac{|(x, y)|^2}{(y, y)} - \frac{|(x, y)|^2}{(y, y)} + \frac{|(x, y)|^2}{(y, y)} \geqq 0,$$

d.h.

$$(x, x)(y, y) - |(x, y)|^2 \geqq 0. \quad \square$$

Bemerkenswert sind einige Sonderfälle der eben bewiesenen Ungleichung: Wenn wir z.B. die Skalarprodukte (1.26.02) bzw. (1.26.01) betrachten, dann ergibt sich

$$|(x, y)|^2 = \left| \sum_{k=1}^{n} \xi_k \bar{\eta}_k \right|^2 \le \sum_{k=1}^{n} |\xi_k|^2 \sum_{k=1}^{n} |\eta_k|^2. \tag{1.26.07}$$

Diese Ungleichung wird oft als *Cauchysche* oder auch als *Cauchy–Schwarzsche Ungleichung* zitiert. Für das Skalarprodukt (1.26.03) liefert die Schwarzsche Ungleichung

$$\left| \int_a^b x(t)\bar{y}(t)\, dt \right|^2 \le \int_a^b |x(t)|^2\, dt \int_a^b |y(t)|^2\, dt. \tag{1.26.08}$$

(Ursprünglich wurde diese nach dem Entdecker Hermann–Amandus Schwarz als Schwarzsche Ungleichung bezeichnet.)

Im Besitz der Ungleichungen (1.26.07) und (1.26.08) können wir auf den Beweis einiger früher formulierten, jedoch unbewiesenen Aussagen zurückkommen.

Wir haben im Raum $\mathbb{C}^n$ unter (1.11.03) die Metrik

$$d(x, y) = \left[\sum_{k=1}^{n} |x_k - y_k|^2 \right]^{1/2} \qquad (x = (x_1, x_2, \ldots, x_n);$$

$$y = (y_1, y_2, \ldots, y_n))$$

eingeführt, aber nicht bewiesen, daß diese der Dreieckungleichung (Axiom 4 in 1.11.1) genügt. Wir können das mit Hilfe von (1.26.07) leicht nachholen:

$$d(x, y)^2 = \sum_{k=1}^{n} |x_k - y_k|^2 = \sum_{k=1}^{n} |(x_k - z_k) + (z_k - y_k)|^2$$

$$= \sum_{k=1}^{n} [(x_k - z_k) + (z_k - y_k)] \cdot [(\bar{x}_k - \bar{z}_k) + (\bar{z}_k - \bar{y}_k)]$$

$$= \sum_{k=1}^{n} |x_k - z_k|^2 + \sum_{k=1}^{n} |z_k - y_k|^2 + \sum_{k=1}^{n} (x_k - z_k)(\bar{z}_k - \bar{y}_k)$$

$$+ \sum_{k=1}^{n} (\bar{x}_k - \bar{z}_k)(z_k - y_k) = \sum_{k=1}^{n} |x_k - z_k|^2 + \sum_{k=1}^{n} |z_k - y_k|^2$$

$$+ 2 \operatorname{Re} \sum_{k=1}^{n} (x_k - z_k)(z_k - y_k) \le \sum_{k=1}^{n} |x_k - z_k|^2 + \sum_{k=1}^{n} |z_k - y_k|^2$$

$$+ 2 \sum_{k=1}^{n} |(x_k - z_k)(z_k - y_k)| \le \sum_{k=1}^{n} |x_k - z_k|^2 + \sum_{k=1}^{n} |z_k - y_k|^2$$

$$+ 2 \left[\sum_{k=1}^{n} |x_k - z_k|^2 \right]^{1/2} \left[\sum_{k=1}^{n} |z_k - y_k|^2 \right]^{1/2}$$

$$= d(x, z)^2 + d(z, y)^2 + 2d(x, z)\, d(z, y) = (d(x, z) + d(z, y))^2,$$

womit die Behauptung bewiesen ist. Dann sind aber auch (1.11.01) und
(1.11.02) eine Metrik, denn auch diese befriedigen aus demselben Grund die
Forderung 4 in 1.11.1.

Aus der Ungleichung (1.26.08) ergibt sich, daß der in (1.25.01) mit

$$\|x\|_2 = \left(\int_a^b |x(t)|^2 \, dt \right)^{1/2} \qquad (x \in C[a, b])$$

eingeführte Ausdruck eine Norm ist. Dazu haben wir nachträglich die
Dreiecksungleichung in der Form V in 1.23.1 nachzuweisen. Sind x und y
Funktionen aus $C[a, b]$, dann gilt nach (1.26.08)

$$\|x + y\|_2^2 = \int_a^b |x(t) + y(t)|^2 \, dt = \int_a^b [x(t) + y(t)][\bar{x}(t) + \bar{y}(t)] \, dt$$

$$= \int_a^b |x(t)|^2 \, dt + \int_a^b |y(t)|^2 \, dt + \int_a^b [x(t)\bar{y}(t) + \bar{x}(t)y(t)] \, dt$$

$$= \int_a^b |x(t)|^2 \, dt + \int_a^b |y(t)|^2 + 2 \, \mathrm{Re} \int_a^b x(t)y(t) \, dt \leqq \int_a^b |x(t)|^2 \, dt$$

$$+ \int_a^b |y(t)|^2 \, dt + 2 \left| \int_a^b x(t)y(t) \, dt \right| \leqq \int_a^b |x(t)|^2 \, dt + \int_a^b |y(t)|^2 \, dt$$

$$+ 2 \left[\int_a^b |x(t)|^2 \, dt \int_a^b |y(t)|^2 \, dt \right]^{1/2} = \|x\|_2^2 + \|y\|_2^2 + 2 \|x\|_2 \|y\|_2$$

$$= (\|x\|_2 + \|y\|_2)^2.$$

4. Unitäre Räume. Es sei $(A, (., .))$ eine lineare Menge mit Skalarprodukt.
Man kann mit Hilfe des Skalarproduktes $(., .)$ in A eine Norm durch

$$\|x\| := (x, x)^{1/2} \qquad (x \in A) \tag{1.26.09}$$

einführen. Der Ausdruck $(x, x)^{1/2}$ genügt tatsächlich den Bedingungen I, II,
III, V in 1.23.01. I folgt aus γ, II aus δ, III aus β und V aus der
Schwarzschen Ungleichung:

$$\|x + y\|^2 = (x + y, x + y) = (x, x) + (y, y) + (x, y) + (y, x)$$

$$= \|x\|^2 + \|y\|^2 + (x, y) + \overline{(x, y)} = \|x\|^2 + \|y\|^2 + 2 \, \mathrm{Re} \, (x, y)$$

$$\leqq \|x\|^2 + \|y\|^2 + 2 \, |(x, y)| \leqq \|x\|^2 + \|y\|^2 + 2(x, x)^{1/2}(y, y)^{1/2}$$

$$= \|x\|^2 + \|y\|^2 + 2 \|x\| \|y\| = (\|x\| + \|y\|)^2.$$

Eine lineare Menge mit Skalarprodukt, versehen mit der Norm (1.26.09), heißt ein *unitärer Raum* (oder *pre-Hilbert-Raum*). Wenn die Norm und das Skalarprodukt in der Beziehung (1.26.09) stehen, dann sagt man: *Die Norm ist mit dem Skalarprodukt verträglich. Ein unitärer Raum ist also ein normierter Raum, in welchen ein mit der Norm verträgliches Skalarprodukt eingeführt ist.*

Der Raum $C(I)$ mit der Norm (1.23.05) und dem Skalarprodukt (1.26.03) ist z.B. kein unitärer Raum, obwohl in ihm eine Norm und ein Skalarprodukt definiert sind. Diese jedoch sind miteinander unverträglich, denn

$$(x, x) = \left(\int_a^b |x(t)|^2 \, dt \right)^{1/2} \neq \max_{t \in I} |x(t)|. \qquad (x \in C(I))$$

Dafür sind aber $\mathbb{R}^n$ mit der euklidischen Norm und dem Skalarprodukt (1.26.01) ein unitärer Raum. Das gleiche läßt sich über $\mathbb{C}^n$ mit dem Skalarprodukt (1.26.02) behaupten.

5. Einige wichtige Eigenschaften der unitären Räume. In einem unitären Raum $(A, (., .))$ kann man die Schwarzsche Ungleichung in der Form schreiben

$$|(x, y)| \leq \|x\| \|y\|. \qquad (x, y \in A) \qquad (1.26.10)$$

Satz 2. *In einem unitären Raum $(A, (., .))$ ist das Skalarprodukt stetig, d.h. ist $x_n \xrightarrow{(A, (., .))} x_0$; $y_n \xrightarrow{(A, (., .))} y_0$ $(n \to \infty)$, dann gilt $\lim_{n \to \infty} (x_n, y_n) = (x_0, y_0)$.*

Beweis. Mit Hilfe der Schwarzschen Ungleichung [Form (1.26.10)] erhalten wir

$$|(x, y) - (x_n, y_n)| = |(x, y) - (x_n, y) + (x_n, y) - (x_n, y_n)|$$
$$\leq |(x, y) - (x_n, y)| + |(x_n, y) - (x_n, y_n)|$$
$$= |(x - x_n, y)| + |(x_n, y - y_n)| \leq \|x - x_n\| \|y\| + \|x_n\| \|y - y_n\|.$$

Da $x_n \xrightarrow{(A, (., .))} x_0$, deshalb ist wegen der Stetigkeit der Norm auch $\{\|x_n\|\}$ konvergent, umso mehr beschränkt. Da $\|x - x_n\| \to 0$ und $\|y - y_n\| \to 0$ $(n \to \infty)$, folgt daraus die Behauptung. $\square$

Satz 3. *Für zwei beliebige Elemente $x, y \in (A, (., .))$ gilt die Gleichung*

$$\|x + y\|^2 + \|x - y\|^2 = 2[\|x\|^2 + \|y\|^2] \qquad (1.26.11)$$

(Vierecksidentität).

Beweis. Auf Grund von (1.26.09) ergibt sich

$$\|x + y\|^2 + \|x - y\|^2 = (x + y, x + y) + (x - y, x - y) = (x, x) + (x, y)$$
$$+ (y, x) + (y, y) + (x, x) - (x, y) - (y, x) + (y, y)$$
$$= 2[\|x\|^2 + \|y\|^2]. \qquad \square$$

Bemerkung. Die eben bewiesene Identität hat im Raum $\mathbb{R}^3$ einen elementar-geometrischen Inhalt. Der Leser formuliere den Inhalt dieser Identität in $\mathbb{R}^3$!

Man könnte jetzt folgende Frage stellen: Es sei ein normierter Raum $(A, \|.\|)$ gegeben. Was ist die Bedingung dafür, daß man in diesem ein mit der Norm verträgliches Skalarprodukt einführen kann? Es läßt sich beweisen: Wenn die Norm der Identität (1.26.11) genügt, dann und nur dann läßt sich in $(A, \|.\|)$ ein mit der Norm verträgliches Skalarprodukt einführen. Deswegen kann man z.B. in $C(I)$ ein mit der Maximalnorm verträgliches Skalar-produkt nicht einführen, denn die Maximalnorm genügt der Identität (1.26.11) nicht. Es sei $I = [0, 1]$, $x(t) \equiv 1$, $y(t) = t^2$. Dann ist $\|x + y\|_C = \max_{t \in [0,1]} (1 + t^2) = 2$; $\|x - y\| = \max_{t \in [0,1]} (1 - t^2) = 1$; $\|x\| = \max_{t \in [0,1]} 1 = 1$; $\|y\| = \max_{t \in [0,1]} t^2 = 1$ und $4 + 1 \neq 2[2 + 1]$.

Dagegen aber befriedigt die Norm $\|.\|_2$ den Satz 3 für jede Funktion aus $C(I)$, wie man sich durch unmittelbare Einsetzung in (1.26.11) überzeugt. Diese Norm ist mit dem Skalarprodukt (1.26.03) tatsächlich verträglich.

Satz 4. *Die Vervollständigung $\bar{A}$ eines unitären Raumes A ist wieder ein unitärer Raum.*

Beweis. Wir wissen schon, daß die Vervollständigung $\bar{A}$ von A als normier-ter Raum wieder ein normierter Raum ist (1.25.2). Wir haben nur zu zeigen, daß auch in $\bar{A}$ das mit der Norm verträgliche Skalarprodukt eingeführt werden kann. Es seien x und y Elemente aus $\bar{A}$, dann gibt es Elementen-folgen $\{x_n\}$ und $\{y_n\}$ aus A, welche zu x bzw. y konvergieren. Es gilt

$$|(x_n, y_n) - (x_m, y_m)| = |(x_n, y_n) - (x_n, y_m) + (x_n, y_m) - (x_m, y_m)|$$
$$\leq |(x_n, y_n - y_m)| + |(x_n - x_m, y_m)|$$
$$\leq \|x_n\| \|y_n - y_m\| + \|x_n - x_m\| \|y_m\|.$$

Da $\{x_n\}$ und $\{y_n\}$ in $\bar{A}$ (also in einem Banach–Raum) konvergente Folgen sind, sind diese einerseits beschränkt, andererseits Cauchysche Folgen, deshalb strebt die rechte Seite der oberen Ungleichung gegen Null. Daher ist $\{(x_n, y_n)\}$ eine Cauchysche Folge, also existiert $\lim_{n \to \infty} (x_n, y_n)$. Der Leser beweise zur Übung, daß dieser Grenzwert von den zu x bzw. y konver-gierenden Folgen unabhängig ist, also nur von x und y abhängt. Wir setzen $(x, y) := \lim_{n \to \infty} (x_n, y_n)$ und überzeugen uns unmittelbar, daß (x, y) den For-derungen des Skalarproduktes genügt. Dabei ist $(x, x) = \lim_{n \to \infty} (x_n, x_n) = \lim_{n \to \infty} \|x_n\|^2 = \|x\|^2$ nach 1.25.2, womit die Behauptung bewiesen ist. $\square$

Wir vermerken noch die offensichtliche Aussage: *Ein Teilraum und auch eine lineare Teilmenge eines unitären Raumes ist ebenfalls ein unitärer Raum.*   (1.26.12)

6. Orthogonale Elemente. Es sei $(A, (.,.))$ ein unitärer Raum. Die Elemente x und y von A heißen *orthogonal*, wenn $(x, y) = 0$ gilt.

Ist $x \in A$ ein festes Element, welches zu jedem Element der Teilmenge $B \subset A$ orthogonal ist, so sagt man, x sei *orthogonal zu* B, und schreibt $(x, B) = 0$.

Sind B_1 und B_2 zwei Teilmengen von A, und jedes Element von B_1 ist zu jedem Element von B_2 orthogonal, so sagen wir, B_1 sei orthogonal zu B_2, und schreiben dafür $(B_1, B_2) = 0$.

Wir führen zunächst einige einfache Folgerungen dieser Definitionen an.

Aus $(x, y_1) = 0$ und $(x, y_2) = 0$ folgt $(x, \lambda_1 y_1 + \lambda_2 y_2) = 0$ $(\lambda_1, \lambda_2 \in \mathbb{K})$.

Aus $(x, y_n) = 0$ $(n = 1, 2, 3, \ldots)$ und $y_n \xrightarrow{(A, (.,.))} y$ folgt $(x, y) = 0$. (1.26.13)

Aus $(x, B) = 0$ folgt $(x, \overline{L(B)}) = 0$. (1.26.14)

Gilt $(x, B) = 0$ und ist die Teilmenge B in A vollständig d.h. ist $\overline{L(B)} = A$, dann muß $x = 0$ sein. (1.26.15)

Die Behauptung (1.26.13) folgt aus der Stetigkeit des Skalarproduktes (Satz 2).

Aus dem gleichen Grund gilt (1.26.14), denn $(x, L(B)) = 0$ ist trivial, und nach Anwendung (1.26.13) ergibt sich die Behauptung.

Da $x \in A$, ist x auch in $\overline{L(B)}$. Es gibt also eine Folge aus $L(B)$, etwa $\{x_n\}$ mit $x_n \to x$ $(n \to \infty)$. Dann aber folgt aus (1.26.14) $0 = \lim_{n \to \infty} (x, x_n) = (x, x) = \|x\|^2$, woraus $x = 0$ folgt. $\square$

7. Orthonormale Elementensysteme. Ein System $\{x_\gamma\}$ von Elementen eines unitären Raumes $(A, (.,.))$ nennen wir *orthonormal*, wenn die Beziehungen

$$(x_{\gamma'}, x_{\gamma''}) = 0 \quad \text{für} \quad \gamma' \neq \gamma''$$

und

$$\|x_\gamma\| = 1$$

gelten.

Die Elemente eines orthonormalen Systems sind linear unabhängig. (1.26.16)

Es seien $x_1, x_2, \ldots, x_n$ beliebige Elemente des orthonormalen Elementensystems. Wir nehmen an, im Gegensatz zu der beweisenden Aussage, daß die obengenannten Elemente linear abhängig wären. Dann gibt es Zahlen $\lambda_1, \lambda_2, \ldots, \lambda_n$ (aus $\mathbb{K}$), nicht alle Null, derart, daß $\lambda_1 x_1 + \lambda_2 x_2 + \cdots + \lambda_n x_n = 0$ ist. Wenn nicht alle Koeffizienten Null sind, dann sei z.B. $\lambda_k \neq 0$. Wenn wir beide Seiten der obigen Gleichung skalar mit x_k multiplizieren, ergibt sich nach der Orthonormiertheit $\lambda_k (x_k, x_k) = \lambda_k \|x_k\|^2 = 0$. Da aber $\|x_k\| = 1$ ist, folgt $\lambda_k = 0$ im Widerspruch zur Voraussetzung. $\square$

Man kann die Behauptung (1.26.16) in gewissem Sinne umkehren:

Satz 5. *Hat man eine endliche Anzahl von linear unabhängigen Elementen*

$x_1, x_2, \ldots, x_n$ eines unitären Raumes, dann kann man durch Bildung geeigneter Linearkombinationen zu einem orthonormierten Elementensystem übergehen.

Beweis. Wir werden ein konkretes Verfahren zum Übergang von $x_1, x_2, \ldots, x_n$ in ein orthonormales Elementensystem $y_1, y_2, \ldots, y_n$ angeben. Dieses Verfahren wird (nach dem deutschen Mathematiker Erhard Schmidt) das *Schmidtsche Orthogonalisierungsverfahren genannt.* Für Vektoren haben wir das Verfahren in Band 2, S. 39–41, schon angeführt.

Wegen der linearen Unabhängigkeit kann kein x_k gleich 0 sein, d.h. $\|x_k\| \neq 0$ ($k = 1, 2, \ldots, n$). Es sei $y_1 = \dfrac{x_1}{\|x_1\|} = \lambda_1^{(1)} x_1$. Offensichtlich ist $\|y_1\| = \dfrac{\|x_1\|}{\|x_1\|} = 1$.
Wir bilden jetzt eine Linearkombination von der Form

$$y_2 = \lambda_1^{(2)} x_1 + \lambda_2^{(2)} x_2 \qquad\qquad (1.26.17)$$

und bestimmen die Koeffizienten derart, daß die Bedingungen $(y_1, y_2) = 0$; $\|y_2\| = 1$ erfüllt sind. Dazu bilden wir zuerst

$$u_2 := x_2 - \alpha_{21} y_1$$

und bestimmen α_{21} derart, daß $(u_2, y_1) = 0$ ist. Es gilt

$$(u_2, y_1) = (x_2, y_1) - \alpha_{21}(y_1, y_1) = (x_2, y_1) - \alpha_{21} = 0$$

(da $\|y_1\| = 1$ ist). Daraus folgt $\alpha_{21} = (x_2, y_1)$, deswegen ist

$$u_2 = x_2 - (x_2, y_1) y_1.$$

$u_2 = 0$ kann nicht vorkommen, da u_2 eine Linearkombination von x_1 und x_2 ist; x_1 und x_2 sind aber nach Voraussetzung linear unabhängig, und da der Koeffizient von x_2 gleich 1 ($\neq 0$) ist, ist $u_2 \neq 0$ tatsächlich richtig. Dann aber können wir

$$y_2 = \frac{u_2}{\|u_2\|}$$

bilden, und das hat tatsächlich die Gestalt (1.26.17).

Wir setzen unser Verfahren fort, indem wir $u_3 = x_3 - \alpha_{31} y_1 - \alpha_{32} y_2$ setzen. Da müßen $(u_3, y_1) = 0$, $(u_3, y_2) = 0$ gelten. Diese Bedingungen liefern die Gleichungen:

$$(u_3, y_1) = (x_3, y_1) - \alpha_{31}(y_1, y_1) - \alpha_{32}(y_2, y_1) = (x_3, y_1) - \alpha_{31} = 0$$
$$(u_3, y_2) = (x_3, y_2) - \alpha_{31}(y_1, y_2) - \alpha_{32}(y_2, y_2) = (x_3, y_2) - \alpha_{32} = 0,$$

woraus

$$\alpha_{31} = (x_3, y_1), \qquad \alpha_{32} = (x_3, y_2)$$

folgt. So wird

$$u_3 = x_3 - (x_3, y_1) y_1 - (x_3, y_2) y_2.$$

Das ist eine Linearkombination mit nicht lauter Null koeffizienten von x_1,

x_2, x_3 (weil der Koeffizient von x_3 gleich 1 ist), daher ist $u_3 \neq 0$, deswegen setzen wir $y_3 = \dfrac{u_3}{\|u_3\|}$. Man sieht, daß

$$y = \lambda_1^{(3)} x_1 + \lambda_2^{(3)} x_2 + \lambda_3^{(3)} x_3$$

ist. So können wir schrittweise fortfahren, bis wir das orthonormale System $y_1, y_2, \ldots, y_n$ erreichen. □

Man kann auch durch andere Linearkombinationen von einem linear unabhängigen Elementensystem zu einem orthonormierten übergehen.

Wenn wir das Schmidtsche Orthogonalisierungsverfahren auf die linear unabhängigen Funktionen $1, t, t^2, t^3, \ldots$ mit dem Skalarprodukt (1.26.03) für $a = -1$, $b = 1$ anwenden, erhalten wir die sogenannten *Legendreschen Polynome*, welche in der Approximationentheorie eine wichtige Rolle spielen.

1.27 Die Hölderschen und die Minkowskischen Ungleichungen

Im vorangehenden Abschnitt haben wir die Schwarzsche Ungleichung auf Zahlenfolgen bzw. auf Funktionen angewendet [vgl. (1.26.07) und (1.26.08)]. Diese Ungleichungen finden vielseitige Anwendungen. Jetzt werden wir zwei weitere Ungleichungen herleiten, welche wir in der Zukunft gebrauchen werden. Dazu aber müssen wir einen Hilfssatz vorausschicken.

1. Hilfssatz. Es seien p und q beliebige positive Zahlen, für welche $1/p + 1/q = 1$ gilt. Dann gilt für beliebige Zahlen a und b die Ungleichung

$$|ab| \leqq \frac{|a|^p}{p} + \frac{|b|^q}{q}. \tag{1.27.01}$$

Zum *Beweis* dieser Ungleichung führen wir zur Abkürzung $\alpha = p - 1$ und $\beta = q - 1$ ein. Wir setzen voraus, daß $|a|^{p-1} \leqq |b|$ gilt (andernfalls brauchen wir nur $|a|$ mit $|b|$ und $p - 1$ mit $q - 1$ zu vertauschen, denn $|a|^{p-1} = |a|^\alpha > |b|$ ist wegen $\alpha\beta = 1$ mit $|a| > |b|^{1/\alpha} = |b|^\beta$ äquivalent). Aus den Gleichungen

$$\int_0^{|a|} t^\alpha \, dt = \frac{|a|^{\alpha+1}}{\alpha+1} = \frac{|a|^p}{p}; \qquad \int_0^b \tau^{1/\alpha} \, d\tau = \int_0^b \tau^\beta \, d\tau = \frac{|b|^{\beta+1}}{\beta+1} = \frac{|b|^q}{q}$$

folgt, daß $|a|^p/p$ gleich dem Inhalt des krummlinigen Dreiecks $0\,|a|\,A$ (Abb. 3) und $|b|^q/q$ gleich dem Inhalt des krummlinigen Dreiecks $0\,|b|\,B$ ist. Die Summe $|a|^p/p + |b|^q/q$ dieser Flächeninhalte ist aber nicht kleiner als der Inhalt des Rechtecks $0\,|a|\,C\,|b|$, d.h. nicht kleiner als $|a|\,|b|$. □

2. Die Höldersche Ungleichung. $\xi_1, \xi_2, \ldots, \xi_n$ und $\eta_1, \eta_2, \ldots, \eta_n$ seien beliebige Zahlen, p und q positive Zahlen mit

$$\frac{1}{p} + \frac{1}{q} = 1. \tag{1.27.02}$$

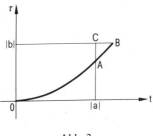

Abb. 3

Dann gilt die *Höldersche Ungleichung*

$$\sum_{k=1}^{n} |\xi_k \eta_k| \leq \left(\sum_{k=1}^{n} |\xi_k|^p \right)^{1/p} \left(\sum_{k=1}^{n} |\eta_k|^q \right)^{1/q}. \tag{1.27.03}$$

Beweis. Wir führen zur Abkürzung $A^p = \sum_{k=1}^{n} |\xi_k|^p$ und $B^q = \sum_{k=1}^{n} |\eta_k|^q$ ein und vereinbaren, daß A und B beide positiv sind. Mit

$$x_k = \frac{\xi_k}{A}; \qquad y_k = \frac{\eta_k}{B} \qquad (k = 1, 2, 3, \ldots, n)$$

folgt aus (1.27.01):

$$|x_k y_k| \leq \frac{|x_k|^p}{p} + \frac{|y_k|^q}{q} \qquad (k = 1, 2, \ldots, n),$$

und daraus folgt

$$\sum_{k=1}^{n} |x_k y_k| = \frac{1}{p} \sum_{k=1}^{n} |x_k|^p + \frac{1}{q} \sum_{k=1}^{n} |y_k|^q = \frac{1}{p} + \frac{1}{q} = 1.$$

Wenn wir hierein den Ausdruck von x_k und y_k einsetzen, ergibt sich

$$\sum_{k=1}^{n} |\xi_k \eta_k| \leq AB,$$

was mit der Ungleichung (1.27.03) gleichbedeutend ist. $\square$

Wenn $p = q = 2$ ist, so liefert die Höldersche Ungleichung die Form (1.26.07) der Schwarzschen Ungleichung. Wir werden jetzt die Form der Hölderschen Ungleichung für Funktionen herleiten. Es seien $x(t)$ und $y(t)$ auf dem Intervall (a, b) $(a < b)$ definierte meßbare Funktionen. Dann gilt

$$\int_a^b |x(t) y(t)| \, dt \leq \left(\int_a^b |x(t)|^p \, dt \right)^{1/p} \left(\int_a^b |y(t)|^q \, dt \right)^{1/q}, \tag{1.27.04}$$

wobei die positiven Exponenten p und q der Bedingung (1.27.02) genügen.

Der *Beweis* läuft fast wörtlich wie der von (1.27.03). Wir können annehmen, daß

$$0 < A^p = \int_a^b |x(t)|^p \, dt < \infty; \qquad 0 < B^q = \int_a^b |y(t)|^q \, dt < \infty$$

gilt (denn ist eines der beiden Integrale gleich Null oder unendlich, dann wird die Ungleichung (1.27.04) trivial). Es seien $\bar{x}(t) = x(t)/A$ und $\bar{y}(t) = y(t)/B$. Für jedes t aus (a, b) erhalten wir aus (1.27.01) die Ungleichung

$$|\bar{x}(t)\bar{y}(t)| \leq \frac{|\bar{x}(t)|^p}{p} + \frac{|\bar{y}(t)|^q}{q}$$

und hieraus durch Integration

$$\int_a^b \bar{x}(t)\bar{y}(t) \, dt \leq \frac{1}{p} \int_a^b |\bar{x}(t)|^p \, dt + \frac{1}{q} \int_a^b |\bar{y}(t)|^q \, dt = \frac{1}{p} + \frac{1}{q} = 1,$$

d.h.

$$\int_a^b |x(t)y(t)| \, dt \leq AB. \qquad \square$$

3. Die Minkowskische Ungleichung. Es seien $\xi_1, \xi_2, \ldots, \xi_n$ und $\eta_1, \eta_2, \ldots, \eta_n$ zwei n-Tupeln von reellen Zahlen. Dann gilt die Ungleichung

$$\left[\sum_{k=1}^n |\xi_k + \eta_k|^p \right]^{1/p} \leq \left[\sum_{k=1}^n |\xi_k|^p \right]^{1/p} + \left[\sum_{k=1}^n |\eta_k|^p \right]^{1/p} \qquad (1.27.05)$$

für $p \geq 1$.

Wir haben diese sog. *Minkowskische Ungleichung* nur für den Fall $p > 1$ zu beweisen. Wenn wir sie für positive Zahlen ξ_k und η_k ($k = 1, 2, \ldots, n$) bewiesen haben, dann gilt sie um so mehr für beliebige reelle Zahlen; deshalb setzen wir voraus, daß $\xi_k \geq 0$; $\eta_k \geq 0$ ($k = 1, 2, \ldots, n$) gilt. Unter diesen Voraussetzungen gilt

$$\sum_{k=1}^n [\xi_k + \eta_k]^p = \sum_{k=1}^n \xi_k [\xi_k + \eta_k]^{p-1} + \sum_{k=1}^n \eta_k [\xi_k + \eta_k]^{p-1}.$$

Wenden wir auf jede Summe an der rechten Seite die Höldersche Ungleichung an, dann erhalten wir ($1/p + 1/q - 1$)

$$\sum_{k=1}^n [\xi_k + \eta_k]^p \leq \left[\sum_{k=1}^n \xi_k^p \right]^{1/p} \left[\sum_{k=1}^n (\xi_k + \eta_k)^{q(p-1)} \right]^{1/q}$$

$$+ \left[\sum_{k=1}^n \eta_k^p \right]^{1/p} \left[\sum_{k=1}^n (\xi_k + \eta_k)^{q(p-1)} \right]^{1/q}.$$

Aus $1/p + 1/q = 1$ folgt aber $q(p-1) = p$. Durch Multiplikation beider Seiten der letzten Ungleichung mit $\left[\sum\limits_{k=1}^{n} (\xi_k + \eta_k)^p\right]^{-1/q}$ entsteht deshalb die Beziehung

$$\left[\sum_{k=1}^{n} (\xi_k + \eta_k)^p\right]^{1-1/q} \leq \left[\sum_{k=1}^{n} \xi_k^p\right]^{1/p} + \left[\sum_{k=1}^{n} \eta_k^p\right]^{1/p}.$$

Wegen $1 - \dfrac{1}{q} = \dfrac{1}{p}$ haben wir damit die gewünschte Ungleichung erhalten. $\square$

Jetzt werden wir die *Minkowskische Ungleichung* für Integrale beweisen. Die Funktionen x und y seien beide auf dem Intervall (a, b) $(a < b)$ definiert und messbar. Dann gilt

$$\left[\int_a^b |x(t) + y(t)|^p \, dt\right]^{1/p} \leq \left[\int_a^b |x(t)|^p \, dt\right]^{1/p} + \left[\int_a^b |y(t)|^p \, dt\right]$$

$$(p \geq 1). \quad (1.27.06)$$

Wir beweisen diese Ungleichung für nichtnegative Funktionen, womit sich sofort die Behauptung für beliebige reellwertige Funktionen ergibt.

Den *Beweis* werden wir in zwei Schritten führen. Zuerst werden wir (1.27.06) für beschränkte Funktionen $x(t)$ und $y(t)$ beweisen, und zwar in ganz ähnlicher Weise, wie wir (1.27.05) bewiesen haben. Es gilt

$$\int_a^b (x(t) + y(t))^p \, dt = \int_a^b x(t)(x(t) + y(t))^{p-1} \, dt + \int_a^b y(t)(x(t) + y(t))^{p-1} \, dt.$$

Wir wenden auf jedes Integral an der rechten Seite die Höldersche Ungleichung (1.27.04) an, indem wir q derart wählen, daß $\dfrac{1}{p} + \dfrac{1}{q} = 1$ sei. Dann ergibt sich

$$\int_a^b (x(t) + y(t))^p \, dt \leq \left(\int_a^b x(t)^p \, dt\right)^{1/p} \left(\int_a^b (x(t) + y(t))^{q(p-1)} \, dt\right)^{1/q}$$

$$+ \left(\int_a^b y(t)^p \, dt\right)^{1/p} \left(\int_a^b (x(t) + y(t))^{q(p-1)} \, dt\right)^{1/q}.$$

Wenn wir berücksichtigen, daß $q(p-1) = p$ ist, und nachher mit $(\int_a^b (x(t) + y(t))^p \, dt)^{1/q}$ dividieren, ergibt sich sofort die Minkowskische Ungleichung.

Wir betrachten jetzt den Fall von nicht notwendig beschränkten Funktionen x und y. Dazu bilden wir zwei Folgen $x_n(t)$ und $y_n(t)$, welche wir so definieren:

$$x_n(t) = \begin{cases} x(t) & \text{für} \quad x(t) \leqq n \\ n & \text{für} \quad x(t) > n \end{cases}; \qquad y_n(t) = \begin{cases} y(t) & \text{für} \quad y(t) \leqq n \\ n & \text{für} \quad y(t) > n \end{cases}$$

$$(n = 1, 2, 3, \ldots).$$

Diese Funktionen sind für ein festes n meßbar und beschränkt, deshalb gilt nach obiger Feststellung

$$\left[\int_a^b |x_n(t) + y_n(t)|^p \, dt \right]^{1/p} \leqq \left[\int_a^b |x_n(t)|^p \, dt \right]^{1/p} + \left[\int_a^b |y_n(t)|^p \, dt \right]^{1/p}.$$

Die Folgen $\{|x_n(t)|^p\}$, $\{|y_n(t)|^p\}$ und $\{|x_n(t) + y_n(t)|^p\}$ sind monoton wachsend und konvergent gegen $|x(t)|^p$, $|y(t)|^p$ bzw. $|x(t) + y(t)|^p$. Durch Anwendung des Satzes von Beppo Levi (Band 1, Satz 1.08, S. 53) folgt, daß in der letzten Ungleichung der Grenzübergang $n \to \infty$ durchgeführt werden kann, womit die Behauptung bewiesen ist. □

Die Minkowskischen Ungleichung hat für uns die folgende Bedeutung.

Wir führen in L_n für ein $x = (\xi_1, \xi_2, \ldots, \xi_n)$ die Norm

$$\|x\|_p = \left(\sum_{k=1}^n |\xi_k|^p \right)^{1/p} \qquad (p \geqq 1) \tag{1.27.07}$$

ein. Die Bedingungen I, II, III in 1.23.1 sind offensichtlich erfüllt. Aber auch die Dreiecksungleichung V in 1.23.1 gilt. Genau das ist der Inhalt der Minkowskischen Ungleichung.

Wir können analog in der Menge aller in (a, b) definierten und messbaren Funktionen die Norm

$$\|x\|_p := \left(\int_a^b |x(t)|^p \, dt \right)^{1/p} \qquad (p \geqq 1) \tag{1.27.08}$$

einführen, und dank der Minkowskischen Ungleichung für Integrale ist $\|.\|_p$ tatsächlich eine Norm.

4. Verallgemeinerung für unendliche Folgen. Es seien $(\xi_1, \xi_2, \ldots, \xi_n, \ldots)$ und $(\eta_1, \eta_2, \ldots, \eta_n, \ldots)$ unendliche Zahlenfolgen mit

$$\sum_{k=1}^\infty |\xi_k|^2 < \infty \quad \text{und} \quad \sum_{k=1}^\infty |\eta_k|^2 < \infty.$$

Dann gilt

$$\left| \sum_{k=1}^\infty \xi_k \eta_k \right|^2 \leqq \sum_{k=1}^\infty |\xi_k|^2 \sum_{k=1}^\infty |\eta_k|^2. \tag{1.27.09}$$

Wenn wir nur bis n summieren, dann gilt nach (1.26.07) obige Ungleichung.

Man kann ohne weiteres nach unsern Voraussetzungen den Grenzübergang durchführen.

Das gleiche gilt auch für (1.27.05), hier muß $\sum\limits_{k=1}^{\infty} |\xi_k|^p < \infty$ und $\sum\limits_{k=1}^{\infty} |\eta_k|^p < \infty$ ($p \geqq 1$) vorausgesetzt werden. Dann gilt

$$\left(\sum_{k=1}^{\infty} |\xi_k + \eta_k|^p\right)^{1/p} \leqq \left(\sum_{k=1}^{\infty} |\xi_k|^p\right)^{1/p} + \left(\sum_{k=1}^{\infty} |\eta_k|^p\right)^{1/p}. \tag{1.27.10}$$

Man kann auch Anologes von (1.27.03) behaupten, das werden wir aber nicht gebrauchen.

1.28   Der Hilbert–Raum

1. *Definition des Hilbert–Raumes*. Einen vollständigen unitären Raum nennt man (nach dem deutschen Mathematiker David Hilbert) einen *Hilbert–Raum*. Dieser spielt in der Analysis und in ihren Anwendungen eine besondere Rolle.

Ein orthonormales Elementensystem in einem Hilbert–Raum heißt *vollständig*, wenn die abgeschlossene lineare Hülle des Systems mit dem Raum identisch ist.

Es sei H ein Hilbert–Raum. [Wenn es nicht unbedingt nötig ist, verzichten wir auf die Bezeichung des Skalarproduktes, also schreiben nur H anstatt $(H, (., .))$.] Im folgenden untersuchen wir hauptsächlich *separable* Hilbert–Räume, also solche, welche bezüglich der Metrik $d(x, y) = \|x - y\| = \sqrt{(x - y, x - y)}$ separabel sind (s. 1.13.2).

Satz 1. *Ein orthonormales Elementensystem $\{x_\gamma\}$ ($\gamma \in \Gamma$) in einem separablen Hilbert–Raum H ist höchstens abzählbar.*

Beweis. D sei eine in H dichte abzählbare Menge. Zu jedem $x_\gamma \in \{x_\gamma\}$ gibt es ein $y_\gamma \in D$, so daß $\|x_\gamma - y_\gamma\| < \frac{1}{2}$ gilt. Dabei entsprechen verschiedenen Elementen $x_{\gamma'}$ und $x_{\gamma''}$ verschiedene Elemente $y_{\gamma'}$ und $y_{\gamma''}$. Denn wegen

$$\|x_{\gamma'} - x_{\gamma''}\|^2 = (x_{\gamma'} - x_{\gamma''}, x_{\gamma'} - x_{\gamma''}) = \|x_{\gamma'}\|^2 + \|x_{\gamma''}\|^2 = 2$$

folgt nach Satz 1 in 1.23 die Ungleichung

$$\|y_{\gamma'} - y_{\gamma''}\| = \|(y_{\gamma'} - x_{\gamma'}) + (x_{\gamma'} - x_{\gamma''}) + (x_{\gamma''} - y_{\gamma''})\|$$
$$\geqq \|x_{\gamma'} - x_{\gamma''}\| - (\|x_{\gamma''} - y_{\gamma''}\| + \|y_{\gamma'} - x_{\gamma'}\|) > \sqrt{2} - 1 > 0.$$

Die Menge $\{x_\gamma\}$ ist also einem Teil der abzählbaren Menge D äquivalent und deshalb höchstens abzählbar. $\square$

Eine Ergänzung zu diesem Satz bildet die folgende Behauptung:

Satz 2. *In einem unendlichdimensionalen separablen Hilbert–Raum H existiert ein vollständiges Orthonormalsystem.*

Beweis. Da nach der Voraussetzung H separabel ist, gibt es in ihm eine abzählbare dichte Menge $D = \{z_n\}$. Wir werden aus D ein linear unabhängiges System $\{y_n\}$ aussondern, das in H vollständig ist. – Es sei $z_1 \neq 0$, dann setzen wir $y_1 = z_1$. Als y_2 nehmen wir dasjenige Element z_{n_2}, das unter allen von y_1 linear unabhängigen Elementen den kleinsten Index $n_2 \geq 2$ hat: $y_2 = z_{n_2}$. Das durch Fortsetzung dieses Verfahrens entstehende System $\{y_k\}$ ist vollständig, denn ein beliebiges Element $z_n \in D$ läßt sich offensichtlich als Linearkombination der <u>Elemente</u> $y_k = z_{n_k}$ $(n_k \leq n)$ schreiben, so daß $D \subset L(\{y_k\})$ und deshalb $L(\{y_k\}) = H$ gilt. – Durch Orthogonalisierung des Systems erhalten wir schließlich ein abzählbares vollständiges Orthonormalsystem. $\square$

Ein in H vollständiges orthonormiertes Elementensystem heißt eine *orthonormierte Basis* oder nur kurz eine *Basis* für H.

2. Beispiele. a) Die Räume $\mathbb{R}^n$, $\mathbb{C}^n$ $(n = 1, 2, 3, \ldots)$ sind offensichtlich Hilbert–Räume, da diese, als endlichdimensionale Räume, vollständig sind.

b) Ein sehr wichtiger Raum ist der sog. l^2-Raum. Die Grundmenge enthält sämtliche unendlichen Zahlenfolgen $x = (\xi_1, \xi_2, \ldots, \xi_n, \ldots)$ $(\xi_k \in \mathbb{K}$, $k = 1, 2, 3, \ldots)$, für welche

$$\sum_{k=1}^{\infty} |\xi_k|^2 < \infty$$

gilt.

Zuerst zeigen wir, daß diese Grundmenge mit den Operationen

$$x + y = (\xi_1 + \eta_1, \xi_2 + \eta_2, \ldots, \xi_n + \eta_n, \ldots) \qquad (y = (\eta_1, \eta_2, \ldots, \eta_n, \ldots))$$

$$\lambda x = (\lambda\xi_1, \lambda\xi_2, \ldots, \lambda\xi_n, \ldots) \qquad (\lambda \in \mathbb{K})$$

eine lineare Menge ist. $\lambda x \in l^2$ ist trivial. Wir zeigen jetzt, daß mit x und y die Summe $x + y \in l^2$ gilt. Dazu haben wir nur die Gültigkeit von

$$\sum_{k=1}^{\infty} |\xi_k + \eta_k|^2 < \infty$$

zu beweisen. Das sieht man durch folgende Überlegung ein:

$$\sum_{k=1}^{\infty} |\xi_k + \eta|^2 = \sum_{k=1}^{\infty} (\xi_k + \eta_k)(\bar{\xi}_k + \bar{\eta}_k) = \sum_{k=1}^{\infty} \xi_k\bar{\xi}_k + \sum_{k=1}^{\infty} \eta_k\bar{\eta}_k$$

$$+ \sum_{k=1}^{\infty} \bar{\xi}_k\eta_k + \sum_{k=1}^{\infty} \xi_k\bar{\eta}_k$$

$$= \sum_{k=1}^{\infty} |\xi_k|^2 + \sum_{k=1}^{\infty} |\eta_k|^2 + 2\,\mathrm{Re}\sum_{k=1}^{\infty} \xi_k\bar{\eta}_k$$

$$\leq \sum_{k=1}^{\infty} |\xi_k|^2 + \sum_{k=1}^{\infty} |\eta_k|^2 + 2\left|\sum_{k=1}^{\infty} \xi_k\bar{\eta}_k\right|.$$

Die ersten beiden Summen an der rechten Seite sind wegen der Definition der Folgen $\{\xi_k\}$ und $\{\eta_k\}$ beschränkt. Die dritte Summe ist auf Grund der Schwarzschen Ungleichung (1.27.09) beschränkt, womit die Behauptung bewiesen ist. $\square$

In der Grundmenge von l^2 führen wir das Skalarprodukt

$$(x, y)_{l^2} = \sum_{k=1}^{\infty} \xi_k \bar{\eta}_k \tag{1.28.01}$$

ein. Dieser Ausdruck ist für jedes Paar der Elemente x und y nach der Schwarzschen Ungleichung (1.27.09) sinnvoll. Dabei kann man unmittelbar prüfen, daß (1.28.01) allen Axiomen des Skalarproduktes genügt. Das Skalarprodukt (1.28.01) induziert folgende Norm:

$$\|x\|_{l^2} = \left(\sum_{k=1}^{\infty} |\xi_k|^2 \right)^{1/2}. \tag{1.28.02}$$

Die Definitionen von $(.\,,.)_{l^2}$ bzw. $\|.\|_{l^2}$ zeigen, daß l^2 eine unmittelbare Verallgemeinerung des euklidischen Raumes $\mathbb{R}^n$ ist.

Wir behaupten jetzt, daß l^2 *ein vollständiger Raum ist.* Zu diesem Zweck betrachten wir eine Cauchysche Elementenfolge $\{x_n\}$ $[x_n = (\xi_1^{(n)}, \xi_2^{(n)}, \ldots, \xi_k^{(n)}, \ldots)$ $n = 1, 2, 3, \ldots]$ aus l^2. Dann gilt

$$|\xi_k^{(n)} - \xi_k^{(m)}| \leq \left(\sum_{k=1}^{\infty} |\xi_k^{(n)} - \xi_k^{(m)}|^2 \right)^{1/2} = \|x_m - x_n\| < \varepsilon \qquad (n, m > N),$$

$\{\xi_k^{(n)}\}$ $(n = 1, 2, 3, \ldots)$ sind also Cauchysche Zahlenfolgen, somit existieren die Grenzwerte $\lim\limits_{n \to \infty} \xi_k^{(n)} = \xi_k$ $(k = 1, 2, \ldots)$. Nun zeigen wir, daß $x := (\xi_1, \xi_2, \ldots, \xi_n, \ldots)$ auch zu l^2 gehört und $x_n \overset{l^2}{\to} x$ gilt.

Zu einem beliebigen $\varepsilon > 0$ gibt es eine Zahl $N > 0$, so daß für $n, m > N$ stets

$$\|x_n - x_m\| = \left(\sum_{k=1}^{\infty} |\xi_k^{(n)} - \xi_k^{(m)}|^2 \right)^{1/2} < \varepsilon,$$

also erst recht

$$\left(\sum_{k=1}^{r} |\xi_k^{(n)} - \xi_k^{(m)}|^2 \right)^{1/2} < \varepsilon \qquad (r = 1, 2, 3, \ldots)$$

gilt. Durch den Grenzübergang $m \to \infty$ erhalten wir hieraus

$$\left(\sum_{k=1}^{r} |\xi_k^{(n)} - \xi_k|^2 \right)^{1/2} < \varepsilon \qquad (n > N, \quad r = 1, 2, 3, \ldots).$$

Da diese Ungleichung für jedes r richtig ist, gilt auch

$$\left(\sum_{k=1}^{\infty} |\xi_k^{(n)} - \xi_k|^2 \right)^{1/2} < \varepsilon \qquad (n > N), \tag{1.28.03}$$

d.h. $x_n - x$ mit $n > N$ gehören zu l^2. Da aber $x_n \in l^2$ gilt und l^2 eine lineare Menge ist, ist $x = x_n + (x - x_n)$ auch ein Element von l^2. Die Beziehung (1.28.03) bedeutet genau, daß $x_n \xrightarrow{l^2} x$ gilt.

Dabei ist der Hilbert–Raum l^2 separabel. Man betrachtet alle Zahlenfolgen von der Gestalt $(\xi_1, \xi_2, \ldots, \xi_n, 0, 0, \ldots)$. Die Menge dieser ist in l^2 offensichtlich dicht. Jetzt nehmen wir die Menge D aller Folgen von der Gestalt $(r_1, r_2, \ldots, r_n, 0, 0, \ldots)$, wobei r_k rationale Zahlen sind. D ist in der vorangehenden Menge dicht, daher ist D auch in l^2 dicht. Dabei ist D abzählbar.

Das System von Elementen

$$e_1 = (1, 0, 0, 0, \ldots); \quad e_2 = (0, 1, 0, 0, \ldots); \quad e_3 = (0, 0, 1, 0, 0, \ldots), \ldots$$

ist ein in l^2 vollständiges orthonormales Elementensystem, denn jedes Element $x = (\xi_1, \xi_2, \ldots, \xi_n, \ldots)$ kann in der Gestalt

$$x = \xi_1 e_1 + \xi_2 e_2 + \cdots + \xi_n e_n + \cdots$$

dargestellt werden, d.h. mit

$$x_n := \xi_1 e_1 + \xi_2 e_2 + \cdots + \xi_n e_n \qquad (n = 1, 2, 3, \ldots)$$

gilt $x_n \xrightarrow{l^2} x$. Andererseits ist $x_n \in L(\{e_k\})$ $(n = 1, 2, 3, \ldots)$, also $x \in \overline{L(\{e_k\})}$, woraus $l^2 \subset \overline{L(\{e_k\})}$ folgt. Wegen der Vollständigkeit von l^2 ist $\overline{L(\{e_k\})} \subset l^2$, daher ist $\{e_k\}$ in l^2 vollständig.

c) Der Raum $L^2(a, b)$. Wir betrachten diesmal die Menge aller in (a, b) $(a < b)$ definierten meßbaren Funktionen f, für welche

$$\int_a^b |f(t)|^2 \, dt < \infty$$

gilt [(a, b) muß kein endliches Intervall sein]. Solche Funktionen nennt man *quadratisch integrierbare Funktionen*.

Genau wie in 1.12.6, Beispiel c, bezeichnet $N(a, b)$ die lineare Menge aller in (a, b) definierten und fast überall verschwindenden Funktionen. Wir werden mit $L^2(a, b)$ die Faktormenge aller quadratisch integrierbaren Funktionen modulo $N(a, b)$ bezeichnen, d.h. $x \in L^2(a, b)$ ist eine Äquivalenzklasse von quadratisch integrierbaren Funktionen, deren Glieder sich um eine höchstens auf einer Menge vom Maß Null unterscheiden. Nicht nur die Klasse, sondern auch ein Repräsentant soll mit x bezeichnet werden. Es ist klar, daß das Integral $\int_a^b |x(t)|^2 \, dt$ vom Repräsentanten der Klasse x unabhängig ist, es hängt demzufolge nur von der Klasse ab.

Die Gleichung $x = y$ kann zwei Bedeutungen haben. Entweder wollen wir die Gleichheit der Klasse x mit der Klasse y zum Ausdruck bringen oder aber sagen, daß die *Funktion x* f.ü. mit der Funktion y gleich ist, d.h. die Funktionen x und y gehören zur gleichen Äquivalenzklasse. Oft werden wir über die Funktion x aus $L^2(a, b)$ sprechen. Darunter verstehen wir, daß x ein (beliebiger) Repräsentant ihrer Äquivalenzklasse ist.

Nach diesen Vereinbarungen bilden wir aus der Menge $L^2(a, b)$ aller Äquivalenzklassen einen linearen Raum. Wenn x und y Repräsentanten von zwei Klassen sind, dann sei $x + y$ diejenige Klasse, welche aus allen mit $x(t) + y(t)(t \in (a, b))$ äquivalenten Funktionen besteht. Analog wird auch λx ($\lambda \in \mathbb{K}$) gedeutet.

Wir zeigen, daß mit $x, y \in L^2(a, b)$ auch $x + y \in L^2$ ist. Denn nach der Schwarzschen Ungleichung (1.26.08) gilt

$$
\int_a^b |x(t) + y(t)|^2 \, dt = \int_a^b (x(t) + y(t))(\bar{x}(t) + \bar{y}(t)) \, dt = \int_a^b |x(t)|^2 \, dt
$$

$$
+ \int_a^b |y(t)|^2 \, dt + \int_a^b \bar{x}(t) y(t) \, dt + \int_a^b x(t) \bar{y}(t) \, dt
$$

$$
= \int_a^b |x(t)|^2 \, dt + \int_a^b |y(t)|^2 \, dt + 2 \operatorname{Re} \int_a^b x(t) y(t) \, dt
$$

$$
\leqq \int_a^b |x(t)|^2 \, dt + \int_a^b |y(t)|^2 \, dt + 2 \left| \int_a^b x(t) y(t) \, dt \right| \leqq \int_a^b |x(t)|^2 \, dt
$$

$$
+ \int_a^b |y(t)|^2 \, dt + 2 \left(\int_a^b |x(t)|^2 \, dt \int_a^b |y(t)|^2 \, dt \right)^{1/2}
$$

$$
= \left[\left(\int_a^b |x(t)|^2 \, dt \right)^{1/2} + \left(\int_a^b |y(t)|^2 \, dt \right)^{1/2} \right]^2,
$$

woraus unsere Behauptung folgt.

Daß mit $x \in L^2(a, b)$ auch $\lambda x \in L^2(a, b)$ gilt, ist trivial.

Wenn eine Gefahr eines Irrtums nicht vorhanden ist, werden wir für $L^2(a, b)$ kurz L^2 schreiben.

Wir werden jetzt in L^2 das Skalarprodukt mit

$$
(x, y)_{L^2} = \int_a^b x(t) \bar{y}(t) \, dt \qquad x, y \in L^2 \tag{1.28.04}
$$

einführen. Man sieht, einerseits auf Grund der Schwarzschen Ungleichung (1.26.08), daß $(\,.\,,\,.\,)_{L^2}$ für jedes Paar x, y einen Sinn hat, andererseits, daß das Integral an der rechten Seite von (1.28.04) von den Repräsentanten $x(t)$

und $y(t)$ unabhängig ist, d.h. nur von den Äquivalenzklassen x und y abhängt.

Der Leser überzeuge sich, daß $(.,.)_{L^2}$ allen Axiomen des Skalarproduktes genügt. Dabei induziert es die Norm

$$\|x\|_{L^2} = \|x\|_2 = \left(\int_a^b |x(t)|^2 \, dt \right)^{1/2}. \tag{1.28.05}$$

Eine entscheidend wichtige Tatsache ist, *daß L^2 mit der Norm $\|.\|_2$ ein vollständiger Raum, also ein Hilbert–Raum ist.*

Wie wichtig auch dieser Satz ist, wir können seinen Beweis hier nicht bringen, denn dazu benötigt man gewisse Kenntnisse der reellen Funktionentheorie, welche den Rahmen dieses Buches überschreiten würde.

Dabei *ist der Raum L^2 separabel.* Denn die Menge der Treppenfunktionen ist nach den Ausführungen des Abschnittes 102.02 in Band 1 (S. 45–52) in L^2 dicht. Alle Treppenfunktionen, welche auf Intervallen mit rationalen Endpunkten rationale Werte annehmen, ist einerseits abzählbar, andererseits aber in der Menge aller Treppenfunktionen, also auch in L^2, dicht. Diese Behauptung gilt auch im Fall $a = -\infty$, $b = +\infty$ [oder wenn (a, b) ein anderes unendliches Intervall ist]. Eine abzählbare dichte Menge in $L^2(-\infty, \infty)$ ist z.B. die Gesamtheit der auf Intervallen mit rationalen Endpunkten definierten Treppenfunktionen, die nur rationale Werte annehmen und auf höchstens endlich vielen beschränkten Intervallen von Null verschieden sind.

Für den Raum $L^2(-\pi, \pi)$ ist z.B. das Funktionensystem

$$\frac{1}{\sqrt{2\pi}}, \quad \frac{1}{\sqrt{\pi}} \cos t, \quad \frac{1}{\sqrt{\pi}} \sin t, \dots, \quad \frac{1}{\sqrt{\pi}} \cos nt, \quad \frac{1}{\sqrt{\pi}} \sin nt, \dots \tag{1.28.07}$$

ein *vollständiges orthonormiertes Funktionensystem* (eine *Basis*). Die Orthonormiertheit kann jeder leicht prüfen. Schwieriger ist schon, die Vollständigkeit zu beweisen. Darauf müßen wir an dieser Stelle, um den Rahmen dieses Buches nicht zu sprengen, verzichten [vgl. z.B. C. Goffman, G. Pedrik: First Course in Functional Analysis. New York 1965].

Man schreibt anstatt (1.28.07) sehr oft $\left\{ \dfrac{1}{\sqrt{2\pi}} e^{ikt} \right\}$, wobei $k = 0, \pm 1; \pm 2, \dots$

und i die imaginäre Einheit ist. Auch das ist ein orthonormiertes Funktionensystem, denn für $p \neq q$ gilt

$$\frac{1}{2\pi} \int_{-\pi}^{\pi} e^{ipt} \overline{e^{iqt}} \, dt = \frac{1}{2\pi} \int_{-\pi}^{\pi} e^{i(p-q)t} \, dt = 0$$

und

$$\frac{1}{2\pi} \int_{-\pi}^{\pi} e^{ipt} e^{\overline{ipt}} \, dt = \frac{1}{2\pi} \int_{-\pi}^{\pi} dt = 1 \qquad (p = 1, 2, 3, \ldots).$$

Auch dieses ist vollständig. Das folgt aus der Vollständigkeit des Systems (1.28.07), denn

$$\frac{1}{\sqrt{2\pi}} e^{ikt} = \frac{1}{\sqrt{2\pi}} \cos kt + \frac{i}{\sqrt{2\pi}} \sin kt,$$

also jedes Element von $\left\{ \dfrac{1}{\sqrt{2\pi}} e^{ikt} \right\}$ ist eine lineare Kombination der Funktionen von (1.28.07).

Wenn (a, b) ein endliches Intervall ist, dann ist für $L^2(a, b)$ das System

$$\left\{ \frac{1}{\sqrt{2\pi}}, \frac{1}{\sqrt{\pi}} \cos \frac{2\pi n}{b-a} (t-a), \frac{1}{\sqrt{\pi}} \sin \frac{2\pi n}{b-a} (t-a) \right\} \qquad (n = 1, 2, 3, \ldots)$$

eine orthonormierte Basis.

Für den Raum $L^2(0, \pi)$ ist schon das System $\left\{ \sqrt{\dfrac{2}{\pi}} \sin kt; \, k = 1, 2, \ldots \right\}$ eine orthonormierte Basis. Den Beweis der Orthonormiertheit dieses Systems überlassen wir zur Übung dem Leser.

Die Vollständigkeit sieht man wie folgt ein. Es sei $x \in L^2(0, \pi)$ so beschaffen, daß

$$\int_0^{\pi} x(t) \sin kt \, dt = 0 \qquad (k = 1, 2, 3, \ldots).$$

Wir werden die Definition von $x(t)$ auf $(-\pi, 0)$ derart erweitern, daß die so entstehende Funktion $\tilde{x}(t)$ [welche zu $L^2(-\pi, \pi)$ gehört] ungerade ist, d.h. $\tilde{x}(t) = -\tilde{x}(-t)$ $(t \in (-\pi, \pi))$. Dann gilt einerseits

$$\int_{-\pi}^{\pi} \tilde{x}(t) \sin kt \, dt = 2 \int_0^{\pi} x(t) \sin kt \, dt = 0 \qquad (k = 1, 2, 3, \ldots),$$

andererseits

$$\int_{-\pi}^{\pi} \tilde{x}(t) \cos kt \, dt = 0 \qquad (k = 0, 1, 2, 3, \ldots).$$

Wegen der Vollständigkeit des Systems (1.28.07) in $L^2(-\pi, +\pi)$ muß $\tilde{x} = 0$ in $(-\pi, +\pi)$ gelten. [Das bedeutet, daß jeder Repräsentant $\tilde{x}(t)$ der Klasse $\tilde{x}$ fast überall in $(-\pi, +\pi)$ verschwindet.] Daraus folgt $x = 0$ in $(0, \pi)$, was die Vollständigkeit des Systems nach dem Satz 4 des folgenden Abschnittes 1.31 beweist.

1.3 Die Geometrie der Hilbert–Räume

1.31 Der Projektionssatz

1. Der Projektionssatz. Es sei H ein Hilbert–Raum (über $\mathbb{K}$), in welchem wir wie üblich die Metrik $d(x, y) = \|x - y\| = \sqrt{(x - y, x - y)}$ betrachten.

Es sei A eine beliebige Teilmenge der Grundmenge von H. Die Gesamtheit aller Elemente $x \in H$, die zu A orthogonal sind, heißt das *Orthogonalkomplement* von A und wird mit $A^\perp$ bezeichnet. Es gilt also

$$A^\perp = \{x \mid x \in H, (x, A) = 0\}. \tag{1.31.01}$$

Satz 1. *$A^\perp$ ist ein Teilraum von H.*

Beweis. $A^\perp$ ist eine lineare Menge. Denn mit $x_1, x_2 \in A$ und $\lambda_1, \lambda_2 \in \mathbb{K}$ gelten $(\lambda_1 x_1 + \lambda_2 x_2, A) = \lambda_1(x_1, A) + \lambda_2(x_2, A) = 0$, also $\lambda_1 x_1 + \lambda_2 x_2 \in A^\perp$. Dabei ist A abgeschlossen, denn ist $x_n \overset{H}{\to} x$, dann folgt aus (1.26.13), daß auch $x \in A^\perp$ ist. $\square$

Satz 2 (der Projektionssatz). *Es sei A ein Teilraum des Hilbert–Raumes H. Dann läßt sich jedes Element $x \in H$ eindeutig in der Form*

$$x = x' + x'' \quad \text{mit} \quad x' \in A, \qquad x'' \in A^\perp \tag{1.31.02}$$

darstellen. Dabei ist der Abstand der Elemente x' und x gleich dem Abstand des Elementes x von A, d.h. es gilt

$$\|x - x'\| = d(x, A). \tag{1.31.03}$$

Beweis. Es sei $\delta = d(x, A) = \inf_{y \in A} d(x, y) = \inf_{y \in A} \|x - y\|$. Dann gibt es zu jedem $n = 1, 2, 3, \ldots$ ein Element $y_n \in A$, derart, daß

$$\|x - y_n\|^2 \leq \delta^2 + \frac{1}{n^2} \qquad (n = 1, 2, 3, \ldots) \tag{1.31.04}$$

gilt. Aus der Vierecksidentität (1.26.11) folgt

$$\|(x - y_n) - (x - y_m)\|^2 + \|(x - y_n) + (x - y_m)\|^2 = 2[\|x - y_n\|^2 + \|x - y_m\|^2]$$

für jedes $x \in H$ und $n, m = 1, 2, 3, \ldots$, oder anders

$$\|y_n - y_m\|^2 + \|2x - (y_n + y_m)\|^2 = 2\|x - y_n\|^2 + 2\|x - y_m\|^2$$

d.h.

$$\|y_n - y_m\|^2 = 2\|x - y_n\|^2 + 2\|x - y_m\|^2 - 4\left\|x - \frac{y_n + y_m}{2}\right\|^2.$$

x sei jetzt dasjenige festgehaltene Element aus H, für welches wir die Größe δ gebildet haben. Wegen der Linearität der Menge A gilt $\dfrac{y_n + y_m}{2} \in$

A, daher ist

$$\left\| x - \frac{y_n + y_m}{2} \right\|^2 \geqq \inf_{y \in A} \|x - y\|^2 = \delta^2.$$

Nach (1.31.04) ergibt sich

$$\|y_n - y_m\|^2 \leqq 2\delta^2 + 2\frac{1}{n^2} + 2\delta^2 + 2\frac{1}{m^2} - 4\delta^2$$

$$= \frac{2}{n^2} + \frac{2}{m^2} \to 0, \qquad (n, m \to \infty).$$

Die Folge $\{y_n\}$ ist demzufolge eine Cauchysche Folge, und nach der Vollständigkeit des Raumes existiert der Grenzwert $x' := \lim\limits_{n \to \infty} y_n$. Da $y_n \in A$ ($n = 1, 2, 3, \ldots$) und A als Teilraum vorausgesetzt wurde, gilt $x' \in A$.

Wenn wir in (1.31.04) den Grenzübergang $n \to \infty$ durchführen (und die Stetigkeit der Norm benutzen), dann ergibt sich

$$\|x - x'\| \leqq \delta.$$

Andererseits aber ist $\|x - x'\| \geqq \inf\limits_{y \in A} \|x - y\| = \delta$, woraus

$$\|x - x'\| = \delta \tag{1.31.05}$$

mit andern Worten die Beziehung (1.31.03) folgt.

Wir setzen $x'' = x - x'$ und zeigen, daß $x'' \in A^\perp$ ist. Dazu müssen wir nachweisen, daß $(x'', A) = 0$ gilt. Es sei $y \in A$ mit $y \neq \theta$. Für beliebiges $\lambda \in \mathbb{K}$ gilt dann $x' + \lambda y \in A$, woraus sich

$$\|x'' - \lambda y\|^2 = \|x - x' - \lambda y\|^2 = \|x - (x' + \lambda y)\|^2 \geqq \inf_{z \in A} \|x - z\|^2 = \delta^2$$

ergibt. Wenn wir das Teilresultat (1.31.05) beachten, ergibt sich

$$\|x - x' - \lambda y\|^2 = (x - x' - \lambda y, x - x' - \lambda y) = \|x - x'\|^2 - \bar{\lambda}(x - x', y)$$
$$- \lambda(y, x - x') + |\lambda|^2 \|y\|^2$$
$$= \delta^2 - \bar{\lambda}(x'', y) - \lambda(y, x'') + |\lambda|^2 \|y\|^2 \geqq \delta^2$$

und daher

$$-\bar{\lambda}(x'', y) - \lambda(y, x'') + |\lambda|^2 \|y\|^2 \geqq 0.$$

Für $\lambda = \dfrac{(x'', y)}{(y, y)}$ erhalten wir hieraus

$$-\frac{|(x'', y)|^2}{(y, y)} - \frac{|(x'', y)|^2}{(y, y)} + \frac{|(x'', y)|^2}{(y, y)} \geqq 0,$$

d.h.

$$|(x'', y)| \leqq 0,$$

was nur für $(x'', y) = 0$ gelten kann.

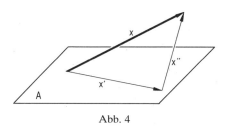

Abb. 4

Wir haben schließlich noch die Eindeutigkeit der Darstellung (1.31.02) zu beweisen. Wir nehmen an, es gelte gleichzeitig mit (1.31.02) $x = z' + z''$ mit $z' \in A$, $z'' \in A^\perp$. Dann wäre $x' - z' = z'' - x''$. Ein an der linken Seite stehendes Element ist in A, das an der rechten Seite stehende in $A^\perp$. Da $(A, A^\perp) = 0$ ist, muß auch $(x' - z', z'' - x'') = (x' - z', x' - z') = \|x' - z'\|^2 = 0$ gelten, was $x' = z'$ mit sich bringt. Dann ist aber auch $x'' = z''$. $\square$

Bemerkungen. α) Man kann den Sachverhalt (1.31.02) nach der Schreibweise, welche wir in 1.22.2 eingeführt haben, auch so ausdrücken:
Ist A ein beliebiger Teilraum des Hilbert–Raumes H. dann ist H die direkte Summe von A und seines Orthogonalkomplementes $A^\perp$, d.h.

$$H = A \oplus A^\perp. \tag{1.31.06}$$

β) Wenn wir den Satz 2 auf den Hilbert–Raum $\mathbb{R}^3$ anwenden, dann erhalten wir einen sehr anschaulichen, aus den Elementen der analytischen Geometrie wohlbekannten Sachverhalt. In diesem Fall kann A nämlich eine Ebene oder eine Gerade bedeuten. Wenn A eine Ebene ist, dann bedeutet (1.31.02) bzw. (1.31.06), daß jeder Vektor x aus $\mathbb{R}^3$ eindeutig als die Summe einer in A liegenden und zu A senkrechten Komponente zerlegbar ist (Abb. 4). Weiter ist $\|x''\| = \|x - x'\|$ der Abstand des Punktes x zur Ebene A. Ganz ähnlichen Sachverhalt finden wir, wenn A eine Gerade ist (Abb. 5).

γ) Die durch x eindeutig bestimmten Elemente x' und x'' heißen die orthogonalen Projektionen von x auf die Teilräume A bzw. $A^\perp$

δ) Wir sagen auch, x' ist das *minimalisierende Element* des Ausdruckes $\|x - y\|$ für $y \in A$, oder x' ist die *beste Approximation von x im Teilraum A*.

2. Folgerungen. Wir werden den Satz 2 leicht verallgemeinern.

Satz 3. *Es sei B eine abgeschloßene konvexe Menge im Hilbert–Raum H mit $\theta \in B$, dann gilt*

$$H = B \oplus B^\perp.$$

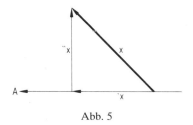

Abb. 5

Beweis. Wir haben den Beweis des Satzes 2 wörtlich, ohne Änderung, zu wiederholen. Die Abgeschloßenheit wird zur Behauptung $x' \in B$, benutzt, wegen $\lim_{n \to \infty} y_n = x'$, die Konvexität, dazu, daß $\frac{y_n + y_m}{2} \in B$ gilt. $\square$

Satz 4. *Notwendig und hinreichend für dei Vollständigkeit eines Systems $\{x_\gamma\}$ $(\gamma \in \Gamma)$ im Raum H ist, daß kein von Null verschiedenes Element existiert, das zu jedem Element des Systems orthogonal ist.*

Beweis. a) Die Bedingung ist notwendig auf Grund der Behauptung (1.26.15).

b) Die Bedingung ist hinreichend. Es sei $\{x_\gamma\}$ nicht vollständig. Dann gilt $A = \overline{L(\{x_\gamma\})} \neq H$, wobei A jetzt ein echter Teilraum von H ist. Es gibt demzufolge ein Element $x \in H$ mit $x \notin A$. Dann kann man x eindeutig nach (1.31.02) zerlegen: $x = x' + x''$ mit $x' \in A$, $x'' \in A^\perp$. Für das Element x'' gilt $x'' \neq \theta$ (sonst wäre $x = x' \in A$ im Gegensatz zur Annahme) und $(x'', A) = (x'', L(\{x_\gamma\})) = 0$, was der Voraussetzung widerspricht. $\square$

Satz 5. *A sei ein Teilraum des Hilbert–Raumes H. Dann gilt $(A^\perp)^\perp = A$.*

Beweis. Wir sehen zuerst ein, daß $A \subset (A^\perp)^\perp$ ist. Es sei $x \in A$, dann ist $(x, y) = 0$ für ein beliebiges $y \in A^\perp$. Dann ist aber auch $(y, x) = 0$, also $x \in (A^\perp)^\perp$.

Wir setzen $A \neq (A^\perp)^\perp$ voraus. Dann gibt es ein $z \in (A^\perp)^\perp$, für welches $z \notin A$ gilt. Nach dem Projektionssatz zerlegen wir $z : z = z' + z''$ mit $z' \in A$, $z'' \in A^\perp$, wobei $z'' \neq \theta$ ist. Dabei gilt auch $z' \in (A^\perp)^\perp$, denn $A \subseteq (A^\perp)^\perp$. Ist aber $z \in (A^\perp)^\perp$ und $z' \in (A^\perp)^\perp$, dann haben wir wegen der Linearität des Raumes $(A^\perp)^\perp$ die Beziehung $z - z' = z'' \in (A^\perp)^\perp$. $A^\perp$ und $(A^\perp)^\perp$ haben kein anderes gemeinsames Element als θ, deswegen ist $z'' = \theta$, also $z \in A$ im Gegensatz zur Annahme. $\square$

3. Einige Anwendungen. a) H bezeichne einen Hilbert–Raum, $y_1, y_2, \ldots, y_n$ sind im voraus gegebene linear unabhängige Elemente aus H und $\eta_1, \eta_2, \ldots, \eta_n$ gegebene Zahlen. Man bestimme dasjenige Element $x \in H$ für welches

$$(x, y_k) = \eta_k \qquad (k = 1, 2, 3, \ldots) \qquad\qquad (1.31.07)$$

mit kleinster Norm $\|x\|$ gilt.

Zur Lösung führt man folgende Bezeichnung $A = L(y_1, y_2, \ldots, y_n)$ ein. x_0 bezeichne eine Lösung des Gleichungssystems (1.31.07), dann gilt nach dem Projektionssatz

$$x_0 = x_0' + x_0'', \qquad x_0' \in A, \qquad x_0'' \in A^\perp.$$

$x_0' = x_0 - x_0''$ ist offensichtlich auch eine Lösung von (1.31.07), diese gehört zu A. Unter diesen gibt es genau eine mit minimaler Norm.

Jedes Element $x' \in A$ ist von der Gestalt

$$x = \sum_{j=1}^{n} \alpha_j y_j.$$

Wenn wir diesen Ausdruck in (1.31.07) einsetzen, ergibt sich

$$\sum_{j=1}^{n} \alpha_j(y_j, y_k) = \eta_k \qquad (k = 1, 2, \ldots).$$

Das ist ein lineares inhomogenes Gleichungssystem für $\alpha_1, \alpha_2, \ldots, \alpha_n$. Dieses hat genau eine Auflösung, denn die Determinante

$$\begin{vmatrix} (y_1, y_1)(y_1, y_2) \cdots (y_1, y_n) \\ \cdots\cdots\cdots\cdots\cdots \\ (y_n, y_1)(y_n, y_2) \cdots (y_n, y_n) \end{vmatrix}$$

ist wegen der linearen Unabhängigkeit von $y_1, y_2, \ldots, y_n$ von Null verschieden, wie wir das nachträglich im nachstehenden Lemma beweisen werden. Da die α_j-Koeffizienten eindeutig bestimmt sind und es genau eine Lösung mit minimaler Norm gibt, so ist diese diejenige, welche durch die Koeffizienten α_j bestimmt ist.

Die eben behandelte Aufgabe ist das Modell zahlreicher technischer Aufgaben.

b) Eine typische Aufgabe der linearen Programmierung liegt darin, diejenige Lösung eines linearen Gleichungssystems mit weniger Gleichungen als Unbekannten zu bestimmen, bei welchen die Quadratsumme der Unbekannten minimal ist.

Das zu lösende Gleichungssystem sei

$$\begin{aligned} a_{11}x_1 + a_{12}x_2 + \cdots + a_{1n}x_n &= b_1 \\ \cdots\cdots\cdots\cdots\cdots\cdots\cdots \\ a_{m1}x_1 + a_{m2}x_2 + \cdots + a_{mn}x_n &= b_m \, , \end{aligned} \qquad (1.31.08)$$

wobei $m < n$ ist. Dieses Gleichungssystem hat unendlich viele Lösungen. Diejenige Lösung soll bestimmt werden, für welche $|x_1|^2 + |x_2|^2 + \cdots + |x_n|^2$ am kleinsten ist.

Wir betrachten die n-Tupeln von Zahlen $\bar{x} = (\bar{x}_1, \bar{x}_2, \ldots, \bar{x}_n)$ und $a_j = (a_{j1}, a_{j2}, \ldots, a_{jn})$ als Elemente des Hilbert–Raumes $\mathbb{C}^n$. Man kann (1.31.08) abgekürzt auch folgenderweise schreiben:

$$(a_j, x) = b_j \qquad (j = 1, 2, \ldots, m).$$

Wenn wir voraussetzen, daß die Elemente a_j $(j = 1, 2, \ldots, m)$ aus $\mathbb{C}^n$ linear unabhängig sind, dann sieht man, daß diese Aufgabe ein spezieller Fall des Problems a für den Fall $H - \mathbb{C}^n$ ist, und wird nach der in a) beschriebenen Methode gelöst.

4. Beweis des in Anwendung a benutzen Hilfssatzes. In der Anwendung a haben wir folgenden Hilfssatz benutzt:

Lemma 1. *Es sei* $(A, (, .))$ *ein unitärer Raum. Die Elemente* $y_1, y_2, \ldots, y_n$

aus A sind genau dann linear unabhängig, falls die Determinante

$$\begin{vmatrix} (y_1, y_1)(y_1, y_2) \cdots (y_1, y_n) \\ \cdots\cdots\cdots\cdots\cdots\cdots \\ (y_n, y_1)(y_n, y_2) \cdots (y_n, y_n) \end{vmatrix} \qquad (1.31.09)$$

von Null verschieden ist. Die Determinante (1.31.09) heißt die *Gramsche Determinante* der Elementen $y_1, y_2, \ldots, y_n$.

Wir werden das Lemma umformulieren und diese Umformung beweisen:

Lemma 1′. *Die Elemente* $y_1, y_2, \ldots, y_n$ *des unitären Raumes* $(A, (.,.))$ *sind genau dann linear abhängig, falls ihre Gramsche Determinante (1.31.09) verschwindet.*

Beweis. a) Angenommen, die Elemente $\{y_k\}$ sind linear abhängig, dann existieren Zahlenwerte $\lambda_1, \lambda_2, \ldots, \lambda_n$ aus $\mathbb{K}$ mit $\sum\limits_{k=1}^{n} |\lambda_k| \neq 0$ und

$$\lambda_1 y_1 + \lambda_2 y_2 + \cdots + \lambda_n y_n = \theta.$$

Daraus folgt

$$\begin{aligned} &\lambda_1(y_1, y_1) + \lambda_2(y_2, y_1) + \cdots + \lambda_n(y_n, y_1) = 0 \\ &\lambda_1(y_1, y_2) + \lambda_2(y_2, y_2) + \cdots + \lambda_n(y_n, y_2) = 0 \\ &\cdots\cdots\cdots\cdots\cdots\cdots\cdots\cdots\cdots\cdots\cdots\cdots \\ &\lambda_1(y_1, y_n) + \lambda_2(y_2, y_n) + \cdots + \lambda_n(y_n, y_n) = 0. \end{aligned} \qquad (1.31.10)$$

Das ist ein Gleichungssystem für $\lambda_1, \lambda_2, \ldots, \lambda_n$, welches nach Voraussetzung eine Lösung mit $\sum\limits_{k=1}^{n} |\lambda_k| \neq 0$ hat, woraus das Verschwinden seiner Determinante (s. z.B. Band 2, S. 135, Satz 1.41), welche genau die Gramsche Determinante ist, folgt.

b) Wir setzen jetzt voraus, daß die Gramsche Determinante von $\{y_1, y_2, \ldots, y_n\}$ verschwindet. Dann hat das lineare Gleichungssystem (1.31.10) eine nichttriviale Lösung, eine solche, für welche $\sum\limits_{k=1}^{n} |\lambda_k| \neq 0$ gilt. Dann aber ist

$$\left\| \sum_{k=1}^{n} \lambda_k y_k \right\|^2 = \left(\sum_{k=1}^{n} \lambda_k y_k, \sum_{j=1}^{n} \lambda_j y_j \right) = \sum_{k=1}^{n} \sum_{j=1}^{n} \lambda_k \bar{\lambda}_j (y_k, y_j)$$

$$= \sum_{j=1}^{n} \bar{\lambda}_j \left(\sum_{k=1}^{n} \lambda_k (y_k, y_i) \right) = 0,$$

woraus die lineare Abhängigkeit der Elemente y_k folgt. □

1.32 Die Fourier–Reihe

1. Fourier–Koeffizienten, Fourier–Reihen. Es sei H ein Hilbert–Raum und $\{x_n\}$ ein orthonormales Elementensystem. Wenn $x \in H$ ein beliebiges Element aus H ist, dann heißen die Skalarprodukte

$(x, x_1), (x, x_2), \ldots, (x, x_n), \ldots$ die *Fourier–Koeffizienten* von x bezüglich des Systems $\{x_k\}$. Die mit den Fourier–Koeffizienten gebildete Reihe $(x, x_1)x_1 + (x, x_2)x_2 + (x, x_3)x_3 + \cdots$ heißt die *Fourier–Reihe* des Elementes x in bezug auf das orthonormale Elementensystem $\{x_k\}$. Unser Ziel ist die Beziehung zwischen dem Element x und seiner Fourier–Reihe zu untersuchen.

Wenn wir im Raum $L^2(-\pi, \pi)$ das orthonormierte Funktionensystem

$$\frac{1}{\sqrt{2\pi}}, \frac{1}{\sqrt{\pi}}\cos t; \frac{1}{\sqrt{\pi}}\sin t; \ldots; \frac{1}{\sqrt{\pi}}\cos nt; \frac{1}{\sqrt{\pi}}\sin nt; \ldots \qquad (1.32.01)$$

betrachten, dann sind die Fourier–Koeffizienten einer beliebigen Funktion $x(t) \in L^2(-\pi, \pi)$ [genauer einer Äquivalenzklasse $x \in L^2(-\pi, \pi)$]

$$\alpha_0 = \frac{1}{\sqrt{2\pi}} \int\limits_{-\pi}^{\pi} x(t)\,dt; \qquad \alpha_n = \frac{1}{\sqrt{\pi}} \int\limits_{-\pi}^{\pi} x(t)\cos nt\,dt;$$

$$(1.32.02)$$

$$\beta_n = \frac{1}{\sqrt{\pi}} \int\limits_{-\pi}^{\pi} x(t)\sin nt\,dt \qquad (n = 1, 2, 3, \ldots).$$

Das sind die klassischen Fourier–Koeffizienten einer quadratisch integrierbaren Funktion, und die oben definierten Fourier–Koeffizienten eines Elementes x aus einem beliebigen Hilbert–Raum sind die direkten Verallgemeinerungen der klassischen Fourier–Koeffizienten. Auch der Begriff der klassischen Fourier–Reihe

$$\alpha_0 + \alpha_1 \frac{1}{\sqrt{\pi}}\cos t + \beta_1 \frac{1}{\sqrt{\pi}}\sin t + \cdots + \alpha_n \frac{1}{\sqrt{\pi}}\cos nt$$
$$+ \beta_n \frac{1}{\sqrt{\pi}}\sin nt + \cdots \quad (1.32.03)$$

wurde oben für einen beliebigen Hilbert–Raum verallgemeinert.

[Es sei hier bemerkt, daß die Schreibweisen (1.32.02) und (1.32.03) für die Fourier–Koeffizienten bzw. Fourier–Reihe nicht die üblichen sind, sie stimmen aber mit dem allgemeinen Fall überein. Üblicherweise schreibt man

$$a_n = \frac{\alpha_n}{\sqrt{\pi}}, \qquad b_n = \frac{\beta_n}{\sqrt{\pi}}$$

als Koeffizienten und nennt diese Fourier–Koeffizienten.]

Oft wird in $L^2(-\pi, \pi)$ auch das orthonormale Funktionensystem $\left\{\frac{1}{\sqrt{2\pi}}e^{ikt}\right\}$ $(k = 0, \pm 1, \pm 2, \ldots)$ betrachtet (vgl. 1.28.2, Beispiel c). Die Fourier–Koeffizienten einer Funktion $x \in L^2(-\pi, \pi)$ lauten

$$\frac{1}{\sqrt{2\pi}} \int\limits_{-\pi}^{\pi} x(t)\overline{e^{ikt}}\,dt = \frac{1}{\sqrt{2\pi}} \int\limits_{-\pi}^{\pi} x(t)e^{-ikt}\,dt \qquad (k = 0, \pm 1, \pm 2, \ldots),$$

$$(1.32.04)$$

und die Fourier–Riehe hat die Gestalt (wieder nicht in ganz üblicher Schreibweise)

$$\sum_{k=-\infty}^{+\infty} \left(\frac{1}{\sqrt{2\pi}} \int_{-\pi}^{\pi} x(\tau) e^{-ik\tau} \, d\tau \right) \frac{1}{\sqrt{2\pi}} e^{ikt}. \qquad (1.32.05)$$

2. Eine Extremaleigenschaft der Partialsummen der Fourier–Reihe. Wir greifen endlichviele Elemente $x_1, x_2, \ldots, x_n$ aus dem orthonormalen Elementensystem $\{x_n\}$ heraus und bilden $H_n := L(\{x_1, x_2, \ldots, x_n\})$. H_n ist ein Teilraum von H. Wir bilden jetzt die Fourier–Reihe eines beliebigen Elementes $x \in H$:

$$\alpha_1 x_1 + \alpha_2 x_2 + \cdots + \alpha_n x_n + \cdots \alpha_k = (x, x_k). \qquad (k = 1, 2, \ldots)$$
$$(1.32.06)$$

Die Partialsumme

$$s_n := \alpha_1 x_1 + \alpha_2 x_2 + \cdots + \alpha_n x_n$$

liegt im Teilraum H_n.

Satz 1. *Die Partialsumme s_n der Fourier–Reihe des Elementes x ist die Projektion des Elementes auf den Teilraum H_n.*

Beweis. Wir zerlegen x:

$$x = s_n + (x - s_n). \qquad (1.32.06)$$

s_n liegt in H_n. Wenn wir zeigen, daß $x - s_n \in H_n^\perp$, dann ist die obige Zerlegung eine dem Projektionssatz (Satz 1; 1.31) entsprechende eindeutige Darstellung. Dazu muß bewiesen werden, daß $(x - s_n, H_n) = 0$ ist. H_n ist n-dimensional, jedes Element aus H_n hat die Gestalt $\lambda_1 x_1 + \lambda_2 x_2 + \cdots + \lambda_n x_n$. Wenn wir $(x - s_n, x_k) = 0$ für $k = 1, 2, \ldots, n$ gezeigt haben, dann ist alles bewiesen.

Ein leichtes Rechnen zeigt

$$(x - s_n, x_k) = (x, x_k) - (s_n, x_k) = (x, x_k) - \left(\sum_{j=1}^{n} \alpha_j x_j, x_k \right) = \alpha_k - \alpha_k = 0$$
$$(k = 1, 2, \ldots, n).$$

Nach der Zerlegung (1.32.06) ist s_n tatsächlich die Projektion von x auf H_n. $\square$

Wenn wir die zweite Hälfte des Projektionssatzes anwenden, erhalten wir die äußerst wichtige Extremaleigenschaft von s_n:

Satz 2. *Das zu x nächstehende Element in H_n ist genau s_n. Anders*

$$\min_{y \in H_n} \|x - y\| = \|x - s_n\|. \qquad (1.32.07)$$

x kann also unter allen Linearkombinationen aus $(x_1, x_2, \ldots, x_n)$ *am besten mit der Partialsumme* s_n *der Fourier–Reihe approximiert werden.*

3. Die Besselsche Ungleichung. Da s_n und $x - s_n$ sich als orthogonal erwiesen haben, gilt nach (1.32.06)

$$\|x\|^2 = \|s_n + (x - s_n)\|^2 = (s_n + (x - s_n),\, s_n + (x - s_n))$$
$$= \|s_n\|^2 + \|x - s_n\|^2 \geqq \|s_n\|^2.$$

Andererseits gilt

$$\|s_n\|^2 = (s_n, s_n) = \left(\sum_{j=1}^{n} \alpha_j x_j,\, \sum_{k=1}^{n} \alpha_k x_k \right) = \sum_{j=1}^{n} \sum_{k=1}^{n} \alpha_j \bar{\alpha}_k (x_j, x_k) = \sum_{k=1}^{n} |\alpha_k|^2.$$

Wir haben also

Satz 3. (Besselsche Ungleichung). *Es gilt für* $n = 1, 2, 3, \ldots$

$$\sum_{k=1}^{n} |\alpha_k|^2 \leqq \|x\|^2 \qquad (\alpha_k = (x, x_k),\, k = 1, 2, 3, \ldots). \tag{1.32.08}$$

Man erkennt sogleich, daß die *Besselsche Ungleichung* eine Verallgemeinerung der Schwarzschen Ungleichung ist. Es sei nämlich in (1.32.08) $n = 1$, dann gilt

$$|\alpha_1|^2 = |(x, x_1)|^2 \leqq (x, x) = (x, x)(x_1, x_1), \tag{1.32.09}$$

wobei jetzt x_1 ein beliebiges auf 1 normiertes Element ist. Ist $y \neq 0$ sonst beliebig, dann setzt man $x_1 = \dfrac{y}{\|y\|}$, und man erhält die übliche Form wie in (1.16.06) der Schwarzschen Ungleichung.

In der Besselschen Ungleichung (1.32.08) bedeutet n eine beliebige positive ganze Zahl. Das bedeutet, daß die Partialsummen der positivgliedrigen Reihe $\sum\limits_{k=1}^{\infty} |\alpha_k|^2$ unter einer von n unabhängigen Schranke bleiben, woraus sich nicht nur die Konvergenz dieser Reihe, sondern auch die folgende, ebenfalls als *Besselsche Ungleichung* bezeichnete Beziehung ergibt:

$$\sum_{k=1}^{\infty} |\alpha_k|^2 \leqq \|x\|^2. \tag{1.32.10}$$

Die Quadratsumme der Fourier-Koeffizienten eines beliebigen Elements in einem Hilbert-Raum ist konvergent. Anders: Die Folge der Fourier-Koeffizienten eines beliebigen Elementes ist ein Element des Raumes l^2.

Wenn in der Besselschen Ungleichung (1.32.10) das Gleichheitszeichen steht, dann sagen wir, *für x sei die Abgeschlossenheitsrelation erfüllt*.

Aus der Ungleichung (1.32.10) folgt unmittelbar

$$\alpha_k \to 0, \qquad k \to \infty.$$

Das ist im Wesen das bekannte *Riemann–Lebesguesche Lemma* für die klassischen Fourier-Koeffizienten.

4. Konvergenz der Fourier–Reihe

Satz 4. *Die zu einem beliebigen Element x aus H gehörende Fourier–Reihe bezüglich eines beliebigen orthonormalen Elementensystems $\{x_k\}$ konvergiert. Die Summe der Fourier–Reihe ist die Projektion von x auf den Teilraum $H_0 = L(\{x_k\})$. Sie stimmt genau dann mit dem gegebenen Element x überein, wenn für x die Abgeschlossenheitsrelation erfüllt ist.*

Beweis. Bezeichne $\{s_n\}$ die Folge der Partialsummen der Fourier–Reihe von x

$$\sum_{k=1}^{\infty} \alpha_k x_k \qquad (\alpha_k = (x, x_k), \quad k = 1, 2, 3, \ldots).$$

Dann gilt für $n > m$

$$\|s_n - s_m\|^2 = \left\| \sum_{k=m+1}^{n} \alpha_k x_k \right\|^2 = \left(\sum_{k=m+1}^{n} \alpha_k x_k, \sum_{j=m+1}^{n} \alpha_j x_j \right)$$

$$= \sum_{k=m+1}^{n} \sum_{j=n+1}^{n} \alpha_k \bar{\alpha}_j (x_k, x_j) = \sum_{k=m+1}^{n} |\alpha_k|^2.$$

Diese letzte Summe wird aber wegen (1.32.10) kleiner als eine im voraus gegebene positive Zahl, falls m hinreichend groß ist, $\{s_n\}$ ist somit eine Cauchysche Folge. Da H vollständig ist, existiert der Grenzwert $s = \lim\limits_{n \to \infty} s_n$ (der Grenzwert ist natürlich nach der Norm des Hilbert–Raumes H zu verstehen).

Offensichtlich gilt $s \in \overline{L(\{x_k\})}$. Man schreibt

$$x = s + (x - s). \tag{1.32.11}$$

Wenn wir beweisen, daß $x - s \in \overline{L(\{x_k\})}^{\perp}$ ist, dann ist die Zerlegung (1.32.11) diejenige, welche der Bedingung des Projektionssatzes genügt.

Man sieht in Berücksichtigung der Stetigkeit des Skalarproduktes, daß

$$((x - s), x_k) = (x, x_k) - (s, x_k) = \alpha_k - \left(\sum_{y=1}^{\infty} \alpha_j x_j, x_k \right)$$

$$= \alpha_k - \sum_{j=1}^{\infty} \alpha_j (x_j, x_k) = \alpha_k - \alpha_k = 0 \qquad (k = 1, 2, 3, \ldots)$$

gilt, woraus $(x - s, L(\{x_k\})) = 0$ folgt. Nach (1.26.15) ergibt sich hieraus $(x - s, \overline{L(\{x_k\})}) = 0$, wie wir das behauptet haben. Nach dem Projektionssatz bedeutet also die eindeutige Zerlegung (1.32.11), daß die Projektion von x auf H_0 s ist.

Wir setzen jetzt voraus, daß die Abgeschlossenheitsrelation für x, d.h. die

Beziehung, $\sum\limits_{k=1}^{\infty} |\alpha_k|^2 = \|x\|^2$ gilt. Dann ist

$$\|x - s_n\|^2 = (x - s_n, x - s_n) = \|x\|^2 - (s_n, x) - (x, s_n) + \|s_n\|^2 = \|x\|^2$$

$$- \sum_{k=1}^{n} \alpha_k (x_k, x) - \sum_{k=1}^{n} \bar{\alpha}_k (x, x_k) + \sum_{k=1}^{n} |\alpha_k|^2 = \|x\|^2 - \sum_{k=1}^{n} \alpha_k \bar{\alpha}_k$$

$$- \sum_{k=1}^{n} \bar{\alpha}_k \alpha_k + \sum_{k=1}^{n} |\alpha_k|^2 = \|x\|^2 - \sum_{k=1}^{n} |\alpha_k|^2 \to 0 \qquad (n \to \infty).$$

Auf Grund der Stetigkeit der Norm gilt $\|x - s\| = 0$, d.h. $s = x$. $\square$

Sehr wichtig ist der Fall, wenn H ein separabler Hilbert–Raum und $\{x_n\}$ in ihm ein vollständiges Elementensystem ist. Dann gilt nämlich $H_0 = L(\{x_n\}) = H$, und deshalb ist nach dem Projektionssatz $s = x$, was mit sich bringt, daß die Abgeschlossenheitsrelation für jedes Element von H erfüllt ist. Wir haben somit folgenden Satz erhalten:

Satz 5. *Ist das Elementensystem $\{x_k\}$ in H vollständig, dann konvergiert die Fourier–Reihe eines jeden Elementes x genau zu x. Ein Elementensystem $\{x_k\}$ ist genau dann in H vollständig, wenn für jedes Element die Abgeschlossenheitsrelation gilt.* $\square$

Eine Folgerung des Satzes 5: *Das zum Element x nächststehende Element im Teilraum H_0 ist genau die Summe der Fourier–Reihe. Anders: Die Summe der Fourier–Reihe approximiert das Element x unter allen Elementen des Teilraumes H_0 am besten.* (Wenn für x die Abgeschlossenheitsrelation erfüllt ist, dann ist die Approximation ideal, die Abweichung ist nämlich Null.)

Bemerkung. In Satz 4 wurde bewiesen, daß die Fourier–Reihe in einem beliebigen Hilbert-Raum *immer* konvergent ist, und im Satz 5 wurde das dahin ergänzt, daß diese zum Element, welches wir in eine Fourier–Reihe entwickelt haben, konvergiert. Dieser Sachverhalt muß dementsprechend auch im Raum $L^2(-\pi, \pi)$ gelten, und somit muß die klassische Fourier–Reihe

$$\sum_{k=1}^{\infty} (a_k \cos kt + b_k \sin kt) \tag{1.32.12}$$

einer Funktion $x \in L^2(-\pi, \pi)$ diese Funktion als Grenzwert darstellen.

Das widerspricht scheinbar dem, was man in der klassischen Analysis feststellt, nämlich daß die Fourier–Reihe (1.32.12) nicht immer konvergiert, und es kann vorkommen, daß wenn auch die Reihe (1.32.12) konvergiert, jedoch nicht zur Funktion die entwickelt wurde, obwohl über das Funktionensystem (1.32.01) die Vollständigkeit behauptet wurde. [Es werden sogar für die Reihe (1.32.12) Konvergenzkriterien bewiesen.] Man sieht sofort ein, daß hier kein Widerspruch vorhanden ist, wenn man sich überlegt, was man im einen und was man im andern Fall unter

Konvergenz versteht. In Satz 4 wurde nämlich bewiesen, daß die Fourier-Reihe *bezüglich der Norm konvergent ist.* Das bedeutet im Fall des Raumes $L^2(-\pi, \pi)$, wenn man die in ihr eingeführte Norm $\|\cdot\|_2$ beachtet, daß

$$\|x - s_n\|_2^2 = \int\limits_{-\pi}^{\pi} |x(t) - s_n(t)|^2 \, dt \to 0 \qquad n \to \infty$$

gilt, wobei s_n die n-te Partialsumme der Fourier-Reihe bedeutet. Die Partialsummen der Fourier-Reihe streben im *quadratischen Mittel* gegen die Funktion x. Und das gilt tatsächlich für jede Funktion aus $L^2(-\pi, \pi)$.

In der klassischen Analysis dagegen wurde untersucht, unter welchen Bedingungen die Partialsummen der Fourier-Reihe *gleichmäßig oder punktweise* zur Funktion streben. Aus der Konvergenz im quadratischen Mittel folgt überhaupt nicht die punktweise und noch weniger die gleichmäßige Konvergenz. Das kann man nur durch zusätzliche Bedingungen sichern.

5. *Der Riesz–Fischersche Satz.* Wir haben gesehen, daß die Folge $\{\alpha_k\}$ der Fourier-Koeffizienten ein Element des Hilbert-Raumes l^2 liefert, d.h. $\sum\limits_{k=1}^{\infty} |\alpha_k|^2 < \infty$ ist. Mit der Wahl eines orthonormierten Elementsystems kann man also durch Bildung der Fourier-Koeffizienten zu jedem Element x aus H genau ein Element aus l^2 zuordnen. In natürlicher Weise erhebt sich die Frage, ob das auch umgekehrt gilt? Anders: Es ist eine Zahlenfolge $\{\alpha_k\}$ mit $\sum\limits_{k=1}^{\infty} |\alpha_k|^2 < \infty$ gegeben und man fragt, ob ein Element x existiert, dessen Fourier-Koeffizienten die im voraus gegebenen Zahlen sind? Diese Frage wird durch den folgenden, nach dem ungarischen Mathematiker Friedrich Riesz und dem deutschen Mathematiker E. Fischer genannten, äußerst wichtigen Satz beantwortet.

Satz. 6. (Riesz–Fischersche Satz). *Ist eine beliebige Zahlenfolge $\{\alpha_k\}$ mit $\sum\limits_{k=1}^{\infty} |\alpha_k|^2 < \infty$ gegeben, dann gibt es ein eindeutig bestimmtes Element x aus H, dessen Fourier-Koeffizienten bezüglich eines im voraus gegebenen orthonormalen Elementsystems mit den Zahlen $\{\alpha_k\}$ $(k = 1, 2, 3, \ldots)$ übereinstimmen. Für x ist dabei die Abgeschlossenheitsrelation erfüllt.*

Beweis. Man bildet die Reihe $\sum\limits_{k=1}^{\infty} \alpha_k x_k$ und beweist genau wie am Anfang des Beweises des Satzes 4, daß diese Reihe konvergiert. Ihre Summe werde mit x bezeichnet. Dann gilt wegen der Stetigkeit des Skalarproduktes

$$(x, x_k) = \left(\lim_{n \to \infty} \sum_{j=1}^{n} \alpha_j x_j, x_k \right) = \lim_{n \to \infty} \left(\sum_{j=1}^{n} \alpha_j x_j, x_k \right) = \alpha_k \qquad (k = 1, 2, \ldots),$$

denn für $n > k$ gilt $\left(\sum\limits_{j=1}^{n} \alpha_j x_j, x_k \right) = \alpha_k$. Die Fourier-Koeffizienten von x sind also die Zahlen α_k. Die Abgeschlossenheitsrelation ergibt sich unmittelbar aus dem Satz 4.

Auch die Eindeutigkeit folgt aus dem Satz 4, denn ein Element, für das die Abgeschlossenheitsrelation erfüllt ist, muß gleich der Summe seiner Fourier–Reihe sein. □

6. Isometrische Isomorphie separabler Hilbert–Räume. Die große Bedeutung des Riesz–Fischerschen Satzes ersieht man, wenn man das Verhältnis von separablen Hilbert–Räumen untersucht.

Es sei H irgendein separabler Hilbert–Raum. Wir zeigen zuerst, daß *ein nichtvollständiges orthonormales Elementensystem zu einem vollständigen ergänzt werden kann.*

Es sei also $\{x_n\}$ ein orthonormales, jedoch nicht vollständiges Elementensystem in H. Das bedeutet, daß $H_0 = L(\{x_n\})$ ist von H verschieden, deswegen hat H_0 ein Orthogonalkomplement $H_0^\perp (\neq \{\theta\})$, welches wieder ein Teilraum von H ist. $H_0^\perp$ ist selbstverständlich auch separabel, deswegen existiert in ihm ein höchstens abzählbares vollständiges orthnormales System $\{x_{-1}, x_{-2}, x_{-3}, \ldots\}$. Die Vereinigung $\{x_k, k = \pm 1, \pm 2, \pm 3, \ldots\}$ dieser beiden Systeme ist im Ausgangsraum H vollständig. Denn ist x zu allen x_k ($k = \pm 1, \pm 2, \ldots$) orthogonal, dann gilt auch $(x, H_0) = 0$, deswegen muß $x \in H_0^\perp$ gelten. Da aber $\{x_{-1}, x_{-2}, \ldots\}$ im $H_0^\perp$ vollständig ist, folgt $x = \theta$. □

Es sei also H ein unendlichdimensionaler separabler Hilbert–Raum und $\{x_k\}$ in ihm ein vollständiges orthonormales System. Das bedeutet, für alle x aus H gilt die Abgeschlossenheitsrelation. Der Riesz–Fischersche Satz bedeutet, daß es eine eineindeutige Beziehung zwischen den Elementen von H und dem Raum l^2 besteht. Man sieht sofort, daß bei dieser Zuordnung die Addition und die Multiplikation mit einem Skalaren beibehalten bleiben, d.h. zwischen H und l^2 ein algebraischer Isomorphismus entstanden ist. Dieser Isomorphismus ist aber isometrisch wegen der Abgeschlossenheitsrelation:

$$\|x\|_H^2 = \sum_{k=1}^{\infty} |\alpha_k|^2 = \|\alpha\|_{l^2}^2,$$

wobei $\alpha = (\alpha_1, \alpha_2, \ldots)$ das dem Element x entsprechende Element in l^2 ist (α_k sind die Fourier–Koeffizienten von x).

Nicht nur isometrisch ist dieser Isomorphismus, sondern er läßt auch das Skalarprodukt unverändert. Denn sind $x, y \in H$, ihre Folgen von Fourier–Koeffizienten $\alpha = (\alpha_1, \alpha_2, \alpha_3, \ldots)$ und $\beta = (\beta_1, \beta_2, \beta_3, \ldots)$, dann gilt wegen der Vollständigkeit

$$x = \sum_{k=1}^{\infty} \alpha_k x_k, \qquad y = \sum_{j=1}^{\infty} \beta_j x_j.$$

Das Skalarprodukt ist

$$(x, y)_H = \left(\sum_{k=1}^{n} \alpha_k x_k, \sum_{j=1}^{n} \beta_j x_k \right) = \left(\lim_{n \to \infty} \sum_{k=1}^{n} \alpha_k x_k, \lim_{n \to \infty} \sum_{j=1}^{n} \beta_j x_j \right)$$

$$= \lim_{n \to \infty} \left(\sum_{k=1}^{n} \alpha_k x_k, \sum_{j=1}^{n} \beta_j x_j \right) = \lim_{n \to \infty} \sum_{k=1}^{n} \sum_{j=1}^{n} \alpha_k \bar{\beta}_j (x_k, x_j)$$

$$= \lim_{n \to \infty} \sum_{k=1}^{n} \alpha_k \bar{\beta}_k = \sum_{k=1}^{\infty} \alpha_k \bar{\beta}_k = (\alpha, \beta)_{l^2}.$$

(Wenn $x = y$ ist, dann erhalten wir die bekannte Abgeschlossenheitsrelation zurück.)

Es seien jetzt $(H_1, (.\,,.)_1)$ und $(H_2, (.\,,.)_2)$ zwei unendlichdimensionale separable Hilbert–Räume. Wir zeigen, daß diese isometrisch isomorph sind, wobei auch das Skalarprodukt unverändert bleibt.

Es sei $\{x_n\}$ ein in H_1 orthonormales vollständiges Elementensystem und $\{y_n\}$ eines mit den gleichen Eigenschaften in H_2. Wir greifen aus H_1 ein beliebiges Element x aus und bilden die Folge $\alpha = (\alpha_1, \alpha_2, \alpha_3, \ldots)$ der Fourier–Koeffizienten bezüglich $\{x_k\}$. Nach dem Riesz–Fischerschen Satz gibt es in H_2 genau ein Element y, dessen Fourier–Koeffizienten bezüglich $\{y_n\}$ die Zahlen $\{\alpha_k\}$ sind. Man überzeugt sich ohne Schwierigkeit, daß die beschriebene, offenbar eineindeutige Zuordnung ein Isomorphismus ist. Diese ist aber isometrisch, denn es gilt nach der Abgeschlossenheitsrelation

$$\|x\|_{H_1}^2 = \sum_{k=1}^{\infty} |\alpha_k|^2 = \|\alpha\|_{l^2} = \|y\|_{H_2}^2.$$

Dabei, wenn x' und x'' zwei Elemente aus H_1 sind mit den Fourier–Koeffizienten $\alpha' = (\alpha_1', \alpha_2', \alpha_3', \ldots)$ und $\alpha'' = (\alpha_1'', \alpha_2'', \alpha_3'', \ldots)$ bezüglich $\{x_k\}$, weiter y' und y'' ihre entsprechenden Elemente in H_2, dann gilt

$$(x', x'')_1 = \sum_{k=1}^{\infty} \alpha_k' \overline{\alpha_k''} = (\alpha', \alpha'')_{l^2} = (y', y'')_2.$$

Also folgt aus $x' \leftrightarrow y', x'' \leftrightarrow y'' : (x', x'')_1 = (y', y'')_2.$

1.4 Lineare Operatoren

1.41 Grundbegriffe

1. Operatoren, Funktionale. Es seien A und B vorläufig beliebige Mengen. Eine Vorschrift $\mathscr{I}$, welche jedem Element $x \in A$ ein wohlbestimmtes Element y aus B zuordnet, wird als *Abbildung* oder *Operator* von A *in* B genannt und soll mit dem Symbol $\mathscr{I}: A \to B$ bezeichnet werden. Dasjenige Element y (aus B), welches dem Element x (aus A) entspricht, werden wir entweder mit $y = \mathscr{I}(x)$ oder aber mit $x \xrightarrow{\mathscr{I}} y$, auch kurz mit $x \mapsto y$, bezeichnen. Die Menge A heißt der *Definitionsbereich* von $\mathscr{I}$ und wird mit $D(\mathscr{I})$ bezeichnet. Die Gesamtheit aller Elemente aus B, welche das Bild eines Elementes aus A sind, heißt der *Wertebereich* von $\mathscr{I}$, sein Symbol sei $R(\mathscr{I})$. Genauer

$$R(\mathscr{I}) = \{ y \mid y \in B, \ \exists x : x \in A, \ y = \mathscr{I}(x) \}.$$

Falls $R(\mathscr{I}) = B$ ist, dann sagen wir, der Operator $\mathscr{I}$ bildet die Menge A *auf* die Menge B ab. Ist dagegen $R(\mathscr{I})$ eine echte Teilmenge von B, so sagen wir, $\mathscr{I}$ bildet A *in* B ab.

Es sei $E \supset A$ und $\mathscr{I}_1 : A \to B$, $\mathscr{I}_2 : E \to B$ mit $\mathscr{I}_1(x) = \mathscr{I}_2(x)$ für jedes x aus A. Dann sagen wir, $\mathscr{I}_2$ *ist die Fortsetzung von* $\mathscr{I}_1$ *auf* E, *oder* $\mathscr{I}_1$ *ist die Einschränkung von* $\mathscr{I}_2$ *auf die Teilmenge* A. Zur Bezeichnung der Einschränkung verwenden wir folgendes Symbol

$$\mathscr{I}_1 = \mathscr{I}_2 / A.$$

Sind A und B Teilmengen der Menge der reellen oder komplexen Zahlen, dann übergeht der Begriff vom Operator in den der *Funktion*.

Diejenigen Operatoren, deren Wertebereiche Teilmengen der reellen oder komplexen Zahlen sind, heißen *Funktionale*. Besteht der Wertebereich aus reellen Zahlen, so sprechen wir über *reelles Funktional*, nimmt dagegen das Funktional auch komplexe Zahlen an, so heißt es *komplexes Funktional*. Für ein reelles Funktional f gilt somit $f : A \to \mathbb{R}$, für ein komplexes Funktional g dagegen $g : A \to \mathbb{C}$.

2. Lineare Operation. A und B seien jetzt lineare Mengen. Ein Operator $\mathscr{L}$ wird als *additiv* bezeichnet, wenn für $x_1, x_2 \in A$ die Beziehung

$$\mathscr{L}(x_1 + x_2) = \mathscr{L}(x_1) + \mathscr{L}(x_2). \tag{1.41.01}$$

gilt. (Vorsicht! Das Pluszeichen an der linken Seite hat nicht unbedingt die gleiche Bedeutung wie das an der rechten Seite. Das an der linken Seite stehende Pluszeichen bedeutet nämlich die Addition in A, an der rechten Seite dagegen die Addition in B, und diese brauchen nicht unbedingt miteinander gleich zu sein.)

Falls A und B lineare Mengen und beide über $\mathbb{K}$ sind sowie für jedes $x \in A$ und $\lambda \in \mathbb{K}$ die Beziehung

$$\mathscr{L}(\lambda x) = \lambda \mathscr{L}(x) \tag{1.41.02}$$

gilt, dann ist $\mathscr{L}$ ein *homogener* Operator. Ein additiver und homogener Operator heißt *linear*.

Für einen linearen Operator $\mathscr{L}: A \to B$ gilt offenbar für beliebige Elemente $x_1, x_2, \ldots, x_n$ aus A und für beliebige Zahlen $\lambda_1, \lambda_2, \ldots, \lambda_n$ aus $\mathbb{K}$

$$\mathscr{L}(\lambda_1 x_1 + \lambda_2 x_2 + \cdots + \lambda_n x_n) = \lambda_1 \mathscr{L}(x_1) + \lambda_2 \mathscr{L}(x_2) + \cdots + \lambda_n \mathscr{L}(x_n).$$

(1.41.03)

Für lineare Operatoren werden wir oft anstelle von $\mathscr{L}(x)$ kurz $\mathscr{L}x$, manchmal auch $\mathscr{L} \cdot x$, schreiben.

Aus den Definitionen ergeben sich die folgenden Eigenschaften.

Es sei $\mathscr{L}: A \to B$ ein linearer Operator, wobei A und B lineare Mengen über $\mathbb{K}$ sind. Dann gilt

$$\mathscr{L}(\theta) = \theta, \qquad \mathscr{L}(-x) = -\mathscr{L}x. \tag{1.41.04}$$

(Hier ist wieder an der linken Seite θ das Nullelement in A und θ an der rechten Seite das Nullelement in B. Man sollte eigentlich diese unterscheiden.)

Es ist nämlich

$$\mathscr{L}(\theta) = \mathscr{L}(\theta + \theta) = \mathscr{L}(\theta) + \mathscr{L}(\theta)$$

und

$$\theta = \mathscr{L}(\theta) = \mathscr{L}(x + (-x)) = \mathscr{L}x + \mathscr{L}(-x).$$

Die Menge aller linearen Operatoren von A in B werden wir mit $\Lambda(A, B)$ bezeichnen.

3. *Beispiele.* a) Die lineare und homogene Funktion $y = ax$ $(x \in \mathbb{C})$ ist ein lineares Funktional.

Dagegen aber stellt die Funktion $y = ax + b$ $(b \neq 0)$ kein lineares Funktional dar, weil die Zuordnung $x \mapsto y$ nicht homogen ist.

b) Es sei

$$C = \begin{pmatrix} c_{11} & c_{12} & \cdots & c_{1n} \\ c_{21} & c_{22} & \cdots & c_{2n} \\ \cdot & \cdot & \cdots & \cdot \\ c_{m1} & c_{m2} & \cdots & c_{mn} \end{pmatrix}$$

eine Matrix. Diese erzeugt einen Operator von $\mathbb{C}^n$ in $\mathbb{C}^m$ durch die Vorschrift

$$y_k = \sum_{j=1}^{n} c_{kj} x_j \qquad (k = 1, 2, \ldots, m), \tag{1.41.05}$$

wobei $x = (x_1, x_2, \ldots, x_n)$ ein Element aus $\mathbb{C}^n$ und $y = (y_1, y_2, \ldots, y_m)$ eines aus $\mathbb{C}^m$ ist. Dieser mit $\mathscr{C}$ bezeichnete Operator ist linear.

c) Es sei diesmal $A = C^1[a, b]$ die lineare Menge aller in (a, b) definierten stetig differenzierbaren Funktionen und $B = C[a, b]$. Dann stellt der Operator der Ableitung $\dfrac{d}{dt}$ einen linearen Operator von $C^1(a, b)$ in $C(a, b)$ dar.

d) Ein wichtiges Beispiel ist folgendes: $A = L(a, b)$ ist die lineare Menge aller in (a, b) (Lebesgue-) integrierbaren Funktionen, $B = \mathbb{R}$. Dann ist

$$f(x) = \int\limits_a^b x(t)\, dt \qquad x \in L(a, b)$$

ein lineares Funktional in $L(a, b)$.

e) Oft realisieren technische Einrichtungen lineare Operatoren. So ist z.B. ein elektrischer Widerstand (R Ohm) mit einem linearen Operator verbunden Wenn man auf die Klemmen eine Spannung $U = U(t)$ anschaltet (Input), so erhält man als Antwort (Output) die Stromstärke $i = i(t)$. Es gilt nämlich nach dem Ohmschen Gesetz: $i = RU$.

In ähnlicher Weise; Ein Gerät bestehend aus zwei sich treibende Räder transformiert die Winkelgeschwindigkeit des ersten Rades in die Winkelgeschwindigkeit des zweiten in linearer Art.

4. Operatoren in normierten Räumen. Wir werden jetzt zwei normierte Räume $(A, \|.\|_A)$ und $(B, \|.\|_B)$ betrachten. $\mathscr{I}$ sei eine (nicht unbedingt lineare) Abbildung von $(A, \|.\|_A)$ in $(B, \|.\|_B)$. Wir sagen, *die Abbildung $\mathscr{I}$ ist im Punkt $x_0 \in D(\mathscr{I})$ stetig*, falls folgende Bedingungen erfüllt sind:

α) Wie immer man die Elementenfolge $x_n \in D(\mathscr{I})$ $(n = 1, 2, 3, \ldots)$ mit $x_n \xrightarrow{(A, \|.\|_A)} x_0$ $(n \to \infty)$ wählt, gilt für die entsprechende Elementenfolge $\mathscr{I}(x_n)$ die Beziehung $\mathscr{I}(x_n) \xrightarrow{(B, \|.\|_B)} \mathscr{I}(x_0)$ $(n \to \infty)$.

Man kann die Stetigkeit auch anders definieren:

β) $\mathscr{I} : (A, \|.\|_A) \to (B, \|.\|_B)$ ist an der Stelle $x_0 \in D(\mathscr{I})$ stetig, falls zu jedem $\varepsilon > 0$ ein $\delta = \delta(\varepsilon) > 0$ existiert, derart, daß

$$\|\mathscr{I}(x) - \mathscr{I}(x_0)\|_B < \varepsilon \quad \text{für jedes } x \text{ mit } \|x - x_0\|_B < \delta$$

erfüllt ist.

Es läßt sich genauso wie in den Elementen der klassischen Analysis beweisen, daß die Definitionen α und β miteinander äquivalent sind.

Ist ein Operator $\mathscr{I}$ in jedem Punkt einer Teilmenge des Definitionsbereiches stetig, so sagen wir, $\mathscr{I}$ ist *auf dieser Menge stetig*.

Wenn für jede Folge $\{x_n\}$ aus $D(\mathscr{I})$ mit $x_n \xrightarrow{(A, \|.\|_A)} x_0$ $(n \to \infty)$ der Grenzwert $\lim\limits_{n \to \infty} \mathscr{I}(x_n) = y_0$ existiert (nach der Norm $\|.\|_B$) und dieser von der Folge $\{x_n\}$ unabhängig ist, dann sagen wir y_0 ist der *Grenzwert* von $\mathscr{I}$ an der Stelle x_0. In diesem Zusammenhang soll darauf verwiesen werden, daß x_0 überhaupt nicht zu $D(\mathcal{I})$ gehören muß. [x_0 ist in der Abschließung von $D(\mathcal{I})$ und y_0 in der von $R(\mathcal{I})$.]

Man kann die Definition α mit Hilfe des Grenzwertes in äquivalenter Art umformulieren:
γ) Ein Operator $\mathcal{I} : (A, \|.\|_A) \rightarrow (B, \|.\|_B)$ ist an der Stelle x_0 stetig, falls 1. $x_0 \in D(\mathcal{I})$, 2. der Grenzwert von $\mathcal{I}$ in x_0 existiert, 3. $\lim_{n \to \infty} \mathcal{I}(x_n) = \mathcal{I}(x_0)$ gilt.

5. Lineare Operatoren in normierten Räumen. Es sei jetzt $\mathcal{L} \in \Lambda((A, \|.\|_A), (B, \|.\|_B))$ (ein linearer Operator). Wir zeigen folgende Tatsache:

Satz 1. *Ist der lineare Operator an einer Stelle seines Definitionsbereiches stetig, so ist er im ganzen Definitionsbereich stetig.*

Beweis. Nehmen wir an, der lineare Operator $\mathcal{L}$ ist in x_0 stetig. Wir haben zu zeigen, daß er auch an der beliebigen Stelle $x_1 \in D(\mathcal{L})$ stetig ist. Dazu benützen wir die Form β der Definition der Stetigkeit. Wir bestimmen zur Zahl $\varepsilon > 0$ ein $\delta = \delta(\varepsilon) > 0$ derart, daß $\|\mathcal{L}x - \mathcal{L}x_0\|_B < \varepsilon$ für die jedes x mit $\|x - x_0\|_A < \delta(\varepsilon)$ gelte.

Wir betrachten nun ein beliebiges $x \in A$ mit $\|x - x_1\|_A < \delta(\varepsilon)$. Für solches ist auch

$$\|x - x_1\|_A = \|x + (x_0 - x_1) - x_0\|_A < \delta(\varepsilon)$$

und somit wegen der Stetigkeit von $\mathcal{L}$ in x_0 gilt.

$$\|\mathcal{L}(x + (x_0 - x_1)) - \mathcal{L}x_0\|_B < \varepsilon.$$

Andererseits folgt aus der Linearität

$$\mathcal{L}(x + (x_0 - x_1)) - \mathcal{L}x_0 = \mathcal{L}(x - x_1) = \mathcal{L}x - \mathcal{L}x_1,$$

also

$$\|\mathcal{L}x - \mathcal{L}x_1\|_B < \varepsilon \quad \text{für alle} \quad x \in A \quad \text{mit} \quad \|x - x_1\| < \delta(\varepsilon). \quad \square$$

Wir sagen, der lineare Operator $\mathcal{L}$ ist beschränkt, wenn eine positive Konstante γ existiert, derart, daß

$$\|\mathcal{L}x\|_B \leqq \gamma \|x\|_A \quad \text{für jedes} \quad x \in A \tag{1.41.06}$$

gilt. (Das ist so zu verstehen, daß γ vom Element x unabhängig ist und nur von $\mathcal{L}$ abhängt.)

Gibt es eine Zahl γ mit der Eigenschaft (1.41.06), so hat auch jede positive Zahl größer als γ diese Eigenschaft.

Grundlegend wichtig ist der folgende Satz:

Satz 2. *Ein linearer Operator ist genau dann stetig, wenn er beschränkt ist.*

Beweis. Es sei $\mathcal{L} \in \Lambda((A, \|.\|_A), B, \|.\|_B)$.

a) (Hinlänglichkeit). Wir nehmen an, daß für ein $\gamma > 0$ (1.41.06) für jedes $x \in A$ erfüllt ist. Es sei $\varepsilon > 0$ im voraus gegeben, dann betrachten wir $\delta = \dfrac{\varepsilon}{\gamma}$ (man kann offensichtlich annehmen, daß $\gamma \neq 0$ ist). Wählen wir $x \in A$ derart, daß $\|x\|_A < \delta = \dfrac{\varepsilon}{\gamma}$ ist, dann folgt aus der Beschränktheit

$$\|\mathscr{L}x\|_B < \gamma \|x\|_A = \varepsilon.$$

Das besagt, $\mathscr{L}$ ist an der Stelle $x_0 = 0$ stetig, somit nach Satz 1 in $(A, \|.\|_A)$ stetig ist.

b) (Notwendigkeit). Jetzt wird die Stetigkeit von $\mathscr{L}$ in $(A, \|.\|_A)$ angenommen.

Wir zeigen zunächst, daß

$$\gamma_0 := \sup_{\|x\|_A = 1} \|\mathscr{L}x\|_B \qquad (1.41.07)$$

ist. Wäre nämlich $\gamma_0 = \infty$, dann gäbe es eine unendliche Elementenfolge $\{x_n\}$ in A, mit $\|x_n\|_A = 1$, so daß $\varkappa_n := \|\mathscr{L}x_n\|_B \to \infty \ (n \to \infty)$ gilt. Dann aber würde für die Elementenfolge aus A

$$x_n' := \frac{x_n}{\varkappa_n} \qquad (n = 1, 2, \ldots)$$

die Beziehung $\|x_n'\|_A = \dfrac{1}{\varkappa_n} \to 0 \ (n \to \infty)$ gelten. Daraus würde wegen der Stetigkeit $\mathscr{L}x_n' \to \theta \ (n \to \infty)$ folgen.

Andererseits aber ist

$$\|\mathscr{L}x_n'\|_B = \frac{1}{\varkappa_n} \|\mathscr{L}x_n\|_B = 1 \qquad (n = 1, 2, \ldots),$$

was $\mathscr{L}x_n' \to 0 \ (n \to \infty)$ widerspricht. Also kann $\gamma_0 = \infty$ nicht gelten.

Es sei jetzt $x \neq \theta$ sonst ein beliebiges Element aus A. Wir setzen $\bar{x} := \dfrac{x}{\|x\|_A}$, dann gilt $\|\bar{x}\|_A = 1$, daher

$$\|\mathscr{L}\bar{x}\|_B = \frac{1}{\|x\|_A} \|\mathscr{L}x\|_B \leqq \gamma_0 < \infty,$$

woraus $\|\mathscr{L}x\|_B \leqq \gamma_0 \|x\|_A$ folgt. [Für $x = \theta$ ist (1.41.06) offensichtlich erfüllt.] Es ist leicht einzusehen, wonach *die in (1.41.07) definierte Zahl γ_0 die kleinste ist, für welche (1.41.06) erfüllt ist.* (1.41.08)

Es sei nämlich $x \in A$ mit $\|x\|_A = 1$. Für ein solches Element gilt nach (1.41.06) $\|\mathscr{L}x\|_B \leqq \gamma$, folglich gilt durch Vergleich mit (1.41.07): $\gamma_0 \leqq \gamma$. Andererseits aber genügt γ_0 der Bedingung (1.41.06), wie wir es oben gezeigt haben, also ist (1.41.08) richtig. $\square$

Wir können die Bedingung $\|x\|_A = 1$ in (1.41.07) durch $\|x\|_A \leqq 1$ ersetzen.

Satz 3. *Es gilt für einen beschränkten linearen Operator $\mathcal{L}$*

$$\gamma_0 := \sup_{\|x\|_A = 1} \|\mathcal{L}x\|_B = \sup_{\|x\|_A \leq 1} \|\mathcal{L}x\|_B < \infty. \qquad (1.41.09)$$

Beweis. Wegen

$$\{x \mid x \in A; \|x\|_A = 1\} \subset \{x \mid x \in A; \|x\|_A \leq 1\}$$

gilt $\gamma_0 \leq \sup_{\|x\|_A \leq 1} \|\mathcal{L}x\|_B$. Andererseits ist für ein $x \in A$ $\|\mathcal{L}x\|_B \leq \gamma_0 \|x\|_A$, wie wir das im Beweis des Satzes 2 gesehen haben, daher $\sup_{\|x\|_B \leq 1} \|\mathcal{L}x\|_B \leq \gamma_0$. Daraus folgt (1.41.09). $\square$

Wenn die Gefahr des Irrtums nicht vorliegt, werden wir der Kürze halber den Index des Normzeichens weglassen.

6. Beispiele für beschränkte lineare Operatoren. a) Wir haben gesehen (in 3, Beispiel a), daß die Matrix $C = (c_{ij})$ $(k = 1, 2, \ldots, m; j = 1, 2, \ldots, n)$ eine lineare Abbildung von $\mathbb{C}^n$ in $\mathbb{C}^m$ mittels der Vorschrift (1.41.05) darstellt. Wenn wir in beiden Räumen die Norm wie (1.23.04) einführen, so ist der durch die Matrix C definierte Operator $\mathcal{C}$ beschränkt (also auch stetig).

Es sei $x \in \mathbb{C}^n$ und $y = \mathcal{C}x \in \mathbb{C}^m$, dann gilt nach der Schwarzschen Ungleichung

$$\|y\|_{\mathbb{C}^m}^2 = \|\mathcal{C}x\|_{\mathbb{C}^m}^2 = \sum_{k=1}^m |y_k|^2 = \sum_{k=1}^m \left| \sum_{j=1}^n c_{kj}x_j \right|^2 \leq \sum_{k=1}^m \left(\sum_{j=1}^n |c_{kj}|^2 \right) \left(\sum_{j=1}^n |x_j|^2 \right).$$

Setzen wir $\gamma^2 := \sum_{k=1}^m \sum_{j=1}^n |c_{kj}|^2$, so ergibt sich

$$\|\mathcal{C}x\|_{\mathbb{C}^m} \leq \gamma \|x\|_{\mathbb{C}^n}.$$

b) Ein besonders wichtiges Beispiel ist folgendes: Es sei $K(s, t)$ eine in $a \leq s \leq b$, $a \leq t \leq b$ definierte und dort stetige Funktion (a, b sind endliche Zahlen). Man ordnet zu jeder Funktion $x \in C[a, b]$ die folgende zu:

$$y(s) = \int_a^b K(s, t)x(t)\, dt \qquad (a \leq s \leq b). \qquad (1.41.10)$$

Der Leser überzeuge sich, daß $y \in C[a, b]$ gilt. (1.41.10) stellt also eine mit $\mathcal{K}$ bezeichnete Abbildung des Raumes $C[a, b]$ in sich dar. Den Operator $\mathcal{K}$ nennt man *Integraloperator*. Die Funktion $K(s, t)$, welche diesen Operator definiert, ist der *Kern* (oder *Kernfunktion*) von $\mathcal{K}$. Wenn wir in $C[a, b]$ die Norm (1.23.05) einführen, so sieht man, daß $\mathcal{K}$ ein beschränkter Operator ist. Setzt man nämlich $\max_{a \leq s, t \leq b} |K(s, t)| = \dfrac{\gamma}{b - a}$, so gilt

$$\|y\| \leq \gamma \|x\|.$$

Der Integraloperator (1.41.10) ist somit stetig.

c) Es sei wieder $K(s, t)$ eine in $(a, b) \times (a, b)$ f.ü. erklärte Funktion (a und b müssen jetzt nicht endlich sein) so beschaffen, daß

$$\gamma^2 := \int\limits_a^b \int\limits_a^b |K(s, t)|^2 \, ds \, dt < \infty \tag{1.41.11}$$

gilt. Wir betrachten als Definitionsbereich den Raum $L^2(a, b)$ [mit der Norm (1.25.01)] für den Integraloperator

$$(\mathcal{K}x)(s) := \int\limits_a^b K(s, t)x(t) \, dt \qquad (s \in (a, b)).$$

Wir zeigen zuerst, daß dieser Operator tatsächlich für jede Funktion x aus $L^2(a, b)$ definiert ist und daß das Bild y von $x \in L^2(a, b)$ auch diesem Funktionenraum angehört. Es gilt nämlich durch Anwendung der Schwarzschen Ungleichung

$$\|y\|_2^2 = \int\limits_a^b |y(s)|^2 \, ds = \int\limits_a^b \left| \int\limits_a^b K(s, t)x(t) \, dt \right|^2 ds$$

$$\leq \int\limits_a^b \int\limits_a^b |K(s, t)|^2 \, dt \, ds \int\limits_a^b |x(t)|^2 \, dt = \gamma^2 \, \|x\|_2^2,$$

d.h.

$$\|\mathcal{K}x\|_2 \leq \gamma \, \|x\|_2$$

ist. Damit ist aber auch schon die Beschränktheit (also auch die Stetigkeit) bewiesen.

d) Man kann den Integraloperator (1.41.10) mit stetigem Kern $K(s, t)$ $(a \leq s, t \leq b)$ auch als einen Operator von $L^1(a, b)$ in $C[a, b]$ auffassen. Als Übungsbeispiel beweise der Leser, daß $D(\mathcal{K}) = L^1(a, b)$ ist und das Bild einer jeden Funktion x aus $L^1(a, b)$ eine in $[a, b]$ erklärte und dort stetige Funktion ist. Wir überzeugen uns, daß $\mathcal{K} \in \Lambda(L^1(a, b), C[a, b])$ gilt. Es sei $\gamma := \max\limits_{a \leq s, t \leq b} |K(s, t)|$,

$$\|y\|_C = \|\mathcal{K}x\|_C \leq \gamma \int\limits_a^b |x(t)| \, dt = \gamma \, \|x\|_1.$$

e) Das Funktional

$$f(x) = \int\limits_a^b x(t)\rho(t) \, dt, \tag{1.41.12}$$

wobei ρ eine in (a, b) absolut integrierbare Funktion ist, ist in $C[a, b]$ beschränkt $(-\infty < a < b < \infty)$. Es sei nämlich $\gamma := \int_a^b |\rho(t)|\, dt$, dann ist

$$|f(x)| = \|f(x)\|_{\mathbb{R}} \leqq \int_a^b |x(t)|\, |\rho(t)|\, dt \leqq \int_a^b |\rho(t)|\, dt \max_{a \leqq t \leqq b} |x(t)| = \gamma \|x\|_C.$$

f) Sehr lehrreich ist das folgende Beispiel: Wir betrachten den Differential-operator $\mathscr{D} = \dfrac{d}{dt} \in \Lambda(C^1(a, b), C(a, b))$. Wenn wir in $C^1(a, b)$ die C-Norm (1.23.05) einführen, dann ist $\mathscr{D}$ kein beschränkter (daher also auch kein stetiger) Operator. Um das zu zeigen, sei einfachheitshalber $a = 0$, $b = 2\pi$ und betrachten die Folge von Funktionen $\{x_k = \sin kt\}$. Dann ist $\mathscr{D}x_k = k \cos kt$ und somit $\|\mathscr{D}x_k\|_C = k$ $(k = 1, 2, 3, \ldots)$, wobei aber $\|x_k\|_C = 1$ $(k = 1, 2, \ldots)$ gilt. Deshalb gilt $\|\mathscr{D}x_k\|_C \to \infty$, die Zahl γ_0 [definiert in (1.41.07)] kann also nicht endlich sein, folglich ist $\mathscr{D}$ nicht beschränkt.

Führt man jedoch in $C^1(a, b)$ die folgende Norm ein:

$$\|x\|_{C^1} := \max_{a \leqq t \leqq b} \left(|x(t)| + |x'(t)| \right) \qquad \left(x' = \frac{dx}{dt} \right), \qquad (1.41.13)$$

so ist $\mathscr{D}$ schon beschränkt [es wird dem Leser empfohlen, zu zeigen daß der Ausdruck (1.41.13) den Axiomen der Norm genügt). Hier scheint der Nachweis der Stetigkeit von $\mathscr{D}$ günstiger zu sein. Es sei nämlich $\{x_k\}$ eine Folge von Funktionen aus $C^1(a, b)$ mit

$$x_k \xrightarrow{(C^1, \|.\|_{C^1})} 0, \text{ d.h. } \max_{a \leqq t \leqq b} \left(|x_k(t)| + |x_k'(t)| \right) \to 0$$

was mit $x_k \to 0$ und $x_k' \to 0$ [gleichmäßig in (a, b)] äquivalent ist. Dann aber ist

$$y_k(t) = \mathscr{D}x_k(t) = x_k'(t) \to 0 \ (k \to \infty) \text{ gleichmäßig in } (a, b), \text{ also gilt } y_k \xrightarrow{(C, \|.\|_C)} 0$$

$(k \to \infty)$. Womit alles gezeigt ist.

Die Stetigkeit (bzw. Beschränktheit) hängt also nicht nur vom Operator und von den Mengen, sondern auch von den eingeführten Normen ab.

1.42 Die Algebra beschränkter Operatoren in normierten Räumen

1. Die Operatorennorm. $(A, \|.\|_A)$ und $(B, \|.\|_B)$ seien normierte Räume über $\mathbb{K}$ $(= \mathbb{R}$ oder $\mathbb{C})$. Wie bisher sei $\Lambda := \Lambda((A, \|.\|_A), (B, \|.\|_B))$ die Gesamtheit aller linearen Operatoren, welche den Raum A in den Raum B abbilden. In Λ definieren wir die algebraischen Operationen:

$$\begin{aligned} (\mathscr{L} + \mathscr{M})(x) &:= \mathscr{L}x + \mathscr{M}x, & x \in A, & \quad \mathscr{L}, \mathscr{M} \in \Lambda \\ (\lambda\mathscr{L})(x) &:= \lambda\mathscr{L}x & (x \in A, & \quad \mathscr{L} \in \Lambda; \ \lambda \in \mathbb{K}). \end{aligned} \qquad (1.42.01)$$

Mit diesen Verknüpfungsvorschriften wurde aus Λ eine lineare Menge. Das neutrale Element (Nullelement) dieser linearen Menge ist der Nulloperator

θ, derjenige, welcher jedes Element aus A in das Nullelement von B abbildet: $\theta x = \theta_B$ für jedes $x \in A$. (Die Axiome $a_1, a_2; m_1, \ldots, m_5$ in 1.21 sind offensichtlich erfüllt.)

Wir betrachten jetzt diejenige Teilmenge $\Lambda_0 = \Lambda_0((A, \|.\|_A (B, \|.\|_B))$ von Λ, welche aus den *beschränkten* Operatoren von $(A, \|.\|_A)$ in $(B, \|.\|_B)$ besteht. Die Verknüpfungsoperationen (1.42.01) führen aus Λ_0 nicht heraus, somit ist auch Λ_0 eine lineare Menge. In dieser kann man in natürlicher Weise eine Norm einführen.

Sei nämlich $\mathscr{L} \in \Lambda_0$, dann definieren wir

$$\|\mathscr{L}\| = \sup_{\|x\|_A = 1} \|\mathscr{L}x\|_B = \sup_{\|x\|_A \leq 1} \|\mathscr{L}x\|_B \qquad (1.42.02)$$

(vgl. dazu Satz 3; 1.41). Wir haben jetzt nur noch zu zeigen, daß (1.42.02) die Eigenschaften I, II, III und V in 1.23.1 besitzt.

Offensichtlich gilt $\|\mathscr{L}\| \geq 0$ und $\|\theta\| = 0$. Ist aber $\|\mathscr{L}\| = \sup_{\|x\|_A \leq 1} \|\mathscr{L}x\|_B = 0$, so folgt $\|\mathscr{L}x\|_B = 0$ für jedes x mit $\|x\|_A \leq 1$. Es sei $x \neq \theta_A$, sonst beliebig, dann gilt

$$\left\| \mathscr{L}\left(\frac{x}{\|x\|_A}\right) \right\|_B = \frac{1}{\|x\|_A} \|\mathscr{L}x\|_B = 0,$$

woraus $\mathscr{L}x = \theta_B$ folgt, d.h. $\mathscr{L} = \theta$.

Weiter gilt für ein beliebiges $\lambda \in \mathbb{K}$

$$\|(\lambda\mathscr{L})(x)\|_B = \|\lambda(\mathscr{L}x)\|_B = |\lambda| \, \|\mathscr{L}x\|_B.$$

Andererseits aber ergibt sich nach dem Beweis des Satzes 2 in 1.41:

$$\|\mathscr{L}x\|_B \leq \gamma_0 \|x\|_A = \|\mathscr{L}\| \, \|x\|_A, \qquad (1.42.03)$$

also gilt

$$\|(\lambda\mathscr{L})(x)\|_B = |\lambda| \, \|\mathscr{L}x\|_B \leq |\lambda| \, \|\mathscr{L}\| \, \|x\|_A.$$

Man sieht aber, da $\|\mathscr{L}\|$ die kleinste Konstante ist, für welche $\|\mathscr{L}x\|_B \leq \gamma \|x\|_A$ gilt [vgl. (1.41.08)], daß $|\lambda| \, \|\mathscr{L}\|$ die kleinste von x unabhängige Zahl ist, für welche $\|(\lambda\mathscr{L})x\|_B \leq \gamma \|x\|_A$ gilt. Wir haben also $\|\lambda\mathscr{L}\| = |\lambda| \, \|\mathscr{L}\|$.

Nun zeigen wir, daß auch die Dreiecksungleichung erfüllt ist. Es seien $\mathscr{L}, \mathscr{M} \in \Lambda_0$, dann haben wir folgendes:

$$\|(\mathscr{L} + \mathscr{M})(x)\|_B = \|\mathscr{L}x + \mathscr{M}x\|_B \leq (\|\mathscr{L}\| + \|\mathscr{M}\|) \|x\|_A,$$

woraus

$$\|\mathscr{L} + \mathscr{M}\| \leq \|\mathscr{L}\| + \|\mathscr{M}\|$$

folgt.

Wenn es sich als notwendig erweist, dann werden wir für die Operatorennorm $\|\mathscr{L}\|$ ausführlicher entweder $\|\mathscr{L}\|_{\Lambda_0}$ oder auch $\|\mathscr{L}\|_{\Lambda_0(A,B)}$ schreiben ($\mathscr{L} \in \Lambda_0$).

Wenn wir die Beispiele in 1.41.6 heranziehen, dann sieht man:

a) $\qquad \|\mathscr{C}\| \leqq \left(\sum_{k=1}^{m} \sum_{j=1}^{n} |c_{k,j}|^2 \right)^{1/2},$ $\qquad\qquad$ (1.42.04)

b) $\qquad \|\mathscr{K}\|_{\Lambda_0(C,C)} \leqq (b-a) \max_{a \leqq s,t \leqq b} |K(s,t)|,$ $\qquad\qquad$ (1.42.05)

c) $\qquad \|\mathscr{K}\|_{\Lambda_0(L^2,L^2)} \leqq \left(\int_a^b \int_a^b |K(s,t)| \, ds \, dt \right)^{1/2},$ $\qquad\qquad$ (1.42.06)

d) $\qquad \|\mathscr{K}\|_{\Lambda_0(L^1,C)} \leqq \max_{a \leqq s,t \leqq t} |K(s,t)|,$ $\qquad\qquad$ (1.42.07)

e) $\qquad \|f\| \leqq \int_a^b |\rho(t)| \, dt.$ $\qquad\qquad$ (1.42.08)

Man könnte in diesen Beispielen nicht nur obere Schranken, sondern auch die genauen Werte für die Operatorennormen festlegen. Da diese keine praktische Bedeutung haben, werden wir darauf verzichten.

2. Der Banach–Raum der beschränkten Operatoren. Es stellt sich naturgemäß die auch bezüglich den Anwendungen wichtige Frage: Unter welchen Bedingungen ist der Raum $\Lambda_0 = \Lambda_0((A, \|.\|_A), (B, \|.\|_B))$ vollständig (also ein Banach–Raum)? Die Frage wird durch den folgenden Satz beantwortet:

Satz 1. *Ist $(B, \|.\|_B)$ ein Banach–Raum, dann ist auch $\Lambda_0((A, \|.\|_A), (B, \|.\|_B))$ einer.*

Beweis. Es ist nur zu beweisen, daß eine Cauchysche Folge $\mathscr{L}_n$ von Operatoren aus Λ_0 $(= \Lambda_0((A, \|.\|_A), (B, \|.\|_B)))$ zu einem Operator $\mathscr{L}$ aus Λ_0 konvergiert (bezüglich der Operatorennorm).

Es sei $\varepsilon > 0$ eine beliebige positive Zahl, dann gibt es eine positive Zahl $N(\varepsilon)$, so daß

$$\|\mathscr{L}_n - \mathscr{L}_m\| < \varepsilon \quad \text{für alle } n, m \text{ mit } \quad n, m > N(\varepsilon).$$

Ist nun $x \in A$ ein beliebiges festgehaltenes Element aus A, dann folgt

$$\|(\mathscr{L}_n - \mathscr{L}_m)x\|_B = \|\mathscr{L}_n x - \mathscr{L}_m x\|_B \leqq \|\mathscr{L}_n - \mathscr{L}_m\| \|x\|_A < \varepsilon \|x\|_A$$
$$(m, n > N(\varepsilon)). \quad (1.42.09)$$

$\{\mathscr{L}_n x\}$ ist somit eine Cauchysche Folge im Raum $(B, \|.\|_B)$, und da dieser, laut Voraussetzung, vollständig ist, existiert $y := \lim_{n \to \infty} \mathscr{L}_n x \in B$. Das Element y hängt jedoch von x ab, die obige Grenzwertbildung definiert demzufolge einen Operator $\mathscr{L}: A \to B$. Man kann leicht zeigen, daß $\mathscr{L}$ linear ist.

Halten wir in (1.42.09) n fest und lassen m gegen ∞ streben, dann erhalten wir auf Grund der Stetigkeit der Norm:

$$\|\mathscr{L}_n x - y\|_B = \|\mathscr{L}_n x - \mathscr{L}x\|_B < \varepsilon \, \|x\|_A. \tag{1.42.10}$$

Das besagt, daß der Operator $\mathscr{M}_n := \mathscr{L}_n - \mathscr{L}$ beschränkt, also ein Element von Λ_0 ist. Deshalb muß $\mathscr{L} = \mathscr{L}_n - \mathscr{M}_n$ (wegen der Linearität von Λ_0) auch beschränkt sein, also ist auch $\mathscr{L}$ zu Λ_0 gehörend.

Andererseits folgt aus (1.42.10) und der Definition der Operatorennorm $\|\mathscr{L}_n - \mathscr{L}\| < \varepsilon$ $n > N(\varepsilon)$, womit gezeigt ist, daß $\mathscr{L}$ der Grenzwert (nach der Operatorennorm) der Folge $\mathscr{L}_n$ ist. $\square$

Insbesondere ist $(B, \|.\|_B) = (A, \|.\|_A)$ und $(A, \|.\|_A)$ ein Banach–Raum, so ist der normierte Raum aller Operatoren von einem Banach–Raum in sich selbst ein Banach–Raum. (1.42.11)

Wenn eine Folge von Operatoren $\{\mathscr{L}_n\}$ bezüglich der Operatorennorm gegen einen Operator konvergiert, d.h. $\mathscr{L}_m \xrightarrow{\Lambda_0} \mathscr{L}$ (also $\lim\limits_{n\to\infty} \|\mathscr{L}_n - \mathscr{L}\| = 0$) gilt, dann sagen wir $\{\mathscr{L}_n\}$ konvergiert *stark* gegen $\mathscr{L}$, und $\mathscr{L}$ ist der *starke Grenzwert* von $\{\mathscr{L}_n\}$.

Bei Operatoren kann man nämlich auch eine andere Konvergenz definieren. x sei ein beliebiges Element aus A. Wenn die Elementenfolge $\{\mathscr{L}_n x\}$ im Raum B konvergiert, dann sieht man sofort, daß der Grenzwert von $\{\mathscr{L}_n x\}$ ebenfalls ein linearer Operator $\mathscr{L}$ ist. In diesem Fall sagt man, $\{\mathscr{L}_n\}$ konvergiert *schwach* oder konvergiert *punktweise* gegen $\mathscr{L}$.

Wenn eine Operatorenfolge stark konvergiert, dann konvergiert sie auch schwach. Sei $\mathscr{L}_n \to \mathscr{L}$ (also stark), dann ist $\|\mathscr{L}_n - \mathscr{L}\| < \varepsilon$ für hinreichend großes n. Für ein beliebiges $x \in A$ gilt also

$$\|\mathscr{L}_n x - \mathscr{L}x\| = \|(\mathscr{L}_n - \mathscr{L})x\| \leqq \|\mathscr{L}_n - \mathscr{L}\| \, \|x\| < \|x\| \, \varepsilon.$$

Die Umkehrung dieser Behauptung ist i.A. falsch.

Die starke Konvergenz entspricht der gleichmäßigen Konvergenz. Gilt nämlich $\mathscr{L}_n \xrightarrow{\Lambda_0} \mathscr{L}$ und ist x ein beliebiges Element der Einheitskugel in A (d.h. $\|x\| < 1$), dann haben wir für hinreichend großes n:

$$\|\mathscr{L}_n x - \mathscr{L}x\| < \|\mathscr{L}_n - \mathscr{L}\| \, \|x\| \leqq \|\mathscr{L}_n - \mathscr{L}\| < \varepsilon \qquad (\|x\| \leqq 1).$$

Tatsächlich konvergiert $\mathscr{L}_n x$ «gleichmäßig» gegen $\mathscr{L}x$. Das gilt natürlich nicht nur für die Einheitskugel, sondern für jedes beschränktes Gebiet in A. Die schwache Konvergenz dagegen entspricht der punktweisen Konvergenz, daher auch der Name.

3. Normierte Algebren. Es sei diesmal ganz allgemein $(S, \|.\|_S)$ ein normierter Raum, dessen Elemente mit $h, k, l, \ldots$ bezeichnet sind. $(S, \|.\|_S)$ heißt eine *normierte Algebra*, wenn für je zwei Elemente h und k ein Produkt

$hk \in S$ erklärt ist mit den folgenden Eigenschaften:
1. $(hk)l = h(kl)$ $(= hkl)$ $(h, k, l \in S)$ (Assoziativität);
2. $(h+k)l = hl + kl$ $(h, k, l \in S)$ (Distributivität)
   $l(h+k) = lh + lk$ $(h, k, l \in S)$;
3. $\lambda(hk) = (\lambda h)k = h(\lambda k)$ $h, k \in S$ (Homogenität);
4. $\|hk\|_S \leq \|h\|_S \|k\|_S$.

Gibt es in der normierten Algebra ein Element e mit $\|e\| = 1$ und $he = eh = h$ für alle h aus S, so heißt e das *Einselement* der normierten Algebra, und $(S, \|.\|_S)$ ist eine *normierte Algebra mit Eins*.

Wenn die normierte Algebra vollständig ist, so heißt sie eine *Banach-Algebra*.

Wenn für gewisse Elemente h und k einer normierten Algebra $hk = kh$ gilt, dann sagen wir, diese Elemente sind *vertauschbar*. Aus der Definition folgt, daß das Einselement (falls ein solches vorhanden ist) mit jedem Element der Algebra vertauschbar ist, und nach 2 (oder 3) ist auch θ mit jedem Element vertauschbar ($\theta h = h\theta = \theta$).

Eine normierte Algebra, in welcher für alle Paare h, k von Elementen $hk = kh$ gilt, heißt eine *kommutative normierte Algebra*.

Wir zeigen jetzt, daß *das Einselelement, falls überhaupt vorhanden, das einzige in der normierten Algebra ist*. Denn wäre außer e noch ein weiteres Einselement, etwa e' vorhanden, dann müßte einerseits $ee' = e'$, andererseits $ee' = e$ gelten, d.h. $e = e'$.

Eine weitere Eigenschaft der normierten Algebren ist die folgende:

Satz 2. *Das Produkt in einer normierten Algebra ist eine stetige Operation.*

Beweis. $\{h_n\}$ und $\{k_n\}$ seien Cauchysche Folgen in einer normierten Algebra. Dann zeigen wir vorerst, daß auch $\{h_n k_n\}$ eine Cauchysche Folge dieser Algebra ist. Wir wissen, daß jede Cauchysche Folge in einem normierten Raum beschränkt ist. Aus diesem Grund gilt nach der Eigenschaft 4

$$0 \leq \|h_n k_n - h_m k_m\| = \|h_n k_n - h_n k_m + h_n k_m - h_m k_m\|$$
$$\leq \|h_n\| \|k_n - k_m\| + \|h_n - h_m\| \|k_m\| \to 0 \quad \text{für} \quad n, m \to \infty.$$

Gilt ferner $h_n \xrightarrow{S} h$; $k_n \xrightarrow{S} k$, so ist

$$\|h_n k_n - hk\| = \|h_n k_n - h_n k + h_n k - hk\|$$
$$\leq \|h_n\| \|k_n - k\| + \|h_n - h\| \|h\| \to 0, \quad n \to \infty. \quad \square$$

In einer normierten Algebra kann man das Produkt eines Elementes h mit sich bilden: $hh = h^2$. Das ist die *zweite Potenz* (Quadrat) oder *zweite Iterierte* von h.

Mit vollständiger Induktion definiert man

$$h^n = hh^{n-1} \qquad (n = 2, 3, 4, \ldots; \quad h^1 = h).$$

Diese Elemente der normierten Algebra heißen die *Potenzen* oder *Iterierten* von h.

Der Leser beweise, daß je zwei Potenzen von einem Element miteinander vertauschbar sind, und es gilt

$$h^{m+n} = h^m h^n \qquad (n, m = 1, 2, 3, \ldots).$$

Hat die normierte Algebra ein Einselement, so setzt man definitionsgemäß $h^0 = e$ für jedes von θ verschiedene Element h.

Ein Element h, falls vorhanden, für welches eine positive ganze Zahl n mit $h^n = h$ gilt, heißt ein *nilpotentes Element*. Ist $n = 2$, so heißt h *idempotent*: $h^2 = h$.

Aus dem Axiom 4 folgt unmittelbar

$$\|h^n\| \leqq \|h\|^n. \tag{1.42.11}$$

4. Normierte Algebra von beschränkten linearen Operatoren. Wir betrachten den normierten Raum $\Lambda_0((A, \|.\|_A), (A, \|.\|_A))$ (den wir jetzt kurz mit Λ_0 bezeichnen werden), in welcher wir die Operatorennorm (1.42.02) einführen. Wir definieren weiter ein Produkt in Λ_0 mit folgender Vorschrift: Sind $\mathscr{L}, \mathscr{M} \in \Lambda_0$, so sei $(\mathscr{L}\mathscr{M})(x) = \mathscr{L}(\mathscr{M}x)$. Der Leser kann sich unmittelbar überzeugen, daß die Axiome 1, 2 und 3 in 1.42.3 erfüllt sind. Auch das Axiom 4 gilt, denn nach der Definition der Operatorennorm ist

$$\|(\mathscr{L}\mathscr{M})(x)\|_A = \|\mathscr{L}(\mathscr{M}x)\|_A \leqq \|\mathscr{L}\| \, \|\mathscr{M}x\|_A \leqq \|\mathscr{L}\| \, \|\mathscr{M}\| \, \|x\|_A$$

für jedes Element x aus A. Deshalb folgt $\|\mathscr{L}\mathscr{M}\| \leqq \|\mathscr{L}\| \, \|\mathscr{M}\|$, wie das in 4 gefordert wurde.

Mit dem oben definierten Produkt ist demzufolge Λ_0 zu einer normierten Algebra geworden. Ihr Nullelement ist der Nulloperator (welcher jedes Element von A in das Nullelement von A überführt). Diese normierte Algebra hat ein Einselement $\mathscr{E}$: Das ist der *Identitätsoperator*, derjenige also, welcher jedes Element von A in das gleiche Element abbildet: $\mathscr{E}x = x$ für jedes x aus A.

Aus (1.42.11) folgt sofort: *Wenn* $(A, \|.\|_A)$ *ein Banach–Raum ist, so ist* Λ_0 *eine Banach-Algebra* (mit Eins). Die vertauschbaren Elemente der normierten Algebra Λ_0 heißen *vertauschbare Operatoren*, die Potenzen $\mathscr{L}^n$ ($n = 1, 2, 3, \ldots$) die *iterierten Operatoren*. Auch hier gilt nach (1.42.11)

$$\|\mathscr{L}^n\| \leqq \|\mathscr{L}\|^n \tag{1.42.12}$$

und für jeden Operator $\mathscr{L}$ ($\neq \theta$) aus Λ_0:

$$\mathscr{L}^0 = \mathscr{E}. \tag{1.42.13}$$

Wir betrachten den in Beispiel 1.41.6 b definierten Intergraloperator $\mathscr{K}$ und zeigen, daß seine iterierten wieder Integraloperatoren sind. Nach der Definition des zweiten Iterierten gilt nämlich für eine beliebige Funktion $x \in$

$C[a, b]$

$$(\mathcal{K}^2 x)(s) = \mathcal{K}[(\mathcal{K}x)(r)](s) = \int_a^b K(s, r)\left[\int_a^b K(r, t)x(t)\, dt\right] dr$$

$$= \int_a^b \left[\int_a^b K(s, r)K(r, t)\, dr\right] x(t)\, dt,$$

denn die Reihenfolge der Integrale kann bekanntlich in diesem Fall vertauscht werden. Der Kern von $\mathcal{K}^2$ is demzufolge

$$K_2(s, t) := \int_a^b K(s, r)K(r, t)\, dr$$

und heißt der *zweite iterierte Kern* von K. Mit vollständiger Induktion erhält man, daß auch $\mathcal{K}^n$ ein Integraloperator mit dem Kern

$$K_n(s, t) = \int_a^b K(s, r)K_{n-1}(r, t)\, dr \tag{1.42.14}$$

ist und heißt der *n-te iterierte Kern* von K. (Man setzt $K_1 = K$.) Man sieht sofort, daß für beliebige positive ganze Zahlen m und n die Beziehung

$$K_{m+n}(s, t) = \int_a^b K_m(s, r)K_n(r, t)\, dr \tag{1.42.15}$$

gilt.

Ähnliches Ergebnis erhält man, wenn man den in 1.41.6 c behandelten Integraloperator $\mathcal{K}$ betrachtet. Auch in diesem Fall sind die iterierten Operatoren $\mathcal{K}^n$ Integraloperatoren, welche durch die iterierten Kerne (1.42.14) erzeugt sind. Allerdings muß bei der Herleitung dieses Resultates der bekannte Fubinische Satz über die Vertauschbarkeit der Reihenfolge der Integrale berücksichtigt werden. Auch in diesem Fall gilt die Beziehung (1.42.15).

Der Leser beweise als Übungsbeispiel, daß alle iterierten Kerne der Bedingung (1.41.11) genügen.

5. Die geometrische Reihe in der normierten Algebra von Operatoren. Es sei $(A, \|.\|)$ ein Banach–Raum und $\mathcal{L} \in \Lambda_0 \ (= \Lambda_0((A, \|.\|), (A, \|.\|)))$. Wir werden die unendliche Reihe

$$\mathcal{E} + \mathcal{L} + \mathcal{L}^2 + \cdots + \mathcal{L}^n + \cdots \tag{1.42.16}$$

betrachten, welche in den Anwendungen der Theorie der linearen Operatoren eine wichtige Rolle spielt. Unser Ziel ist dazu zu untersuchen, unter welchen Bedingungen (1.42.16) stark konvergent ist.

Man sieht sofort, wenn $\|\mathscr{L}\| < 1$ ist, so konvergiert die Reihe (1.42.16).

$$(1.42.17)$$

Die Reihe (1.42.16) kann nämlich durch $1 + \|\mathscr{L}\| + \|\mathscr{L}\|^2 + \cdots$ majorisiert werden. Ist also die Bedingung $\|\mathscr{L}\| < 1$ erfüllt, dann hat unsere Reihe eine konvergente Majorante. Da die Vollständigkeit von $(A, \|.\|)$ vorausgesetzt wurde, ist deshalb auch Λ_0 vollständig (Satz 1) und auf Grund von Satz 1 in 1.24 konvergiert (1.42.16).

Man kann leicht eine notwendige und hinreichende Bedingung für die Konvergenz von (1.42.16) angeben.

Satz 3. *Für jeden Operator $\mathscr{L} \in \Lambda_0$ existiert der Grenzwert*

$$\lambda_{\mathscr{L}} := \lim_{n \to \infty} \sqrt[n]{\|\mathscr{L}^n\|}. \tag{1.42.18}$$

Gilt dabei $\lambda_{\mathscr{L}} < 1$, so ist die Reihe (1.42.16) konvergent, für $\lambda_{\mathscr{L}} > 1$ hingegen divergiert sie.

Beweis. Man setzt $\mu := \inf_n \sqrt[n]{\|\mathscr{L}^n\|}$. Dann gibt es zu jedem Wert von $\varepsilon > 0$ ein m, so daß $\sqrt[m]{\|\mathscr{L}^m\|} < \mu + \varepsilon$ ist. Sei $M := \max[1, \|\mathscr{L}\|, \|\mathscr{L}^2\|, \ldots, \|\mathscr{L}^{m-1}\|]$. Wir stellen eine beliebige positive ganze Zahl in der Form $n = k_n m + l_n$ mit $0 \le l_n \le m - 1$ dar. Dann gilt wegen (1.42.12)

$$\sqrt[n]{\|\mathscr{L}\|} \le \sqrt[n]{\|\mathscr{L}^{l_n}\|} \, \|\mathscr{L}^m\|^{k_n} \le M^{1/n} \|\mathscr{L}^m\|^{k_n/n} < M^{1/n} (\mu + \varepsilon)^{\frac{n-l_n}{n}}.$$

Da $\lim_{n \to \infty} M^{1/n} (\mu + \varepsilon)^{\frac{n-l_n}{n}} = \mu + \varepsilon$ ist, gilt für hinreichend großes n $(n > N_\varepsilon)$

$$M^{1/n} (\mu + \varepsilon)^{\frac{n-l_n}{n}} < \mu + 2\varepsilon \qquad (n > N_\varepsilon).$$

Also ist

$$\mu \le \sqrt[n]{\|\mathscr{L}^n\|} < \mu + 2\varepsilon \qquad (n > N_\varepsilon),$$

und weil $\varepsilon > 0$ beliebig ist, gilt $\lambda_{\mathscr{L}} = \mu$. Damit haben wir den ersten Teil des Satzes bewiesen.

Ist $\lambda_{\mathscr{L}} < 1$, dann haben wir für hinreichend großes n $0 < \sqrt[n]{\|\mathscr{L}^n\|} < \rho < 1$, d.h. $\|\mathscr{L}^n\| \le \rho^n$; für diese Werte von n und für beliebiges k gilt somit

$$\|\mathscr{L}^n\| + \|\mathscr{L}^{n+1}\| + \cdots + \|\mathscr{L}^{n+k}\| < \rho^n + \rho^{n+1} + \cdots + \rho^{n+k} < \rho^n \frac{1}{1 - \rho},$$

d.h. die Reihe (1.42.16) ist absolut konvergent, also auch konvergent. □

Ähnlich beweist man die absolute Divergenz dieser Reihe, falls $\lambda_{\mathscr{L}} > 1$ gilt.

Aus dem eben bewiesenen Satz folgt unmittelbar

Satz 4. *Notwendig und hinreichend für die Konvergenz der Reihe* (1.42.16)
ist, daß für eine natürliche Zahl m die Bedingung

$$\|\mathscr{L}^m\| < 1 \qquad\qquad (1.42.19)$$

gilt.

Beweis. Ist nämlich (1.42.16) konvergent, so muß $\|\mathscr{L}^n\| \to 0$ $(n \to \infty)$ gelten,
woraus die Bedingung (1.42.19) folgt. Gilt umgekehrt die Ungleichung
(1.42.19) für ein gewisses m, dann ist die in Frage stehende Reihe wegen
$\lambda_{\mathscr{L}} = \inf \sqrt[n]{\|\mathscr{L}^n\|} \leq \sqrt[m]{\|\mathscr{L}^m\|} < 1$ nach Satz 3 konvergent. $\square$

6. *Der Dualraum eines normierten Raumes.* Wie wir schon erwähnt haben,
heißen diejenigen Operatoren, welche den normierten Raum $(A, \|.\|)$ in $\mathbb{C}$
abbilden, *Funktionale*. Wir betrachten jetzt den normierten Raum aller
linearen beschränkten Funktionale [d.h. $\Lambda_0((A, \|.\|), \mathbb{C})$], den wir
einfachheitshalber mit A' bezeichnen, und nennen ihn den Dualraum von
$(A, \|.\|)$. Die Norm in A' ist die Operatorennorm. Da $\mathbb{C}$ vollständig ist, ist
auch A' nach Satz 1 (unabhängig davon, ob $(A, \|.\|)$ vollständig ist oder
nicht) ein Banach–Raum. Die Norm eines Funktionals f aus A' ist somit auf
Grund von (1.42.02)

$$\|f\|_{A'} = \|f\| = \sup_{\|x\|_A \leq 1} |f(x)|, \qquad\qquad (1.42.20)$$

weil die Norm in $\mathbb{C}$ (und auch in $\mathbb{R}$) der Absolutbetrag ist.

Es wird sich herausstellen, daß es zweckmäßig ist, den Wert eines *linearen*
Funktionals anstatt $f(x)$ auch mit $\langle x, f \rangle$ zu bezeichnen. Siehe dazu 1.44.2,
Beispiel c.

1.43 Inverse Operatoren

1. *Begriff des inversen Operators.* Es seien A und B normierte Räume und
$\mathscr{M}$ ein linearer Operator von A in B. Falls ein Operator $\mathscr{L}: B \to A$ existiert,
für welchen $\mathscr{L}\mathscr{M} = \mathscr{E}_A$ gilt, dann sagen wir $\mathscr{L}$ ist eine *Linksinverse* zu $\mathscr{M}$.
Gibt es einen Operator $\mathscr{R}$ (ebenfalls von B in A) mit $\mathscr{M}\mathscr{R} = \mathscr{E}_B$, so sagen wir
$\mathscr{R}$ ist eine *Rechtsinverse* von $\mathscr{M}$. Wenn $\mathscr{M}$ eine Links- und Rechtsinverse hat
und diese sind miteinander gleich, dann heißt dieser die *Inverse* (oder der
inverse Operator) von $\mathscr{M}$ und wird mit $\mathscr{M}^{-1}$ bezeichnet. Wenn $\mathscr{M}^{-1}$ existiert,
dann gilt

$$\mathscr{M}^{-1}\mathscr{M} = \mathscr{E}_A, \qquad \mathscr{M}\mathscr{M}^{-1} = \mathscr{E}_B. \qquad\qquad (1.43.01)$$

($\mathscr{E}_A$ und $\mathscr{E}_B$ bezeichnen die Identitätsoperatoren in A bzw. B.)

Man sieht leicht, mit $\mathscr{M}$ ist auch $\mathscr{M}^{-1}$ linear. Sind y_1, y_2 nämlich zwei
beliebige Elemente aus $R(\mathscr{M})(\subset B)$, dann gibt es Elemente $x_1, x_2 \in A$, so daß
$y_1 = \mathscr{M}x_1$, $y_2 = \mathscr{M}x_2$ gilt. Daraus folgt $y_1 + y_2 = \mathscr{M}(x_1 + x_2)$ und somit
$\mathscr{M}^{-1}(y_1 + y_2) = \mathscr{M}^{-1}(\mathscr{M}(x_1 + x_2)) = x_1 + x_2 = \mathscr{M}^{-1}y_1 + \mathscr{M}^{-1}y_2$. Ähnlich ergibt sich
die Homogenität.

Aus der obigen Definition folgt unmittelbar: $(\mathcal{M}^{-1})^{-1} = \mathcal{M}$ (vorausgesetzt natürlich, daß $\mathcal{M}^{-1}$ vorhanden ist).

Der Operator $\mathcal{M} \in \Lambda(A, B)$ besitzt genau dann eine Inverse $\mathcal{M}^{-1}$, wenn er eine eindeutige Abbildung des Raumes A auf den Raum B vermittelt.

Es seien nämlich x_1, x_2 Elemente des Raumes A mit $x_1 \neq x_2$. Wäre $\mathcal{M}x_1 = \mathcal{M}x_2$, dann würde aus der ersten Gleichung von (1.43.01)

$$x_1 = \mathcal{M}^{-1}\mathcal{M}x_1 = \mathcal{M}^{-1}\mathcal{M}x_2 = x_2$$

folgen. Außerdem ist jedes $y \in B$ im Wertebereich von $\mathcal{M}$, und zwar ist y das Bild von $x = \mathcal{M}^{-1}y$. Aus der zweiten Gleichung von (1.43.01) ergibt sich nämlich $\mathcal{M}x = \mathcal{M}(\mathcal{M}^{-1}y) = y$. Wenn also $\mathcal{M}$ eine Inverse besitzt, dann ist $\mathcal{M}$ eine Abbildung von A *auf* B.

Diese Behauptungen sind umkehrbar: Vermittelt der Operator eine ein-eindeutige Abbildung von A auf B, dann hat $\mathcal{M}$ eine Inverse. Unter unsern Voraussetzungen können wir einem Element y aus B sein Urbild $x \in A$, für das $\mathcal{M}x = y$ gilt, zuordnen. Dadurch wird ein Operator $\mathcal{N}$ von B auf A definiert. Man sieht sofort, daß $\mathcal{N}$ additiv und homogen ist und genügt den Gleichungen (1.43.01), also ist $\mathcal{N} = \mathcal{M}^{-1}$.

Hat $\mathcal{M}$ eine Inverse, dann läßt sich die Gleichung

$$\mathcal{M}x = y \tag{1.43.02}$$

eindeutig für beliebiges $y \in B$ auflösen. Diese ist nämlich $x = \mathcal{M}^{-1}y$. Man beachte, daß aus der eindeutigen Auflösbarkeit von (1.43.02) noch nicht die Existenz einer Inversen folgt.

2. Kriterien für die Existenz des Inversen. Wir werden zuerst ein Kriterium für die Existenz des inversen Operators feststellen. Dazu führen wir folgenden Begriff ein: Es sei $\mathcal{M}$ ein linearer Operator von A in B. Wenn eine positive Zahl m existiert mit der Eigenschaft, daß für jedes $x \in A$ die Ungleichung

$$\|\mathcal{M}x\|_B \geqq m \, \|x\|_A \tag{1.43.03}$$

gilt, dann sagen wir $\mathcal{M}$ ist von *unten beschränkt* und m ist eine *untere Schranke* von $\mathcal{M}$.

Satz 1. *$\mathcal{M}$ sei ein von unten beschränkter linearer Operator, und die Gleichung (1.43.02) besitze für beliebiges $y \in B$ eine Lösung. Diese Bedingungen sind notwendig und hinreichend, daß $\mathcal{M}$ eine lineare Inverse hat. Ist m eine untere Schranke von $\mathcal{M}$, dann gilt*

$$\|\mathcal{M}^{-1}\| \leqq \frac{1}{m}. \tag{1.43.04}$$

Beweis. Wenn die Voraussetzungen des Satzes erfüllt sind, dann stellt $\mathcal{M}$ eine eineindeutige Abbildung zwischen A und B dar. Denn für $x_1 \neq x_2$ gilt

$$\|\mathcal{M}x_1 - \mathcal{M}x_2\| = \|\mathcal{M}(x_1 - x_2)\| \geqq m \, \|x_1 - x_2\| > 0,$$

also ist $\mathcal{M}x_1 = y_1 \neq y_2 = \mathcal{M}x_2$. Außerdem folgt aus der Auflösbarkeit von (1.43.02) für jedes $y \in B$ die Gültigkeit von $R(\mathcal{M}) = B$. Deshalb existiert nach dem oben bewiesenen ein additiver und homogener Operator $\mathcal{N} = \mathcal{M}^{-1}$. Da $y = \mathcal{M}x$ und $x = \mathcal{M}^{-1}y$ gleichbedeutend sind, erhalten wir aus (1.43.03) $\|y\| \geqq m \|\mathcal{M}^{-1}y\|$ $(y \in B)$ oder

$$\|\mathcal{M}^{-1}y\| \leq \frac{1}{m} \|y\| \qquad (y \in B).$$

Der Operator $\mathcal{M}^{-1}$ ist folglich beschränkt.

Die Notwendigkeit der zweiten Bedingung ist trivial. Die Notwendigkeit der ersten folgt leicht, wenn man $m = \dfrac{1}{\|\mathcal{M}^{-1}\|}$ setzt. $\square$

Wir kommen jetzt auf den besonders interessanten Fall $A = B$ und beweisen den folgenden wichtigen Satz:

Satz 2. $(A, \|.\|)$ *sei ein Banach–Raum und* $\mathcal{L} \in \Lambda_0$ $(= \Lambda_0(A, A))$. *Gilt*

$$\|\mathcal{L}\| \leqq q < 1 \tag{1.43.05}$$

dann hat der Operator $\mathcal{E} - \mathcal{L}$ *eine lineare und beschränkte Inverse mit*

$$\|(\mathcal{E} - \mathcal{L})^{-1}\| < \frac{1}{1-q}. \tag{1.43.06}$$

Beweis. Aus (1.42.16) ergibt sich, daß $\mathcal{E} + \mathcal{L} + \mathcal{L}^2 + \cdots + \mathcal{L}^n + \cdots$ konvergent ist. Summe dieser Reihe sei $\mathcal{N}$. Dann gilt

$$\mathcal{N}(\mathcal{E} - \mathcal{N}) = (\mathcal{E} + \mathcal{L} + \mathcal{L}^2 + \cdots)(\mathcal{E} - \mathcal{L})$$
$$= (\mathcal{E} + \mathcal{L} + \mathcal{L}^2 + \cdots) - (\mathcal{L} + \mathcal{L}^2 + \cdots) = \mathcal{E}$$

und entsprechend $(\mathcal{E} - \mathcal{L})\mathcal{N} = \mathcal{E}$, d.h. es gilt $\mathcal{N} = (\mathcal{E} - \mathcal{L})^{-1}$.

Aus (1.42.12) folgt

$$\|(\mathcal{E} - \mathcal{L})^{-1}\| \leqq \|\mathcal{E}\| + \|\mathcal{L}\| + \|\mathcal{L}\|^2 + \cdots \leqq 1 + q + q^2 + \cdots = \frac{1}{1-q}. \quad \square$$

Da die Beziehungen $\mathcal{N}(\mathcal{E} - \mathcal{L}) = (\mathcal{E} - \mathcal{L})\mathcal{N} = \mathcal{E}$ gelten wenn die «geometrische Reihe» konvergiert, existiert $(\mathcal{E} - \mathcal{L})^{-1}$ nach Satz 3 in 1.42 auch dann, wenn anstatt (1.43.05) nur

$$\lim_{n \to \infty} \sqrt[n]{\|\mathcal{L}^n\|} < 1 \tag{1.43.07}$$

erfüllt ist, oder nach Satz 4 in 1.42 für irgendein m $(= 1, 2, 3, \ldots)$

$$\sqrt[m]{\|\mathcal{L}^m\|} < 1$$

gilt.

3. Das Verfahren der sukzessiven Approximationen zur Lösung von Gleichungen zweiter Art. Es sei wieder $(A, \|.\|)$ ein Banach–Raum und $\mathcal{L} \in \Lambda_0(A, A)$. Sehr oft begegnet man der Aufgabe: Es soll ein Element $x \in A$ bestimmt werden, für welches

$$x - \mathcal{L}x = y \qquad (1.43.08)$$

gilt (vorausgesetzt, daß ein solches existiert), wobei $y \in A$ ein im voraus gegebenes Element ist.

Eine Gleichung von der Gestalt (1.43.08) heißt eine *Gleichung zweiter Art.*

Wir nehmen an, daß (1.43.08) eine eindeutig bestimmte Lösung x besitzt. Eine oft verwendete Methode zur Bestimmung dieser ist die sog. *Methode der sukzessiven Approximationen.* Das Wesen dieser ist: Man betrachtet ein beliebiges Element $x_0 \in A$ (die sog. *Anfangsnäherung*) und berechnet $x_1 = y + \mathcal{L}x_0$. Mit diesem bilden wir $x_2 = y + \mathcal{L}x_1$ usw., allgemein

$$x_{n+1} = y + \mathcal{L}x_n \qquad (n = 0, 1, 2, 3, \ldots). \qquad (1.43.09)$$

Die Elemente $x_0, x_1, x_2, \ldots$ heißen die *sukzessiven Approximationen. Ist die Folge der sukzessiven Approximationen konvergent (bezüglich der Norm $\|.\|$), so ist ihr Grenzwert x gewiß eine Lösung von (1.43.08).*

Ist nämlich $x_n \xrightarrow{\|.\|} x$ $(n \to \infty)$, dann folgt wegen $\mathcal{L} \in \Lambda_0(A, A)$ $\mathcal{L}x_n \xrightarrow{\|.\|} \mathcal{L}x$, und es ergibt sich durch Grenzübergang in (1.43.09) $x = y + \mathcal{L}x$.

Man muß also Bedingungen, unter welchen die Folge der sukzessiven Approximationen konvergent ist, untersuchen. Darauf bezieht sich der folgende grundlegende Satz:

Satz 3. *Es seien die obigen Bedingungen bezüglich $\mathcal{L}$ erfüllt. Konvergiert die Reihe*

$$\mathcal{N} := \mathcal{E} + \mathcal{L} + \mathcal{L}^2 + \cdots + \mathcal{L}^n + \cdots, \qquad (1.43.10)$$

dann ist die Elementenfolge (1.43.09) der sukzessiven Approximationen bei beliebiger Anfangsnäherung x_0 gegen die eindeutig bestimmte Lösung x von (1.43.08) konvergent. Es gilt ferner die Fehlerabschätzung:

$$\|x - x_n\| \le \|(\mathcal{E} - \mathcal{L})^{-1}\| \, \|\mathcal{L}^n\| \, \|x_1 - x_0\| \qquad (n = 1, 2, 3, \ldots). \qquad (1.43.11)$$

Beweis. Wenn wir den Ausdruck von x_1 in den von x_2 und den wieder in die Formel von x_3 usw. einsetzen, so erhalten wir

$$x_{n+1} = y + \mathcal{L}y + \mathcal{L}^2 y + \cdots + \mathcal{L}^n y + \mathcal{L}^{n+1} x_0 \qquad (n = 0, 1, 2, \ldots). \qquad (1.43.12)$$

Wenn die Operatorenreihe (1.43.10) stark konvergiert, dann gilt $\mathcal{L}^{n+1} x_0 \xrightarrow{\|.\|} \theta$ $(n \to \infty)$, und folglich existiert der Grenzwert

$$x = \lim_{n \to \infty} x_n = \sum_{k=0}^{\infty} \mathcal{L}^k y = (\mathcal{E} - \mathcal{L})^{-1} y.$$

Wie wir schon oben gezeigt haben, ist der Grenzwert der Elementenfolge $\{x_n\}$ eine Lösung von (1.43.08).

Wir wollen jetzt die Fehlerabschätzung (1.43.11) beweisen. Es sei wieder x das Grenzelement von $\{x_n\}$. Wir gehen von der Anfangsnäherung $x_0 = x$ aus, so wird einerseits $x_1 = y + \mathscr{L}x = x$, $x_2 = y + \mathscr{L}x_1 = y + \mathscr{L}x = x$ usw., allgemein $x_n = x$ ($n = 0, 1, 2, 3, \ldots$), daher ist andererseits nach (1.43.12):

$$x = y + \mathscr{L}y + \mathscr{L}^2 y + \cdots + \mathscr{L}^n y + \mathscr{L}^{n+1}x \qquad (n = 0, 1, 2, \ldots).$$

Wenn wir aus dieser Gleichung den Ausdruck (1.43.12) substrahieren, ergibt sich

$$\|x - x_{n+1}\| = \|\mathscr{L}^{n+1}x - \mathscr{L}^{n+1}x_0\| = \|\mathscr{L}^{n+1}(x - x_0)\| \le \|\mathscr{L}^{n+1}\| \, \|x - x_0\|$$

$$(n = 0, 1, 2, \ldots). \qquad (1.43.13)$$

Es sei $\tilde{x} := x - x_0$. Aus (1.43.08) ergibt sich

$$(\mathscr{E} - \mathscr{L})\tilde{x} = \tilde{x} - \mathscr{L}\tilde{x} = x - \mathscr{L}x - x_0 + \mathscr{L}x_0 = y + \mathscr{L}x_0 - x_0 = x_1 - x_0,$$

woraus

$$\tilde{x} = (\mathscr{E} - \mathscr{L})^{-1}(x_1 - x_0)$$

folgt. Wenn wir das in (1.43.13) einsetzen, ergibt sich die behauptete Abschätzung (1.43.11).

Es bleibt schließlich nachzuweisen, daß unter unsern Bedingungen die Lösung eindeutig bestimmt ist.

Angenommen, es gäbe eine weitere Lösung von (1.43.08), etwa z, dann genügt $x - z =: w$ offensichtlich der homogenen Gleichung zweiter Art, $w = \mathscr{L}w$, woraus sofort $w = \mathscr{L}^n w$ ($n = 1, 2, 3, \ldots$) folgt. Da aber (1.43.10) konvergent ist, muß $\mathscr{L}^n w \xrightarrow{\|\cdot\|} \theta$ ($n \to \infty$) gelten. Daher ergibt sich $w = \lim_{n \to \infty} \mathscr{L}^n w = \theta$. Also ist $w = x - z = \theta$ oder $x = z$. Damit haben wir alle Behauptungen des Satzes bewiesen. $\square$

Die Bedingung, daß (1.43.10) konvergent ist, bedeutet die Existenz von $(\mathscr{E} - \mathscr{L})^{-1}$. Aus (1.43.08) folgt also

$$x = (\mathscr{E} - \mathscr{L})^{-1}y.$$

Da aber nach Satz 2 und den beigefügten Bemerkungen

$$(\mathscr{E} - \mathscr{L})^{-1} = \mathscr{E} + \mathscr{L} + \mathscr{L}^2 + \cdots + \mathscr{L}^n + \cdots \qquad (1.43.14)$$

ist, ist also die Lösung von (1.43.08):

$$x = y + \mathscr{L}y + \mathscr{L}^2 y + \cdots + \mathscr{L}^n y + \cdots \qquad (1.43.15)$$

Die Partialsummen dieser Reihe sind genau die sukzessiven Approximationen.

Die Darstellung (1.43.14) von $(\mathscr{E} - \mathscr{L})^{-1}$ heißt die *Neumannsche Reihe*.

Wichtige Anwendungen dieses Satzes werden wir später noch sehen.

4. Ein Beispiel. Wir betrachten den linearen Operator $\mathscr{C}$, welcher den Raum $\mathbb{C}^m$ in sich abbildet (s. Beispiel a in 1.41.1). Dieser ist durch eine quadratische Matrix

$$\begin{pmatrix} c_{11} & c_{12} & \cdots & c_{1m} \\ \cdot\cdot\cdot\cdot\cdot\cdot\cdot\cdot\cdot\cdot \\ c_{m1} & c_{m2} & \cdots & c_{mm} \end{pmatrix}$$

dargestellt. Sei $x = (x_1, x_2, \ldots, x_m) \in \mathbb{C}^m$. Die Gleichung $x - \mathscr{C}x = y$ bedeutet eigentlich das folgende lineare Gleichungssystem:

$$x_j - \sum_{k=1}^{m} c_{jk}x_k = y_j \qquad (j = 1, 2, \ldots, m),$$

wobei $y = (y_1, y_2, \ldots, y_m) \in \mathbb{C}^m$ in voraus gegeben ist.

Auch dieses Gleichungssystem kann mit der Methode der sukzessiven Approximation gelöst werden. Man geht von einer beliebigen Anfangsnäherung $x_0 = (x_1^{(0)}, x_2^{(0)}, \ldots, x_m^{(0)})$ aus und bildet die Näherungen durch folgendes Verfahren:

$$x_j^{(n+1)} = y_j + \sum_{k=1}^{m} c_{jk}x_k^{(n)} \qquad (n = 0, 1, 2, \ldots; \quad j = 1, 2, \ldots, m).$$

Da nach Beispiel a in 1.41.1 die Norm $\|\mathscr{C}\|$ nicht größer als $\left(\sum_{j=1}^{m} \sum_{k=1}^{m} |c_{jk}|^2\right)^{1/2}$ ist, folgt die Konvergenz des Verfahrens, falls z.B. $\sum_{j=1}^{m} \sum_{k=1}^{m} |c_{jk}|^2 < 1$ ist.

1.44 Dualsysteme und transponierte Operatoren

1. Definition des Dualsystems. Es seien $(A, \|.\|_A)$ und $(B, \|.\|_B)$ normierte Räume. Auf der Menge $A \times B$ werden wir ein Funktional (also eine Abbildung $A \times B \to \mathbb{C}$), ähnlich wie das Skalarprodukt [vgl. (1.26.01)], definieren (und durch $\langle.,.\rangle$ bezeichnen) mit Hilfe folgender Eigenschaften:

i) $\quad \langle\lambda_1 x_1 + \lambda_2 x_2, y\rangle = \lambda_1\langle x_1, y\rangle + \lambda_2\langle x_2, y\rangle \quad (\lambda_1, \lambda_2 \in \mathbb{C}, x_1, x_2 \in A, y \in B)$

ii) $\quad \langle x, \lambda_1 y_1 + \lambda_2 y_2\rangle = \lambda_1\langle x, y_1\rangle + \lambda_2\langle x, y_2\rangle \quad (\lambda_1, \lambda_2 \in \mathbb{C}, x \in A, y_1, y_2 \in B).$

Ein solches Funktional heißt *bilinear*. Das Funktional $\langle.,.\rangle$ wird als *beschränkt* bezeichnet, falls eine von x und y unabhängige Konstante C existiert, für welche

iii) $\quad |\langle x, y\rangle| \leqq C \|x\|_A \|y\|_B \qquad (x \in A, \quad y \in B)$

gilt.

Die betrachteten normierten Räume bilden ein *Dualsystem*, wenn auf $A \times B$ ein bilineares und beschränktes Funktional $\langle.,.\rangle$ definierbar ist, welches folgende Eigenschaften hat:
1. Für ein festes Element $x_0 \in A$ und *alle* Elemente $y \in B$ folgt aus $\langle x_0, y\rangle = 0$, daß $x_0 = \theta$ ist;

2. Für ein festes $y_0 \in B$ and *jedes* Element $x \in A$ folgt aus $\langle x, y_0 \rangle = 0$, daß $y_0 = \theta$ gilt.

Bilden $(A, \|.\|_A)$ und $(B, \|.\|_B)$ ein Dualsystem, so bringen wir diese Tatsache durch die Bezeichnung $\langle A, B \rangle$ zum Ausdruck.

2. Beispiele. a) Es sei $(A, \|.\|_A) = (B, \|.\|_B) = L^2(a, b)$, dann ist der Ausdruck

$$\langle x, y \rangle = \int_a^b x(t)y(t)\, dt \qquad (x, y \in L^2(a, b)) \tag{1.44.01}$$

offensichtlich ein bilineares und beschränktes Funktional. Es genügt weiter 1 und 2, $\langle L, L \rangle$ ist ein Dualsystem.

b) Es sei Γ ein einfach zusammenhängendes beschränktes Gebiet in $\mathbb{R}^3$, dessen Rand $\partial\Gamma$ eine streckenweise glatte Fläche ist. Man betrachte die lineare Menge F aller in Γ stetig differenzierbaren Funktionen, welche in $\Gamma \cup \partial\Gamma$ stetig sind. Ist x eine solche Funktion, so setzt man

$$\|x\|_F = \max_{\substack{t \in \Gamma \partial\Gamma \\ i=1,2,3}} \left\{ |x(t)|, \left| \frac{\partial x}{\partial t_i} \right| \right\}.$$

Der Leser beweise, daß

$$\langle x, y \rangle = \int_\Gamma \operatorname{grad} x \cdot \operatorname{grad} y\, dt \qquad (x, y \in F, \quad dt = dt_1\, dt_2\, dt_3)$$

ein bilineares und nach $\|.\|_F$ beschränktes Funktional ist.

Ist $x = y$, so erhält man die zum bilinearen Funktional gehörige quadratische Form. Diese nimmt in unseren Fall die folgende Gestalt an:

$$\int_\Gamma (\operatorname{grad} x)^2\, dt = \int_\Gamma \left[\left(\frac{\partial x}{\partial t_1} \right)^2 + \left(\frac{\partial x}{\partial t_2} \right)^2 + \left(\frac{\partial x}{\partial t_3} \right)^2 \right] dt.$$

Dieses heißt das *Energieintegral* oder das *Dirichletsche Integral* von $x \in F$.

c) Es sei $(A, \|.\|_A)$ irgendein normierter Raum und $(A', \|.\|_{A'})$ sein Dualraum (s. 1.42.6) mit der Norm $\|.\|_{A'}$ wie unter (1.42.20). Dann ist $\langle A, A' \rangle$ ein Dualsystem, wenn wir unter $\langle x, f \rangle$ $(x \in A, f \in A')$ den Wert des Funktionals f an der Stelle x (also $f(x)$) verstehen, wie wir diese Bezeichnung in 1.42.6 schon eingeführt haben.

Daß $\langle x, f \rangle$ bilinear ist, ist trivial, die Eigenschaft (iii) (Beschränktheit) folgt aus der Beschränktheit von f:

$$|\langle x, f \rangle| = |f(x)| \leq \|f\|_{A'} \cdot \|x\|_A.$$

Hier also ist $C = 1$. Auch die Forderungen 1 und 2 sind erfüllt, das wird aus dem später zu beweisenden Satz von Hahn und Banach (1.51.11) folgen.

d) Es sei H irgendein Hilbert–Raum mit dem Skalarprodukt $(.,.)$, dann ist

$\langle H, H \rangle$ ein Dualsystem mit dem bilinearen und beschränkten Funktional $\langle x, y \rangle = (x, \bar{y})$. Auch $\langle ., . \rangle$ hat die Eigenschaften 1 und 2. Es gelte nämlich für irgendein $x_0 \in H$ die Beziehung $\langle x_0, y \rangle = 0$, d.h. $(x_0, \bar{y}) = 0$ für jedes $y \in H$. Setzt man $y = \bar{x}_0$, so ergibt sich $\langle x_0, \bar{x}_0 \rangle = (x_0, \bar{x}_0) = \|x_0\|^2 = 0$, also ist tatsächlich $x_0 = \theta$. Analog zeigt man die Erfüllung von 2.

3. Transponierte Operatoren. Es seien wieder $(A, \|.\|_A)$ und $(B, \|.\|_B)$ zwei normierte Räume, welche ein Dualsystem $\langle A, B \rangle$ bezüglich des bilinearen und beschränkten Funktionals $\langle ., . \rangle$ bilden. Es sei $\mathscr{L} \in \Lambda(A, A)$. Wenn ein $\mathscr{L}^T \in \Lambda(B, B)$ existiert, so daß

$$\langle \mathscr{L}x, y \rangle = \langle x, \mathscr{L}^T y \rangle \quad \text{für alle} \quad x \in A, \quad y \in B \qquad (1.44.02)$$

gilt, so heißt $\mathscr{L}^T$ der zu $\mathscr{L}$ *transponierte Operator. Falls der transponierte Operator von $\mathscr{L}$ überhaupt existiert, so ist er durch $\mathscr{L}$ eindeutig bestimmt.*

Wären nämlich zwei transponierte Operatoren vorhanden, etwa $\mathscr{L}_1^T$ und $\mathscr{L}_2^T$, so wäre

$$\langle \mathscr{L}x, y \rangle = \langle x, \mathscr{L}_1^T y \rangle = \langle x, \mathscr{L}_2^T y \rangle \quad (x \in A, \quad y \in B).$$

Daraus folgt $\langle x, \mathscr{L}_1^T y - \mathscr{L}_2^T y \rangle = \langle x, (\mathscr{L}_1^T - \mathscr{L}_2^T)y \rangle = 0$ für jedes x (bei festem, jedoch beliebigem y), also nach 2 muß auch $(\mathscr{L}_1^T - \mathscr{L}_2^T)y = \theta$ für jedes $y \in B$ gelten, woraus unmittelbar folgt $\mathscr{L}_1^T = \mathscr{L}_2^T$.

Der Leser kann leicht die Gültigkeit folgender Zusammenhänge prüfen: Sind $\mathscr{L}_1$ und $\mathscr{L}_2$ zwei Operatoren aus $\Lambda(A, A)$, für welche die transponierten Operatoren existieren, dann ist

$$(\lambda_1 \mathscr{L}_1 + \lambda_2 \mathscr{L}_2)^T = \lambda_1 \mathscr{L}_1^T + \lambda_2 \mathscr{L}_2^T \qquad (\lambda_1, \lambda_2 \in \mathbb{C})$$

und für $(A, \|.\|_A) = (B, \|.\|_B)$

$$(\mathscr{L}_1 \mathscr{L}_2)^T = \mathscr{L}_2^T \mathscr{L}_1^T.$$

4. Beispiele für transponierte Operatoren. a) Es sei $A = B = \mathbb{R}^n$ und für $x = (x_1, x_2, \dots, x_n)$, $y = (y_1, y_2, \dots, y_n)$, $\langle x, y \rangle = \sum_{k=1}^{n} x_k y_k$.

Wir wollen bezüglich dieses bilinearen Funktionals den transponierten Operator des durch die Matrix

$$c = \begin{pmatrix} c_{11} & c_{12} & \cdots & c_{1n} \\ c_{21} & c_{22} & \cdots & c_{2n} \\ \multicolumn{4}{c}{\dotfill} \\ c_{n1} & c_{n2} & \cdots & c_{nn} \end{pmatrix}$$

dargestellten Operators $\mathscr{C}$ feststellen. Es gilt

$$\langle \mathscr{C}x, y \rangle = \sum_{j=1}^{n} \sum_{k=1}^{n} c_{jk} x_k y_j = \sum_{k=1}^{n} \sum_{j=1}^{n} c_{kj}^T y_j x_k = \langle x, \mathscr{C}_y^T \rangle,$$

wobei $c_{kj}^T = c_{jk}$ $(j, k = 1, 2, \dots, n)$ ist. Daraus sieht man, daß $\mathscr{C}^T : \mathbb{R}^n \to \mathbb{R}^n$

derjenige lineare Operator ist, der durch die Matrix

$$
\mathscr{C}^T = \begin{pmatrix} c_{11}^T & c_{12}^T & \cdots & c_{1n}^T \\ c_{21}^T & c_{22}^T & \cdots & c_{2n}^T \\ \cdots\cdots\cdots\cdots\cdots \\ c_{n1}^T & c_{n2}^T & \cdots & c_{nn}^T \end{pmatrix} = \begin{pmatrix} c_{11} & c_{21} & \cdots & c_{n1} \\ c_{12} & c_{22} & \cdots & c_{n2} \\ \cdots\cdots\cdots\cdots\cdots \\ c_{1n} & c_{2n} & \cdots & c_{nn} \end{pmatrix}
$$

erzeugt wird.

b) Wiederum sei $A = B = C[a, b]$, und wir setzen

$$
\langle x, y \rangle = \int_a^b x(t)y(t)\,dt \qquad x, y \in C[a, b].
$$

$\mathscr{K} : C[a, b] \to C[a, b]$ bezeichne denjenigen Integraloperator, welcher durch den in $[a, b] \times [a, b]$ stetigen Kern $K(s, t)$ erzeugt ist:

$$
y(s) = \int_a^b K(s, t)x(t)\,dt \qquad s \in [a, b].
$$

Wir wollen den transponierten Operator von $\mathscr{K}$ bestimmen.

$$
\langle \mathscr{K}x, y \rangle = \int_a^b \left[\int_a^b K(s, t)x(t)\,dt \right] y(s)\,ds = \int_a^b \left[\int_a^b K(s, t)y(s)\,ds \right] x(t)\,dt
$$

$$
= \int_a^b \left[\int_a^b K^T(t, s)y(s)\,ds \right] x(t)\,dt = \langle x, \mathscr{K}^T y \rangle \qquad (x, y \in C[a, b]),
$$

wobei $K^T(t, s) = K(s, t)$ $(s, t \in [a, b])$ ist. Das besagt, $\mathscr{K}^T$ existiert und ist derjenige Integraloperator, dessen Kern $K^T(s, t) = K(t, s)$ ist. Dieser heißt der zu K transponierte Kern.

Wenn $\mathscr{K}$ ein Integraloperator ist, deßen Kern der Bedingung $\int_a^b \int_a^b |K(s, t)|^2\,ds\,dt < \infty$ genügt, dann stellt er einen beschränkten Operator von $L^2(a, b)$ in sich dar. Ganz analog wie oben sieht man, daß $\mathscr{K}^T$ existiert und der durch $K^T(s, t) = K(t, s)$ erzeugte Integraloperator ist. Allerdings muß man hier bei der Vertauschung der Reihenfolge der Integrationen den Fubinischen Satz anwenden.

1.5 Der Hahn–Banachsche Satz

1.51 Erweiterung linearer Operatoren

1. Begriff der Erweiterung. Es seien $(A, \|.\|_A)$ und $(B, \|.\|_B)$ normierte Räume. $(\tilde{A}, \|.\|_A)$ sei ein Teilraum von $(A, \|.\|_A)$ (d.h. $\tilde{A} \subset A$). Es seien $\mathscr{L}: A \to B$ und $\tilde{\mathscr{L}}: \tilde{A} \to B$ zwei Operatoren, so daß $\mathscr{L}(x) = \tilde{\mathscr{L}}(x)$ für jedes $x \in \tilde{A}$ gilt. Dann sagt man $\mathscr{L}$ ist eine *Erweiterung* oder *Fortsetzung* von $\tilde{\mathscr{L}}$ auf $(A, \|.\|_A)$. Eine Erweiterung kann man leicht auf unendlich vielen Arten willkürlich definieren. Das Problem besteht immer darin, eine Erweiterung zu bilden, so daß gewisse Eigenschaften, z.B. die Linearität oder die Stetigkeit bezüglich der gegebenen Norm, beibehalten bleiben. Die lineare Erweiterung eines linearen Operators heißt eine *lineare Erweiterung;* wenn die Erweiterung stetig ist, so nennt man sie eine *stetige (oder beschränkte) Erweiterung* usw. In diesem Abschnitt werden wir uns mit der Frage beschäftigen, unter welchen Bedingungen existieren Erweiterungen, die gewisse Eigenschaften des ursprünglichen Operators erben.

Satz 1. *Es seien $(A, \|.\|_A), (B, \|.\|_B)$ normierte Räume und $\tilde{A}$ eine Teilmenge von A. Dafür, daß $\tilde{\mathscr{L}}: \tilde{A} \to B$ eine lineare und stetige Erweiterung $\mathscr{L}$ auf die lineare Hülle von $\tilde{A}$ besitzt, ist die Existenz einer positiven Konstante C notwendig und hinreichend, so daß für beliebige Elemente $x_1, x_2, \ldots, x_n$ aus A und beliebige Zahlen $\lambda_1, \lambda_2, \ldots, \lambda_n$ aus $\mathbb{K}$ stets*

$$\left\| \sum_{k=1}^{n} \lambda_k \tilde{\mathscr{L}} x_k \right\| \leqq C \left\| \sum_{k=1}^{n} \lambda_k x_k \right\| \tag{1.51.01}$$

gilt.

Beweis. a) Notwendigkeit. Gibt es eine lineare und stetige Erweiterung $\mathscr{L}$ von $\tilde{\mathscr{L}}$, dann folgt für ein Element x von der Gestalt $x = \sum\limits_{k=1}^{n} \lambda_k x_k$

$$\mathscr{L} x = \mathscr{L} \left(\sum_{k=1}^{n} \lambda_k x_k \right) = \sum_{k=1}^{n} \lambda_k \mathscr{L} x_k.$$

Hieraus erhalten wir wegen der Beschränktheit von $\mathscr{L}$

$$\left\| \sum_{k=1}^{n} \lambda_k \mathscr{L} x_k \right\| = \| \mathscr{L} x \| \leqq \| \mathscr{L} \| \, \| x \| = \| \mathscr{L} \| \left\| \sum_{k=1}^{n} \lambda_k x_k \right\|,$$

d.h. die Ungleichung (1.51.01) ist für $C = \| \mathscr{L} \|$ erfüllt.

b) Hinlänglichkeit. Es sei also (1.51.01) erfüllt. Daraus folgt unmittelbar, daß $\sum\limits_{k=1}^{n} \alpha_k x_k = \theta$ $(\alpha_k \in \mathbb{K})$ stets $\sum\limits_{k=1}^{n} \alpha_k \tilde{\mathscr{L}} x_k = \theta$ nach sich zieht. Es sei x ein beliebiges Element aus der linearen Hülle von $\tilde{A}$, dann gibt es eine Darstellung $x = \sum\limits_{k=1}^{n} \lambda_k x_k$ $(\lambda_K \in \mathbb{K}, x_k \in \tilde{A}, k = 1, 2, \ldots, n)$. Wir setzen

$$\mathscr{L} x := \sum_{k=1}^{n} \lambda_k \tilde{\mathscr{L}} x_k. \tag{1.51.02}$$

Zuerst zeigen wir, daß $\mathscr{L}x$ auf der linearen Hülle von $\tilde{A}$ eindeutig bestimmt ist. Hat nämlich x zwei verschiedene Darstellungen

$$x = \sum_{k=1}^{n} \lambda_k x_k = \sum_{k=1}^{n} \mu_k x_k,$$

dann ist $\sum_{k=1}^{n} (\lambda_k - \mu_k)x_k = \theta$, daher ergibt sich nach der vorigen Bemerkung $\sum_{k=1}^{n} (\lambda_k - \mu_k)\tilde{\mathscr{L}}x_k = \theta$. (Hier ist $\alpha_k = \lambda_k - \mu_k$, $k = 1, 2, \ldots, n$.) Hieraus folgt

$$\sum_{k=1}^{n} \lambda_k \tilde{\mathscr{L}}x_k = \sum_{k=1}^{n} \mu_k \tilde{\mathscr{L}}x_k = \mathscr{L}x.$$

Die Additivität und die Homogenität kann der Leser selbst ohne Schwierigkeiten beweisen. Die Beschränktheit von $\mathscr{L}$ ergibt sich aus (1.51.01):

$$\|\mathscr{L}x\| = \left\| \sum_{k=1}^{n} \lambda_k \tilde{\mathscr{L}}x_k \right\| \leq C \left\| \sum_{k=1}^{n} \lambda_k x_k \right\| = C \|x\|,$$

also gilt $\|\mathscr{L}\| \leq C$. $\square$

2. Erweiterung durch Stetigkeit. Der folgende Satz gibt die Fortsetzbarkeit eines linearen Operators $\mathscr{L}$ von einer gegebenen Menge auf derer Abschließung.

Satz 2. *Es sei $(A, \|.\|_A)$ ein normierter und $(B, \|.\|_B)$ ein Banach–Raum. Dann besitzt jeder lineare Operator $\mathscr{L}_0: A_0 \to B$ eine eindeutig bestimmte, auf der Abschließung $\bar{A}_0$ von der Menge A_0 definierte lineare Erweiterung $\mathscr{L}$. Dabei gilt $\|\mathscr{L}\| = \|\mathscr{L}_0\|$.*

Beweis. Es sei $x \in \bar{A}_0$. Dann gibt es eine Elementenfolge $\{x_n\} \subset A_0$, so daß $x_n \xrightarrow{\|.\|_A} x$ $(n \to \infty)$. Wir betrachten die Elementenfolge $\{\mathscr{L}_0 x_n\}$ und zeigen, daß sie eine Cauchysche Folge ist:

$$\|\mathscr{L}_0 x_n - \mathscr{L}_0 x_m\|_B = \|\mathscr{L}_0(x_n - x_m)\|_B \leq \|\mathscr{L}_0\| \|x_n - x_m\|_A.$$

Da $\{x_n\}$ im Raum $(A, \|.\|_A)$ konvergiert, ist sie gleichzeitig eine Cauchysche Folge, also ist die rechte Seite in der obigen Ungleichung beliebig klein. Daraus folgt, daß auch $\{\mathscr{L}x_n\}$ eine Cauchysche Folge ist. Wegen der Vollständigkeit des Raumes $(B, \|.\|_B)$ existiert der Grenzwert $y = \lim_{n\to\infty} \mathscr{L}_0 x_n$ im Raum B. Dieser ist eindeutig bestimmt, d.h. von der Wahl der Folge $\{x_n\}$ unabhängig. Denn sei $\{x'_n\}$ eine weitere Folge mit $x'_n \xrightarrow{\|.\|_A} x$ $(n \to \infty)$ $(x'_n \in A_0)$, dann ist $x_n - x'_n \xrightarrow{\|.\|_A} \theta$, daher

$$\|\mathscr{L}_0 x_n - \mathscr{L}_0 x'_n\|_B = \|\mathscr{L}_0(x_n - x'_n)\|_B \leq \|\mathscr{L}_0\| \|x_n - x'_n\|_A \to 0, \qquad (n \to \infty),$$

also ist $\lim_{n\to\infty} \mathscr{L}_0 x_n = \lim_{n\to\infty} \mathscr{L}_0 x'_n$. Wir setzen

$$\mathscr{L}x := \lim_{n\to\infty} \mathscr{L}_0 x_n \qquad \text{(im Raum } (B, \|.\|_B)\text{)}.$$

Die Linearität von $\mathcal{L}$ ist sehr leicht zu beweisen. Auch die Beschränktheit kann man sofort einsehen: In

$$\|\mathcal{L}x_n\|_B \leqq \|\mathcal{L}_0\| \|x_n\|_A$$

macht man den Grenzübergang $n \to \infty$, dann ist auf Grund der Stetigkeit der Norm

$$\|\mathcal{L}x\|_B \leqq \|\mathcal{L}_0\| \|x\|.$$

Demzufolge haben wir $\|\mathcal{L}\| \leqq \|\mathcal{L}_0\|$. Da andererseits auch

$$\|\mathcal{L}\| = \sup_{\substack{\|x\|_A \leqq 1 \\ x \in A_0}} \|\mathcal{L}x\|_B \geqq \sup_{\substack{\|x\|_A = 1 \\ x \in A_0}} \|\mathcal{L}_0 x\|_B = \|\mathcal{L}_0\|$$

gilt, ist tatsächlich $\|\mathcal{L}\| = \|\mathcal{L}_0\|$.

$\mathcal{L}$ ist eindeutig bestimmt. Wäre nämlich eine weitere Erweiterung $\mathcal{M}$ von $\mathcal{L}$ auf $\bar{A}_0$, so wäre $\mathcal{L}_0 x_n = \mathcal{M}x_n = \mathcal{L}x_n$, für $x_n \in A_0$. Ist aber $x_n \xrightarrow{\|.\|_A} x \in \bar{A}_0 (n \to \infty)$, so folgt $\lim\limits_{n\to\infty} \mathcal{M}x_n = \mathcal{M}x = \lim\limits_{n\to\infty} \mathcal{L}_0 x_n = \mathcal{L}x$. □

Man kann den eben bewiesenen Satz auch in folgender Gestalt formulieren:

Satz 2′. *Es sei* $(A, \|.\|_A)$ *ein normierter,* $(B, \|.\|_B)$ *ein Banach–Raum. Ist* $\mathcal{L}_0$ *ein linearer, stetiger Operator, definiert auf einer in* A *dichten Menge* A_0, *dann kann* $\mathcal{L}_0$ *eindeutig zu einem linearen und stetigen Operator* $\mathcal{L}$ *auf den ganzen Raum mit Beibehaltung der Norm fortgesetzt werden.*

3. Der Hahn–Banasche Satz.

Satz 3. *Es sei* $(A, \|.\|_A)$ *ein reeller, separabler normierter Raum und* $(A_0, \|.\|_A)$ *ein linearer Teilraum von diesem.* f_0 *sei ein lineares, stetiges reellwertiges Funktional definiert auf* A_0. *Dann gibt es eine lineare und stetige Erweiterung* f *auf* A, *deßen Norm* $\|f_0\|$ *ist.*

Beweis. Es sei $z_1 \in A$ jedoch $z_1 \notin A_0$. Wir definieren

$$A_1 = \{\alpha z_1 + x \mid \alpha \in \mathbb{R}, x \in A_0\}.$$

Auch A_1 ist ein linearer Teilraum von A, und es ist sofort erkennbar, daß A_0 ein Teilraum von A_1 ist. Man definiert f_1 auf A_1 durch folgende Vorschrift:

$$\langle t, f_1 \rangle = \alpha \langle z_1, f_1 \rangle + \langle x, f_0 \rangle \quad \text{für} \quad t = \alpha z_1 + x \in A_1. \tag{1.51.03}$$

(Bezüglich des Symbols $\langle .,. \rangle$ vgl. 1.43.6.) Hier ist $\langle x, f_0 \rangle$ wohl definiert. Wenn wir $\langle x, f_0 \rangle = \langle x, f_1 \rangle$ für $x \in A_0$ setzen, so ist f_1 eine lineare Erweiterung von f_0 auf A_1, wie immer man $\langle z_1, f_1 \rangle$ wählt. Diesen werden wir derart wählen, daß $\|f_1\| = \|f_0\|$ sei. Es muß also gelten

$$|\langle t, f_1 \rangle| = |\langle \alpha z_1 + x, f_1 \rangle| = |\alpha \langle z_1, f_1 \rangle + \langle x, f_0 \rangle|$$
$$\leqq \|f_1\| \|t\|_A = \|f_0\| \|t\|_A = \|f_0\| \|\alpha z_1 + x\|_A. \tag{1.51.04}$$

Wir beweisen jetzt, daß $\langle z_1, f_1 \rangle$ immer so gewählt werden kann, daß (1.51.04) für jedes $\alpha \in \mathbb{R}$ und $x \in A_0$ erfüllt ist. Es seien $x, x' \in A_0$ beliebige Elemente, halten wir x' fest und lassen x variieren. Dann gilt

$$\langle x, f_0 \rangle - \langle x', f_0 \rangle = \langle x - x', f_0 \rangle \leqq \|f_0\| \, \|x - x'\|_A$$
$$= \|f_0\| \, \|x - z_1 + z_1 - x'\|_A \leqq \|f_0\| \, \|x - z_1\|_A + \|f_0\| \, \|x' - z_1\|_A,$$

woraus

$$\langle x, f_0 \rangle - \|f_0\| \, \|x - z_1\|_A \leqq \langle x', f_0 \rangle + \|f_0\| \, \|x' - z\|_A = c,$$

wobei c eine von x unabhängige Konstante ist. Daraus ergibt sich

$$\langle x, f_0 \rangle - c \leqq \|f_0\| \, \|x - z_1\|_A \qquad (x \in A_0). \tag{1.51.05}$$

Genauso gewinnt man $c \leqq \langle x, f_0 \rangle + \|f_0\| \, \|x - z_1\|_A$, woraus

$$-\|f_0\| \, \|x - z_1\|_A \leqq \langle x, f_0 \rangle - c \qquad (x \in A_0) \tag{1.51.06}$$

folgt. Man folgert aus diesen letzten Ungleichungen auf

$$|\langle x, f_0 \rangle - c| \leqq \|f_0\| \, \|x - z_1\|_A \qquad x \in A_0. \tag{1.51.07}$$

Wir setzen jetzt $c = \langle z_1, f_1 \rangle$, dann ist nach (1.51.07)

$$|\langle \alpha z_1 + x, f_1 \rangle| = |\alpha \langle z_1, f_1 \rangle + \langle x, f_0 \rangle| = |\alpha| \, \left| \left\langle -\frac{x}{\alpha}, f_0 \right\rangle - \langle z_1, f_1 \rangle \right|$$

$$= |\alpha| \, \left| \left\langle -\frac{x}{\alpha}, f_0 \right\rangle - c \right| \leqq |\alpha| \, \|f_0\| \, \left\| -\frac{x}{\alpha} - z_1 \right\|_A$$

$$= \|f_0\| \, \|\alpha z_1 + x\|_A = \|f_0\| \, \|t\|_A,$$

d.h.

$$|\langle t, f_1 \rangle| \leqq \|f_0\| \, \|t\|_A \qquad (t \in A_1). \tag{1.51.08}$$

Genau das haben wir behauptet. Aus (1.51.08) sieht man, daß $\|f_1\| \leqq \|f_0\|$ ist. Andererseits ist $\|f_1\| = \sup\limits_{\substack{\|t\|_A = 1 \\ t \in A_1}} |\langle t, f_1 \rangle| \geqq \sup\limits_{\substack{\|x\|_A = 1 \\ x \in A_0}} |\langle x, f_0 \rangle| = \|f_0\|$, weil $A_1 \supset A_0$ ist. Also gilt $\|f_1\| = \|f_0\|$.

Wir haben also bewiesen, daß f_0 von A_0 auf A_1 erweitert werden kann mit unveränderter Norm.

Jetzt werden wir die Annahme über die Separabilität der Raumes $(A, \|.\|_A)$ verwenden. Ist der Raum separabel, so gibt es eine Elementenfolge $\{z_1, z_2, z_3, \ldots\}$ in A, welche in A dicht ist. Man bildet wie oben

$$A_2 = \{\alpha z_2 + x \mid \alpha \in \mathbb{R}, x \in A_1\}.$$

$A_2 \supset A_1$ und ist linear. Man kann also f_1 von A_1 auf A_2 mit unveränderter Norm erweitern usw. f_0 kann also mit unveränderter Norm linear auf $\bigcup\limits_{k=0}^{\infty} A_k$ erweitert werden. Da aber $\bigcup\limits_{k=0}^{\infty} A_k$ in A dicht ist, gibt es nach Satz 2' ein lineares, stetiges Funktional f auf A mit $\|f_0\| = \|f\|$. $\square$

Der eben bewiesene *Hahn–Banachsche Satz* gilt auch dann, wenn $(A, \|.\|_A)$ nicht separabel ist. In diesem Fall benötigen wir jedoch tiefere Hilfsmittel zur Durchführung des Beweises.

4. Einige Folgerungen aus dem Hahn–Banachschen Satz.

Satz 4. *Es sei $(A, \|.\|_A)$ ein reeller normierter Raum und $x \in A$ $(x \neq \theta)$ ein beliebiges festes Element. Dann gibt es ein lineares und stetiges Funktional f auf A, für welches gilt:*

$$\langle x, f \rangle = \|x\|_A, \qquad \|f\| = 1. \tag{1.51.09}$$

Beweis. Es sei $A_0 = \{\alpha x \mid \alpha \in \mathbb{R}\}$, und man definiert f_0 auf A_0 wie folgt: $\langle \alpha x, f_0 \rangle := \alpha \|x\|_A$. Außerdem gilt

$$|\langle t, f \rangle| = |\alpha| \|x\|_A = \|\alpha x\|_A = \|t\|_A \qquad (t \in A_0),$$

d.h. $\|f_0\| = 1$. Wenn wir f_0 auf $(A, \|.\|_A)$ erweitern nach Satz 3 ergibt sich (1.51.09). $\square$

Oft scheint die Umformulierung des Satzes 4 günstig zu sein:

Satz 4′. *Es sei $(A, \|.\|_A)$ ein reeler normierter Raum und $x \in A$ $(x \neq \theta)$ ein beliebiges, aber festes Element von A, dann gibt es ein lineares und beschränktes Funktional g mit*

$$\|g\| = \frac{1}{\|x\|_A}, \qquad \langle x, g \rangle = 1 \tag{1.51.10}$$

Beweis. Wir konstruieren das Funktional f nach Satz 4 und setzen $\langle x, g \rangle := \dfrac{1}{\|x\|_A} \langle x, f \rangle$. $\square$

Der Satz 4 bedeutet folgendes: Ist $x \neq \theta$ sonst ein beliebiges, jedoch festes Element in A und f irgendein lineares und beschränktes Funktional, dann gilt $|\langle t, f \rangle| \leq \|f\| \|t\|_A$, $t \in A$. *Mann kann also nach Satz 4 ein Funktional finden, welches seinen größten Wert genau an der Stelle x annimmt. Dieses werden wir das optimale Funktional bezüglich x nennen.*

Die Voraussetzungen seien wie im Satz 4.

Gilt $\langle x, f \rangle = 0$ für jedes lineare und stetige Funktional f für irgendein Element x, dann folgt $x = \theta$. (1.51.11)

Gilt für gewisse Elemente $x_1, x_2 \in A$ die Beziehung $\langle x_1, f \rangle = \langle x_2, f \rangle$ für jedes lineare, stetige Funktional f, so ist $x_1 = x_2$. (1.51.12)

Gilt für jedes lineare und beschränkte Funktional f mit $\|f\| = 1$ und für ein Element $x \in A$ die Ungleichung $|\langle x, f \rangle| \leq C$ (C ist von f unabhängig), dann ist $\|x\|_A \leq C$. (1.51.13)

Die Aussagen (1.51.11) und (1.51.12) kann der Leser ohne Schwierigkeiten einsehen. Über die Gültigkeit von (1.51.13) kann man sich wie folgt überzeugen: Wäre $\|x\|_A > C$, so gäbe es ein Funktional f mit $\|f\| = 1$ und $\langle x, f \rangle = \|x\|_A > C$, das aber widerspricht der Voraussetzung von der Behauptung. $\square$

Aus der Behauptung (1.51.11) folgt, daß $\langle A, A' \rangle$ ein Dualsystem ist [wobei $(A, \|.\|)$ ein normierter Raum ist]. Ist nämlich $f \in A'$, dann haben wir in 1.44.2, Beispiel c, gesehen, daß $\langle x, f \rangle$ den Forderungen i), ii), iii) in 1.44.1 genügt. Die Behauptung (1.51.11) enthält, daß auch 1 in 1.44.1 erfüllt ist. Die Erfüllung von 2 in 1.44.1 ist trivial. Das ist eine nachträgliche Bemerkung zu 1.44.2, Beispiel c.

5. Eine Verallgemeinerung des Satzes 4.

Satz 5. *Es sei* $(A, \|.\|)$ *ein reeller normierter Raum und* $\tilde{A}$ *eine lineare Teilmenge von* A. x_0 *bezeichne ein Element von* A *mit* $\inf\limits_{x \in \tilde{A}} \|x_0 - x\| \geq d > 0$ (d.h. der Abstand von x_0 zu $\tilde{A}$ sei größer als eine gegebene positive Zahl). *Dann gibt es ein auf* A *definiertes, lineares und beschränktes Funktional* f *mit*

$$\langle x, f \rangle = 0 \quad \text{für jedes} \quad x \in \tilde{A}; \qquad \|f\| = 1; \qquad \langle x_0, f \rangle = d.$$

Beweis. Mit A_0 bezeichnen wir diejenige lineare Menge, welche aus $\tilde{A}$ durch Hinzunahme des Elementes x_0 entsteht. Jedes Element $t \in A_0$ kann eindeutig in der Gestalt $t = \lambda x_0 + x$ mit $\lambda \in \mathbb{R}$, $x \in \tilde{A}$ dargestellt werden. Die Eindeutigkeit dieser Darstellung ist offensichtlich, denn wäre eine weitere Darstellung $t = \lambda' x_0 + x'$ mit $\lambda' \in \mathbb{R}$, $x' \in \tilde{A}$ vorhanden, dann wäre $(\lambda - \lambda')x_0 = x - x'$. Wegen der Linearität von A ist $x - x' \in \tilde{A}$, dagegen aber, da $x_0 \notin \tilde{A}$ ist, kann $(\lambda - \lambda')x_0$ nur dann mit einem Element von $\tilde{A}$ gleich sein, falls $\lambda - \lambda' = 0$ ist ($x_0 = \theta$ kann wegen der Linearität von $\tilde{A}$ nicht gelten). Dann aber ist $\lambda = \lambda'$, daraus folgend $x = x'$.

Wir setzen nun für $t \in A_0$

$$\langle t, f_0 \rangle := \lambda d.$$

Das Funktional f_0 ist offensichtlich additiv. Weiterhin gilt $\langle x_0, f_0 \rangle = d$ und $\langle x, f_0 \rangle = 0$ für $x \in \tilde{A}$, und

$$\|t\| = \|\lambda x_0 + x\| = |\lambda| \left\| x_0 + \frac{x}{\lambda} \right\| \geq |\lambda| \inf_{y \in \tilde{A}} \|x_0 - y\| = |\lambda| \, d = |\langle t, f_0 \rangle|,$$

d.h. $|\langle t, f_0 \rangle| \leq \|t\|$, deshalb ist f_0 beschränkt, und man sieht, daß $\|f_0\| \leq 1$ ist. Wählen wir $x \in \tilde{A}$ derart, daß $\|x_0 - x\| < d + \varepsilon$ ($\varepsilon > 0$) ausfällt, dann folgt

$$d = \langle x_0, f_0 \rangle = \langle x_0 - x, f_0 \rangle \leq \|f_0\| \, \|x_0 - x\| \leq \|f_0\| \, (d + \varepsilon),$$

also $\|f_0\| \geq \dfrac{d}{d + \varepsilon}$. Da aber $\varepsilon > 0$ beliebig ist, gilt $\|f_0\| \geq 1$. Das zusammen mit $\|f_0\| \leq 1$ ergibt $\|f_0\| = 1$. Durch Anwendung des Hahn–Banachschen Satzes erhalten wir das auf A definierte Funktional. $\square$

Auch diesen Satz können wir umformulieren:

Satz 5′. *Unter den Voraussetzungen des Satzes 5 gibt es ein lineares und beschränktes Funktional g mit*

$$\langle x, g \rangle = 0 \quad \textit{für jedes} \quad x \in \tilde{A}; \qquad g = \frac{1}{d}; \qquad \langle x_0, g \rangle = 1.$$

Beweis. Wenn man den Satz 5 auf $g := \frac{1}{d} f$ anwendet, ergibt sich der Satz 5′. $\square$

6. Biorthogonale Elementensysteme. Es sei $(A, \|.\|)$ wiederum ein reeller normierter Raum und $\{x_\gamma\}$ ein in ihm liegendes Elementensystem (wobei γ eine beliebige Indexmenge Γ durchläuft). Man sagt, das Funktionalsystem $\{f_\gamma\}$ ($\gamma \in \Gamma$) ist zu $\{x_\gamma\}$ *biorthogonal*, falls gilt:

$$\langle x_\gamma, f_{\gamma'} \rangle = \begin{cases} 0 & \text{für} \quad \gamma \neq \gamma' \\ 1 & \text{für} \quad \gamma = \gamma'. \end{cases}$$

Die Relation biorthogonal ist symmetrisch: Ist $\{f_\gamma\}$ zu $\{x_\gamma\}$ biorthogonal, dann ist auch $\{x_\gamma\}$ zum Funktionalsystem $\{f_\gamma\}$ biorthogonal. Die Bestimmung eines zu $\{x_\gamma\}$ biorthogonalen Funktionalsystems heißt *Biorthogonalisierung*. Der folgende Satz gibt Aufklärung darüber, wenn ein Elementensystem biorthogonalisiert werden kann.

Satz 6. *Für die Biorthogonalisierbarkeit eines Elementensystems $\{x_\gamma\}$ ($\gamma \in \Gamma$), eines reellen normierten Raumes $(A, \|.\|)$ ist notwendig und hinreichend, daß es minimal ist, d.h., daß keines der Elemente x_γ zur linearen Abschließung der Menge der übrigen Elemente gehört.*

Beweis. a) Notwendigkeit. Das System $\{x_\gamma\}$ lasse sich biorthogonalisieren. Gäbe es ein Index γ_0 mit $x_{\gamma_0} = \lim_{n \to \infty} \sum_{k=1}^{n} \lambda_k^{(n)} x_{\gamma_k}$ ($\gamma_k \neq \gamma_0$), dann würde wegen der Linearität und Stetigkeit von f_{γ_0} $\langle x_{\gamma_0}, f_{\gamma_0} \rangle = \lim_{n \to \infty} \sum_{k=1}^{n} \lambda_k^{(n)} \langle x_{\gamma_k}, f_{\gamma_0} \rangle = 0$ folgen, was der Beziehung $\langle x_{\gamma_0}, f_{\gamma_0} \rangle = 1$ widerspricht.

b) Hinlänglichkeit. Jetzt setzen wir voraus, daß $\{x_\gamma\}$ ein minimales System ist. Man betrachte die abgeschloßene lineare Hülle $\overline{L\{x_\gamma\}}$, wobei $\gamma \neq \gamma_0$ (ein festes Element aus Γ ist). Da $x_{\gamma_0} \notin \overline{L\{x_\gamma\}}_{\gamma \neq \gamma_0}$ und $\overline{L\{x_\gamma\}}_{\gamma \neq \gamma_0}$ abgeschloßen ist, ist der Abstand von x_{γ_0} zu $L\{x_\gamma\}_{\gamma \neq \gamma_0}$ positiv. Deshalb gibt es ein Funktional f_{γ_0}, das auf $L\{x_\gamma\}_{\gamma \neq \gamma_0}$ verschwindet, d.h. $\langle x_\gamma, f_{\gamma_0} \rangle = 0$ ($\gamma \neq \gamma_0$) und für welches $\langle x_{\gamma_0}, f_{\gamma_0} \rangle = 1$ ist (Satz 5′). Dieses Verfahren können wir für jedes $\gamma_0 \in \Gamma$ wiederholen, wodurch ein zu $\{x_\gamma\}$ biorthogonales Funktionalsystem entsteht. $\square$

Ein endliches Elementensystem $\{x_\gamma\}$ ist minimal, wenn es linear unabhängig ist. Wegen der linearen Unabhängigkeit ist

$$x_k \notin L\{x_1, \ldots, x_{k-1}, x_{k+1}, \ldots x_n\}.$$

Die lineare Hülle eines endlichen Elementensystems ist abgeschlossen, deshalb gilt $x_k \notin L\{x_1, \ldots, x_{k-1}, x_{k+1}, \ldots, x_n\}$ also ist es minimal. Aus dieser Bemerkung folgt: *Jedes linear unabhängige endliche Elementensystem ist biorthorgonalisierbar.*   (1.51.14)

1.52. Die Übertragung des Hahn–Banachschen Satzes auf komplexe normierte und halbnormierte Räume

1. *Der Hahn–Banachsche Satz für komplex wertige Funktionale.* Wir haben bis jetzt immer vorausgesetzt, daß der normierte Raum $(A, \|.\|)$ reell ist und es sich um reellwertige Funktionale handelte. Es erhebt sich die Frage, ob der Hahn–Banachsche Satz (Satz 3; 1.51) in rellen normierten Räume, jedoch auf komplexwertige Funktionale übertragbar ist? *Man kann beweisen, daß für komplexwertige Funktionale auf einem reellen Raum kein dem Satz von Hahn–Banach entsprechender Satz existieren kann.* Legt man aber bei der Betrachtung komplexwertiger Funktionale auch einen komplexen normierten Raum zugrunde, dann ist die vollständige Übertragung dieses Satzes möglich.

Satz 1. *Es sei $(A, \|.\|)$ ein normierter Raum über den komplexen Zahlenkörper $\mathbb{C}$ und A_0 ein linearer Teilraum, auf welchem das komplexwertige lineare und beschränkte Funktional f_0 erklärt ist. Dann gibt es eine lineare und beschränkte Erweiterung f von f_0 auf den ganzen Raum A mit $\|f\| = \|f_0\|$.*

Beweis. Man kann einen komplexen linearen Raum auch als einen reellen linearen Raum auffassen, denn $(\lambda + i\mu)x = \lambda x + \mu(ix)$ ist eine reelle Linearkombination der Elemente x und ix (jetzt ist mit x auch ix ein Element von A).

Es sei $x \in A_0$, und man betrachte das Funktional $\langle x, g_0 \rangle := \mathrm{Re}\, \langle x, f_0 \rangle$. g_0 ist ein lineares reellwertiges Funktional. Dabei ist außerdem g_0 beschränkt:

$$|\langle x, g_0 \rangle| = |\mathrm{Re}\, \langle x, f_0 \rangle| \leqq |\langle x, f_0 \rangle| \leqq \|f_0\|\, \|x\|,$$

woraus

$$\|g_0\| \leqq \|f_0\| \tag{1.52.01}$$

folgt. In obiger Weise betrachten wir A_0 als einen reellen Teilraum, dann läßt sich g_0 unter Erhaltung der Norm auf den ganzen Raum erweitern. Eine derartige Erweiterung bezeichnen wir mit g und setzen

$$\langle x, f \rangle := \langle x, g \rangle - i \langle ix, g \rangle \qquad (x \in A).$$

Das so bestimmte Funktional erweist sich als das gesuchte Funktional. Die Überprüfung der Linearität überlassen wir dem Leser. Die Beschränktheit ergibt sich wie folgt:

$$|\langle x, f \rangle| \leqq |\langle x, g \rangle| + |\langle ix, g \rangle| \leqq \|g\|\, (\|x\| + \|ix\|) = 2\, \|f_0\|\, \|x\|.$$

Es bleibt noch übrig nachzuweisen, daß $\|f\| = \|f_0\|$ ist. Zu diesem Zweck bestimmen wir zur Zahl $\varepsilon > 0$ ein $x_0 \in A$ mit $\|x_0\| = 1$ und

$$\|f\| < \langle x_0, f \rangle + \varepsilon. \tag{1.52.02}$$

Unter der Voraussetzung $\|f\| \neq 0$ können wir annehmen, daß $\langle x_0, f \rangle \neq 0$ gilt.
Wir setzen $\vartheta := \dfrac{\langle x_0, f \rangle}{|\langle x_0, f \rangle|}$ und $x_1 = \bar{\vartheta} x_0$. Dann gilt $\|x_1\| = 1$ und

$$\langle x_1, f \rangle = \langle \bar{\vartheta} x_0, f \rangle = \bar{\vartheta} \langle x_0, f \rangle$$

$$= \frac{\overline{\langle x_0, f \rangle}}{|\langle x_0, f \rangle|} \langle x_0, f \rangle = |\langle x_0, f \rangle|, \tag{1.52.03}$$

also ist f reellwertig. Wegen $\langle x, g \rangle = \operatorname{Re} \langle x, f \rangle$ erhalten wir $\langle x_1, g \rangle = \langle x_1, f \rangle$.
Andererseits gilt $\langle x_1, g \rangle \leq \|g\| \|x_1\| = \|g\|$. Zusammen mit (1.52.02) und
(1.52.03) folgt hieraus $\|f\| < \|g\| + \varepsilon$. Da ε beliebig ist, ergibt sich nach
(1.52.01) die Behauptung.

Wir haben schließlich noch zu beweisen, daß f eine Erweiterung von f_0 ist.
Dazu genügt zu zeigen, daß zwischen f_0 und g_0 dieselbe Beziehung wie
zwischen f und g besteht. Mit $\langle x, f_0 \rangle = u + iv$ ist $\langle ix, f_0 \rangle = i\langle x, f_0 \rangle = -v + iu$,
d.h. es gilt $-v = \operatorname{Re} \langle ix, f_0 \rangle = \langle ix, g_0 \rangle$, wegen $u = \operatorname{Re} \langle x, f_0 \rangle = \langle x, g_0 \rangle$ erhalten
wir also $\langle x, f_0 \rangle = \langle x, g_0 \rangle - i\langle ix, g_0 \rangle$. $\square$

Alle Folgerungen des Hahn–Banachschen Satzes bleiben demzufolge für
komplexwertige Funktionale über komplexem Banachraum gültig, also auch
der Satz 6 in 1.51 über die Biorthogonalisierbarkeit.

2. Halbnormierte Raüme. Es seien A eine lineare Menge und $p : A \to \mathbb{R}$ ein
reellwertiges Funktional, dessen Wert wir für das Element x – abweichend
von der bisherigen Bezeichnung – mit $p(x)$ bezeichnen. Die Begründung der
abweichenden Bezeichnung liegt daran, daß von p die Linearität nicht
gefordert wird. p erfülle folgende Bedingungen:
1. $p(\lambda x) = \lambda p(x)$ $x \in A$, $\lambda \geq 0$ (Homogenität).
2. $p(x_1 + x_2) \leq p(x_1) + p(x_2)$ $(x_1, x_2 \in A)$ (Subadditivität).

Man sieht, daß eine in A eingeführte Norm die Eigenschaften 1 und 2
besitzt. Außerdem ist die Norm nichtnegativ und verschwindet genau für das
Element θ. Diese Eigenschaft ist in 1 und 2 nicht enthalten.

Jedes Funktional p mit den Eigenschaften 1 und 2 heißt eine *Halbnorm*.
Jede Norm ist gleichzeitig auch eine Halbnorm, nicht aber umgekehrt.

Ein wichtiges Beispiel für eine Halbnorm ist das folgende: Es sei K eine
konvexe Teilmenge von A, welche im Innern das Nullelement θ enthält. Wir
definieren ein Funktional p mit

$$p(x) = \inf_{r > 0} \left\{ r \,\middle|\, \frac{x}{r} \in K \right\} \qquad (x \in A). \tag{1.52.04}$$

$p(x)$ heißt das *Minkowskische Funktional* von K.

Satz 2. *K sei eine das Element θ im Innern enthaltende konvexe Teilmenge des normierten Raumes* $(A, \|.\|)$. *Dann ist das Minkowskische Funktional von K eine Halbnorm, welche folgende zusätzliche Eigenschaften besitzt:*
a) $p(x) > 0$ $(x \in A)$; b) $p(x)$ *ist in jedem Punkt x stetig;* c) $\{x \mid p(x) < 1\}$ $= \operatorname{int} K$ (int K ist die Menge aller innern Punkte von K);
d) $\{x \mid p(x) > 1\} \cap K = \varnothing$, e) $\{x \mid p(x) \le 1\} = \bar{K}$.

Beweis. Die Homogenität von $p(x)$ ergibt sich ganz einfach: Es gilt nämlich für $\lambda > 0$

$$p(\lambda x) = \inf_{r>0}\left\{ r \;\middle|\; \frac{\lambda x}{r} \in K \right\} = \inf_{r>0}\left\{ \lambda\left(\frac{r}{\lambda}\right) \;\middle|\; \frac{x}{\left(\frac{r}{\lambda}\right)} \in K \right\}$$

$$= \lambda \inf_{r/\lambda>0}\left\{ \frac{r}{\lambda} \;\middle|\; \frac{x}{\left(\frac{r}{\lambda}\right)} \in K \right\} = \lambda p(x) \qquad (x \in A).$$

Wir werden jetzt die Subadditivität nachweisen: Für gegebene Elemente x_1 und $x_2 \in A$ und $\varepsilon > 0$ wähle man r_1, r_2, so daß $p(x_i) < r_i < p(x_i) + \varepsilon$ $(i = 1, 2)$ ist.

Wegen der Konvexität von K gilt

$$\frac{x_1 + x_2}{r_1 + r_2} = \frac{r_1}{r_1 + r_2}\frac{x_1}{r_1} + \frac{r_2}{r_1 + r_2}\frac{x_2}{r_2} \in K,$$

da $\dfrac{x_1}{r_1}$ und $\dfrac{x_2}{r_2}$ Elemente von K sind. Dann aber ist

$$p(x_1 + x_2) = \inf_{\rho_1,\rho_2>0}\left\{ \rho_1 + \rho_2 \;\middle|\; \frac{x_1 + x_2}{\rho_1 + \rho_2} \in K \right\} \le r_1 + r_2 \le p(x_1) + p(x_2) + 2\varepsilon.$$

Da $\varepsilon > 0$ beliebig klein ist, ist auch die Subadditivität nachgewiesen.

a) Folgt sofort aus der Definition (1.52.04).

b) Da K im Innern das Nullelement $θ$ enthält, gibt es deswegen eine offene Kugel mit dem Mittelpunkt $θ$, welche in K ist. Es existiert ein $\varepsilon > 0$, so daß für jedes $x \in A$ $(x \neq θ)$ die Beziehung $\dfrac{\varepsilon x}{\|x\|} \in K$ gilt. Deshalb ist

$$p\left(\frac{\varepsilon x}{\|x\|}\right) = \inf_{r>0}\left\{ r \;\middle|\; \frac{\varepsilon x}{r\,\|x\|} \in K \right\} \le 1,$$

woraus auf Grund der Homogenität $0 \le p(x) \le \dfrac{\|x\|}{\varepsilon}$ folgt. Halten wir ε fest und lassen x gegen $θ$ konvergieren, so ergibt sich $0 \le p(x) \to 0$. p ist demzufolge stetig in $θ$.

Aus der Homogenität und Subadditivität ergibt sich für jedes x und $y \in A$

$$p(x) = p(x - y + y) \le p(x - y) + p(y), \qquad p(y) \le p(y - x) + p(x),$$

woraus

$$-p(y-x) \leqq p(x)-p(y) \leqq p(x-y)$$

folgt. Ist $x \in A$ beliebig, aber festgehalten und gilt $y \xrightarrow{\|\cdot\|} x$, dann ist nach der eben bewiesenen Tatsache $p(x-y) \to 0$, also ist p auch an der Stelle x stetig.

c) Es sei x ein innerer Punkt von K, dann gilt für hinreichend kleines $\varepsilon > 0$:
$(1+\varepsilon)x \in K$, und deshalb ist $p((1+\varepsilon)x) = \inf\limits_{r>0} \left\{ r \left| \dfrac{(1+\varepsilon)x}{r} \in K \right. \right\} \leqq 1$, woraus

nach der Homogenität $p(x) \leqq \dfrac{1}{1+\varepsilon} < 1$ folgt. Auch umgekehrt: Gilt für irgendein $x \in A$ $p(x) < 1$, dann hat x nach b eine Kugelumgebung, so daß für jedes y dieser Kugelumgebung $p(y) < 1$ ist. Das bedeutet, $p(y) = \inf\limits_{r>0} \left\{ r \left| \dfrac{y}{r} \in K \right. \right\} < 1$, also gehört auch y zu K, d.h. die ganze obige Kugelumgebung von x gehört zu K, x ist ein inneres Element von K.

d) Jetzt sei x ein äußeres Element von K, dann gibt es ein $\varepsilon > 0$, so daß $(1-\varepsilon)x \notin K$ ist, und man sieht, genau wie in c, daß $p((1-\varepsilon)x) \geqq 1$, also $p(x) \geqq \dfrac{1}{1-\varepsilon} > 1$, ist. Ist $p(x) > 1$, dann ist x ein äußerer Punkt von K, das sieht man genauso wie die entsprechende Aussage in c ein.

Den Beweis von e stellen wir dem Leser zur Übungsaufgabe. $\square$

Wenn $K = \bar{K}_\theta(1) = \{x \mid \|x\| \leqq 1\}$ ist, so gilt $p(x) = \|x\|$. *Die Norm ist somit das Minkowskische Funktional, welches zur Einheitskugel gehört.*

Man kann den Satz 2 auch unkehren: Ist $p(x)$ eine nichtnegativwertige und stetige Halbnorm, dann ist die Menge $K := \{x \mid p(x) < 1\}$ konvex. Den Beweis auch dieser Behauptung überlassen wir dem Leser.

Das Paar (A, p) nennt man *halbnormierten* (auch *pseudonormierten*) *Raum*.

3. Der Hahn–Banachsche Satz in halbnormierten Räumen.

Satz 3. *Es sei f_0 ein reellwertiges lineares Funktional, definiert auf der linearen Teilmenge A_0 des reellen halbnormierten Raumes (A, p), für welches*

$$\langle x, f_0 \rangle \leqq p(x) \qquad (x \in A_0) \tag{1.52.05}$$

gilt (beschränkt bezüglich der Halbnorm p). Dann existiert ein reellwertiges lineares auf A definiertes Funktional f, welches eine Erweiterung von f_0 ist und für welches

$$\langle x, f \rangle \leqq p(x) \qquad (x \in A) \tag{1.52.06}$$

gilt.

Den *Beweis* bringen wir hier nicht, er benötigt tiefere Hilfsmittel, welche hier nicht behandelt werden können.

Wenn der halbnormierte Raum nicht reell ist, dann kann man eine dem Satz 3 entsprechende Behauptung aussagen, wenn man über die Halbnorm p anstatt 1 folgendes voraussetzt: p ist reellwertig, und es gilt

$1'$ $p(\mu x) = |\mu|\, p(x)$ $x \in A,\ \mu \in \mathbb{C}.$

Die Aussage des Satzes 3 bleibt auch für komplexe halbnormierte Räume gültig, die Ungleichungen (1.52.05) und (1.52.06) müssen mit $|\langle x, f_0\rangle| \leqq p(x)$ bzw. $|\langle x, f\rangle| \leqq p(x)$ ersätzt werden.

4. Komplementäre Teilräume. Es sei A vorläufig eine lineare Menge und B und C zwei Teilmengen von A. Wir sagen, C ist ein *Komplementärraum* von B, wenn $B \cap C = \{\theta\}$ und $A = B \oplus C$ gilt. Es gilt folgende Behauptung:

Satz 4. $(A, \|.\|)$ *sei ein normierter Raum und B ein Teilraum endlicher Dimension. Es gibt einen komplementären abgeschlossenen Teilraum C von B.*

Beweis. B als endlichdimensionaler Teilraum ist abgeschlossen. Es sei $\{x_1, x_2, \ldots, x_n\}$ eine Basis für B und $\{g_1, g_2, \ldots, g_n\}$ eine für den Dualraum B', d.h. $\{x_i, g_j\} = 0$ für $i \neq j$; $= 1$ für $i = j$ (vgl. 1.51.6). Nach dem Hahn–Banachschen Satz hat jedes g_j eine Erweiterung $f_j \in A'$ ($j = 1, 2, \ldots, n$). Man definiere einen Operator $\mathscr{P} \in \Lambda_0(A, A)$ durch

$$\mathscr{P}x := \sum_{i=1}^{n} \langle x, f_i\rangle x_i \qquad (x \in A). \tag{1.52.07}$$

Man sieht sofort, daß $\mathscr{P}^2 = \mathscr{P}$ gilt, denn

$$\mathscr{P}^2 x = \mathscr{P}(\mathscr{P}x) = \sum_{i=1}^{n} \langle \mathscr{P}x, f_i\rangle x_i = \sum_{i=1}^{n} \left\langle \sum_{j=1}^{n} \langle x, f_j\rangle x_j, f_i \right\rangle x_i$$

$$= \sum_{i=1}^{n} \sum_{j=1}^{n} \langle x, f_j\rangle\langle x_j, f_i\rangle x_i = \sum_{i=1}^{n} \sum_{j=1}^{n} \langle x, f_j\rangle\langle x_j, g_i\rangle x_i$$

$$= \sum_{i=1}^{n} \langle x, f_i\rangle x_i = \mathscr{P}x \qquad (x \in A).$$

Die Einschränkung von $\mathscr{P}$ auf B, also $\mathscr{P}/B$ ist genau der Identitätsoperator in B, denn ist $x \in B$, dann gibt es Zahlen $\lambda_1, \lambda_2, \ldots, \lambda_n$ mit $x = \sum_{j=1}^{n} \lambda_j x_j$, und deshalb können wir schreiben

$$\mathscr{P}x = \sum_{i=1}^{n} \langle x, f_i\rangle x_i = \sum_{i=1}^{n} \left\langle \sum_{j=1}^{n} \lambda_j x_j, f_i \right\rangle x_i = \sum_{i=1}^{n} \sum_{j=1}^{n} \lambda_j\langle x_j, f_i\rangle x_i$$

$$= \sum_{i=1}^{n} \sum_{j=1}^{n} \lambda_j\langle x_j, g_i\rangle x_i = \sum_{i=1}^{n} \lambda_i x_i = x.$$

Es sei $C = \{x \mid x \in A,\ \mathscr{P}x = \theta\}$. Dann ist $B \cap C = \{\theta\}$ klar. Für jedes Element $x \in A$ gilt die Zerlegung $x = (x - \mathscr{P}x) + \mathscr{P}x$, wobei wegen (1.52.07)

$\mathcal{P}x \in B$ und $x - \mathcal{P}x \in C$ gilt. Diese letzte Behauptung sieht man wie folgt ein: $\mathcal{P}(x - \mathcal{P}x) = \mathcal{P}x - \mathcal{P}^2 x = \mathcal{P}x - \mathcal{P}x = \theta$. Dabei ist die obige Zerlegung eindeutig. Gäbe es nämlich eine weitere Zerlegung, etwa $x = b + c$ mit $b \in B$, $c \in C$, dann wäre $(x - \mathcal{P}x) - c = \mathcal{P}x - b$, wobei $x - \mathcal{P}x - c \in C$ und $\mathcal{P}x - b \in B$ ist. Diese Räume haben nur θ als gemeinsames Element, also ist $b = \mathcal{P}x$, $c = x - \mathcal{P}x$. Die Abgeschlossenheit von C ergibt sich unmittelbar aus der Stetigkeit von $\mathcal{P}$. □

Man kann auch eine gewisse Umkehrung dieses Satzes herleiten. Dazu aber müßen wir den Begriff der *Codimension* einführen. Es sei $(A, \|.\|)$ ein normierter Raum und B ein abgeschlossener Teilraum von A. Man bildet die Faktormenge (vgl. 1.22.5) $A \mid B$. Wir definieren die *Codimension* von B, bezeichnet codim B als

$$\text{codim } B = \dim A \mid B. \tag{1.52.08}$$

Es gilt folgender Satz:

Satz 5. $(A, \|.\|)$ *sei ein normierter Raum und B ein abgeschlossener Teilraum von A mit endlicher Codimension. Dann hat B einen komplementären abgeschlossenen Teilraum C.*

Beweis. Da codim $B = n$ endlich ist, hat $A \mid B$ eine aus n Elementen bestehende Basis. Die Repräsentanten dieser Basis seien $x_1, x_2, \ldots, x_n$. C sei der von $x_1, x_2, \ldots, x_n$ auf gespannte Teilraum von A. Offenbar sind B und C komplementär, C ist nach Satz 4 abgeschlossen. □

1.53 Der Dualraum von $C[a, b]$

1. Die Erweiterung eines über $C[a, b]$ definierten Funktionals auf den Raum der Treppenfunktionen. Es sei $[a, b]$ ein beschränktes und abgeschlossenes Intervall von $\mathbb{R}$, $C[a, b]$ der normierte Raum aller in $[a, b]$ definierten und dort stetigen Funktionen. Wir erweitern den Raum $C[a, b]$ mit den in $[a, b]$ definierten beschränkten Funktionen. Den so enstandenen normierten Raum bezeichnen wir mit $B[a, b]$, in welchen wir die Norm $\|x\|_B = \sup_{t \in [a,b]} |x(t)|$ einführen. $C[a, b]$ ist ein linearer Teilraum von $B[a, b]$, und die Einschränkung der Norm $\|.\|_B$ auf $C[a, b]$ ist genau die übliche C-Norm, da für eine Funktion $x \in C[a, b]$

$$\|x\|_C = \max_{t \in [a,b]} |x(t)| = \sup_{t \in [a,b]} |x(t)| = \|x\|_B \tag{1.53.01}$$

folgt. Ein weiterer linearer Teilraum von $B[a, b]$ ist der Raum aller in $[a, b]$ definierten Treppenfunktionen $T[a, b]$. (Die Definition der Treppenfunktion siehe in Band 1, Abschnitt 102.02, Definition 1.01, S. 41.) Man kann natürlich $T[a, b]$ mit der Norm $\|.\|_B$ versehen.

Man betrachte die folgende Treppenfunktion:

$$\tau_s(t) = \begin{cases} 0 & \text{für} \quad a \leqq t < s \leqq b \\ 1 & \text{für} \quad a \leqq s < t \leqq b. \end{cases} \tag{1.53.02}$$

Jetzt sei f ein lineares und beschränktes Funktional auf $C[a, b]$ (d.h. ein Element des Dualraumes $C[a, b]'$) und g eine lineare stetige Erweiterung dieses auf $T[a, b]$. Dann gilt der folgende Satz:

Satz 1. *Die Funktion*

$$\langle \tau_s, g \rangle = \rho(s) \qquad s \in [a, b] \tag{1.53.03}$$

ist von beschränkter Variation, und für ihre totale Variation gilt

$$\operatorname*{Var}_{(a,b)} \rho \leqq \|f\|_{C'}. \tag{1.53.04}$$

Dem *Beweis* schicken wir einige *Bemerkungen* voraus. Der Begriff *Funktion beschränkter Variation* siehe in Band 1, Abschnitt 103.01, S. 72. (In Band 1 haben wir die Benennung «Funktion von *endlicher* Variation» benützt, das haben wir hier mit der heutzutage üblicherer Benennung *beschränkte Variation* ersetzt). Auch die Definition der *totalen Variation* sowie das Symbol $\operatorname*{Var}_{(a,b)}$ ist an der zitierten Stelle von Band 1 erklärt. Wir werden öfters zur Abkürzung anstatt $C[a, b]'$ auch C' schreiben.

Der *Beweis* von Satz 1. Wir stellen in der üblichen Weise wie in der Integralrechnung eine Zerlegung des Intervalls $[a, b]$ mit den Unterteilungspunkten $a = s_0 < s_1 < \cdots < s_n = b$ her und führen die Bezeichnung $\varepsilon_i = \operatorname{sgn}[\rho(s_i) - \rho(s_{i-1})]$ $(i = 1, 2, \ldots n)$ ein [ρ ist die in (1.53.03) eingeführte Funktion]. Für jede solche Zerlegung gilt

$$\sum_{i=1}^{n} |\rho(s_i) - \rho(s_{i-1})| = \sum_{i=1}^{n} \varepsilon_i [\rho(s_i) - \rho(s_{i-1})]$$

$$= \sum_{i=1}^{n} \varepsilon_i [\langle \tau_{s_i}, g \rangle - \langle \tau_{s_{i-1}}, g \rangle] = \left\langle \sum_{i=1}^{n} \varepsilon_i (\tau_{s_i} - \tau_{s_{i-1}}), g \right\rangle$$

$$\leqq \|g\|_{C'} \left\| \sum_{i=1}^{n} \varepsilon_i (\tau_{s_i} - \tau_{s_{i-1}}) \right\|_B = \|f\|_{C'},$$

weil einerseits $\|f\|_{C'} = \|g\|_{C'}$ (g ist eine Fortsetzung von f), andererseits ist $\left\| \sum_{i=1}^{n} \varepsilon_i (\tau_{s_i} - \tau_{s_{i-1}}) \right\| = 1$, da der größte Wert, der durch τ_s angenommen wird, 1 ist. Damit ist die Behauptung, inbegriffen (1.53.04), bewiesen. $\square$

2. Die allgemeinste Form eines linearen und stetigen Funktionals in $C[a, b]$. Es sei $\rho(t)$ eine beliebige Funktion von beschränkter Variation in $[a, b]$ und $x \in C[a, b]$. Dann bildet man das Riemann–Stieltjesche Integral (s. Band 1, Abschnitt 103.02, S. 76)

$$\int_a^b x(t) \, d\rho(t). \tag{1.53.05}$$

Dieses Integral definiert offensichtlich ein lineares Funktional f über

$C[a, b]$, da dieses Integral nach Satz 1.24 in Band 1 (S. 79) für jedes $x \in C[a, b]$ existiert. Das Funktional f ist beschränkt (also stetig), denn es gilt

$$\left| \int\limits_a^b x(t)\, d\rho(t) \right| \leq \max\limits_{t \in [a,b]} |x(t)| \int\limits_a^b d\rho(t) = \|x\|_C \operatorname*{Var}_{(a,b)} \rho.$$

Aus dieser Abschätzung sieht man sofort, daß

$$\|f\|_{C'} \leq \operatorname*{Var}_{(a,b)} \rho \tag{1.53.06}$$

gilt.

Es erhebt sich die Frage, ob jedes in $C[a, b]$ definierte lineare und beschränkte Funktional in der Gestalt (1.53.05) darstellbar ist? Diese Frage wird durch folgenden Satz beantwortet:

Satz 2. *Es sei $f \in C[a, b]'$. Dann gibt es eine in $[a, b]$ definierte Funktion ρ von beschränkter variation, so daß*

$$\langle x, f \rangle = \int\limits_a^b x(t)\, d\rho(t) \qquad x \in C[a, b]$$

gilt.

Beweis. g bezeichne eine lineare und beschränkte Erweiterung von f auf $T[a, b]$. Man bildet eine Zerlegung des Intervalls $[a, b]$: $a = t_0 < t_1 < \cdots t_n = b$, und man bildet die Treppenfunktion

$$x_n(t) := \sum\limits_{i=1}^n x(t_i)[\tau_{t_i}(t) - \tau_{t_{i-1}}(t)] \qquad t \in [a, b],$$

wobei x eine beliebige in $[a, b]$ stetige Funktion ist, und $\tau_r(t)$ bedeutet die unter (1.53.02) definierte Funktion. x_n ist eine Treppenfunktion, welche im Teilintervall (t_{i-1}, t_i) konstant den Wert $x(t_i)$, sonst den Wert 0 annimmt.

Wenn wir jetzt eine geeignete Zerlegungsfolge des Intervalls $[a, b]$ anfertigen und zu jeder Zerlegung die entsprechende Treppenfunktion x_n konstruieren, so wissen wir aus den Elementen der Analysis, daß x_n gleichmäßig gegen x konvergiert, falls $\max(t_i - t_{i-1}) \to 0$. Das heißt, bei einer solchen Zerlegungsfolge gilt $x_n \xrightarrow{S} x$.

Andererseits aber ist g für x_n definiert, und man hat wegen der Linearität von g und (1.53.03)

$$\langle x_n, g \rangle = \sum\limits_{i=1}^n x(t_i)[\langle \tau_{t_i}, g \rangle - \langle \tau_{t_{i-1}}, g \rangle]$$

$$= \sum\limits_{i=1}^n x(t_i)(\rho(t_i) - \rho(t_{i-1})).$$

Hier ist $\rho(t)$ von beschränkter Variation (Satz 1), und die obige Summe konvergiert zum Integral (1.53.05) (Band 1, Abschnitt 103.02, S. 76) wenn $x_n \overset{S}{\to} x$. Man hat also nach dem Grenzübergang (g ist bezüglich der Norm $\|.\|_B$ stetig!)

$$\langle x, g \rangle = \langle x, f \rangle = \int_a^b x(t)\, d\rho(t). \quad \square$$

3. Der Dualraum von $C[a, b]$. Wir haben also bewiesen, daß einerseits $\rho \mapsto f \in C'$ gilt, wobei ρ eine beliebige Funktion von beschränkter Variation ist, andererseits besteht auch $f \mapsto \rho$ für ein beliebiges f aus C. Diese zweite Zuordnung ist jedoch nicht eindeutig, denn wir haben die zu f gehörige Funktion ρ mit Hilfe einer Erweiterung festgestellt. Daß diese Zuordnung nicht eindeutig ist, sieht man schon daraus, daß wenn $f \mapsto \rho$ ist, so gilt auch $f \mapsto \rho + c$, wobei c eine beliebige Konstante bezeichnet (denn $dc = 0$). Man kann auch den Wert von ρ in einzelnen Punkten abändern, so ergibt sich eine andere Funktion, welche das gleiche Funktional erzeugt.

Die obige Zuordnung kann man eindeutig machen, wenn wir nur diejenige Funktionen von beschränkter Variation betrachten, welche an der Stelle a verschwinden ($\rho(a) = 0$) und welche in jedem Punkt von oben (von rechts) stetig sind. Den linearen Raum aller dieser Funktionen wollen wir mit $V[a, b]$ bezeichnen. (Die Linearität von $V[a, b]$ folgt aus a und c in Band 1, S. 77.)

Der duale Raum von $C[a, b]$ ist also isomorph mit $V[a, b]$.

Außerdem sind auch die Räume $C[a, b]'$ und $V[a, b]$ miteinander *isomorph*. Gilt nämlich $C[a, b]' \ni f \mapsto \rho \in V[a, b]$, dann ist

$$\|f\|_{C'} = \sup_{\|x\|_C = 1} \langle x, f \rangle = \sup_{\|x\|_C = 1} \int_a^b x(t)\, d\rho(t) \geq \int_a^b d\rho(t) = \underset{[a,b]}{\text{Var}}\, \rho.$$

Das zusammen mit (1.53.06) gibt

$$\|f\|_{C'} = \underset{(a,b)}{\text{Var}}\, \rho. \tag{1.53.07}$$

Wenn wir in $V[a, b]$ die Norm $\|.\|_V = \underset{[a,b]}{\text{Var}}\cdot$ einführen, so sind die Räume $C[a, b]'$ und $V[a, b]$ isomorph und isometrisch, man kann also den Raum $C[a, b]'$ mit $V[a, b]$ identifizieren. Wir haben also bewiesen:

Satz 3. *Der Dualraum von $C[a, b]$ ist genau der normierte Raum aller in $[a, b]$ definierten rechtsstetigen Funktionen von beschränkter Variation, welche an der Stelle a verschwinden.*

4. Der Dualraum von C_0. Zuerst erinnern wir den Leser an den Begriff des Trägers. In Band 1, S. 163, haben wir den *Träger* T_f einer stetigen

Funktion $f(t)$ definiert:

$$T_f = \overline{\{t : f(t) \neq 0\}}.$$

Eine Funktion x gehört genau dann in die Menge C_0, wenn sie auf der ganzen Zahlengerade definiert, in jedem Punkt stetig ist und ihr Träger in einem beschränkten Intervall liegt:

$$x \in C_0 \Leftrightarrow x \in C(\mathbb{R}), \, T_x \in [a, b].$$

(Das Intervall $[a, b]$ kann sich von Funktion zu Funktion ändern.)

Mit den üblichen Funktionenoperationen ist C_0 offensichtlich ein linearer Raum, in welchem wir die Norm

$$\|x\|_{C_0} = \|x\|_C = \max_{t \in \mathbb{R}} |x(t)|$$

einführen.

Unser Ziel ist, den Dualraum von C_0 zu bestimmen. Dazu müssen wir den Begriff der *Funktion von beschränkter Variation auf* $\mathbb{R}$ einführen.

Die Funktion ρ ist *auf* $\mathbb{R}$ *von beschränkter Variation*, falls sie auf jedem endlichen Intervall $[a, b]$ von beschränkter Variation ist und die Menge der zu den endlichen Intervallen gehörenden totalen Variationen beschränkt ist. In diesem Fall definiert man die totale Variation von ρ auf $\mathbb{R}$:

$$\mathop{\mathrm{Var}}_{\mathbb{R}} \rho = \sup_{[a,b]} \mathop{\mathrm{Var}}_{[a,b]} \rho < \infty.$$

Den linearen normierten Raum aller Funktionen von beschränkter Variation auf $\mathbb{R}$ werden wir mit $V(\mathbb{R})$ bezeichnen. Die Norm einer Funktion ρ aus $V(\mathbb{R})$ ist

$$\|\rho\|_{V(\mathbb{R})} = \mathop{\mathrm{Var}}_{\mathbb{R}} \rho. \tag{1.53.08}$$

Satz 4. *Jede Funktion $\rho \in V(\mathbb{R})$ stellt das lineare und stetige Funktional f auf C_0 dar:*

$$\langle x, f \rangle = \int\limits_{-\infty}^{+\infty} x(t) \, d\rho(t) \qquad (x \in C_0). \tag{1.53.09}$$

Umgekehrt: Zu jedem linearen und stetigen Funktional f über C_0 kann man eine Funktion $\rho \in V(\mathbb{R})$ finden, so daß f durch das Integral (1.53.09) dargestellt werden kann. Dabei gilt

$$\|f\|_{C_0'} = \|\rho\|_{V(\mathbb{R})}.$$

Diesen Satz kann man genauso beweisen wie den Satz 3, deswegen überlassen wir ihn dem Leser.

Wenn man die Definition von $V(\mathbb{R})$ derart abändert, daß man von ihren Funktionen die rechtsseitige Stetigkeit in jedem Punkt und das Verschwinden in $-\infty$ fordert, dann besagt der Satz 4, daß $C_0' = V(\mathbb{R})$ (abgesehen von einer isomorphischen Isometrie) ist.

C_0' enthält ein ganz besonders wichtiges Funktional, welches wir mit δ_s bezeichnen werden ($s \in \mathbb{R}$). Dieses definieren wir wie folgt:

$$\langle x, \delta_s \rangle = \int_{-\infty}^{+\infty} x(t)\, d\tau_s(t) = \int_a^b x(t)\, d\tau_s(t), \tag{1.53.10}$$

wobei τ_s die in (1.53.02) definierte Funktion ist und (a, b) ein Intervall, welches den Träger von x enthält ($x \in C_0$). Ist $a < b < s$ oder $b > a > s$, dann ist offensichtlich $\langle x, \delta_s \rangle = 0 = x(s)$. Ist dagegen aber $a < s < b$, dann macht man eine Zerlegung von (a, b) derart, daß die Stelle s im Innern eines Teilintervalls etwa von (t_{i-1}, t_i) liegt. Dann ist die Näherungssumme vom Integral (1.53.10) genau $x(t_i)$ (wenn $\tau_s(t_i) - \tau_s(t_{i-1}) = 1$ und $\tau_s(t_k) - \tau_s(t_{k-1}) = 0$, $k \neq i$ ist). Wenn $\max (t_i - t_{i-1}) \to 0$, dann ist $t_i \to s$, und wegen der Stetigkeit ist der Grenzwert der Näherungssumme $x(s)$. Es gilt also allgemein

$$\langle x, \delta_s \rangle = x(s)(x \in C_0, s \in \mathbb{R}). \tag{1.53.11}$$

Dieses Funktional haben wir zwar schon auf einem Teilraum von C_0 auf den Funktionenraum **D** in Band 1, S. 175, betrachtet und nannten es das *Dirac–Delta*. Jetzt haben wir dieses Funktional von einer andern Seite kennengelernt. Es gilt somit $\delta_s \rightleftharpoons \tau_s(t)$.

1.54 Der Dualraum von $L_0[a, b]$ und eines Hilbert–Raumes

1. Der $L_0[a, b]$-Funktionenraum. Wir haben in 1.22.6, Beispiel c den Raum $L[a, b]$ kennengelernt. In diesem definieren wir die Norm $\|x\|_1 = \int_a^b |x(t)|\, dt$. Ein linearer Teilraum dieses Raumes enthalte alle im endlichen Intervall $[a, b]$ definierten und dort stetige Funktionen, welche mit der Norm $\|.\|_1$ versehen sind. Diesen Raum werden wir mit $L_0[a, b]$ bezeichnen. (Offensichtlich ist dieser kein vollständiger Raum.) Unser Ziel ist, den Dualraum von $L_0[a, b]$ zu charakterisieren.

Es sei $h(t)$ eine in $[a, b]$ stetige Funktion. Dann ist für ein beliebiges $x \in L_0[a, b]$

$$\langle x, f \rangle = \int_a^b x(t) h(t)\, dt \tag{1.54.01}$$

ein lineares und beschränktes Funktional. Die Linearität ist trivial, und auch die Beschränktheit sieht man sofort ein:

$$\left| \int_a^b x(t) h(t)\, dt \right| \leq \max_{t \in [a,b]} |h(t)| \int_a^b |x(t)|\, dt = \|h\|_C \|x\|_1.$$

Es ist sofort ersichtlich, daß $\|f\| \leq \|h\|_C$ ist.

Andererseits gilt auch die umgekehrte Ungleichung: $|h(t)|$ nähme sein Maximum etwa im Punkt t_0 an und setzen vorläufig voraus, daß t_0 ein innerer Punkt von $[a, b]$ ist. Dann kann man zu jedem $\varepsilon > 0$ ein $\delta = \delta(\varepsilon) > 0$ bestimmen, und zwar so, daß für jedes t mit $|t - t_0| < \delta(\varepsilon)$ die Ungleichungen $0 < \|h\|_C - \varepsilon \leq |h(t)| \leq \|h\|_C$ gelten. Es sei $x(t)$ eine in $[a, b]$ stetige Funktion, welche in $[h_0 - \delta, h_0 + \delta]$ nichnegativ, außerhalb dieses Teilintervalls Null ist, weiter gilt $\int_{t_0-\delta}^{t_0+\delta} x(t)\,dt = 1$. Dann ist

$$\|f\| = \sup_{\substack{\|y\|_1 \leq 1 \\ y \in L_0}} |\langle y, f \rangle| \geq |\langle x, f \rangle| = \int_{t_0-\delta}^{t_0+\delta} x(t)\,\mathrm{sgn}\,h(t)h(t)\,dt$$

$$\geq (\|h\|_C - \varepsilon)\,\|x\|_1 = \|h\|_C - \varepsilon.$$

Da ε beliebig ist, gilt $\|f\| \geq \|h\|_C$.

Im Fall daß t_0 ein Endpunkt von $[a, b]$ ist, gilt auch dann der obige Gedankengang, man hat jedoch anstatt $[t_0 - \delta, t_0 + \delta][a, a + \delta]$ bzw. $[b - \delta, b]$ zu betrachten.

Wir haben also gezeigt, daß

$$\|f\| = \|h\|_C \tag{1.54.02}$$

gilt.

2. Die wesentliche obere Schranke und Grenze. Das Verfahren zur Bestimmung der Norm des Funktionals (1.54.01) ist unbrauchbar, falls h keine stetige Funktion ist, da $\|.\|_C$ sinnlos wird.

Es sei jetzt h ein Glied der linearen Menge aller auf $[a, b]$ meßbaren Funktionen. Wir sagen die Zahl M ist eine *wesentliche obere Schranke* von h, falls die Niveaumenge $\{t \mid h(t) > M\}$ das Maß Null hat. Die größte untere Schranke der wesentlichen obern Schranken heißt die *wesentliche obere Grenze* von h und wird mit $\mathrm{ess}\sup\limits_{t \in [a,b]} h(t)$ bezeichnet.

Es sei nun $M_0[a, b]$ der lineare Raum aller meßbaren Funktionen in $[a, b]$, für welche die wesentliche obere Grenze endlich ist. Sei $h \in M_0[a, b]$, so führen wir in $M_0[a, b]$ die folgende Norm ein:

$$\|h\|_{M_0} = \mathrm{ess}\sup_{t \in [a,b]} |h(t)|. \tag{1.54.03}$$

Man kann leicht beweisen, daß diese Zahl tatsächlich eine Norm ist. Es sei

$$N_0[a, b] = \{h \mid h \in M_0[a, b],\ \|h\|_{M_0} = 0\}.$$

Dann ist $\{M_0[a, b] \mid N_0[a, b], \|.\|_{M_0}\}$ ein normierter Raum, den wir abgekürzt mit $M_0[a, b]$ bezeichnet haben.

Man sieht sofort, daß für eine in (a, b) stetige und beschränkte Funktion h

$$\|h\|_{M_0} = \mathrm{ess}\sup_{t \in (a,b)} |h(t)| = \sup_{t \in (a,b)} |h(t)| = \|h\|_C$$

gilt. $(C(a, b), \|.\|_C)$ ist somit ein Teilraum von $M_0(a, b)$.

3. Der Dualraum von $L_0(a, b)$. Wir haben gesehen, daß (1.54.01) ein lineares, beschränktes Funktional f über $L_0(a, b)$ ist, für welche (1.54.02) gilt. Es stellt sich die Frage, ob (1.54.01) die allgemeinste Form eines Funktionals in $L_0(a, b)$ ist? Das ist nicht der Fall. Es gilt nämlich folgendes:

Satz 1. *Ist $h \in M_0(a, b)$, so definiert*

$$\langle x, f \rangle = \int_a^b x(t) h(t)\, dt \tag{1.54.04}$$

ein lineares und stetiges Funktional über $L_0(a, b)$ mit $\|f\| = \|h\|_{M_0}$. Umgekehrt: Zu jedem linearen und stetigen Funktional f läßt sich eine Funktion h (genauer: eine Äquivalenzklasse) bestimmen, welche das Funktional f mittels (1.54.04) bestimmt und für welches $\|h\|_{M_0} = \|f\|$ gilt.

Diesen Satz beweisen wir nicht. Er benötigt solche theoretischen Überlegungen, daß es den Raumen dieses Buches sprengen würde.

Der Satz 1 bedeutet also, daß der normierte Raum aller linearen und stetigen Funktionalen über $L_0(a, b)$ mit dem Raum $M_0(a, b)$ isomorph und isometrisch ist, anders

Satz 1′. $L_0(a, b)' = M_0(a, b)$.

Als Schlußbemerkung erwähnen wir, wenn (a, b) ein endliches Intervall ist, dann ist der normierte Raum $L(a, b)$ die Vervollständigung von $L_0(a, b) = (C(a, b), \|.\|_1)$.

4. Die allgemeine Form eines linearen und beschränkten Funktionals in einem Hilbert–Raum. Es sei y ein festes Element des Hilbert–Raumes $(H, (.,.))$ (kurz H). Das Skalarprodukt (x, y) ist ein lineares und beschränktes Funktional f über $H : \langle x, f \rangle = (x, y)$. Die Linearität folgt unmittelbar aus der Definition des Skalarproduktes, die Beschränktheit aus der Schwarzschen Ungleichung:

$$|\langle x, f \rangle| = |(x, y)| \leq \|y\|\, \|x\|. \tag{1.54.05}$$

Daraus folgt $\|f\| \leq \|y\|$.

Es erhebt sich wieder die Frage, ob die Umkehrung obiger Behauptung auch gilt; d.h. ob ein beliebiges lineares und beschränktes Funktional in Form eines Skalarproduktes dargestellt werden kann?

Diese Frage wird durch folgenden Satz beantwortet:

Satz 2. *Zu jedem linearen und beschränkten Funktional f im Hilbert–Raum H gibt es ein, durch das Funktional f eindeutig bestimmtes Element $y \in H$, so daß $\langle x, f \rangle = (x, y)$ für jedes x aus H gilt. Darüber hinaus ist $\|f\| = \|y\|$.*

Beweis. H_0 bezeichne die Menge aller Elemente aus H, für welche $\langle x, f \rangle = 0$

gilt. Wegen der Linearität und Stetigkeit von f ist H_0 ein (abgeschlossener) Teilraum von H. Gilt $H_0 = H$, dann ist $\langle x, f \rangle = 0$ für jedes x aus H und man hat $\langle x, f \rangle = (x, \theta) = 0$, es ist also $y = \theta$. Wir können demnach annehmen, daß $H_0 \neq H$ ist. Deshalb existiert ein $y_0 \in H$ mit $y_0 \notin H_0$. Dann aber gilt nach dem Projektionssatz $y_0 = y_0' + y_0''$ mit $y_0' \in H_0$, $y_0'' \in H_0^{\perp}$. Dabei ist offensichtlich $y_0'' \neq 0$ (sonst wäre $y_0 = y_0' \in H_0$, was nicht der Fall ist) und $\langle y_0'', f \rangle \neq 0$ (sonst wäre y_0'' in H_0 und in $H_0^{\perp}$, also müßte $y_0'' = \theta$ gelten, was nicht der Fall ist). Man kann also voraussetzen, daß $\langle y_0'', f \rangle = 1$ ist. Wir betrachten ein beliebiges Element $x \in H$ und setzen zur Abkürzung $\alpha = \langle x, f \rangle$. Dann gehört $x' := x - \alpha y_0''$ zum Teilraum H_0, denn es gilt $\langle x', f \rangle = \langle x, f \rangle - \alpha \langle y_0'', f \rangle = \alpha - \alpha = 0$. Daraus folgt

$$(x, y_0'') = (x' + \alpha y_0'', y_0'') = (x', y_0'') + \alpha(y_0'', y_0'') = \alpha \|y_0''\|^2,$$

weil $x' \in H_0$ und $y_0'' \in H_0^{\perp}$ ist. Aus dieser letzten Gleichung erhalten wir

$$\alpha = \langle x, f \rangle = \frac{(x, y_0'')}{\|y_0''\|^2} = \left(x, \frac{y_0''}{\|y_0''\|^2} \right).$$

Wenn wir $\dfrac{y_0''}{\|y_0''\|^2} = y$ setzen, haben wir schon die gewünschte Darstellung $\langle x, f \rangle = (x, y)$.

Wir zeigen jetzt, daß y mit f eindeutig bestimmt ist. Wäre nämlich ein zweites Element y^* vorhanden mit

$$\langle x, f \rangle = (x, y) = (x, y^*) \qquad (x \in H),$$

so wäre $(x, y - y^*) = 0$ für jedes x aus H. Deshalb können wir $x = y - y^*$ setzen und erhalten $\|y - y^*\| = 0$, d.h. $y = y^*$.

Wir haben gesehen, daß $\|f\| \leq \|y\|$ ist. Andererseits aber ergibt sich aus der Definition der Operatorennorm

$$\|f\| = \sup_{\|x\|_H = 1} \langle x, f \rangle \geq \left| f\left(\frac{y}{\|y\|} \right) \right| = \left(\frac{y}{\|y\|}, y \right) = \frac{(y, y)}{\|y\|} = \|y\|.$$

Daraus folgt $\|f\| = \|y\|$. $\square$

Wenn wir beispielsweise den Hilbert-Raum $L^2(a, b)$ betrachten, dann ist die allgemeinste Form eines linearen und stetigen Funktionals in $L^2(a, b) : \langle x, f \rangle = \int_a^b x(t) \bar{y}(t) \, dt$ ($x, y \in L^2(a, b)$).

Für den Raum l^2 ergibt sich für ein beliebiges lineares und beschränktes Funktional:

$$\langle x, f \rangle = \sum_{k=1}^{\infty} x_k \bar{y}_k \qquad (x = (x_1, x_2, \ldots), \, y = (y_1, y_2, \ldots) \in l^2).$$

Das Wesen des Satzes 2 liegt darin, daß jedem Element $f \in H'$ genau ein Element $y \in H$ entspricht. Man kann sich leicht überzeugen, daß diese eineindeutige Entsprechung ein Isomorphismus und sogar eine Isometrie ist. Deshalb kann man H' mit dem Raum H identifizieren, d.h. man kann den

Satz 2 in die folgende gleichwertige Form setzen:

Satz 2′. *Jeder Hilbert–Raum ist mit seinem Dualraum identisch.*

1.55   Die Anwendung des Hahn–Banachschen Satzes zur Lösung gewisser Extremwertaufgaben

1. Eine Umformung des Hahn–Banachschen Satzes.

Satz 1. *Es sei $(A, \|.\|)$ ein normierter Raum und A_0 eine lineare Teilmenge von A. Für ein $f \in A'$ führen wir die folgende Norm ein:*

$$\|f\|_{A_0'} := \sup \{\langle x, f \rangle \mid x \in A_0, \|x\| = 1\}.$$

Offensichtlich gilt $\|f\|_{A'} \geqq \|f\|_{A_0'}$, und es gibt ein $g \in A'$, für welches gilt

$$\langle x, g \rangle = \langle x, f \rangle \quad \text{für} \quad x \in A_0 \quad \text{und} \quad \|g\|_{A'} = \|f\|_{A_0'}.$$

Beweis. Man betrachtet die Einschränkung f_0 von f auf A_0. Das ist auf A_0 ein lineares, beschränktes Funktional. g ist die Erweiterung von f_0 auf A, und ganau die Existenz einer solchen Erweiterung wird durch den Hahn–Banachschen Satz behauptet. $\square$

Die Anwendbarkeit dieses Satzes zur Lösung gewisser Extremalwertaufgaben werden wir anhand von einigen Beispielen zeigen.

2. Beispiele. a) Wir betrachten die Menge aller in $[0, T]$ definierten $(T > 0)$ integrierbaren Funktionen, für welche die folgende Randwertaufgabe auflösbar ist:

$$y''(t) = u(t) - 1, \qquad y(0) = y'(0) = 0, \qquad y(T) = 1.$$

Es soll unter allen zulässigen Funktionen u diejenige bestimmt werden, für welche $\int_0^T |u(t)| \, dt$ den kleinsten Wert annimmt.
Die Funktion

$$y(t) = \int\limits_0^t (t - \tau) u(\tau) \, d\tau - \frac{t^2}{2}$$

befriedigt die Differentialgleichung und die Anfangsbedingungen. Es muß weiter gelten:

$$\int\limits_0^T (T - \tau) u(\tau) \, d\tau = \frac{T^2}{2} + 1. \tag{1.55.01}$$

Wir betrachten jetzt $\rho(t) := \int_0^t u(\tau) \, d\tau$. Diese ist, wie bekannt, eine Funktion von beschränkter Variation, und somit ist das Funktional

$$\langle y, f \rangle = \int\limits_0^T y(\tau) \, d\rho(\tau) = \int\limits_0^T y(\tau) u(\tau) \, d\tau \qquad y \in C[0, T]$$

ein Element von $C[0, T]'$ (s. 1.53) mit der Norm

$$\|f\| = \operatorname*{Var}_{(0,T)} \rho = \int_0^T u(\tau)\, d\tau. \tag{1.55.02}$$

Wir können also unsere Aufgabe auch so formulieren: Es soll das Funktional $f \in C[a, b]'$ derart bestimmt werden, daß folgende Bedingungen erfüllt sind:

a) $\langle T - \tau, f \rangle = \displaystyle\int_0^T (T - \tau)\, d\rho(\tau) = \frac{T^2}{2} + 1,$

b) $\rho(t) = \displaystyle\int_0^t u(\tau)\, d\tau; \qquad u \in L(0, T),$

c) $\|f\| = \operatorname*{Var}_{(0,T)} \rho = \text{Min!}$

Zur Lösung des Problems unterdrücken wir zuerst die Forderung b.

Man betrachtet den folgenden Teilraum von $C[0, T]$: $A_0 = \{\lambda(T - t)\}$ $(\lambda \in \mathbb{R})$.

Da $\max\limits_{t \in [0,T]} |\lambda(T - t)| = |\lambda|\, T = 1$ ist, sind deshalb $\dfrac{1}{T}(T - t)$ und $-\dfrac{1}{T}(T - t)$ Elemente von A_0 mit der Norm 1. Aus diesem Grund gelten

$$\left\langle \frac{1}{T}(T - t), f \right\rangle = \frac{1}{T}\left(\frac{T^2}{2} + 1\right) \quad \text{und} \quad \left\langle \frac{-1}{T}(T - t), f \right\rangle = -\frac{1}{T}\left(\frac{T^2}{2} + 1\right).$$

Daher

$$\sup\left\{\langle y, f \rangle \mid y \in A_0, \|y\| = 1\right\} = \frac{1}{T}\left(\frac{T^2}{2} + 1\right) = \|f\|_{A_0}. \tag{1.55.03}$$

Das Funktional f nimmt somit sein Maximum für $T - t$ an. Es gilt im allgemeinen

$$|\langle y, f \rangle| \le \|f\|\,\|y\|,$$

und falls f sein Maximum annimmt, so gilt das Gleichheitszeichen. Also ist

$$\langle T - t, f \rangle = \operatorname*{Var}_{(0,T)} \rho \cdot \|T - t\|_C = T \cdot \operatorname*{Var}_{(0,T)} \rho, \tag{1.55.04}$$

da $\|f\| = \operatorname*{Var}\limits_{(0,T)} \rho$ [nach (1.53.07)] und $\|T - t\|_C = \max\limits_{t \in [0,T]} (T - t) = T$ ist.

Andererseits aber ist nach (1.55.02) und (1.55.03)

$$\operatorname*{Var}_{(0,T)} \rho = \int_0^T |u(t)|\, dt = \frac{1}{T}\left(\frac{T^2}{2} + 1\right).$$

Wenn wir eine solche Funktion u gefunden haben, so ist a und auch c erfüllt. Frage, ob man auch die Bedingung b befriedigen kann? Falls ja, so setzen wir, die in b festgelegte Gestalt von ρ in (1.55.04) ein und erhalten

$$\int_0^T (T-\tau)u(\tau)\,d\tau = T\underset{(0,T)}{\operatorname{Var}}\rho = T\int_0^T |u(\tau)|\,d\tau = \int_0^T T\,|u(\tau)|\,d\tau. \qquad (1.55.05)$$

Da aber $T-\tau>0$ für $\tau>0$ und $u(\tau)\leqq|u(\tau)|$ ist, gibt es keine Funktion, für welche die obige Gleichheit gilt. *Unsere Aufgabe hat also keine Lösung.*

Man kann eine Näherungslösung finden. Es sei nämlich

$$u_n(t)=\begin{cases} n & \text{für} \quad 0\leqq t<\dfrac{1}{n} \\[2ex] 0 & \text{für} \quad \dfrac{1}{n}\leqq t\leqq T. \end{cases}$$

Dann ist

$$\int_0^T (T-\tau)u_n(\tau)\,d\tau = n\int_0^{1/n}(T-\tau)\,d\tau = T-\frac{1}{2n} = \left(T-\frac{1}{2n}\right)\int_0^T |u_n(\tau)|\,d\tau$$

d.h. man kann mit beliebiger Genauigkeit (1.55.05) erreichen.

b) Es sollen in $[0, 1]$ definierte meßbare und beschränkte Funktionen $u = u(t)$ betrachtet werden, für welche die folgende Randwertaufgabe eine Lösung hat:

$$y''(t)+y'(t)=u(t) \text{ (f.ü. in } [0, 1]); \quad y(0)=y'(0)=0; \quad y(1)=y'(1)=1.$$

Unter allen diesen Funktionen soll diejenige bestimmt werden, für welche $\|u\|_{M_0}$ am kleinsten ist.

Die Funktion

$$y(t):=\int_0^t [1-e^{-(t-\tau)}]u(\tau)\,d\tau$$

ist eine Lösung unserer Differentialgleichung mit $y(0)=y'(0)=0$. Um durch y auch die Bedingungen $y(1)=1$, $y'(1)=0$ zu befriedigen, müßen die folgenden Beziehungen gelten:

$$\int_0^1 u(\tau)\,d\tau - \int_0^1 e^{\tau-1}u(\tau)\,d\tau=1; \qquad \int_0^1 e^{\tau-1}u(\tau)\,d\tau=0. \qquad (1.55.06)$$

Nun betrachten wir folgendes Funktional über $L_0[0, 1]$ (vgl. 1.54.1)

$$\langle y, f\rangle := \int_0^1 y(t)u(t)\,dt \qquad y\in L_0[0, 1].$$

Man kann mit Hilfe von f die Bedingungen (1.55.06) wie folgt umschreiben:

$$\langle 1, f \rangle = 1; \qquad \langle e^{t-1}, f \rangle = 0. \tag{1.55.07}$$

Wir werden die gestellte Aufgabe mit Hilfe des Satzes 1 in folgender Art lösen: Es sei diesmal $A_0 = L\{1, e^{t-1}\}$ die lineare Hülle der Funktionen 1 und $e^t - 1$, sie ist eine lineare Teilmenge von $L_0[0, 1]$. Die Beziehungen (1.55.07) bestimmen das Funktional auf A_0, welches natürlich auch von u abhängt. Unsere Aufgabe besteht eigentlich in der Bestimmung der Funktion u derart, daß $\|u\|_{M_0}$ das Minimum annimmt, wobei (1.55.07) erfüllt sind. Wenn ein die Bedingungen (1.55.07) befriedigendes Funktional für ein Element von A_0 den größten Wert annimmt, dann ist nach Satz 1 $\|u\|_{M_0}$ minimal.

Es sei $v(t) \in L_0[0, 1]$, dann ist

$$(\operatorname{sgn} v)(t) = \begin{cases} 1 & \text{für} \quad t : v(t) > 0 \\ 0 & \text{für} \quad t : v(t) = 0 \\ -1 & \text{für} \quad t : v(t) < 0. \end{cases}$$

$\operatorname{sgn} v(t)$ ist eine über $[0, 1]$ meßbare und beschränkte Funktion, deshalb ist

$$\langle y, g \rangle := \int_0^1 y(t)(\operatorname{sgn} v)(t)\, dt \qquad y \in L_0[0, 1]$$

ein lineares und beschränktes Funktional. Man sieht sofort, daß $\|g\| = 1$ ist, und es gilt

$$\langle v, g \rangle = \int_0^1 v(t)(\operatorname{sgn} v)(t)\, dt = \int_0^1 |v(t)|\, dt = \|v\|_1, \tag{1.55.08}$$

deshalb nimmt g sein Maximum für $y = v$ an.

Wir kommen jetzt zu unserer ursprünglichen Aufgabe zurück. Sämtliche Elemente von A_0 haben die Gestalt $\alpha + \beta e^{t-1}$ $(\alpha, \beta \in \mathbb{R})$, und das Funktional f nimmt auf Grund der obigen Überlegung ihren größten Wert für

$$u(t) = \|u\|_{M_0} \operatorname{sgn}(\alpha + \beta e^{t-1})$$

an. Die Funktion $\alpha + \beta e^{t-1}$ wechselt ihr Vorzeichen in $[0, 1]$ höchstens einmal, deshalb gilt

$$u(t) = \begin{cases} \|u\|_{M_0} & \text{für} \quad 0 \le t < s_0 \\ -\|u\|_{M_0} & \text{für} \quad s_0 \le t \le 1, \end{cases}$$

wobei die Werte von $\|u\|_{M_0}$ und s_0 aus den Bedingungen (1.55.07) bestimmt werden können:

$$\|u\|_{M_0} \left(\int_0^{s_0} dt - \int_{s_0}^1 dt \right) = 1; \qquad \|u\|_{M_0} \left(\int_0^{s_0} e^{t-1}\, dt - \int_{s_0}^s e^{t-1}\, dt \right) = 0,$$

oder

$$\|u\|_{M_0}(2s_0-1)=1; \qquad 2e^{s_0-1}-e^{-1}-1=0.$$

Daraus folgt

$$s_0=1+\ln\frac{1}{2}\left(1+\frac{1}{e}\right)\approx0{,}24 \quad \text{und} \quad \|u\|_{M_0}=\frac{1}{1+2\ln\frac{1}{2}\left(1+\frac{1}{e}\right)}\approx4.$$

Damit ist die Aufgabe gelöst.

3. Das Orthogonalkomplement einer linearen Teilmenge. $(A,\|.\|)$ sei ein normierter Raum und A_0 eine lineare Teilmenge von A. Unter $A_0^\perp$ werden wir den folgenden Teilraum von A' verstehen

$$A_0^\perp=\{f\mid f\in A', \langle x,f\rangle=0, x\in A_0\}. \tag{1.55.09}$$

$A_0^\perp$ heißt das *Orthogonalkomplement* von A_0.

Man erkennt sofort, daß der Begriff des Orthogonalkomplementes in einem normierten Raum die unmittelbare Verallgemeinerung des Begriffs des Orthogonalkomplementes von einer Teilmenge in einem Hilbert-Raum ist, wie wir das in 1.31.1 definiert haben. Das ist im Lichte des Satzes 2' in 1.54 klar.

Nun sei $g\in A'$ beliebig. Alle linearen stetigen Funktionalen, welche auf A_0 die Werte der Einschränkung von g auf A_0 annehmen, sind von der Gestalt $g-f$ mit $f\in A_0^\perp$. Wenn wir die Norm $\|g\|_0=\sup_{x\in A_0}|\langle x,g\rangle|$ einführen, dann gilt $\|g\|_0\le\|g-f\|_{A'}$. Der Satz 1 behauptet genau die Existenz eines Funktionals $f_0\in A_0^\perp$, für welches $\|g-f_0\|_A=\|g\|_0$. Wir haben also folgendes bewiesen:

Satz 2. *Es sei A_0 eine lineare Teilmenge des normierten Raumes $(A,\|.\|)$. Dann hat jedes Funktional $g\in A'$ eine beste Approximation in $A_0^\perp$, d.h. für jedes $f\in A_0^\perp$ gilt*

$$\|g\|_0\le\|g-f\|_A, \tag{1.55.10}$$

und es existiert ein $f_0\in A_0^\perp$, für welches das Gleichheitszeichen gilt. f_0 heißt die beste Approximation von g in $A_0^\perp$.

Zur Bestimmung der besten Approximation kann man den Satz 1, wie das in Nr. 2 gezeigt wurde, anwenden.

Der Satz 2 ist die Verallgemeinerung des Projektionssatzes (Satz 2; 1.31) für beliebige normierte Räume.

1.56 Der Dualoperator

1. Begriff des Dualoperators. $(A,\|.\|_A)$ und $(B,\|.\|_B)$ seien normierte Räume und $\mathscr{L}\in\Lambda_0(A,B)$. Für ein festes $g\in B'$ bildet man $\langle\mathscr{L}x,g\rangle$ $(x\in A)$, welches ein lineares und beschränktes Funktional über A, also ein Element von A'

ist. Die Linearität ist leicht einzusehen, die Beschränktheit ergibt sich wie folgt:

$$|\langle \mathscr{L}x, g\rangle| \leq \|g\| \, \|\mathscr{L}x\|_B \leq \|g\| \, \|\mathscr{L}\| \, \|x\|_A.$$

Wir führen die Bezeichnung

$$\langle x, f\rangle = \langle \mathscr{L}x, g\rangle \qquad (1.56.01)$$

ein, wobei, wie oben gezeigt wurde, $f \in A'$ gilt.

Mit dem obigen Gedankengang hat man also jedem Funktional g aus B' eine Funktion f aus A' zugeordnet. Es existiert also eine Abbildung $\mathscr{L}'$, welche zu jedem $g \in B'$ ein bestimmtes $f \in A'$ zuordnet: $f = \mathscr{L}'g$. Mit dieser Bezeichnung nimmt (1.56.01) folgende Gestalt an

$$\langle \mathscr{L}x, g\rangle = \langle x, \mathscr{L}'g\rangle \qquad (x \in A, g \in B'). \qquad (1.56.02)$$

$\mathscr{L}': B' \to A'$ heißt der zu $\mathscr{L}$ duale Operator. Sein Begriff ist analog zur Definition des transponierten Operators (vgl. 1.44.3).

2. Einige allgemeine Eigenschaften der dualen Operatoren.

Satz 1. *Ist* $\mathscr{L} \in \Lambda_0(A, B)$, *so gilt* $\mathscr{L}' \in \Lambda_0(B', A')$ *mit* $\|\mathscr{L}\| = \|\mathscr{L}'\|$.

Beweis. Zuerst wollen wir die Linearität von $\mathscr{L}'$ zeigen. Es seien $g_1, g_2 \in B'$, $\lambda_1, \lambda_2 \in \mathbb{C}$. Dann gilt nach (1.56.02) für jedes $x \in A$

$$\langle x, \mathscr{L}'(\lambda_1 g_1 + \lambda_2 g_2)\rangle = \langle \mathscr{L}x, \lambda_1 g_1 + \lambda_2 g_2\rangle = \lambda_1 \langle \mathscr{L}x, g_1\rangle + \lambda_2 \langle \mathscr{L}x, g_2\rangle$$
$$= \lambda_1 \langle x, \mathscr{L}'g_1\rangle + \lambda_2 \langle x, \mathscr{L}'g_2\rangle = \langle x, \lambda_1 \mathscr{L}'g_1 + \lambda_2 \mathscr{L}'g_2\rangle,$$

woraus wegen der Eindeutigkeit $\langle ., .\rangle$ die Linearität folgt.

Man sieht die Beschränktheit von $\mathscr{L}'$ wie folgt ein:

$$\|\mathscr{L}'\| = \sup_{\substack{\|g\|=1 \\ g \in B'}} \|\mathscr{L}'g\| = \sup_{\substack{\|g\|=1 \\ \|x\|_A=1}} |\langle x, \mathscr{L}'g\rangle| = \sup_{\substack{\|g\|=1 \\ \|x\|_A=1}} |\langle \mathscr{L}x, g\rangle|.$$

Andererseits gibt es nach einer wichtigen Folgerung des Hahn–Banachschen Satzes (Satz 4; 1.51) ein $g \in B'$ mit $\|g\| = 1$, für welches $\langle \mathscr{L}x, g\rangle = \|\mathscr{L}x\|_B$ gilt. Aus diesem Grund ist für ein solches g

$$\sup_{\substack{\|g\|=1 \\ \|x\|_A=1}} |\langle \mathscr{L}x, g\rangle| = \sup_{\|x\|_A=1} \|\mathscr{L}x\|_B = \|\mathscr{L}\|.$$

Damit ist nicht nur die Beschränktheit, sondern auch $\|\mathscr{L}\| = \|\mathscr{L}'\|$ bewiesen. $\square$

Satz 2. *Sind* $\mathscr{L}_1$ *und* $\mathscr{L}_2 \in \Lambda_0(A, B)$, *so gilt*

$$(\mathscr{L}_1 + \mathscr{L}_2)' = \mathscr{L}_1' + \mathscr{L}_2'. \qquad (1.56.03)$$

Sind $\mathscr{L}_1 \in \Lambda_0(A, B)$, $\mathscr{L}_2 \in \Lambda_0(B, D)$ [*wobei* $D = (D, \|.\|_D)$ *ein weiterer normierter Raum ist*], *dann besteht*

$$(\mathscr{L}_2 \mathscr{L}_1)' = \mathscr{L}_1' \mathscr{L}_2'. \qquad (1.56.04)$$

Hat $\mathscr{L} \in \Lambda_0(A, B)$ *eine Inverse* $\mathscr{L}^{-1} \in \Lambda_0(B, A)$, *dann existiert auch* $(\mathscr{L}')^{-1}$ *und ist beschränkt, weiter gilt*

$$(\mathscr{L}')^{-1} = (\mathscr{L}^{-1})'. \tag{1.56.05}$$

Beweis. Wir wenden die Definition des dualen Operators an: Für beliebiges $x \in A$ und $g \in B'$ gilt

$$\langle x, (\mathscr{L}_1 + \mathscr{L}_2)' g \rangle = \langle (\mathscr{L}_1 + \mathscr{L}_2)x, g \rangle = \langle \mathscr{L}_1 x, g \rangle + \langle \mathscr{L}_2 x, g \rangle$$
$$= \langle x, \mathscr{L}_1' g \rangle + \langle x, \mathscr{L}_2' g \rangle = \langle x, (\mathscr{L}_1' + \mathscr{L}_2')g \rangle.$$

Damit ist (1.56.03) bewiesen.

Wiederum sei $x \in A$ und $g \in B'$ beliebig, dann ist

$$\langle x, (\mathscr{L}_2 \mathscr{L}_1)' g \rangle = \langle \mathscr{L}_2 \mathscr{L}_1 x, g \rangle = \langle \mathscr{L}_1 x, \mathscr{L}_2' g \rangle = \langle x, \mathscr{L}_1' \mathscr{L}_2' g \rangle.$$

Damit haben wir auch (1.56.04) erhalten.

Wir kommen schließlich zum Beweis von (1.56.05). Wir setzen jetzt $\mathscr{L}_1 = \mathscr{L}$ und $\mathscr{L}_2 = \mathscr{L}^{-1}$ und wenden auf diese das vorangehende Ergebnis an (indem natürlich $D = A$ gesetzt wird):

$$\mathscr{E}_B' = (\mathscr{L}\mathscr{L}^{-1})' = (\mathscr{L}^{-1})'\mathscr{L}',$$

bzw.

$$\mathscr{E}_A' = (\mathscr{L}^{-1}\mathscr{L})' = \mathscr{L}'(\mathscr{L}^{-1})';$$

wobei $\mathscr{E}_A$ bzw. $\mathscr{E}_B$ die Identitätsoperatoren in A bzw. B sind. Man sieht sofort, daß für jedes $x \in A$, $g \in A'$ $\langle \mathscr{E}_A x, g \rangle = \langle x, g \rangle = \langle x, \mathscr{E}_A' g \rangle$, d.h. $g = \mathscr{E}_A' g (g \in A')$ ist d.h. $\mathscr{E}_A' = \mathscr{E}_{A'}$ und genauso $\mathscr{E}_B' = \mathscr{E}_{B'}$ gilt. Daher ist $\mathscr{E}_{A'} = \mathscr{L}'(\mathscr{L}^{-1})'$ und $\mathscr{E}_{B'} = (\mathscr{L}^{-1})'\mathscr{L}'$.

Diese Gleichungen bedeuten genau, daß $\mathscr{L}'$ eine Inverse besitzt und diese ist $(\mathscr{L}^{-1})'$, womit (1.56.05) nachgewiesen ist. $\square$

Äußerst wichtig sind folgende Tatsachen: Es seien wieder $(A, \|.\|_A)$, $(B, \|.\|_B)$ normierte Räume und $\mathscr{L} \in \Lambda_0(A, B)$. Wie in 1.41.1 sei $R(\mathscr{L})$ der Wertebereich von $\mathscr{L}$:

$$R(\mathscr{L}) = \{y \mid y \in B \colon \exists x \colon x \in A, \mathscr{L}x = y\},$$

und $N(\mathscr{L}')$ der Nullraum von $\mathscr{L}'$, den wir wie folgt definieren:

$$N(\mathscr{L}') = \{g \mid g \in B'; \mathscr{L}g = \theta\}$$

(θ bedeutet hier das Nullelement in A').

Zwischen $R(\mathscr{L})$ und $N(\mathscr{L}')$ besteht die folgende Beziehung:

Satz 3.

$$R(\mathscr{L})^{\perp} = N(\mathscr{L}'). \tag{1.56.06}$$

Beweis. Es sei $g \in N(\mathscr{L}')$ und $y \in R(\mathscr{L})$. Dann gibt es ein $x \in A$ derart, daß

$y = \mathscr{L}x$ erfüllt ist. Aus der Gleichung

$$\langle y, g \rangle = \langle \mathscr{L}x, g \rangle = \langle x, \mathscr{L}'g \rangle = 0 \qquad (1.56.07)$$

sieht man, daß $g \in R(\mathscr{L})^{\perp}$ ist. Also gilt $N(\mathscr{L}') \subseteq R(\mathscr{L})^{\perp}$. Ist $g \in R(\mathscr{L})^{\perp}$, dann folgt aus (1.56.07) $\langle x, \mathscr{L}'g \rangle = 0$ für jedes x aus A, d.h. es gilt $g \in N(\mathscr{L}')$, d.h. $R(\mathscr{L})^{\perp} \subseteq N(\mathscr{L}')$. Das beweist die Beziehung (1.56.06). □

Man kann auch folgendes beweisen:

Satz 4. *Unter den Voraussetzungen des Satzes 3 und im Fall, daß* $R(\mathscr{L})$ *abgeschloßen ist, gilt*

$$R(\mathscr{L}') = N(\mathscr{L})^{\perp}. \qquad (1.56.08)$$

3. Der duale Operator eines nichtbeschränkten Operators. In den Anwendungen treten oft nichtbeschränkte Operatoren auf, und es erweist sich als wichtig, auch für solche den Dualen zu definieren.

Es seien wieder $(A, \|.\|_A)$ und $(B, \|.\|_B)$ normierte Räume und $\mathscr{S} \in \Lambda(D, B)$, wobei D bezüglich der Norm $\|.\|_A$ eine in A dichte Menge ist. Es sei g ein solches Funktional über B, für welches $x \mapsto \langle \mathscr{S}x, g \rangle$ ein lineares stetiges Funktional über D ist. Da D in A dicht ist, kann man dieses Funktional eindeutig als ein lineares und stetiges Funktional auf A erweitern. Es entsteht demzufolge ein linearer Operator $\mathscr{S}'$, welcher zum Funktional $g \in B'$ ein, auf A definiertes, lineares und beschränktes Funktional zuordnet. Es gilt somit

$$\langle \mathscr{S}x, g \rangle = \langle x, \mathscr{S}'g \rangle \qquad (x \in A). \qquad (1.56.09)$$

Formal ist diese Definition die gleiche wie bei den linearen und stetigen Operatoren. Der Unterschied liegt darin, daß $\mathscr{S}'$ nur für diejenigen Funktionalen aus B' (und nicht für *alle* wie im vorangegebenen Fall) definiert ist, für welche $\langle \mathscr{S}x, g \rangle$ stetig (beschränkt) bleibt.

Der Definitionsbereich $D' = D(\mathscr{S})$ ist somit nicht der ganze Raum B', sondern ein echter Teilraum von B'.

Nichtstetige lineare Operatoren, welche in der Praxis oft auftreten, sind meistens Differentialoperatoren.

4. Beispiele. a) Wir betrachten den normierten Raum $L^2[0, 1]$ und in ihm den Differentialoperator $\dfrac{d}{dt} \cdot \dfrac{d}{dt}$ kann natürlich nicht auf jede Funktion von $L^2[0, 1]$ angewendet werden. Es sei jetzt die Teilmenge D die folgende:

$$D = \left\{ x \mid x \in L^2[0, 1], \frac{dx}{dt} \in L^2[0, 1], x(0) = 0 \right\}.$$

D ist bezüglich der Norm $\|.\|_2$ in $L^2[0, 1]$ dicht. Jede in $[0, 1]$ definierte, stetige Funktion ist nämlich nach dem Weierstraßschen Satz (vgl. Band 1, Abschnitt 101.08, S. 34) durch Polynome gleichmäßig, also erst recht nach der $\|.\|_2$-Norm durch Polynome mit beliebiger Genauigkeit approximierbar. Denn ist $f(t) \in C[0, 1]$ und $p(t)$ ein Polynom mit $|f(t) - p(t)| < \varepsilon$, dann ist auch $\|f - p\|_2 = \int_0^1 |f(t) - p(t)|^2 \, dt < \varepsilon$.

Andererseits kann jede $L^2[0, 1]$-Funktion durch Treppenfunktionen nach der $\|.\|_2$-Norm (vgl. Band 1, Abschnitte 102.01, 102.02) und jede Treppenfunktion durch stetige Funktionen gleichmäßig (dann auch nach der $\|.\|_2$-Norm) angenähert werden. Demzufolge ist die Menge der Polynome in $L^2[0, 1]$ dicht. Aber jedes Polynom gehört offensichtlich zu D.

Es sei g ein lineares und beschränktes Funktional über $L^2[0, 1]$ und x eine Funktion aus D. g entspricht nach dem Satz 2 in 1.54 eindeutig einer Funktion $g(t)$. Wählen wir das Funktional g derart, daß $\dfrac{d}{dt} g(t)$ existiert und in $L^2[0, 1]$ ist, dabei sei $g(1) = 0$. Dann ist

$$\left\langle \frac{dx}{dt}, g \right\rangle = \left(\frac{dx}{dt}, g \right) = \int\limits_0^1 \frac{dx(t)}{dt} \, \bar{g}(t) \, dt = - \int\limits_0^1 x(t) \frac{d\bar{g}(t)}{dt}$$

$$= - \left(x, \frac{dg}{dt} \right) = \left\langle x, -\frac{d}{dt} g \right\rangle. \tag{1.56.10}$$

Mit g und $\mathscr{S}' = -\dfrac{d}{dt}$ ist (1.56.09) erfüllt. Man muß sich nur überzeugen, daß $\left\langle \dfrac{dx}{dt}, g \right\rangle$ mit dem derart gewählten g ein lineares und beschränktes Funktional über D ist. Die Linearität ist trivial. Die Beschränktheit ergibt sich mit Hilfe der Schwarzschen Ungleichung:

$$\left| \left\langle \frac{dx}{dt}, g \right\rangle \right| = \left| \int\limits_0^1 \frac{dx(t)}{dt} \, \bar{g}(t) \, dt \right| = \left| \int\limits_0^1 x(t) \frac{dg(t)}{dt} \, dt \right|$$

$$\leq \left[\int\limits_0^1 |x(t)|^2 \, dt \right]^{1/2} \left[\int\limits_0^1 \left| \frac{dg(t)}{dt} \right|^2 \, dt \right]^{1/2} = \left\| \frac{dg}{dt} \right\|_2 \|x\|_2.$$

Daraus folgt $\|g\| \leq \left\| \dfrac{dg}{dt} \right\|_2$, g ist also auf D beschränkt. Wir haben gezeigt: g ist ein lineares, beschränktes Funktional in $L^2[0, 1]$, deßen erzeugende Funktion (nach Satz 2 in 1.54) im Intervall $[0, 1]$ differenzierbar mit $\dfrac{dg(t)}{dt} \in L^2[0, 1]$ und $g(1) = 0$ ist. Eine solche Funktion gehört also zur Menge D'. Wir zeigen jetzt die Gültigkeit der Umkehrung dieser Behauptung: Für jede Funktion $g(t)$ (Funktional g) aus D' gilt $\dfrac{dg(t)}{dt} \in L^2[0, 1]$ und $g(1) = 0$.

Ist nämlich $g \in D'$ und $\left(\dfrac{d}{dt}\right)' g = g_1(t)$, dann gilt einerseits für $x \in D$

$$\int\limits_0^1 \frac{dx(t)}{dt}\, \bar{g}(t)\, dt = \int\limits_0^1 x(t)\bar{g}_1(t)\, dt,$$

andererseits ist g_1 integrierbar, deshalb ist

$$g_1(t) = -\frac{d}{dt} \int\limits_t^1 g_1(\tau)\, d\tau \qquad \text{(f.ü.)}.$$

Durch partielle Integration ergibt sich

$$\int\limits_0^1 \frac{dx(t)}{dt}\, \bar{g}(t)\, dt = -\int\limits_0^1 x(t) \left[\frac{d}{dt} \int\limits_t^1 g_1(\tau)\, d\tau\right] dt$$

$$= \int\limits_0^1 \frac{dx(t)}{dt} \left[\int\limits_t^1 g_1(\tau)\, d\tau\right] dt,$$

woraus

$$\int\limits_0^1 \frac{dx(t)}{dt} \left[g(t) - \int\limits_t^1 g_1(\tau)\, d\tau\right] dt = 0$$

für jedes $x \in D$ folgt. Es sei

$$\frac{dx(t)}{dt} = g(t) - \int\limits_t^1 g_1(\tau)\, d\tau,$$

dann ergibt sich

$$g(t) = \int\limits_t^1 g_1(\tau)\, d\tau \qquad \text{(f.ü.)},$$

womit alles gezeigt wurde. Das Endergebnis:

$$\left(\frac{d}{dt}\right)' = -\frac{d}{dt}; \qquad D' = \left\{g\ \middle|\ \frac{dg(t)}{dt} \in L^2[0, 1],\ g(1) = 0\right\}.$$

b) Es sei $D = \left\{x\ \middle|\ \dfrac{d^2 x}{dt^2} \in L^2[0, 1],\ y(0) = 0,\ y'(0) = 0\right\} \subset L^2[0, 1]$, $\mathscr{S}: \mathscr{S}x = \dfrac{d^2 x}{dt^2} + \alpha x$, $x \in D$, $\alpha \in \mathbb{R}$ ist eine Konstante.

Ist $g \in L^2[0, 1]' = L^2[0, 1] \ni g(t)$, so daß $\dfrac{d^2 g}{dt^2} \in L^2[0, 1]$, dann ist

$$\left\langle \frac{d^2 x}{dt^2}, g \right\rangle = \left(\frac{d^2 x}{dt^2}, g \right) = \int\limits_0^1 \frac{d^2 x(t)}{dt^2}\, \bar{g}(t)\, dt$$

$$= \frac{dx}{dt}(1)\bar{g}(1) - x(1)\frac{d\bar{g}}{dt}(1) + \int\limits_0^1 x(t)\frac{d^2 \bar{g}(t)}{dt^2}\, dt,$$

somit

$$\left\{ g \,\middle|\, \frac{d^2 g(t)}{dt^2} \in L^2[0, 1],\, g(1) = 0,\, \frac{dg}{dt}(1) = 0 \right\} \subseteq D'$$

und wie aus der obigen Berechnung ersichtlich, ist

$$\mathscr{S}' : \mathscr{S}'g = \frac{d^2 g(t)}{dt^2} + \alpha g(t).$$

Formal scheinen $\mathscr{S}$ und $\mathscr{S}'$ gleich zu sein. Das aber ist nicht der Fall, da die Definitionsbereiche der beiden Operatoren verschieden sind.

1.6 Kompakte Operatoren

1.61 Das Spektrum von linearen Operatoren

1. Spektralmenge und Resolventenmenge. Es sei $(A, \|.\|)$ $(=A)$ ein Banachraum über $\mathbb{K}$ $(=\mathbb{C}$ oder $\mathbb{R})$ und $\mathscr{L} \in \Lambda_0(A, A)$.

Eine Zahl $\lambda \in \mathbb{K}$ heißt *regulär bezüglich* $\mathscr{L}$, falls $\mathscr{L} - \lambda\mathscr{E}$ eine Inverse aus $\Lambda_0(A, A)$ besitzt. Die Menge aller bezüglich $\mathscr{L}$ regulären Zahlen heißt die *Resolventenmenge von* $\mathscr{L}$ und wird mit $\rho(\mathscr{L})$ bezeichnet. Der lineare und stetige Operator

$$\mathscr{R}(\mathscr{L}; \lambda) := (\mathscr{L} - \lambda\mathscr{E})^{-1} \tag{1.61.01}$$

heißt die, zur regulären Zahl λ gehörige *Resolvente*. Wenn die Gefahr eines Irrtums nicht vorhanden ist, dann werden wir manchmal zur Abkürzung anstatt $\mathscr{R}(\mathscr{L}; \lambda)$ kurz $\mathscr{R}_\lambda$ schreiben.

Satz 1. *Es seien* λ_1, λ_2 *zwei reguläre Zahlen bezüglich* $\mathscr{L} \in \Lambda_0(A, A)$, *so gilt die sog. Resolventengleichung:*

$$\mathscr{R}_{\lambda_1} - \mathscr{R}_{\lambda_2} = (\lambda_2 - \lambda_1)\mathscr{R}_{\lambda_1}\mathscr{R}_{\lambda_2} = (\lambda_2 - \lambda_1)\mathscr{R}_{\lambda_2}\mathscr{R}_{\lambda_1} \qquad \lambda_1, \lambda_2 \in \rho(\mathscr{L}) \tag{1.61.02}$$

Beweis. Für $\lambda \in \rho(\mathscr{L})$ ist $\mathscr{R}_\lambda = (\mathscr{L} - \lambda\mathscr{E})^{-1}$. Also $\mathscr{E} - (\mathscr{L} - \lambda_2\mathscr{E})\mathscr{R}_{\lambda_1} = (\mathscr{L} - \lambda_1\mathscr{E})\mathscr{R}_{\lambda_1} - (\mathscr{L} - \lambda_2\mathscr{E})\mathscr{R}_{\lambda_1} = (\lambda_2 - \lambda_1)\mathscr{R}_{\lambda_1}$. Wenn wir diese Gleichung von links bzw. rechts mit $\mathscr{R}_{\lambda_2} = (\mathscr{L} - \lambda_2\mathscr{E})^{-1}$ multiplizieren, erhalten wir (1.61.02). Hier haben wir die einfache Tatsache berücksichtigt, daß $\mathscr{R}_{\lambda_2}$ mit $(\mathscr{L} - \lambda_1\mathscr{E})$ vertauschbar ist, weil

$$(\mathscr{L} - \lambda_1\mathscr{E})\mathscr{R}_{\lambda_2} = (\mathscr{L} - \lambda_2\mathscr{E} + (\lambda_2 - \lambda_1)\mathscr{E})\mathscr{R}_{\lambda_2} = \mathscr{E} + (\lambda_2 - \lambda_1)\mathscr{R}_{\lambda_2}$$

und die rechte Seite ist von der Reihenfolge von $\mathscr{R}_{\lambda_2}$ und $\mathscr{L} - \lambda_1\mathscr{E}$ unabhängig. $\square$

Die Komplementermenge von $\rho(\mathscr{L})$ bezüglich $\mathbb{K}$ heißt die Spektralmenge oder kurz *das Spektrum* von $\mathscr{L}$. Wir werden es mit $\sigma(\mathscr{L})$ bezeichnen. Es gilt also

$$\sigma(\mathscr{L}) = \mathbb{K} - \rho(\mathscr{L}). \tag{1.61.03}$$

Eine Zahl $\lambda \in \mathbb{K}$ heißt *Eigenwert* von $\mathscr{L}$ falls

$$\{x \mid x \in A; (\mathscr{L} - \lambda\mathscr{E})x = \theta\} \neq \{\theta\} \tag{1.61.04}$$

ist. Der lineare Teilraum (1.61.04) von A heißt der zum Eigenwert λ gehörige *Eigenraum* von $\mathscr{L}$. Jeder Eigenwert ist demzufolge ein Element der Spektralmenge.

Ist A endlichdimensional, so ist jede Zahl des Spektrums gleichzeitig auch ein Eigenwert wie das aus der linearen Algebra bekannt ist (da jeder Operator $\mathscr{L}$ durch eine endliche quadratische Matrix dargestellt ist.) Ist dagegen A nicht endlichdimensional, so muß das nicht der Fall sein. Dazu ein Beispiel: Es sei $A = l^2$ und betrachten die Abbildung

$$\mathscr{L} : \mathscr{L}(x_1, x_2, x_3, \ldots) = (0, x_1, x_2, \ldots)$$

Die Additivität und Homogenität ist trivial. $\mathscr{L}$ ist auch beschränkt, denn es gilt

$$\|\mathscr{L}x\| = \|(0, x_1, x_2, \ldots)\| = \sqrt{0^2 + |x_1|^2 + |x_2|^2 + \cdots}$$
$$= \sqrt{|x_1|^2 + |x_2|^2 + \cdots} = \|x\|$$

woraus sogar $\|\mathscr{L}\| = 1$ folgt. $\lambda = 0$ ist ein Punkt des Spektrums, denn $\mathscr{L} - 0\mathscr{E} = \mathscr{L}$ hat keine Inverse, da $R(\mathscr{L}) \neq l^2$ ist. 0 ist aber auch kein Eigenwert, denn die Gleichung $(\mathscr{L} - 0\mathscr{E})x = \mathscr{L}x = \theta$ hat keine andere Auflösung als $x = \theta = (0, 0, 0, \ldots)$.

2. Die Potenzreihendarstellung der Resolventen. Wir benötigen folgendes Lemma:

Lemma 1. *Es seien* $(A, \|.\|_A)$ *und* $(B, \|.\|_B)$ *Banach–Räume und* $\mathscr{M} \in \Lambda_0(A, B)$ *so beschaffen, daß* $\mathscr{M}^{-1}$ *existiert, linear und stetig ist. Für den Operator* $\mathscr{N} \in \Lambda_0(A, B)$ *gelte*

$$\|\mathscr{M} - \mathscr{N}\| < \|\mathscr{M}^{-1}\|^{-1}. \tag{1.61.05}$$

Dann existiert $\mathscr{N}^{-1}$ *und ist ein Element von* $\Lambda_0(B, A)$.

Beweis. Wir schreiben $\mathscr{N} = \mathscr{M}(\mathscr{E} - \mathscr{M}^{-1}(\mathscr{M} - \mathscr{N}))$. Die unendliche Operatorenreihe

$$\sum_{n=0}^{\infty} [\mathscr{M}^{-1}(\mathscr{M} - \mathscr{N})]^n \tag{1.61.06}$$

konvergiert, denn die Folge der Partialsummen ist eine Cauchysche Folge. Es gilt nämlich

$$\left\| \sum_{n=k+1}^{k+m} \mathscr{M}^{-1}(\mathscr{M} - \mathscr{N})^n \right\| \leq \sum_{n=k+1}^{k+m} \|\mathscr{M}^{-1}(\mathscr{M} - \mathscr{N})^n\|$$

und die rechte Seite wird durch geeignete Wahl von k beliebig klein, da wegen (1.61.05)

$$\|\mathscr{M}^{-1}(\mathscr{M} - \mathscr{N})\| \leq \|\mathscr{M}^{-1}\| \|\mathscr{M} - \mathscr{N}\| < 1$$

ist. Da nach Voraussetzung $(B, \|.\|_B)$ ein Banachraum ist, ist auch $\Lambda_0(A, B)$ ein Banachraum, deshalb ist (1.61.06) konvergent. Man rechnet wie bei der geometrischen Reihe (vgl. 1.42.5) sofort nach, daß

$$\sum_{n=0}^{\infty} [\mathscr{M}^{-1}(\mathscr{M} - \mathscr{N})]^n \mathscr{M}^{-1} \tag{1.61.07}$$

die inverse von $\mathscr{N} = \mathscr{M}(\mathscr{E} - \mathscr{M}^{-1}(\mathscr{M} - \mathscr{N}))$ ist. $\square$

Mit Hilfe dieses Lemmas ergibt sich der Satz 1.

Satz 1. *Die Resolventenmenge $\rho(\mathscr{L})$ ist offen ($\mathscr{L} \in \Lambda_0(A, A)$).*

Beweis. Es sei $\lambda_0 \in \rho(\mathscr{L})$, d.h. $(\mathscr{L} - \lambda_0 \mathscr{E})^{-1}$ existiert und ist beschränkt. Man wähle $\lambda \in \mathbb{K}$ derart, daß $|\lambda - \lambda_0| < \|(\mathscr{L} - \lambda_0 \mathscr{E})^{-1}\|^{-1}$ sei. Wenn wir $\mathscr{M} = \mathscr{L} - \lambda_0 \mathscr{E}$ und $\mathscr{N} = \mathscr{L} - \lambda \mathscr{E}$ setzen, dann gilt

$$|\lambda - \lambda_0| = \|(\lambda - \lambda_0)\mathscr{E}\| = \|(\mathscr{L} - \lambda_0 \mathscr{E}) - (\mathscr{L} - \lambda \mathscr{E})\| < \|(\mathscr{L} - \lambda_0 \mathscr{E})^{-1}\|^{-1}$$

und deshalb besitzt nach Lemma 1 auch $\mathscr{L} - \lambda \mathscr{E}$ eine beschränkte Inverse, d.h. es gilt auch $\lambda \in \rho(\mathscr{L})$. $\square$

Satz 2. *Es sei wieder $(A, \|.\|)$ ein Banach–Raum und $\mathscr{L} \in \Lambda_0(A, A)$. Dann ist die Resolvente $\mathscr{R}(\mathscr{L}; \lambda)$ eine bezüglich λ analytische Funktion, d.h. kann durch eine Potenzreihe mit Koeffizienten aus $\Lambda_0(A, A)$ dargestellt werden in der Umgebung jedes Punktes der Resolventenmenge.*

Beweis. Es sei $\lambda_0 \in \rho(\mathscr{L})$ ein festgehaltener Wert und setzen $\mathscr{M} = \mathscr{L} - \lambda \mathscr{E}$. $\lambda \in \mathbb{K}$ sei wieder so gewählt, daß $|\lambda - \lambda_0| < \|(\mathscr{L} - \lambda_0 \mathscr{E})^{-1}\|^{-1}$ gilt. Dann hat, wie wir vom Beweis des Satzes 1 wissen $\mathscr{L} - \lambda \mathscr{E}$ eine beschränkte Inverse und diese ist nach (1.61.07)

$$\mathscr{R}(\mathscr{L}; \lambda) = (\mathscr{L} - \lambda \mathscr{E})^{-1} = (\mathscr{L} - \lambda_0 \mathscr{E})^{-1} \sum_{n=0}^{\infty} [(\mathscr{L} - \lambda_0 \mathscr{E})^{-1}(\lambda - \lambda_0)]^n$$

$$= \mathscr{R}(\mathscr{L}; \lambda_0) \sum_{n=0}^{\infty} \mathscr{R}^n(\mathscr{L}; \lambda_0)(\lambda - \lambda_0)^n$$

$$= \sum_{n=0}^{\infty} \mathscr{R}^{n+1}(\mathscr{L}; \lambda_0)(\lambda - \lambda_0)^n. \tag{1.61.08}$$

Die Potenzreihe ist an der offenen Kreisscheibe

$$|\lambda - \lambda_0| < \|\mathscr{R}(\mathscr{L}; \lambda_0)\|^{-1} \tag{1.61.09}$$

nach der Operatorennorm konvergent. $\square$

Aus diesem Satz ergibt sich unmittelbar, daß $\mathscr{R}(\mathscr{L}; \lambda)$ *in jedem Punkt der Menge $\rho(\mathscr{L})$ stetig ist.* (1.61.10)

Satz 3. *Es sei $(A, \|.\|)$ ein Banach–Raum über $\mathbb{C}$ und $\theta \neq \mathscr{L} \in \Lambda_0(A, A)$. Dann ist die Spektralmenge von $\mathscr{L}$ nichtleer, abgeschlossen und in der Kreisscheibe*

$$\{\lambda \mid \lambda \in \mathbb{C}, |\lambda| \leq \|\mathscr{L}\|\} \tag{1.61.11}$$

enthalten.

Beweis. Da $\rho(\mathscr{L})$ nach Satz 1 offen ist, ist $\sigma(\mathscr{L}) = \mathbb{C} - \rho(\mathscr{L})$ abgeschlossen. $\sigma(\mathscr{L})$ ist beschränkt: Es sei $\lambda \neq 0$, dann ist $\mathscr{M} := -\lambda \mathscr{E}$ beschränkt invertierbar. Wir setzen $\mathscr{N} := \mathscr{L} - \lambda \mathscr{E}$ dann gilt $\|\mathscr{M} - \mathscr{N}\| = \|\mathscr{L}\| < \|\mathscr{M}^{-1}\|^{-1} = |\lambda|$, deshalb ist nach Lemma 1 $\mathscr{L} - \lambda \mathscr{E}$ beschränkt invertierbar, d.h. $\lambda \notin \sigma(\mathscr{L})$, es muß also gelten, daß jeder Punkt von $\sigma(\mathscr{L})$ in der Menge (1.61.11) liegt.

Wir zeigen jetzt, daß $\sigma(\mathscr{L}) \neq \varnothing$ gilt. Wäre nämlich $\sigma(\mathscr{L}) = \varnothing$, so würde $\rho(\mathscr{L}) = \mathbb{C}$ sein, also wäre $\mathscr{R}(\mathscr{L}, \lambda)$ für jedes λ vorhanden und nach (1.61.10) eine stetige Funktion von λ. Andererseits aber gilt nach Satz 2 in 1.43 für $|\lambda| > \|\mathscr{L}\|$ die Reihenentwicklung

$$\mathscr{R}(\mathscr{L}; \lambda) = (\mathscr{L} - \lambda \mathscr{E})^{-1} = -\frac{1}{\lambda}\left(\mathscr{E} - \frac{1}{\lambda}\mathscr{L}\right)^{-1} = -\sum_{n=0}^{\infty} \mathscr{L}^n \lambda^{-n-1}. \qquad (1.61.12)$$

Diese Entwicklung gilt desto mehr im Gebiet $|\lambda| \geqq 2\|\mathscr{L}\|$. Es gilt die Abschätzung

$$\|\mathscr{R}(\mathscr{L}; \lambda)\| \leqq \sum_{n=0}^{\infty} \|\mathscr{L}\|^n \, |\lambda|^{-n-1} = \frac{1}{|\lambda|} \sum_{n=0}^{\infty} \left(\frac{\|\mathscr{L}\|}{|\lambda|}\right)^n = \frac{1}{|\lambda|} \frac{1}{1 - \dfrac{\|\mathscr{L}\|}{|\lambda|}}$$

$$= \frac{1}{|\lambda| - \|\mathscr{L}\|} \leqq \frac{1}{\|\mathscr{L}\|} \qquad (|\lambda| \geqq 2\|\mathscr{L}\|).$$

Im Gebiet $|\lambda| \geqq 2\|\mathscr{L}\|$ ist demzufolge $\mathscr{R}(\mathscr{L}; \lambda)$ (der Norm nach) beschränkt. In $|\lambda| \leqq 2\|\mathscr{L}\|$ ist aber wegen der Voraussetzung $\mathscr{R}(\mathscr{L}; \lambda)$ vorhanden und stetig, deshalb beschränkt (der Norm nach). Somit ist also $\mathscr{R}(\mathscr{L}; \lambda)$ auf $\mathbb{C}$ beschränkt. Nach Satz 2 ist $\mathscr{R}(\mathscr{L}; \lambda)$ überall regulär, analytisch und wegen den obigen Feststellungen beschränkt, deswegen muß $\mathscr{R}(\mathscr{L}; \lambda)$ nach dem Liouvilleschen Satz aus der komplexen Funktionentheorie eine Konstante sein. Das aber trifft genau dann zu, wenn $\mathscr{L} = \theta$ ist. Dieser Wiederspruch beweist die Behauptung. $\square$

3. Der Spektralradius. Es sei wieder $(A, \|.\|) = A$ ein Banach–Raum über $\mathbb{C}$ und $\theta \neq \mathscr{L} \in \Lambda_0(A, A)$. Wir wissen, daß die Resolvente durch die Potenzreihe (1.61.12) dargestellt ist, welche für $|\lambda| > \|\mathscr{L}\|$ konvergiert. Wir führen folgenden wichtigen Begriff ein: *Der Radius des kleinsten Kreises auf $\mathbb{C}$ mit dem Ursprung als Mittelpunkt, welcher die Spektralmenge $\sigma(\mathscr{L})$ enthält, heißt der Spektralradius von $\mathscr{L}$ und wird mit $s(\mathscr{L})$ bezeichnet.*

$s(\mathscr{L})$ ist der Konvergenzradius der Potenzreihe (1.61.12) also der Radius des größten Kreises ausser welchem obige Reihe konvergiert. $\mathscr{R}(\mathscr{L}; \lambda)$ ist eine in $|\lambda| > s(\mathscr{L})$ eine holomorphe Funktion, zwar sind die Koeffizienten seiner Potenzreihe keine Zahlen, sondern Operatoren. Genauso wie in der Funktionentheorie beweist man, daß der Konvergenzradius s_0 der Potenzreihe

$$\sum_{n=0}^{\infty} \mathscr{A}_n \mu^n \qquad (\mu \in \mathbb{C}) \qquad\qquad (1.61.13)$$

mit $\mathscr{A}_n \in \Lambda_0(A, A)$ $(n = 1, 2, 3, \ldots)$

$$s_0 = \left(\limsup_{n \to \infty} \|\mathscr{A}_n\|^{1/n}\right)^{-1} \qquad\qquad (1.61.14)$$

ist, d.h. s_0 ist der Radius desjenigen Kreises um den Ursprung für welchen die Potenzreihe (1.61.13) für alle μ mit $|\mu| < s_0$ konvergiert und für alle μ mit $|\mu| > s_0$ divergent ist. (Ist der $\limsup$ in (1.61.14) gleich 0, so setzt man für $s_0 = \infty$).

Wir kommen jetzt zur Potenzreihe (1.61.12) zurück und setzen $1/\lambda = \mu$, so ergibt sich

$$\mathfrak{R}\left(\mathscr{L}; \frac{1}{\mu}\right) = -\sum_{n=0}^{\infty} \mathscr{L}^n \mu^{n+1}. \tag{1.61.15}$$

Nach der obigen Behauptung ist der Konvergenzradius dieser Potenzreihe:

$$s_0 = s(\mathscr{L})^{-1} = \left[\limsup_{n\to\infty} \|\mathscr{L}^n\|^{1/n}\right]^{-1}. \tag{1.61.16}$$

$1/s_0$ ist gleichzeitig der Spektralradius von $\mathscr{L}$.

Wegen $\|\mathscr{L}^n\| \le \|\mathscr{L}\|^n$ sieht man sofort, daß

$$s(\mathscr{L}) \le \|\mathscr{L}\| \tag{1.61.17}$$

gilt. Wir beweisen, daß in (1.61.16) das lim sup Zeichen mit lim ersetzt werden kann.

Satz 4. *Der Spektralradius von $\mathscr{L} \in \Lambda_0(A, A)$ ist durch*

$$s(\mathscr{L}) = \lim_{n\to\infty} \|\mathscr{L}^n\|^{1/n} \tag{1.61.18}$$

gegeben.

Beweis. Es sei $\mathscr{L} \ne \theta$. Wir zerlegen die natürliche Zahl n wie folgt: $n = mp_n + q_n$, wobei m eine (beliebige) feste positive ganze Zahl ist. p_n, q_n sind nichtnegative ganze Zahlen und $0 \le q_n \le m - 1$. Diese Zerlegung von n ist eindeutig. Wir setzen $\gamma := \text{Max}(1, \|\mathscr{L}\|, \ldots \|\mathscr{L}^{m-1}\|) \ne 0$, dann gilt

$$\|\mathscr{L}^n\| = \|\mathscr{L}^{mp_n + q_n}\| \le \|\mathscr{L}^m\|^{p_n} \|\mathscr{L}^{q_n}\| \le \gamma \|\mathscr{L}^m\|^{p_n}.$$

Also ist

$$s(\mathscr{L}) = \limsup_{n\to\infty} \|\mathscr{L}^n\|^{1/n} \le \limsup_{n\to\infty} \gamma^{1/n} \|\mathscr{L}^m\|^{p_n/n}$$

$$= \limsup_{n\to\infty} \gamma^{1/n} \|\mathscr{L}^m\|^{(n-q_n)/nm}$$

$$= \limsup_{n\to\infty} \gamma^{1/n} \|\mathscr{L}^m\|^{(1/m)-(q_n/nm)} = \|\mathscr{L}^m\|^{1/m}$$

weil $\dfrac{q_n}{mn} \to 0$ $(n \to \infty)$ wegen der Beschränktheit von q_n. Es ergab sich also $s(\mathscr{L}) \le \|\mathscr{L}^m\|^{1/m}$ für $m = 1, 2, 3, \ldots$. Deshalb ist $s(\mathscr{L}) = \liminf_{m\to\infty} \|\mathscr{L}^m\|^{1/m}$. Das aber zusammen mit (1.61.16) liefert die Behauptung. $\square$

Aus der Definition des Spektralradius folgt, daß am Kreis $|\lambda| = s(\mathscr{L})$ mindestens ein Häufungspunkt λ_0 von $\sigma(\mathscr{L})$ liegt. $\sigma(\mathscr{L})$ ist nach Satz 3 abgeschloßen, daher ist $\lambda_0 \in \sigma(\mathscr{L})$.

Der Kreis $|\lambda| = s(\mathscr{L})$ enthält somit mindestens einen Punkt λ_0 des Spektrums.
$$\tag{1.61.19}$$

1.62 Vollstetige Operatoren

1. Kompakte Operatoren. Es seien $(A, \|.\|_A)$ und $(B, \|.\|_B)$ Banach–Räume und $\mathscr{S}$ eine Abbildung von A in B. Wir sagen $\mathscr{S}$ ist *kompakt,* wenn das Bild jeder Beschränkten Menge unter $\mathscr{S}$ eine kompakte Menge ist. Nach der Definition der Kompaktheit einer Menge sieht man sofort: $\mathscr{S}$ ist genau dann kompakt, wenn für eine beliebige in A beschränkte Elementenfolge $\{x_n\}$, $\{\mathscr{S}x_n\}$ eine konvergente Teilfolge enthält.

Es sei jetzt $\mathscr{L}$ eine lineare Abbildung von A in B. Man sieht sofort, daß in diesem Fall ist *für die Kompaktheit von $\mathscr{L}$ notwendig und hinreichend, daß das Bild der Einheitskugel kompakt ist.*

Wenn der lineare Operator $\mathscr{L}$ kompakt ist, so ist er auch beschränkt. Nehmen wir nämlich das Gegenteil an, d.h. $\sup\limits_{\|x\|_A < 1} \|\mathscr{L}x\|_B = \infty$. Dann gibt es eine Elementenfolge $\{x_n\} \subset A$ mit $\|x_n\| < 1$, so daß

$$\|\mathscr{L}x_2\| \geq \|\mathscr{L}x_1\| + 2; \qquad \|\mathscr{L}x_3\| \geq \|\mathscr{L}x_1\| + 3, \ldots, \|\mathscr{L}x_n\| \geq \|\mathscr{L}x_1\| + n \cdots$$

gilt. Man sieht leicht, daß aus $\{\mathscr{L}x_n\}$ keine konvergente Teilfolge ausgesondert werden kann. Für $\mathscr{L}x_n$ und $\mathscr{L}x_{n+k}$ gilt nämlich

$$\|\mathscr{L}x_n - \mathscr{L}x_{n+k}\|_B \geq \big| \|\mathscr{L}x_n - \mathscr{L}x_1\|_B - \|\mathscr{L}x_1 - \mathscr{L}x_{n+k}\|_B \big|$$
$$\geq |n - \|\mathscr{L}x_{n+k} - \mathscr{L}x_1\|_B| \geq |n + k - n| = k,$$

also ist jede Teilfolge von $\{\mathscr{L}x_n\}$ keine Cauchyfolge und da B ein Banach–Raum ist, kann sie auch nicht konvergieren.

Ist aber *der lineare Operator $\mathscr{L}$ kompakt, so ist er gleichzeitig auch* (wegen der Beschränktheit) *stetig.* Einen linearen und kompakten Operator nennen wir *vollstetigen Operator.*

2. Beispiele. a) Sind A und B endlichdimensionale Räume und $\mathscr{L}: A \to B$ linear, so ist $\mathscr{L}$ vollstetig. Ein solcher Operator ist nämlich immer durch eine Matrix dargestellt. Daraus sieht man, daß $\mathscr{L}$ die Einheitskugel in eine beschränkte Menge überführt. Da ein n-dimensionaler linearer Raum mit $\mathbb{R}^n$ isomorph ist, so folgt aus 1.13.4, daß das Bild der Einheitskugel kompakt ist, d.h. $\mathscr{L}$ ist vollstetig.

b) Sind A und B beliebige Banach–Räume und $\mathscr{L} \in \Lambda_0(A, B)$ so beschaffen, daß $R(\mathscr{L})$ endlichdimensional ist. Einen solchen Operator nennt man *endlichdimensionalen Operator. Ein endlichdimensionaler linearer und stetiger Operator ist vollstetig.*

Auch das ergibt sich genau wie im vorangehendem Beispiel. Es sei nämlich U die Bildmenge der Einheitskugel. Dann ist jedes $y \in U$ in der Form $y = \eta_1 y_1 + \cdots + \eta_n y_n$ darstellbar, wobei $\{y_1, y_2, \ldots, y_n\}$ eine Basis für $R(\mathscr{L})$ ist. Wegen der Beschränktheit von $\mathscr{L}$ ist das Bild der Einheitskugel beschränkt. Daraus folgt, daß die Vektoren $(\eta_1, \eta_2, \ldots, \eta_n)$ aus $\mathbb{R}^n$ beschränkt sind, also bilden eine kompakte Menge.

Ein wichtiges Beispiel für einen endlichdimensionalen Operator ist der

Integraloperator $\mathcal{K}$ mit dem Kern folgender Gestalt:

$$K(s, t) = f_1(s)g_1(t) + \cdots + f_n(s)g_n(t), \qquad (1.62.01)$$

wobei $f_k, g_k \in L^2(a, b)$ $(k = 1, 2, \ldots, n)$ und $\{f_k\}$ ein linear unabhängiges Funktionensystem in $L^2(a, b)$ ist. Ist $x \in L^2(a, b)$ beliebig, so gilt

$$(\mathcal{K}x)(s) = \int\limits_a^b K(s, t)x(t)\, dt = \sum_{k=1}^n \eta_k f_k(s)$$

mit $\eta_k = \int_a^b g_k(t)x(t)\, dt$ $(k = 1, 2, \ldots, n)$, $R(\mathcal{K})$ ist also n-dimensional mit den Basiselementen $\{f_k(s)\}$.

Ein Kern wie (1.62.01) heißt *ausgearteter Kern*. Er spielt in der Theorie der Integralgleichungen eine wichtige Rolle. Ein Integraloperator mit einem ausgearteten Kern ist vollstetig.
c) Auch das folgende Beispiel spielt in den Anwendungen eine Rolle. Es sei $I^2 = [a, b] \times [a, b]$ ein endliches Quadrat auf $\mathbb{R}^2$ und in I^2 erklärte stetige Kernfunktion K. Dann ist *der durch K erzeugte lineare Integraloperator $\mathcal{K}$ von C[a, b] in sich vollstetig.*

Wir haben dazu nur zu zeigen, daß das Bild der Einheitskugel in $C[a, b]$ eine kompakte Menge ist.

Es sei $\|x\|_C \leqq 1$, dann gilt

$$\|(\mathcal{K}x)(s)\|_C \leqq M \|x\|_C \leqq M,$$

wobei $M = \max\limits_{s \in [a, b]} \int_a^b |K(s, t)|\, dt$ unabhängig von der Wahl von x ist. Das bedeutet, daß die Menge von Funktionen $X = \{y \mid y \in C[a, b]; y = \mathcal{K}x, \|x\|_C \leqq 1\}$ durch M gleichmäßig beschränkt ist. Es gilt ferner

$$|y(s_1) - y(s_2)| \leqq \int\limits_a^b |K(s_1, t) - K(s_2, t)| \, |x(t)|\, dt$$

$$\leqq \int\limits_a^b |K(s_1, t) - K(s_2, t)|\, dt\, \|x\|_C \leqq \int\limits_a^b |K(s_1, t) - K_2(s_2, t)|\, dt$$

für jede Funktion x mit $\|x\|_C \leqq 1$. Andererseits ist K in I^2 stetig, daher gleichmäßig stetig, d.h. zu jedem $\varepsilon > 0$ gibt es ein $\delta > 0$, mit

$$|K(s_1, t) - K(s_2, t)| < \varepsilon, \quad \text{falls} \quad \sqrt{(s_1 - s_2)^2 + (t - t)^2} = |s_1 - s_2| < \delta$$

unabhängig von der Lage von s_1, s_2 und t. Demzufolge ist $|y(s_1) - y(s_2)| \leqq (b - a)\varepsilon$, falls $|s_1 - s_2| < \delta$ ist für jede Funktion aus X, d.h. die Funktionen aus X sind gleichgradig stetig. Dann aber ist nach dem Arzelà-Ascolischen Satz (Satz 4 in 1.14.15) X kompakt.

d) $(A, \|.\|)$ sei unendlichdimensional. Dann ist der Identitätsoperator $\mathscr{E}$ nicht kompakt! Das wird bewiesen wenn wir zeigen: *Ist* $X := \{x \mid x \in A, \|x\| \leq 1\}$ *kompakt, dann ist A endlichdimensional.*   (1.62.02)

X ist kompakt, dann gibt es nach Satz 1 in 1.14 für X ein endliches $\frac{1}{2}$-Netz, d.h.

$$X = \bigcup_{i=1}^{n} \{x \mid \|x_i - x\| < \tfrac{1}{2}\}.$$

Es sei Y der endlichdimensionale Unterraum von A welcher durch $\{x_1, x_2, \ldots, x_n\}$ erzeugt ist. Wir zeigen daß $Y = A$ ist. Dazu nehmen wir an, es gibt ein $x \in A$ mit $x \notin Y$. Es gilt $\alpha = \inf_{y \in Y} \|x - y\| > 0$, wegen der Abgeschlossenheit von Y. Also gibt es ein $y \in Y$ mit $\alpha \leq \|x - y\| \leq \frac{3}{2}$. Es sei

$$z := \frac{x - y}{\|x - y\|} \qquad (\|z\| = 1).$$

Es existiert daher ein x_i mit $\|z - a_i\| < \frac{1}{2}$. Weiter gilt

$$x = y + \|x - y\|\, z = y + \|x - y\|\, x_i + \|x - y\|\, (z - x_i) \qquad (i = 1, 2, \ldots, n)$$

und $y + \|x - y\|\, x_i \in Y$. Also gilt $\|x - y\| \|z - x_i\| \geq \alpha$, somit $\|x - y\| > 2\alpha$. Das aber widerspricht der Ungleichung $\|x - y\| \leq \frac{3}{2}\alpha < 2\alpha$. Demzufolge ist $Y = A$, Y ist endlichdimensional, deshalb auch A. □

3. Ein Hilfssatz. Es seien $(A, \|.\|_A)$, $(B, \|.\|_B)$, $(C, \|.\|_C)$ (kurz A, B, C) Banach–Räume. $\Phi(A, B)$ bezeichne die Menge aller vollstetigen Operatoren von A in B.

Wir führen folgende Bezeichnung ein:

$$\Lambda_0(B, C) \circ \phi(A, B) = \{\mathscr{L}\mathscr{M} \in \Lambda_0(A, C) \mid \mathscr{L} \in \Lambda_0(B, C),\ \mathscr{M} \in \phi(A, B)\}.$$

Analog deutet man die Bezeichnung $\phi(B, C) \circ \Lambda_0(A, B)$.

Es sei T eine Teilmenge von $\Lambda_0(A, A)$. Wir sagen I ist ein *Ideal* in $\Lambda_0(A, A)$ wenn jeder Operator $\mathscr{L} \in I$ multipliziert mit einem beliebigen Operator $\mathscr{M} \in \Lambda_0(A, A)$, wieder in I ist: $\mathscr{L}\mathscr{M} \in I$.

Lemma 1. (i) $\phi(A, B)$ *ist abgeschlossener Unterraum von* $\Lambda_0(A, B)$

      (ii) $\Lambda_0(B, C) \circ \phi(A, B) \subset \phi(A, C)$

             $\phi(B, C) \circ \Lambda_0(A, B) \subset \phi(A, C)$

      (iii) $\phi(A, A)$ *ist abgeschlossenes Ideal in* $\Lambda_0(A, A)$.

Beweis. i) Was wir nachweisen müßen ist, daß im Falle $\mathscr{L}_n \in \phi(A, B)$ auch $\mathscr{L} \in \phi(A, B)$ gilt. Ist aber $\mathscr{L} \in \phi(A, B)$, dann gibt es eine unendliche Folge von Operatoren $\mathscr{L}_n \in \phi(A, B)$ $(n = 1, 2, 3, \ldots)$ mit $\mathscr{L}_n \to \mathscr{L}$ $(n \to \infty)$ wobei die Konvergenz nach der Operatorennorm (also stark) zu verstehen ist. Es sei wieder $X = \{x \mid x \in A, \|x\|_A \leq 1\}$ und $\varepsilon > 0$ eine beliebige Zahl zu welcher wir ein $n_0 = n_0(\varepsilon)$ bestimmen derart, daß $\|\mathcal{L}_n - \mathcal{L}\| < \varepsilon$ für $n > n_0(\varepsilon)$ gilt. Man setze $X_n = \mathcal{L}_n X$ $(n = 1, 2, 3, \ldots)$ und $X_0 = \mathcal{L}X$. Ist für irgendein $x \in X$, $y_n := \mathcal{L}_n x$ $(n = 1, 2, 3, \ldots)$ und $y = \mathcal{L}x$, dann gilt

$$\|y - y_n\|_B = \|\mathcal{L}x - \mathcal{L}_n x\|_B \leq \|\mathcal{L} - \mathcal{L}_n\| \|x\| \leq \|\mathcal{L} - \mathcal{L}_n\| < \varepsilon, \qquad n > n(\varepsilon).$$

Das bedeutet, die kompakte Menge X_n $(n > n_0(\varepsilon))$ ist ein ε-Netz für X_0 und deshalb nach Satz 2; 1.14 selbst kompakt ist. $\mathcal{L}$ überführt demzufolge die Einheitskugel von A in die kompakte Menge X_0, weswegen $\mathcal{L} \in \phi(A, B)$ ist.

ii) Diese Behauptung ist eine unmittelbare Folge der Definition des vollstätigen Operators. Es sei nämlich $\mathcal{M} \in \Lambda_0(A, B)$, $\mathcal{L} \in \phi(B, C)$, dann überführt $\mathcal{M}$ die Einheitskugel von A in eine beschränkte Menge auf Grund der Beschränktheit von $\mathcal{M}$. Diese beschränkte Menge wird von $\mathcal{L}$ in eine kompakte Menge abgebildet, also ist $\mathcal{L}\mathcal{M}$ kompakt.
Genau so beweist man auch die andere Ausage in ii)

iii) Daß $\phi(A, A)$ ein Ideal in $\Lambda_0(A, A)$ ist, folgt unmittelbar aus ii), die Abgeschlossenheit aus i). $\square$

1.63 Der Satz von F. Riesz und die Fredholmsche Alternative

1. Der duale Operator von einem vollstetigen Operator. Wir werden beweisen, daß der duale Operator eines vollstetigen Operators vollstetig ist. Dazu aber benötigen wir folgenden Hilfssatz:

Lemma 1. *Es sei $(A, \|.\|)$ ein Banach–Raum über $\mathbb{K}$ und B eine beschränkte Teilmenge von A. Dann enthält jede unendliche Folge $\{f_n\}$ mit $\|f_n\| \leq 1$ welche aus dem Dualraum A' ist eine auf B gleichmäßig konvergente Teilfolge.*

Beweis. Wir werden mit K die Einheitskugel im Raum aller Einschränkungen von Funktionalen mit $\|f\| \leq 1$ auf B bezeichnen. Wir beweisen, daß K kompakt ist, damit ist unsere Behauptung nachgewiesen. Dazu wenden wir den verallgemeinerten Satz von Arzelà–Ascoli (Satz 5; 1.14) an.

Wir sehen, daß $K \subset C(A, \mathbb{K})$ ist, haben also zu zeigen, daß die Funktionale aus K gleichmäßig beschränkt und gleichgradig stetig sind.

Da B beschränkt ist, gilt $\|x\| \leq m$ für jedes $x \in B$. Daher

$$|\langle x, f \rangle| \leq \|f\| \|x\| \leq \|x\| \leq m \qquad (f \in K),$$

also sind alle f auf B durch m beschränkt.

Es seien jetzt $x \in B$ und $\varepsilon > 0$ gegeben. Die Kugel mit dem Mittelpunkt x und Radius ε sei $K_\varepsilon(x)$. Dann gilt für alle $y \in K_\varepsilon(x) \cap B$

$$|\langle x, f \rangle - \langle y, f \rangle| \leq \|f\| \|x - y\| \leq \|x - y\| < \varepsilon$$

unabhängig von der Wahl von f. $\square$

Und jetzt kommen wir auf unsere Behauptung.

Es seien $(A, \|.\|_A)$, $(B, \|.\|_B)$ Banach–Räume, A' und B' ihre Dualräume. Es gilt folgender Satz:

Satz 1. $\mathscr{L} \in \Lambda_0(A, B)$ *sei vollstetig. Dann ist auch der duale Operator* $\mathscr{L}'$ *vollstetig.*

Beweis. Nach Satz 1; 1.56 muß nur die Kompaktheit von $\mathscr{L}$ nachgewiesen werden. Das zeigen wir indem wir beweisen, daß das Bild der Einheitskugel K in B' kompakt ist.

Es sei $\{g_n\}$ eine Folge aus K. Zu zeigen ist, daß $\{\mathscr{L}'g_n\}$ eine in A' konvergente Teilfolge enthält. Nach Lemma 1 gibt es eine Teilfolge $\{g_{n_k}\}$ die auf $\mathscr{L}(L)$ gleichmäßig konvergiert, wobei $L = \{x \mid x \in A, \|x\|_A \leq 1\}$ ist, also gibt es zu jedem $\varepsilon > 0$ eine Zahl $N = N(\varepsilon)$ mit

$$|\langle y, g_{n_p}\rangle - \langle y, g_{n_q}\rangle| < \varepsilon, \qquad y \in \mathscr{L}(L), \qquad n_p, n_q \geq N(\varepsilon),$$

daraus folgt

$$|\langle \mathscr{L}x, g_{n_p}\rangle - \langle \mathscr{L}x, g_{n_q}\rangle| < \varepsilon, \qquad x \in L, \qquad n_p, n_q > N(\varepsilon)$$

d.h.

$$|\langle x, \mathscr{L}'g_{n_p}\rangle - \langle x, \mathscr{L}'g_{n_q}\rangle| = |\langle x, \mathscr{L}'g_{n_p} - \mathscr{L}'g_{n_q}\rangle|$$
$$\leq \|\mathscr{L}'g_{n_p} - \mathscr{L}'g_{n_q}\| \cdot \|x\|_A < \varepsilon, \qquad n_p, n_q > N(\varepsilon).$$

Die Elementenfolge $\{\mathscr{L}'g_{n_k}\}$ ist eine Cauchysche Folge. Sie ist wegen der vollständigkeit von A' konvergent. $\{\mathscr{L}'g_n\}$ hat somit eine konvergente Teilfolge. $\square$

2. Der Satz von F. Riesz.

Satz 2. *Es sei* $(A, \|.\|)$ *ein Banach–Raum und* $\mathscr{L} \in \Lambda_0(A, A)$ *kompakt. Dann hat der Operator* $\mathscr{E} - \mathscr{L}$ *folgende grundlegende Eigenschaften:*
α) $N(\mathscr{E} - \mathscr{L}) = \{x \mid x \in A, (\mathscr{E} - \mathscr{L})x = \theta\}$ *ist endlichdimensional.*
β) $(\mathscr{E} - \mathscr{L})(A) = R(\mathscr{E} - \mathscr{L})$ *ist abgeschlossen.*
γ) $A \mid N(\mathscr{E} - \mathscr{L})$ *ist endlichdimensional.*

Beweis. α) Es sei hier der kürzehalber $N(\mathscr{E} - \mathscr{L}) = N$. Offensichtlich ist $\mathscr{E}/N = \mathscr{L}/N$ und da $\mathscr{L}$ kompakt ist, ist $\mathscr{L}/N$ auch kompakt, deshalb auch $\mathscr{E}/N$ kompakt, also ist die Einheitskugel in N kompakt. Nach (1.62.02) ist demzufolge N endlichdimensional.

β) Nach α) ist N ein endlichdimensionaler Teilraum von A. Dann gibt es nach Satz 4; 1.52 einen komplementären abgeschlossen Teilraum M von A. Die Einschränkung von $\mathscr{E} - \mathscr{L}$ auf M ist offenbar invertierbar, d.h. $((\mathscr{E} - \mathscr{L})/M)^{-1}$ existiert. Wenn wir beweisen, daß diese Inverse beschränkt, also stetig ist, dann ist $(\mathscr{E} - \mathscr{L})(A)$ vollständig und abgeschlossen. Das aber zu sehen haben wir zu zeigen, daß $\mathscr{E} - \mathscr{L}$ auf M von unten beschränkt ist, d.h. es gibt eine Zahl $m > 0$, mit $\|(\mathscr{E} - \mathscr{L})x\| \geq m$ für jedes $x \in M$ mit $\|x\| = 1$. Den Beweis für die Existenz von m führen wir indirekt. Angenommen es gibt für alle $m > 0$ ein x mit $x \in M, \|x\| = 1$ und $\|(\mathscr{E} - \mathscr{L})x\| < m$. Geben wir m der Reihe nach die Werte $\dfrac{1}{n}$ $(n = 1, 2, \ldots)$, so ergibt sich zu jedem n ein x_n, so daß $\|(\mathscr{E} - \mathscr{L})x_n\| < \dfrac{1}{n}$ $(\|x_n\| = 1, \ x_n \in M, \ n = 1, 2, 3, \ldots)$ ist. Dann aber gilt $(\mathscr{E} - \mathscr{L})x_n \to 0$ $(n \to \infty)$. $\mathscr{L}$ ist vollstetig, somit kompakt. $\{x_n\}$ ist beschränkt, deshalb enthält $\{\mathscr{L}x_n\}$ eine konvergente Teilfolge etwa $\{\mathscr{L}x_{n_k}\}$. Wir setzen $x := \lim\limits_{k \to \infty} \mathscr{L}x_{n_k}$. Dann aber ist wegen der obigen Feststellung auch x_{n_k} und zwar gegen x konvergent. Wegen der Abgeschlossenheit von M gilt $x \in M$ und $\|x\| = 1$. (Stetigkeit des Absolutbetrages!) Andererseits aber ist $x - \mathscr{L}x = \lim\limits_{k \to \infty} (x_{n_k} - \mathscr{L}x_{n_k}) = 0$, woraus $x \in N$ folgt. Das aber ist ein Wiederspruch, da N und M komplemäntere Teilräume sind, gilt $N \cap M = \{\theta\}$.

γ) Aus der Definition des Dualraumes und dualen Operators ergibt sich sofort $N(\mathscr{E} - \mathscr{L}') = (A/N)'$. Mit $\mathscr{L}$ ist aber auch $\mathscr{L}'$ vollstetig, dann aber ist nach α) $A \mid N$ endlichdimensional. $\square$

3. Der Index eines Operators. Es seien $(A, \|.\|_A)$ und $(B, \|.\|_B)$ Banach–Räume und $\mathscr{L} \in \Lambda_0(A, B)$. Es sei $\alpha(\mathscr{L}) := \dim N(\mathscr{L})$ und $\beta(\mathscr{L}) := \mathrm{codim}\, R(\mathscr{L}) = \dim B \mid R(\mathscr{L})$. Die Differenz

$$\kappa(\mathscr{L}) := \alpha(\mathscr{L}) - \beta(\mathscr{L}) \tag{1.63.01}$$

heißt der *Index* von $\mathscr{L}$.

Ein Operator $\mathscr{L} \in \Lambda_0(A, B)$ ist ein *Fredholmscher-Operator* falls folgende Bedingungen erfüllt sind:

1) $R(\mathscr{L})$ ist abgeschlossen
2) $\alpha(\mathscr{L})$ und $\beta(\mathscr{L})$ sind endlich.

Ist $\mathscr{L}$ ein Fredholmscher Operator, so ist sein Index offensichtlich eine ganze Zahl. Man kann beweisen, daß $\varkappa(\mathscr{L})$ eine stetige Funktion von $\mathscr{L}$ ist, d.h. eine Konstante auf jedem zusammenhängenden Teilgebiet des Raumes der Fredholmschen Operatoren. Daraus folgt die wichtige Feststellung: Ist $\mathscr{L} \in \Lambda_0(A, A)$ kompakt, so gilt

$$\varkappa(\mathscr{E} - \mathscr{L}) = 0. \tag{1.63.02}$$

Aus der Definition folgt nämlich, daß $\varkappa(\mathscr{E}) = \varkappa(\mathscr{E} - 0\mathscr{L}) = 0$ ist und wegen der Stetigkeit von $\varkappa(\mathscr{E} - \mu\mathscr{L})$ verschwindet dieser Ausdruck für jeden Wert von μ, also auch für $\mu = 1$. Wir haben hier vom Satz 2 gebrauch gemacht, wonach wegen α), β), γ) $\mathscr{E} - \mu\mathscr{L}$ für jedes μ ein Fredholmscher-Operator ist.

4. Die Fredholmsche Alternative. Die Operatoren vom Index Null spielen eine besondere Rolle in den Anwendungen. Das liegt im folgenden Satz, den wir als *Fredholmsche Alternative* bezeichnen.

Satz 3. *Es sei* $(A, \|.\|)$ *ein Banach–Raum und* $\mathscr{L} \in \Lambda_0(A, A)$ *mit* $\varkappa(\mathscr{L}) = 0$.

Wir betrachten folgende Gleichung

$$\mathscr{L}x = y \quad (y \in A). \tag{1.63.03}$$

Dann gilt: Entweder ist die Gleichung (1.63.03) für alle y aus A auflösbar, dann ist sie eindeutig auflösbar, woraus folgt, daß die homogene Gleichung

$$\mathscr{L}x = \theta \tag{1.63.04}$$

nur die Lösung x = θ besitzt. Oder die Gleichung (1.63.03) hat nicht für alle y ∈ A eine Lösung. Ist für y_0 die Gleichung (1.63.03) auflösbar, so bilden die Lösungen einen endlichdimensionalen Teilraum.

Beweis. Die Behauptung dieses grundlegenden Satzes folgt direkt aus der Definition des Fredholmschen-Operators. Aus $\kappa(\mathscr{L}) = 0$ folgt nämlich dim $N(\mathscr{L}) = $ dim $A \mid R(\mathscr{L})$ und $R(\mathscr{L})$ ist abgeschlossen. Es können zwei Fälle auftreten:
a) $N(\mathscr{L}) = \{\theta\}$ (da $\theta \in N(\mathscr{L})$ ist), das bedeutet, die homogene Gleichung (1.63.04) hat keine andere Auflösung als $x = 0$. Dann aber ist auch dim $A \mid R(\mathscr{L}) = 0$ und nach der Definition des Faktorraumes ist jedes Element y von A in der Form $y = \mathscr{L}x$ (ausführlicher: $y = \theta + \mathscr{L}x$) darstellbar, also hat (1.63.03) für jedes $y \in A$ eine Lösung. Diese ist aber eindeutig bestimmt, denn die Differenz von zwei Lösungen genügt der homogenen Gleichung (1.63.04), was aber θ sein muß.
b) Ist dim $N(\mathscr{L}) \neq 0$, dann hat $A \mid R(\mathscr{L})$ mindestens zwei verschiedene Äquivalenzklassen. Repräsentanten dieser Klassen seien y bzw. y'. Dann sind y und y' nicht äquivalent mod $R(\mathscr{L})$, d.h. $y - y'$ kann nicht in der Gestalt $\mathscr{L}x$ dargestellt werden, also ist (1.63.03) für $y - y' \in A$ nicht auflösbar.

Andererseits ist (1.63.03) für y_0 auflösbar und ist x_0 eine Lösung, so ist die allgemeine Lösung dieser Gleichung offensichtlich $y = x_0 + x$ wobei x den Teilraum $N(\mathscr{L})$ durchläuft. Dieser letztere ist jedoch endlichdimensional, womit alle Behauptungen beweisen sind. □

Aus diesem Satz ergibt sich sofort die folgende Behauptung:

Satz 4. *Es sei $(A, \|.\|)$ ein Banach–Raum und $\mathscr{L} \in \Lambda_0(A, A)$ ein vollstetiger Operator. Dann ist jeder von Null verschiedener Wert des Spektrums ein Eigenwert.*

Beweis. Der Inhalt des Rieszschen Satzes (Satz 2) zusammen mit (1.63.02) besteht darin, daß $\lambda \mathscr{E} - \mathscr{L}$ für $\lambda \neq 0$ ein Fredholmoperator mit dem Index 0 ist. Es gilt somit die Fredholmsche Alternative (Satz 3) woraus die Behauptung folgt. □

Man kann ferner beweisen, daß *das Spektrum eines vollstetigen Operators aus höchstens abzählbar unendlichvielen Eigenwerten besteht. Die Eigenwerte, falls unendlichviele vorhanden sind, häufen sich nur in Nullpunkt.*

(1.63.05)

Diese Behauptung ist äusserst wichtig. Trotzdem bringen wir seinen Beweis in dieser Allgemeinheit hier nicht, das würde nämlich weit über den Rahmen dieses Buches hinausführen. Für spezielle, in der Praxis wichtige Integraloperatoren kommen wir auf seinen Beweis noch zurück.

1.7 Lineare Operatoren im Hilbert–Raum

1.71 Adjungierte Operatoren

1. Der Begriff des adjungierten Operators. Es sei $(H, (.\,,.))$ ein Hilbert–Raum und $\mathscr{L}$ ein linearer Operator von H in sich $(\mathscr{L} \in \Lambda_0(H, H))$. Wir betrachten das lineare Funktional f in H, definiert wie folgt:

$$\langle x, f \rangle = (\mathscr{L}x, y) \qquad (x \in H) \tag{1.71.01}$$

für irgendein festes $y \in H$. Die Linearität von f ist trivial, die Beschränktheit folgt unmittelbar aus der Schwarzschen Ungleichung:

$$|\langle x, f \rangle| = |(\mathscr{L}x, y)| \leqq \|\mathscr{L}x\| \|y\| \leqq \|\mathscr{L}\| \|y\| \|x\|. \tag{1.71.02}$$

Daraus folgt weiter $\|f\| \leqq \|\mathscr{L}\| \|y\|$.

Wir können also den Satz 2; 1.54 auf das Funktional f anwenden. Nach diesem gibt es ein eindeutig bestimmtes Element $y^* \in H$, so daß

$$\langle x, f \rangle = (\mathscr{L}x, y) = (x, y^*) \tag{1.71.03}$$

gilt. Wir haben somit dem Element $y \in H$ ein weiteres Element $y^* \in H$ eindeutig zugeordnet, also eine Zuordungsvorschrift $\mathscr{L}^*$ gefunden, welches dem beliebigen Element y eindeutig das Element y^* entsprechen läßt: $y^* = \mathscr{L}^* y$. Mit dieser Bezeichnung nimmt die Definitionsgleichung (1.71.03) folgende Gestalt an:

$$(\mathscr{L}x, y) = (x, \mathscr{L}^* y) \qquad (x, y \in H). \tag{1.71.04}$$

Offensichtlich hängt $\mathscr{L}^*$ nur von $\mathscr{L}$ ab. $\mathscr{L}^*$ nennt man, den zu $\mathscr{L}$ adjungierten Operator.

Wenn wir den Satz 2'; 1.54 beachten und die obige Definitionsgleichung mit der Definition (1.56.02) des dualen Operators vergleichen, dann können wir feststellen, daß *der adjungierte Operator von $\mathscr{L}$ genau der duale Operator von $\mathscr{L}$ bezüglich des Dualsystems* $\langle H, H' \rangle = \langle H, H \rangle$ ist. Aus dieser Feststellung folgt unmittelbar nach Satz 1 und Satz 2 in 1.56 folgendes:

Satz 1. *Der adjungierte Operator $\mathscr{L}^*$ eines linearen und beschränkten Operators $\mathscr{L}$ ist auch ein linearer und beschränkter Operator für welche die Beziehungen*

$$\|\mathscr{L}\| = \|\mathscr{L}^*\| \tag{1.71.05}$$

$$(\mathscr{L}_1 + \mathscr{L}_2)^* = \mathscr{L}_1^* + \mathscr{L}_2^*, \qquad (\mathscr{L}_1 \mathscr{L}_2)^* = \mathscr{L}_2^* \mathscr{L}_1^*, \qquad (\mathscr{L}^{-1})^* = (\mathscr{L}^*)^{-1}$$

gelten. □

Es ist wichtig zu bemerken, daß

$$(\mathscr{L}^*)^* = \mathscr{L}^{**} = \mathscr{L} \tag{1.71.06}$$

gilt. Es seien nämlich x, y beliebige Elemente aus H, dann ergibt sich aus

(1.71.04)

$$(\mathscr{L}^*x, y) = (x, \mathscr{L}^{**}y) \quad \text{und} \quad (\mathscr{L}^*x, y) = (x, \mathscr{L}y),$$

also $(x, \mathscr{L}^{**}y) = (x, \mathscr{L}y)$. Da x beliebig ist folgt $\mathscr{L}^{**}y = \mathscr{L}y$ für jedes $y \in H$.

Es spielen in den Anwendungen diejenigen Operatoren eine Rolle, für welche $\mathscr{L}^* = \mathscr{L}$ gilt. Diese nennen wir *selbstadjungierte-* oder *Hermitesche Operatoren.*

2. Beispiele. a) Es sei $H = \mathbb{C}^n$ und $\mathscr{C}$ ein linearer beschränkter Operator von $\mathbb{C}^n$ in sich. $\mathscr{C}$ kann durch die Matrix

$$C = \begin{pmatrix} c_{11} & c_{12} & \cdots & c_{1n} \\ c_{21} & c_{22} & \cdots & c_{2n} \\ & \cdot & \cdot & \cdot & \cdot \\ c_{n1} & c_{n2} & \cdots & c_{nn} \end{pmatrix}$$

dargestellt werden. Es seien $x = (x_1, x_2, \ldots, x_n)$ und $y = (y_1, y_2, \ldots, y_n)$ beliebige Vektoren aus $\mathbb{C}^n$ dann gilt

$$(\mathscr{C}x, y) = \sum_{i=1}^{n} \sum_{k=1}^{n} c_{ik} x_k \bar{y}_i = \sum_{k=1}^{n} x_k \left(\sum_{i=1}^{n} \bar{c}_{ik} y_i \right) = (x, \mathscr{C}^*y),$$

wobei $\mathscr{C}^*$ derjenige Operator $(\mathbb{C}^n \to \mathbb{C}^n)$, welcher durch die adjungierte Matrix

$$C^* = \begin{pmatrix} c_{11} & c_{21} & \cdots & c_{n1} \\ c_{12} & c_{22} & \cdots & c_{2n} \\ & \cdot & \cdot & \cdot & \cdot \\ c_{1n} & c_{2n} & \cdots & c_{nn} \end{pmatrix}$$

erzeugt ist. Sind die Elemente von C^* durch c_{ik}^* bezeichnet, dann gilt $c_{ik}^* = \bar{c}_{ki}$. Daraus sieht man sofort, daß $\mathscr{C}$ genau dann selbstadjungiert ist, wenn $c_{ik} = \bar{c}_{ki}$ gilt, d.h. die Matrix C ist Hermitesch. Sind die Elemente von C reell, dann ist $\mathscr{C}$ genau dann selbstadjungiert, wenn C symmetrisch ist.

b) Es sei diesmal $H = L^2(a, b)$ $(= L^2)$ und betrachten den in 1.41.6 Beispiel c) kennengelernten Integraloperator $\mathscr{K} \in \Lambda_0(L^2, L^2)$, dessen Kern $K(s, t)$ der Bedingung (1.41.11) genügt. Für eine beliebige Funktion y aus L^2 sei $y^* \in L^2$ diejenige Funktion welche y zugeordnet ist. Wir haben nach (1.71.03)

$$(\mathscr{K}x, y) = (x, y^*), \qquad (x, y \in L^2)$$

oder ausführlicher

$$\int_a^b \left(\int_a^b K(s, t) x(t)\, dt \right) \bar{y}(s)\, ds = \int_a^b x(t) y^*(t)\, dt.$$

Wenn man die Reihenfolge der Integration vertauscht, was nach dem Fubinischen Satz gestattet ist, erhält man

$$\int\limits_a^b x(t) \left[\overline{y^*(t) - \int\limits_a^b \overline{K(s,t)} y(s)\, ds} \right] dt = 0.$$

Da diese Beziehung für jede Funktion x aus L^2 gilt, folgt

$$y^*(t) = \int\limits_a^b \overline{K(s,t)}\, y(s)\, ds, \qquad \text{(f.ü.)}$$

also ist $\mathscr{K}^*$ ebenfalls ein Integraloperator erzeugt durch den Kern

$$K^*(s,t) = \overline{K(t,s)} \qquad (s, t \in (a,b) \text{ f.ü.}). \tag{1.71.07}$$

$\mathscr{K}$ ist selbstadjungiert, falls

$$K(s,t) = \overline{K(t,s)} \qquad (s, t \in (a,b), \text{ f.ü.}).$$

Ein solcher Kern heißt *Hermitescher Kern*. Ist K reellwertig und Hermitesch, dann ist er reell symmetrisch.

3. Projektoren. Es sei wieder $(H, (.,.))$ $(= H)$ ein Hilbert–Raum und H_0 ein (abgeschlossener) Teilraum von H. Nach dem Projektionssatz kann man jedem Element x aus H eindeutig ein Element x' aus H_0 zuordnen indem wir x in die Summe $x = x' + x''$ mit $x' \in H_0$, $x'' \in H_0^\perp$ zerlegen. Da entsteht eine Zuordnung $x \mapsto x'$ von H in H_0 welche wir mit $\mathscr{P}$ bezeichnen $(x' = \mathscr{P}x)$, und welchen wir *Projektion* von H auf H_0, oder *orthogonalen Projektor* nennen werden.

Ein orthogonaler Projektor von H auf einen Teilraum H_0 ist ein linearer und beschränkter Operator. Die Linearität ist offensichtlich. Die Beschränktheit sieht man wie folgt ein: Es sei $x \in H$ beliebig, dann ist nach dem Projektionssatz $x = x' + x''$ mit $x' = \mathscr{P}x \in H_0$ und $x'' \in H_0^\perp$. Es gilt demzufolge

$$\|x\|^2 = \|\mathscr{P}x + x''\|^2 = (\mathscr{P}x + x'', \mathscr{P}x + x'') = \|\mathscr{P}x\|^2 + \|x''\|^2 \geqq \|\mathscr{P}x\|^2,$$

d.h. $\|\mathscr{P}x\| \leqq \|x\|$. $\mathscr{P}$ ist also beschränkt, es folgt sogar $\|\mathscr{P}\| \leqq 1$.

Wir zählen jetzt einige wichtige Eigenschaften der orthogonalen Projektionen auf.

$$(\mathscr{P}x, x - \mathscr{P}x) = 0 \quad \textit{für jedes} \quad x \in H. \tag{1.71.08}$$

$x - \mathscr{P}x = x''$ ist nämlich ein Element von $H_0^\perp$, deshalb zu $x' = \mathscr{P}x \in H_0$ orthogonal. $\square$

$$\mathscr{P}x = x \quad \textit{genau dann, wenn} \quad x \in H_0 \text{ ist.} \tag{1.71.09}$$

Ist $x \in H_0$, dann ist die Behauptung wegen der Zerlegung $x = x + \theta$

(Projektionssatz) trivial. Umgekehrt: gilt für ein x die Beziehung (1.71.09), dann ist $x = \mathscr{P}x \in H_0$. $\square$

$$\mathscr{P}x = \theta \quad \text{gilt genau dann, wenn} \quad (x, H_0) = 0 \quad \text{ist.} \tag{1.71.10}$$

Auch das folgt unmittelbar aus dem Projektionssatz.

Oben haben wir gezeigt, daß $\|\mathscr{P}\| \leqq 1$ ist. Wir beweisen jetzt

$$\|\mathscr{P}\| = 1, \quad (\mathscr{P} \neq \theta). \tag{1.71.11}$$

Ist nämlich $\mathscr{P}$ nicht der Nulloperator (welcher auch eine orthogonale Projektion von H auf $H_0 = \{\theta\}$ ist), dann enthält H_0 gewiss ein Element x_0 mit $\|x_0\| = 1$. Für dieses gilt nach (1.71.09)

$$\|\mathscr{P}\| = \sup_{\|x\| = 1} \|\mathscr{P}x\| \geqq \|\mathscr{P}x_0\| = \|x_0\| = 1,$$

damit ist (1.71.11) bewiesen.

Wir können die orthogonale Projektoren durch zwei Eigenschaften charakterisieren. Darauf bezieht sich folgender Satz.

Satz 2. *Ein Operator $\mathscr{P} \in \Lambda_0(H, H)$ ist genau dann ein orthogonaler Projektor, wenn er 1 selbstadjungiert, 2 idempotent ist.*

Beweis. a) (Notwendigkeit). Es sei $\mathscr{P}$ ein orthogonaler Projektor und $R(\mathscr{P}) = H_0$. Von zwei beliebigen Elementen x und y aus H bilden wir die Zerlegung nach dem Projektionssatz:

$$x = x' + x'', \quad \text{mit} \quad x' = \mathscr{P}x \in H_0, \qquad x'' \in H_0^\perp$$
$$y = y' + y'', \quad \text{mit} \quad y' = \mathscr{P}x \in H_0, \qquad y'' \in H_0^\perp.$$

Dann gilt

$$(\mathscr{P}x, y) = (x', y' + y'') = (x', y') = (x' + x'', y') = (x, \mathscr{P}x),$$

also ist $\mathscr{P}^* = \mathscr{P}$.

Andererseits ergibt sich für ein beliebiges $x \in H$ (da $\mathscr{P}x \in H_0$ gilt) aus (1.71.09)

$$\mathscr{P}^2 x = \mathscr{P}(\mathscr{P}x) = \mathscr{P}x, \quad \text{daraus folgt} \quad \mathscr{P}^2 = \mathscr{P}.$$

b) (Hinlänglichkeit). Es seien die Bedingungen 1 und 2 des Satzes erfüllt. Es sei $H_0 := \{x \mid \mathscr{P}x = x\}$ und man überzeugt sich leicht, daß H_0 ein abgeschlossener Teilraum von H ist. Es sei x ein beliebiges Element aus H und schreiben $x = \mathscr{P}x + (x - \mathscr{P}x)$.

Wir zeigen zuerst, daß $\mathscr{P}x = H_0$ gilt Das ergibt sich aus der Bedingung 2, denn $\mathscr{P}^2 x = \mathscr{P}(\mathscr{P}x) = \mathscr{P}x$ also ist $\mathscr{P}x$ tatsächlich in H_0 wegen der Definition von H_0. Jetzt bewiesen wir, daß $(x - \mathscr{P}x, H_0) = 0$ gilt. Ist nämlich $z \in H_0$, dann haben wir $\mathscr{P}z = z$ und deshalb

$$(x - \mathscr{P}x, z) = (x, z) - (\mathscr{P}x, z) = (x, z) - (x, \mathscr{P}z) = (x, z) - (x, z) = 0.$$

Die obige Zerlegung erfolgte nach dem Projektionssatz, deshalb ist $\mathscr{P}$ die orthogonale Projektion von H auf H_0. $\square$

4. Zueinander orthogonale Projektoren. Es seien $\mathscr{P}_1$, $\mathscr{P}_2$ Projektoren von H auf H_1 bzw. H_2. Wir sagen $\mathscr{P}_1$ und $\mathscr{P}_2$ sind zueinander orthogonal, falls $\mathscr{P}_1\mathscr{P}_2 = \theta$ ist.

Die Beziehung, daß $\mathscr{P}_1$ zu $\mathscr{P}_2$ orthogonal ist, ist symmetrisch d.h. aus $\mathscr{P}_1\mathscr{P}_2 = \theta$ folgt $\mathscr{P}_2\mathscr{P}_1 = \theta$.

θ ist nämlich selbstadjungiert: $\theta^* = \theta$, deshalb ist auf Grund der Sätze 1 und 2

$$\theta^* = (\mathscr{P}_1\mathscr{P}_2)^* = \mathscr{P}_2^*\mathscr{P}_1^* = \mathscr{P}_2\mathscr{P}_1 = \theta.$$

Satz 3. *Die Projektoren $\mathscr{P}_1$ und $\mathscr{P}_2$ sind genau dann zueinander orthogonal, falls die Teilräume H_1 und H_2 zueinander orthogonal sind.*

Beweis. a) Wir setzen zuerst voraus, daß $\mathscr{P}_1\mathscr{P}_2 = \theta$ gilt. Es sei $x_1 \in H_1$ und $x_2 \in H_2$, dann ist nach (1.71.09) und Satz 2:

$$(x_1, x_2) = (\mathscr{P}_1 x_1, \mathscr{P}_2 x_2) = (x_1, \mathscr{P}_1\mathscr{P}_2 x_2) = (x_1, \theta) = 0.$$

b) Die Annahme sei: $(H_1, H_2) = 0$. Bezeichne x ein beliebiges Element aus H, dann ist $\mathscr{P}_2 x \in H_2$, also $(\mathscr{P}_2 x, H_1) = 0$. Folglich ist $\mathscr{P}_1\mathscr{P}_2 x = \theta$ auf Grund von (1.71.10). Da aber x beliebig ist gilt $\mathscr{P}_1\mathscr{P}_2 = \theta$. $\square$

Satz 4. *Die Summe $\mathscr{P} = \mathscr{P}_1 + \mathscr{P}_2 + \cdots + \mathscr{P}_n$ der Projektionen $\mathscr{P}_1, \mathscr{P}_2, \ldots, \mathscr{P}_n$ ist genau dann wieder eine Projektion, wenn $\mathscr{P}_1, \mathscr{P}_2, \ldots, \mathscr{P}_n$ paarweise orthogonal sind.*

Beweis. a) Wir nehmen an, daß $\mathscr{P}$ eine Projektion ist. Aus dem Satz 2 folgt

$$\|\mathscr{P}x\|^2 = (\mathscr{P}x, \mathscr{P}x) = (\mathscr{P}^2 x, x) = (\mathscr{P}x, x) \qquad (x \in H), \qquad (1.71.12)$$

und entsprechend

$$\|\mathscr{P}_k x\|^2 = (\mathscr{P}_k x, x) \qquad (k = 1, 2, \ldots, n) \qquad x \in H. \qquad (1.71.13)$$

Somit erhalten wir

$$\|\mathscr{P}_1 x\|^2 + \|\mathscr{P}_2 x\|^2 \leq \sum_{k=1}^{n} \|\mathscr{P}_k x\|^2 = \sum_{k=1}^{n} (\mathscr{P}_k x, x) = \left(\left(\sum_{k=1}^{n} \mathscr{P}_k\right) x, x\right)$$
$$= (\mathscr{P}x, x) = \|\mathscr{P}x\|^2 \leq \|x\|^2 \qquad (x \in H). \qquad (1.71.14)$$

Bezeichne y ein beliebiges Element von H und setzen in (1.71.14) $x = \mathscr{P}_1 y$ ein. Wegen $\mathscr{P}_1 x = \mathscr{P}_1^2 y = \mathscr{P}_1 y$ ergibt sich

$$\|\mathscr{P}_1 y\|^2 + \|\mathscr{P}_1\mathscr{P}_2 y\|^2 \leq \|\mathscr{P}_1 y\|^2.$$

Daraus folgt $\mathscr{P}_1\mathscr{P}_2 y = \theta$, d.h. $\mathscr{P}_1\mathscr{P}_2 = \theta$. Entsprechend beweist man die paarweise Orthogonalität der andern Projektionen.

b) Unsere Bedingung ist auch hinreichend. Wir setzen also voraus, daß $\mathscr{P}_i\mathscr{P}_k = \theta$ $(i \neq k,\ i, k = 1, 2, 3, \ldots, n)$, und $\mathscr{P}_k\mathscr{P}_k = \mathscr{P}_k^2 = \mathscr{P}_k$ $(k = 1, 2, \ldots, n)$ gelten. Dann ist aber

$$\mathscr{P}^2 = \left(\sum_{k=1}^{n} \mathscr{P}_k \right)^2 = \sum_{i=1}^{n} \sum_{k=1}^{n} \mathscr{P}_i\mathscr{P}_k = \sum_{k=1}^{n} \mathscr{P}_k^2 = \sum_{k=1}^{n} \mathscr{P}_k = \mathscr{P},$$

also ist $\mathscr{P}$ idempotent.

Die Selbstadjungiertheit ergibt sich unmittelbar aus dem Satz 1. Demzufolge ist nach Satz 2 $\mathscr{P}$ eine Projektion. $\square$

Es seien die Voraussetzungen des Satzes 4 erfüllt. $\tilde{H}$ bezeichne den Wertebereich von $\mathscr{P}$ und $H_k = R(\mathscr{P}_k)$ $(k = 1, 2, \ldots, n)$. Dann ist für ein $x \in \tilde{H}$

$$x = \mathscr{P}x = \mathscr{P}_1 x + \mathscr{P}_2 x + \cdots + \mathscr{P}_n x = x_1 + x_2 + \cdots + x_n$$

mit $x_k = \mathscr{P}_k x \in H_k$ $(k = 1, 2, 3, \ldots, n)$. Jedes Element x aus $\tilde{H}$ kann somit als eine Summe von Elementen aus den Teilräumen H_k dargestellt werden.

Lässt sich umgekehrt das Element $x \in H$ in der Form

$$x = x_1 + x_2 + \cdots + x_n \qquad (x_k \in H_k \quad k = 1, 2, \ldots, n) \qquad (1.71.15)$$

darstellen, dann folgt aus

$$\mathscr{P}\mathscr{P}_k = \left(\sum_{j=1}^{n} \mathscr{P}_j \right)\mathscr{P}_k = \sum_{j=1}^{n} \mathscr{P}_j\mathscr{P}_k = \mathscr{P}_k \qquad (k = 1, 2, 3, \ldots, n)$$

und $x_k = \mathscr{P}_k x_k = \mathscr{P}\mathscr{P}_k x_k$ $(k = 1, 2, \ldots, n)$ die Beziehung

$$\mathscr{P}x = \sum_{k=1}^{n} \mathscr{P}x_k = \sum_{k=1}^{n} \mathscr{P}\mathscr{P}_k x_k = \sum_{k=1}^{n} x_k = x$$

d.h. $x \in \tilde{H}$. Wegen $\mathscr{P}_k x_j = \theta$ $(k \neq j)$ ergibt sich hieraus, daß die Darstellung (1.71.15) des Elementes x eindeutig ist.

Durch Anwendung des Begriffes der direkten Summe von Teilräumen (1.22.2) können wir also unser Ergebniss wie folgt formulieren:

Es sei $\mathscr{P} = \mathscr{P}_1 + \mathscr{P}_2 + \cdots + \mathscr{P}_n$ mit $\mathscr{P}_j\mathscr{P}_k = \theta$ für $j \neq k$ $(j, k = 1, 2, \ldots, n)$, wobei $\mathscr{P}_k$ ein orthogonaler Projektor von H auf H_k ist. Dann gilt

$$R(\mathscr{P}) = H_1 \oplus H_2 \oplus \cdots \oplus H_n = \bigoplus_{k=1}^{n} H_k \qquad (1.71.16)$$

5. Über die Auflösbarkeit von $\mathscr{L}x = y$. Es sei $(H, (.,.)) = H$ ein Hilbert–Raum und $\mathscr{L} \in \Lambda_0(H, H)$. Die Gleichung $\mathscr{L}x = y$ bei vorgegebenem $y \in H$ ist genau dann in H auflösbar, wenn $y \in R(\mathscr{L})$. Wie kann man erkennen, daß diese Bedingung erfüllt ist?

Es sei $N(\mathscr{G}) = \{x \mid x \in H,\ \mathscr{G}x = \theta\}$, wobei $\mathscr{G}$ jetzt einen beliebigen Operator bezeichnet. Die Antwort auf die vorige Frage enthält folgender Satz:

Satz 5. *Es sei $\mathscr{L} \in \Lambda_0(H, H)$ und $R(\mathscr{L})$ abgeschlossen. Dann gilt: $y \in R(\mathscr{L})$ genau dann wenn $(y, N(\mathscr{L}^*)) = 0$ gilt.*

Beweis. Es sei $(y, R(\mathscr{L})) = 0$, das bedeutet, daß für alle $x \in H$ gilt $0 = (y, \mathscr{L}x) = (\mathscr{L}^* y, x)$. Demzufolge ist $y = \theta$, d.h. $y \in N(\mathscr{L}^*)$. Also ist $R(\mathscr{L})^\perp \subset N(\mathscr{L}^*)$. Den obigen Gedankengang kann man auch umkehren, woraus $R(\mathscr{L})^\perp = N(\mathscr{L}^*)$ oder $R(\mathscr{L}) = N(\mathscr{L}^*)^\perp$ folgt. $\Box$

Der Satz 5 bedeutet mit andern Worten: *Unter den obigen Voraussetzungen kann man die Gleichung*

$$\mathscr{L}x = y$$

genau dann durch einem Element x aus H auflösen, wenn y zu jedem Element aus $N(\mathscr{L}^*)$ orthogonal ist.

$$(1.71.17)$$

1.72 Matrizendarstellung von linearen Operatoren

1. Matrizendarstellung in separablen Hilbert–Raum. Es sei $H = (H, (., .))$ ein separabler Hilbert–Raum und $\mathscr{L} \in \Lambda_0(H, H)$. $\{x_k\}$ bezeichne ein vollständiges orthonormiertes Elementensystem in H. Für ein beliebiges Element x gilt die Fourier–Reihenentwicklung:

$$x = \sum_{k=1}^{\infty} \gamma_k x_k \qquad (\gamma_k = (x, x_k), \quad k = 1, 2, \ldots).$$

Wegen der Linearität und Stetigkeit von $\mathscr{L}$ hat man folgendes

$$y := \mathscr{L}x = \sum_{k=1}^{\infty} \gamma_k \mathscr{L}x_k = \sum_{j=1}^{\infty} \delta_j x_j; \quad (\delta_j = (y, x_j), \quad j = 1, 2, \ldots). \quad (1.72.01)$$

Daraus folgt

$$\delta_j = \sum_{k=1}^{\infty} (\mathscr{L}x_k, x_j)\gamma_k = \sum_{k=1}^{\infty} \alpha_{jk}\gamma_k, \qquad (1.72.02)$$

wobei

$$\alpha_{jk} = (\mathscr{L}x_k, x_j) = \overline{(x_j, \mathscr{L}x_k)} \qquad (j, k = 1, 2, 3, \ldots)$$

ist. Falls die Koeffizienten α_{jk} bekannt sind, so kann man aus (1.72.02) die Zahlen δ_j berechnen welche die Fourier Koeffizienten des Bildes y (von x) ist. Wir wissen, daß die Fourier-Koeffizienten das Element y eindeutig bestimmen, deshalb ist der Operator $\mathscr{L}$ vollkommen bestimmt, falls die Elemente der Matrix

$$\mathfrak{A} = \begin{pmatrix} \alpha_{11} & \alpha_{12} & \alpha_{13} & \cdots \\ \alpha_{21} & \alpha_{22} & \alpha_{23} & \cdots \\ \alpha_{31} & \alpha_{32} & \alpha_{33} & \cdots \\ & & \cdots \cdots \end{pmatrix} \qquad (1.72.03)$$

bekannt sind. Ist umgekehrt $\mathscr{L}$ bekannt, so lassen sich die Elemente von $\mathfrak{A}$ durch die vorige Überlegung bestimmen.

Ist die Dimensionszahl von H endlich, etwa n, dann ist $\mathfrak{A}$ eine quadratische Matrix. In diesem Fall gilt auch umgekehrt: Ist eine (endliche) quadratische Matrix gegeben, so bestimmt diese einen beschränkten linearen Operator von $H = \mathbb{R}^n$ in sich.

Ist dagegen H ein unendlichdimensionaler Hilbert–Raum, dann ist $\mathfrak{A}$ eine unendliche quadratische Matrix. In diesem Fall dagegen definiert nicht jede Matrix von der Form (1.72.03) einen besränkten linearen Operator. Darauf bezieht sich folgender Satz:

Satz 1. *Eine notwendige und hinreichende Bedingung dafür, daß eine Matrix $\mathfrak{A}$ von der Gestalt (1.72.03) einen linearen beschränkten Operator definiert in einem unendlichdimensionalen separablen Hilbert–Raum, ist die Existenz einer Konstanten C, so daß für alle $j, k = 1, 2, 3, \ldots$ und beliebige $\gamma_1, \gamma_2, \ldots, \gamma_n \cdots \in l^2$ die Ungleichung*

$$\sum_{j=1}^{n} \left| \sum_{k=1}^{m} \alpha_{jk} \gamma_k \right|^2 \le C^2 \sum_{j=1}^{m} |\gamma_k|^2 \tag{1.72.04}$$

gilt.

Beweis. a) (Notwendigkeit). Es sei $x = \gamma_1 x_1 + \cdots + \gamma_m x_m \in H$, dann erhalten wir

$$\sum_{j=1}^{n} \left| \sum_{k=1}^{m} \alpha_{jk} \gamma_k \right|^2 \le \sum_{j=1}^{\infty} \left| \sum_{k=1}^{m} \alpha_{jk} \gamma_k \right|^2 = \sum_{j=1}^{\infty} |\delta_j|^2 = \|y\|^2$$

$$= \|\mathscr{L}x\|^2 \le \|\mathscr{L}\|^2 \|x\|^2 = \|\mathscr{L}\|^2 \sum_{k=1}^{m} |\gamma_k|^2.$$

Die Ungleichung (1.72.04) ist also mit $C = \|\mathscr{L}\|$ erfüllt.

b) (Hinlänglichkeit). Wir nehmen an, daß die Ungleichung (1.72.04) für irgendein C erfüllt ist. Wir müssen beachten, daß $\sum\limits_{k=1}^{\infty} |\gamma_k|^2 \ (= \|x\|^2) < \infty$ und für α_{jk} als Fourier Koeffizienten $\sum\limits_{j=1}^{\infty} |\alpha_{jk}|^2 < \infty$ ist. Deswegen können wir in (1.72.04) erst m und anschließend n gegen Unendlich gehen, dann folgt

$$\|y\|^2 = \sum_{j=1}^{\infty} \left| \sum_{k=1}^{\infty} \alpha_{jk} \gamma_k \right|^2 \le C^2 \sum_{k=1}^{\infty} |\gamma_k|^2 = C^2 \|x\|^2,$$

also ist der durch $\mathfrak{A}$ dargestellter Operator beschränkt. $\square$

Wir bemerken, wenn die Elemente von (1.72.03) so beschaffen sind, daß

$$D^2 = \sum_{j=1}^{\infty} \sum_{k=1}^{\infty} |\alpha_{jk}|^2 < \infty \tag{1.72.05}$$

gilt, dann definiert $\mathfrak{A}$ sicher einen linearen und beschränkten Operator. Es

ist nämlich in Berücksichtigung von (1.72.01) und der Schwarzschen Ungleichung

$$\|y\|^2 = \sum_{j=1}^{\infty} |\delta_j|^2 = \sum_{j=1}^{\infty} \left| \sum_{k=1}^{\infty} \alpha_{jk} \gamma_k \right|^2 \leq \sum_{j=1}^{\infty} \sum_{k=1}^{\infty} |\alpha_{jk}|^2 \sum_{k=1}^{\infty} |\gamma_k|^2$$
$$= D^2 \|x\|^2.$$

Es ist also $\|y\| = \|\mathscr{L}x\| \leq D \|x\|$, woraus $\|\mathscr{L}\| \leq D$ folgt.

Die Matrizendarstellung (1.72.03) eines Operators hängt von der Wahl des
orthonormalen Elementensystems, welches wir am Anfang gewählt haben,
ab. Man kann unter Umständen durch geeignete Wahl von $\{x_k\}$ erreichen,
daß die Matrix $\mathfrak{A}$ eine einfache und gut behandelbare Form annimmt.

2. Die Matrizendarstellung des adjungierten Operators. Es sei $\mathscr{L} \in$
$\Lambda_0(H, H)$, wobei $(H, (.,.))$ $(= H)$ ein separabler Hilbert–Raum ist. Wir
stellen $\mathscr{L}$ mit der Matrix (1.72.03) dar und fragen nach der Matrizendarstellung des adjungierten Operators $\mathscr{L}^*$.

Es sei $\{x_k\}$ ein in H vollständiges orthonormiertes Elementensystem, x und
y beliebige Elemente aus H deren Fourierkoeffizienten bezüglich $\{x_k\}$
$(\gamma_1, \gamma_2, \gamma_3, \ldots)$ bzw. $(\delta_1, \delta_2, \delta_3, \ldots)$ sind. Dann ist

$$(\mathscr{L}x, y) = \sum_{j=1}^{\infty} \left(\sum_{k=1}^{\infty} \alpha_{jk} \gamma_k \right) \bar{\delta}_j = \sum_{k=1}^{\infty} \gamma_k \left(\overline{\sum_{j=1}^{\infty} \bar{\alpha}_{jk} \delta_j} \right) = (x, y^*). \tag{1.72.06}$$

Die Vertauschung der Reihenfolge der Summationen ist hier legal, da
$\sum\limits_{j=1}^{\infty} |\alpha_{jk}|^2 < \infty$ gilt. y^* bedeutet dasjenige Element, dessen Fourier-
Koeffizienten die Zahlen

$$\delta_j^* = \sum_{k=1}^{\infty} \bar{\alpha}_{kj} \delta_k \qquad (j = 1, 2, 3, \ldots)$$

sind. Die Zahlen δ_j^* sind tatsächlich Fourier-Koeffizienten, denn

$$\sum_{j=1}^{\infty} |\delta_j|^2 = \sum_{j=1}^{\infty} \left| \sum_{k=1}^{\infty} \bar{\alpha}_{kj} \delta_k \right|^2 \leq \sum_{j=1}^{\infty} \left(\sum_{k=1}^{\infty} |\alpha_{kj}|^2 \right) \sum_{k=1}^{\infty} |\delta_k|^2$$
$$= \sum_{j=1}^{\infty} \sum_{k=1}^{\infty} |\alpha_{kj}|^2 \sum_{k=1}^{\infty} |\delta_k|^2 = D \|y\|^2 < \infty$$

auf Grund der Schwarzschen Ungleichung und (1.72.05). Da nach Defini-
tion $y^* = \mathscr{L}^* y$ ist, ergibt sich aus (1.72.06), daß $\mathscr{L}^*$ der Matrix

$$\mathfrak{A} = \begin{pmatrix} \bar{\alpha}_{11} & \bar{\alpha}_{21} & \bar{\alpha}_{31} & \cdots \\ \bar{\alpha}_{12} & \bar{\alpha}_{22} & \bar{\alpha}_{32} & \cdots \\ \bar{\alpha}_{13} & \bar{\alpha}_{23} & \bar{\alpha}_{33} & \cdots \\ \cdots\cdots\cdots\cdots\cdots\cdots \end{pmatrix} \tag{1.72.07}$$

entspricht. $\mathscr{L}$ ist also genau dann selbstadjungiert, wenn $\mathfrak{A} = \mathfrak{A}^*$ gilt, d.h.
wenn $\alpha_{jk} = \bar{\alpha}_{kj}$ $(j, k = 1, 2, 3, \ldots)$ ist. Das bedeutet, es gelten die

Gleichungen

$$(\mathscr{L}x_k, x_j) = (x_k, \mathscr{L}x_j) \qquad (k, j = 1, 2, \ldots). \tag{1.72.08}$$

Für die Selbstadjungiertkeit von $\mathscr{L}$ muß man also die Beziehung $(\mathscr{L}x, y) = (x, \mathscr{L}y)$ *nicht* für jedes Paar x, y von Elementen aus H fordern, es genügt wenn es für die Paare eines vollständigen orthonormierten Elementensystems gilt. Das hängt damit zusammen, daß die lineare Hülle von $\{x_k\}$ in H dicht liegt und die Selbstadjungiertkeit von $\mathscr{L}$ auf die lineare und stetige Erweiterung auf den Raum H sich erbt.

3. Die Matrizendarstellung eines orthogonalen Projektors. $\mathscr{P} \in \Lambda_0(H, H_0)$ sei ein Projektor im separablen Hilbert–Raumes H. $\{x_k'\}$ sei ein in H_0 vollständiges orthonormiertes Elementensystem und $\{x_k''\}$ eines in $H_0^{\perp}$. Die Vereinigung dieser Elementensysteme geben ein in H vollständiges Elementensystem $\{x_1, x_2, x_3, \ldots\}$. Die Elemente der dem Operator $\mathscr{P}$ entsprechende Matrix sind

$$\alpha_{jk} = (\mathscr{P}x_j, x_k) = \begin{cases} 0 & \text{für } j \neq k \\ 0 & \text{für } j = k \text{ falls } x_k \in H_0^{\perp} \text{ ist.} \\ 1 & \text{für } j = k \text{ falls } x_k \in H_0 \text{ ist.} \end{cases}$$

Ist nämlich $x_j, x_k \in H_0$ und $j \neq k$, dann gilt $\mathscr{P}x_j = x_j$, und deshalb wegen der Orthogonalität gilt $(\mathscr{P}x_j, x_k) = (x_j, x_k) = 0$. Der gleiche Sachverhalt gilt auch falls $x_j \in H_0$, $x_k \in H_0^{\perp}$. Ist dagegen $x_j, x_k \in H_0^{\perp}$, dann folgt $\mathscr{P}x_j \in H_0$ und $x_k \in H_0^{\perp}$, daher ist $(\mathscr{P}x_j, x_k) = 0$.

Die Behauptungen $(\mathscr{P}x_j, x_k) = 0$ für $x_k \in H_0^{\perp}$ und $(\mathscr{P}x_k, x_k) = 1$ für $x_k \in H_0$ brauchen keine Erklärungen. Demzufolge ist die Matrix von der Gestalt:

$$\mathscr{P} = \begin{pmatrix} 0 & & & & & \\ & 0 & & & & \\ & & \ddots & & & \\ & & & 1 & & \\ & & & & 1 & \\ & & & & & 1 \\ & & & & & & \ddots \end{pmatrix}$$

Die ausserhalb der Hauptdiagonale stehende Elemente sind 0, auch die zu den x_k'' gehörigen Elemente der Hauptdiagonale verschwinden, die übrigen sind gleich 1.

1.73 Folgen von Operatoren im Hilbert–Raum

1. Schwach konvergente Folgen von Operatoren. Wir betrachten eine Folge von Operatoren $\{\mathscr{L}_n\}$ ($\mathscr{L}_n \in \Lambda_0(H, H)$, $n = 1, 2, 3, \ldots$). Für eine solche Folge haben wir in 1.42.2 die starke und punktweise Konvergenz definiert. Diesmal definieren wir eine weitere Konvergenz, nämlich die sog. schwache Konvergenz.

Die obige Folge *konvergiert schwach* gegen den Operator $\mathcal{L} \in \Lambda_0(H, H)$, falls für beliebige Elemente x und y die Beziehung

$$\lim_{n \to \infty} (\mathcal{L}_n x, y) = (\mathcal{L}x, y) \tag{1.73.01}$$

gilt. Man erkennt leicht, daß jede stark konvergente Operatorenfolge zugleich auch schwach konvergent ist. Nach der Schwarschen Ungleichung gilt nämlich

$$|(\mathcal{L}_n x, y) - (\mathcal{L}x, y)| = |((\mathcal{L}_n - \mathcal{L})x, y)| \leq \|(\mathcal{L}_n - \mathcal{L})x\| \, \|y\|$$
$$\leq \|\mathcal{L}_n - \mathcal{L}\| \, \|x\| \, \|y\|.$$

Wenn also $\|\mathcal{L}_n - \mathcal{L}\| \to 0$ $(n \to \infty)$ ist, so folgt daraus (1.73.01).

Wenn die Operatorenfolge $\{\mathcal{L}_n\}$ punktweise gegen $\mathcal{L}$ konvergiert, dann konvergiert sie auch schwach gegen $\mathcal{L}$. Das sieht man unmittelbar aus der vorangehender Ungleichung ein.

Die Benennungen starke-, punktweise- und schwache Konvergenz sind in der Literatur überhaupt nicht einheitlich verbreitet.

Wir bemerken schließlich, daß *der Grenzwert einer stark-, punktweise- und schwach- konvergenten Folge von selbstadjungierten Operatoren auch selbstadjungiert ist.*

Es genügt die Gültigkeit dieser Behauptung nur für schwach konvergente Folgen zu beweisen, denn jede stark- und punktweise konvergente Operatorenfolge ist zugleich auch schwach konvergent.

Ist also $\mathcal{L}_n^* = \mathcal{L}_n$ $(n = 1, 2, 3, \ldots)$, dann gilt $(\mathcal{L}_n x, y) = (x, \mathcal{L}_n y)$ $(n = 1, 2, 3, \ldots)$, daher $\lim_{n \to \infty} (\mathcal{L}_n x, y) = \lim_{n \to \infty} (x, \mathcal{L}_n y)$, woraus folgt $(\mathcal{L}x, y) = (x, \mathcal{L}y)$ $(x, y \in H)$.

2. Die geometrische Reihe von selbstadjungierten Operatoren.

Wir kommen zu dem in 1.42.5 behandelten Problem bezüglich der Konvergenz der unendlichen Reihe

$$\mathcal{E} + \mathcal{L} + \mathcal{L}^2 + \cdots + \mathcal{L}^n + \cdots \tag{1.73.02}$$

zurück, wobei jetzt $\mathcal{L}$ ein, im Hilbertraum H definierter, selbstadjungierter Operator ist. In (1.42.15) haben wir behauptet, daß $\|\mathcal{L}\| < 1$ eine hinreichende, jedoch nicht immer notwendige Bedingung für die Konvergenz der Reihe (1.73.02) ist. Für einen selbstadjungierten Operator $\mathcal{L}$ gilt dagegen folgender Satz:

Satz 1. *Für einen selbstadjungierter Operator $\mathcal{L}$ konvergiert die Reihe (1.73.02) stark genau dann, wenn $\|\mathcal{L}\| < 1$ gilt.*

Beweis. Daß (1.73.02) (stark) konvergiert falls $\|\mathcal{L}\| < 1$ ist, wissen wir schon aus (1.42.15).

Um die Hinlänglichkeit der Bedingung nachzuweisen, zeigen wir zuerst die

Beziehung

$$\|\mathscr{L}^2\| = \|\mathscr{L}\|^2. \tag{1.73.03}$$

Einerseits gilt nämlich

$$\|\mathscr{L}\|^2 = \sup_{x \neq \theta} \frac{\|\mathscr{L}x\|^2}{\|x\|^2} = \sup_{x \neq \theta} \frac{(\mathscr{L}x, \mathscr{L}x)}{\|x\|^2} = \sup_{x \neq \theta} \frac{(\mathscr{L}^2 x, x)}{\|x\|^2}$$
$$\leq \sup_{x \neq \theta} \frac{\|\mathscr{L}^2 x\|}{\|x\|} = \|\mathscr{L}^2\|,$$

andererseits aber gilt für jeden Operator nach (1.42.12) $\|\mathscr{L}^2\| \leq \|\mathscr{L}\|^2$, woraus (1.73.03) folgt.

Aus (1.73.03) ergibt sich

$$\|\mathscr{L}^{2^m}\| = \|\mathscr{L}\|^{2^m} \qquad (m = 1, 2, 3, \ldots) \tag{1.73.04}$$

und somit nach (1.42.16)

$$\lambda_{\mathscr{L}} = \lim_{n \to \infty} \sqrt[n]{\|\mathscr{L}^n\|} = \lim_{m \to \infty} \sqrt[2^m]{\|\mathscr{L}^{2^m}\|} = \lim_{m \to \infty} \sqrt[2^m]{\|\mathscr{L}\|^{2^m}} = \|\mathscr{L}\|.$$

Nach Satz 3 in 1.42 haben wir nur noch zu zeigen, daß (1.73.02) divergiert, falls $\|\mathscr{L}\| = 1$ ist. Wegen (1.73.04) gilt in diesem Fall aber $\|\mathscr{L}^{2^m}\| = 1$ also strebt das allgemeine Glied in (1.73.02) nicht gegen Null, weshalb diese Reihe divergiert. □

1.74 Positive Operatoren

1. Positivität eines Operators im Hilbert–Raum. Es sei $(H, (., .)) = H$ ein Hilbert–Raum und $\mathscr{L} \in \Lambda_0(H, H)$. $\mathscr{L}$ heißt *positiv*, wenn für jedes $x \in H$ die Beziehung $(\mathscr{L}x, x) \geq 0$ gilt. Wenn $(\mathscr{L}x, x) > 0$ für jedes $x \neq \theta$, gilt, dann sagen wir $\mathscr{L}$ ist *positiv definit*.

Es sei jetzt H ein Hilbert–Raum über $\mathbb{C}$.

Satz 1. *Jeder positive Operator in einem komplexen Hilbert–Raum ist selbstadjungiert.*

Beweis. Es seien x und y beliebige Elemente aus H, dann gilt folgende Identität:

$$(\mathscr{L}x, y) = \tfrac{1}{4}\{[(\mathscr{L}(x+y), x+y) - (\mathscr{L}(x-y), x-y)]$$
$$+ i[(\mathscr{L}(x+iy), x+iy) - (\mathscr{L}(x-iy), x-iy)]\}. \tag{1.74.01}$$

Sämtliche Ausdrücke in eckigen Klammern sind nach der Definition der Positivität reell. Durch Vertauschung von x und y folgt

$$(\mathscr{L}y, x) = \tfrac{1}{4}\{[(\mathscr{L}(x+y), x+y) - (\mathscr{L}(x-y), x-y)]$$
$$+ i[(\mathscr{L}(y+ix), y+ix) - (\mathscr{L}(y-ix), y-ix)]\}$$
$$= \tfrac{1}{4}\{[(\mathscr{L}(x+y), x+y) - (\mathscr{L}(x-y), x-y)]$$
$$- i[(\mathscr{L}(x+iy), x+iy) - (\mathscr{L}(x-iy), x-iy)]\} = \overline{(\mathscr{L}x, y)}.$$

Es ergibt sich somit $(\mathscr{L}x, y) = \overline{(\mathscr{L}y, x)} = (x, \mathscr{L}y)$, d.h. $\mathscr{L}^* = \mathscr{L}$. □

Zum Beweis der Selbstadjungiertheit von $\mathscr{L}$ haben wir nur benutzt, daß $(\mathscr{L}x, x)$ reell für jedes $x \in H$ ist. Umgekehrt, ist $\mathscr{L}$ selbstadjungiert, dann folgt $(\mathscr{L}x, x) = (x, \mathscr{L}x) = \overline{(\mathscr{L}x, x)}$ also ist $(\mathscr{L}x, x)$ reell. Es gilt demzufolge der.

Satz 2. *Notwendig und hinreichend für die Selbstadjungiertheit des Operators $\mathscr{L} \in \Lambda_0(H, H)$ ist, daß $(\mathscr{L}x, x)$ reell für jedes $x \in H$ sei.* $\square$

Die Positivität von $\mathscr{L}$ bringen wir durch das Simbol $\mathscr{L} \geqq \theta$ zum Ausdruck. Ist $\mathscr{L}$ positiv definit, so benutzen wir dafür die Bezeichnung $\mathscr{L} > \theta$.

Für einen beliebigen Operator $\mathscr{L} \in \Lambda_0(H, H)$ gilt $\mathscr{L}^*\mathscr{L} \geqq \theta$. Es ist nämlich $(\mathscr{L}^*\mathscr{L}x, x) = (\mathscr{L}x, \mathscr{L}x) = \|\mathscr{L}x\|^2 \geqq 0$ für jedes $x \in H$. Entsprechend ist auch $\mathscr{L}\mathscr{L}^*$ positiv.

Wenn $\mathscr{L}$ selbstadjungiert ist, dann folgt $\mathscr{L}^2 = \mathscr{L}\mathscr{L}^* \geqq \theta$.

Weiter ist jede Potenz $\mathscr{L}^n$ eines positiven Operators $\mathscr{L}'$ $(\mathscr{L} \neq \theta)$ ein positiver Operator. Für $n = 0$ ist $\mathscr{L}^0 = \mathscr{E}$ und $(\mathscr{E}x, x) = (x, x) = \|x\|^2 \geqq 0$, also ist $\mathscr{E} \geqq \theta$. Wir beweisen die Behauptung durch vollständige Induktion. Angenommen wird also, daß die Behauptung für $m < n$ richtig ist. Ist $n = 2m$ (m ganz), dann ist $m < n$ und deshalb können wir schreiben auf Grund von Satz 1

$$(\mathscr{L}^n x, x) = (\mathscr{L}^{m+m}x, x) = (\mathscr{L}^m x, \mathscr{L}^m x) = \|\mathscr{L}^m x\|^2 \geqq 0 \qquad (x \in H).$$

Ist $n = 2m + 1$, so gilt für jedes $x \in H$

$$(\mathscr{L}^{2m+1}x, x) = (\mathscr{L}(\mathscr{L}^m x), \mathscr{L}^m x) = (\mathscr{L}y, y) \geqq 0 \qquad (y = \mathscr{L}^m x).$$

Man überzeugt sich leicht davon, daß *jede Linearkombination positiver Operatoren mit nichtnegativen Koeffizienten ein positiver Operator ist*. Daraus folgt, daß auch jede Linearkombination von Potenzen eines positiven Operators $\mathscr{L}$ mit nichtnegativen Koeffizienten, d.h. jeder Operator der Form

$$\pi(\mathscr{L}) = a_0 \mathscr{L}^n + a_1 \mathscr{L}^{n-1} + \cdots + a_n \mathscr{E} \qquad (a_0, a_1, \ldots, a_n \geqq 0) \qquad (1.74.02)$$

positiv ist. Den Operator $\pi(\mathscr{L})$ nennen wir ein Operatorpolynom von $\mathscr{L}$.

Sehr wichtig ist die sog. *verallgemeinerte Schwarzsche Ungleichung.*

Satz 3. *Für jeden positiven Operator $\mathscr{L}$ gilt*

$$|(\mathscr{L}x, y)|^2 \leqq (\mathscr{L}x, x)(\mathscr{L}y, y) \qquad (x, y \in H). \qquad (1.74.03)$$

Der Beweis verläuft wortlaut wie der Ungleichung (1.26.06) deshalb überlassen wir ihn dem Leser. Ist $\mathscr{L} = \mathscr{E}$, so erhalten wir die Schwarzsche Ungleichung zurück.

2. Monotone Folgen von Operatoren. Nachdem wir die Positivität eines Operators $\mathscr{L}$ im Hilbert–Raum definiert haben können wir im Ring $\Lambda_0(H, H)$ eine Halbordnung einführen. Es seien $\mathscr{L}_1$ und $\mathscr{L}_2$ Operatoren aus $\Lambda_0(H, H)$. Wir sagen $\mathscr{L}_1$ *ist nicht kleiner als $\mathscr{L}_2$* (oder $\mathscr{L}_2$ *ist nicht größer als $\mathscr{L}_1$*), falls $\mathscr{L}_1 - \mathscr{L}_2 \geqq \theta$ ist. Diese Tatsache werden wir durch das Symbol

$\mathscr{L}_1 \geq \mathscr{L}_2$ zum Ausdruck bringen. Entsprechend sagen wir $\mathscr{L}_1$ ist *größer* als $\mathscr{L}_2$ (oder $\mathscr{L}_2$ ist *kleiner* als $\mathscr{L}_1$), in Zeichen $\mathscr{L}_1 > \mathscr{L}_2$, falls $\mathscr{L}_1 - \mathscr{L}_2 > \theta$ gilt. Eine Folge von Operatoren $\{\mathscr{L}_n\}$ aus $\Lambda_0(H, H)$ heißt *monoton nicht-abnehmend*, bzw. *monoton wachsend*, wenn $\mathscr{L}_1 \leq \mathscr{L}_2 \leq \cdots \leq \mathscr{L}_n \leq \cdots$ bzw. $\mathscr{L}_1 < \mathscr{L}_2 < \cdots < \mathscr{L}_n < \cdots$ gilt. Ähnlich definieren wir die *monoton nicht wachsende* bzw. *monoton abnehmende* Operatorenfolgen.

Satz 4. $\{\mathscr{L}_n\}$ *sei eine monoton nichtabnehmende (oder monoton nicht wachsende) Folge von selbstadjungierten Operatoren mit* $\sup\limits_{n=1,2,3,\ldots} \|\mathscr{L}_n\| \leq M$ (*bzw.* $\inf\limits_{n=1,2,\ldots} \|\mathscr{L}_n\| \geq m$). *Dann gibt es einen linearen und beschränkten Operator* $\mathscr{L}$, *welcher der punktweise Grenzwert von* $\{\mathscr{L}_n\}$ *ist.*

Beweis. m und n seien natürliche Zahlen mit $m \geq n$. Der Operator $\mathscr{L}_m - \mathscr{L}_n$ ist positiv, deshalb gilt

$$0 \leq ((\mathscr{L}_m - \mathscr{L}_n)x, x) = (\mathscr{L}_m x, x) - (\mathscr{L}_n x, x), \qquad (x \in H)$$

d.h. die Zahlenfolge $(\mathscr{L}_n x, x)$ wächst monoton. Sie ist aber auch von oben beschränkt, denn

$$|(\mathscr{L}_n x, x)| \leq \|\mathscr{L}_n\| \|x\|^2 \leq M \|x\|^2. \qquad (1.74.04)$$

Der Grenzwert $\lim\limits_{n \to \infty} (\mathscr{L}_n x, x)$ existiert (ist endlich). Wenden wir die Ungleichung (1.74.03) auf $\mathscr{L}_m - \mathscr{L}_n$ $(m \geq n)$ an, dann ergibt sich unter Berücksichtigung von (1.74.04)

$$|(\mathscr{L}_m x - \mathscr{L}_n x, y)|^2 \leq [(\mathscr{L}_m x, x) - (\mathscr{L}_n x, x)][(\mathscr{L}_m y, y) - (\mathscr{L}_n y, y)]$$
$$\leq 2M \|y\|^2 [(\mathscr{L}_m x, x) - (\mathscr{L}_n x, x)].$$

Wir setzen $y = \mathscr{L}_m x - \mathscr{L}_n x$, dann erhalten wir

$$\|\mathscr{L}_m x - \mathscr{L}_n x\|^2 \leq 2M[(\mathscr{L}_m x, x) - (\mathscr{L}_n x, x)] \qquad (x \in H).$$

Die rechte Seite strebt gegen Null für $m, n \to \infty$, folglich ist $\{\mathscr{L}_n x\}$ eine Cauchysche-Folge. Wegen der Vollständigkeit von H existiert also der Grenzwert

$$\lim\limits_{n \to \infty} \mathscr{L}_n x = \mathscr{L} x \qquad (x \in H).$$

Die Additivität und Homogenität von $\mathscr{L}$ kann der Leser ohne Schwierigkeit prüfen. Aus

$$\|\mathscr{L}_n x\| \leq \|\mathscr{L}_n\| \|x\| \leq M \|x\|$$

folgt durch Grenzübergang (die Norm ist stetig!)

$$\|\mathscr{L} x\| \leq M \|x\| \qquad x \in H.$$

$\mathscr{L}$ hat sich also als beschränkt erwiesen. Aus der letzten Ungleichung folgt $\|\mathscr{L}\| \leq M$. $\square$

3. Quadratwurzel eines positiven Operators. Es sei jetzt $\mathscr{L}$ ein positiver Operator. Ein positiver Operator $\mathscr{A}$ heißt eine *Quadratwurzel* von $\mathscr{L}$, wenn $\mathscr{A}^2 = \mathscr{L}$ gilt. Man schreibt in diesem Falle $\mathscr{A} = \mathscr{L}^{1/2}$. Wir zeigen daß jeder positive Operator eine Quadratwurzel besitzt.

Satz 5. *Es sei $\mathscr{L}$ ein positiver Operator. Dann gibt es genau eine Quadratwurzel $\mathscr{A}$ von $\mathscr{L}$.*

Beweis. Ohne Einschränkung der Allgemeinheit können wir annehmen, daß $\|\mathscr{L}\| \leqq 1$ gilt. Ist nämlich $\mathscr{L} = \theta$, so ist sicher $\|\mathscr{L}\| < 1$, ist dagegen $\mathscr{L} \neq \theta$, so geht man zu $\dfrac{\mathscr{L}}{\|\mathscr{L}\|}$ über. Wir setzen $\mathscr{L}_0 := \mathscr{E} - \mathscr{L}$. $\mathscr{L}_0$ ist positiv:

$$(\mathscr{L}_0 x, x) = (x, x) - (\mathscr{L}x, x) \geqq \|x\|^2 - \|\mathscr{L}\| \, \|x\|^2 = (1 - \|\mathscr{L}\|) \|x\|^2 \geqq 0.$$

Da $\mathscr{L}$ positiv ist gilt ferner

$$(x, x) - (\mathscr{L}_0 x, x) = (\mathscr{L}x, x) \geqq 0, \quad \text{d.h.} \quad (\mathscr{L}_0 x, x) \leqq \|x\|^2 \qquad (x \in H).$$

Nach der verallgemeinerten Schwarzschen Ungleichung (1.74.03) ist

$$|(\mathscr{L}_0 x, y)|^2 \leqq (\mathscr{L}_0 x, x)(\mathscr{L}_0 y, y) \leqq \|x\|^2 \|y\|^2 \qquad (x, y \in H).$$

Man setzt $y = \mathscr{L}_0 x$, so ergibt sich hieraus

$$\|\mathscr{L}_0 x\| \leqq \|x\|$$

d.h.

$$\|\mathscr{L}_0\| \leqq 1. \tag{1.74.05}$$

Wir betrachten eine Folge von Operatoren $\{\mathscr{A}_n\}$ welche wir durch folgende Rekursionsformel definieren:

$$\mathscr{A}_1 = \theta, \qquad \mathscr{A}_{n+1} = \tfrac{1}{2}(\mathscr{L}_0 + \mathscr{A}_n^2) \qquad (n = 1, 2, 3, \ldots). \tag{1.74.06}$$

Wir zeigen, daß $\|\mathscr{A}_n\| \leqq 1$ gilt $(n = 1, 2, 3, \ldots)$. Für $n = 1$ ist das richtig. Setzen wir voraus, wir hätten das schon für n gezeigt, dann folgt nach (1.74.05)

$$\|\mathscr{A}_{n+1}\| \leqq \tfrac{1}{2}\|\mathscr{L}_0\| + \tfrac{1}{2}\|\mathscr{A}_n^2\| \leqq 1. \tag{1.74.07}$$

Die Operatoren $\mathscr{A}_n$ und $\mathscr{A}_{n+1} - \mathscr{A}_n$ sind Operatorenpolynome von $\mathscr{L}_0$ mit nichtnegativen Koeffizienten. Für $n = 1$ ist das offensichtlich richtig. Nehmen wir die Gültigkeit dieser Behauptung auch für n an, dann folgt aus (1.74.06) daß auch $\mathscr{A}_{n+1}$ ein Operatorenpolynom mit nichtnegativen Koeffizienten von $\mathscr{L}_0$ ist. Der Beweis der Behauptung bezüglich $\mathscr{A}_{n+1} - \mathscr{A}_n$ verlauft wie folgt: Da $\mathscr{A}_n$ ein Operatorenpolynom von $\mathscr{L}_0$ ist, sind die Operatoren $\mathscr{A}_n$ und $\mathscr{A}_m$ miteinander vertauschbar $(n, m = 1, 2, 3, \ldots)$. Es folgt also aus (1.74.06)

$$\mathscr{A}_{n+1} - \mathscr{A}_n = \tfrac{1}{2}(\mathscr{L}_0 + \mathscr{A}_n^2) - \tfrac{1}{2}(\mathscr{L}_0 + \mathscr{A}_{n-1}^2) = \tfrac{1}{2}(\mathscr{A}_n^2 - \mathscr{A}_{n-1}^2)$$

$$= \tfrac{1}{2}(\mathscr{A}_n - \mathscr{A}_{n-1})(\mathscr{A}_n + \mathscr{A}_{n-1}). \tag{1.74.08}$$

Wir wissen, daß $\mathscr{A}_n + \mathscr{A}_{n+1}$ ein Operatorenpolynom mit nichtnegativen Koeffizienten von $\mathscr{L}_0$ ist. $\mathscr{A}_2 - \mathscr{A}_1 = \mathscr{A}_2 = \frac{1}{2}\mathscr{L}_0$ ist auch ein solches Operatorenpolynom. Angenommen, daß $\mathscr{A}_n - \mathscr{A}_{n-1}$ ein Operatorenpolynom von $\mathscr{L}_0$ mit nichtnegativen Koeffizienten ist, so folgt aus (1.74.08), daß auch $\mathscr{A}_{n+1} - \mathscr{A}_n$ ein solches ist, denn das Produkt von zwei Operatorenpolynome von $\mathscr{L}_0$ mit nichtnegativen Koeffizienten, wieder eines vom gleichen Typ ist.

Da ein Operatorpolynom eines positiven Operators mit nichtnegativen Koeffizienten wieder ein positiver Operator ist und wir wissen schon, daß $\mathscr{L}_0 \geqq \theta$ ist, deshalb ist $\mathscr{A}_n \geqq \theta$ und $\mathscr{A}_{n+1} - \mathscr{A}_n \geqq \theta$ ($n = 1, 2, 3, \ldots$), also ist die Operatorenfolge $\{\mathscr{A}_n\}$ monoton nicht abnehmend. Andererseits sind die Operatoren $\mathscr{A}_n$ als positive Operatoren selbstadjungiert. Dabei ist die Folge $\{\mathscr{A}_n\}$ nach (1.74.07) von oben beschränkt, deshalb existiert nach Satz 4 der schwache Grenzwert $\mathscr{A}_0$ der Folge:

$$\mathscr{A}_0 x = \lim_{n \to \infty} \mathscr{A}_n x \qquad (x \in H).$$

Da die Operatoren $\mathscr{A}_n$ positiv sind, ist auch $\mathscr{A}_0$ positiv und es gilt wegen (1.74.07)

$$\|\mathscr{A}_0\| \leqq 1. \tag{1.74.09}$$

Man sieht leicht ein, daß $\mathscr{A}_0$ mit sämtlichen Operatoren $\mathscr{A}_n$ vertauschbar ist. Auf Grund der Stetigkeit von $\mathscr{A}_n$ folgt

$$\mathscr{A}_k \mathscr{A}_0 x = \lim_{n \to \infty} \mathscr{A}_k \mathscr{A}_n x = \lim_{n \to \infty} \mathscr{A}_n \mathscr{A}_k x = \mathscr{A}_0 \mathscr{A}_k x \qquad (x \in H).$$

Deshalb gilt $\mathscr{A}_0^2 - \mathscr{A}_n^2 = (\mathscr{A}_0 + \mathscr{A}_n)(\mathscr{A}_0 - \mathscr{A}_n)$ und für $x \in H$

$$\|\mathscr{A}_0^2 x - \mathscr{A}_n^2 x\| \leqq \|\mathscr{A}_0 + \mathscr{A}_n\| \, \|\mathscr{A}_0 x - \mathscr{A}_n x\| \leqq 2 \|\mathscr{A}_0 x - \mathscr{A}_n x\| \to 0 \qquad (n \to \infty),$$

woraus

$$\mathscr{A}_0^2 x = \lim_{n \to \infty} \mathscr{A}_n^2 x \qquad (x \in H)$$

folgt. Führen wir in der Beziehung $\mathscr{A}_{n+1} x = \frac{1}{2}(\mathscr{L}_0 x + \mathscr{A}_n^2 x)$ ($x \in H$, $n = 1, 2, 3, \ldots$) den Grenzübergang $n \to \infty$ durch, dann ergibt sich $\mathscr{A}_0 x = \frac{1}{2}(\mathscr{L}_0 x + \mathscr{A}_0^2 x)$ ($x \in H$). Für $\mathscr{A} = \mathscr{E} - \mathscr{A}_0$ erhalten wir damit

$$\mathscr{A}^2 = \mathscr{E} - 2\mathscr{A}_0 + \mathscr{A}_0^2 = (\mathscr{E} - 2\mathscr{A}_0) + (2\mathscr{A}_0 - \mathscr{L}_0) = \mathscr{E} - \mathscr{L}_0 = \mathscr{L}.$$

Ausserdem gilt noch auf Grund von (1.74.09)

$$(\mathscr{A} x, x) = (x, x) - (\mathscr{A}_0 x, x) \geqq \|x\|^2 - \|\mathscr{A}_0\| \, \|x\|^2 = (1 - \|\mathscr{A}_0\|) \, \|x\|^2 \geqq 0$$

($x \in H$). $\mathscr{A}$ ist somit positiv und deswegen ist $\mathscr{A}$ Quadratwurzel von $\mathscr{L}$.

Es bleibt noch übrig die Eindeutigkeit der Quadratwurzel nachzuweisen. Dazu bemerken wir, daß $\mathscr{A}$ mit jedem Operator $\mathscr{B}$ vertauschbar ist, der mit $\mathscr{L}$ vertauschbar ist. Ist nämlich $\mathscr{B}$ mit $\mathscr{L}$ vertauschbar, so ist $\mathscr{B}$ auch mit $\mathscr{L}_0$ vertauschbar, daher auch mit $\mathscr{A}_2$ vertauschbar. Aus (1.74.06) erkennt man durch vollständige Induktion, daß $\mathscr{B}$ auch mit jedem $\mathscr{A}_n$ vertauschbar, somit also mit dem Grenzwert $\mathscr{A}_0$ dieser vertauschbar, und somit mit $\mathscr{A}$ vertauschbar ist. Wir nehmen also an, daß $\mathscr{A}'$ eine weitere Quadratwurzel von $\mathscr{L}$

wäre. Wegen $\mathscr{L}\mathscr{A}' = \mathscr{A}'^3 = \mathscr{A}'\mathscr{L}$ ist $\mathscr{A}'$ mit $\mathscr{L}$, also auch mit $\mathscr{A}$ vertauschbar. Wir betrachten ein beliebiges $x \in H$ und setzen $y = \mathscr{A}'x - \mathscr{A}x$. Aus

$$(\mathscr{A}'y, y) + (\mathscr{A}y, y) = ((\mathscr{A}' + \mathscr{A})(\mathscr{A}' - \mathscr{A})x, y) = ((\mathscr{A}'^2 - \mathscr{A}^2)x, y)$$
$$= ((\mathscr{L} - \mathscr{L})x, y) = 0$$

folgt wegen $(\mathscr{A}y, y) \geqq 0$ und $(\mathscr{A}'y, y) \geqq 0$:

$$(\mathscr{A}y, y) = (\mathscr{A}'y, y) = 0.$$

$\mathscr{A}$ ist ein positiver Operator, hat also eine Quadratwurzel $\mathscr{B}$. Für diese gilt $\|\mathscr{B}y\|^2 = (\mathscr{B}y, \mathscr{B}y) = (\mathscr{B}^2 y, y) = (\mathscr{A}y, y) = 0$, woraus $\mathscr{B}y = \theta$ folgt. Deshalb ist erst recht $\mathscr{A}y = \mathscr{B}^2 y = \mathscr{B}(\mathscr{B}y) = \theta$. Ebenso sieht man, daß $\mathscr{A}'y = \theta$ ist. Daraus folgt aber

$$\|\mathscr{A}'x - \mathscr{A}x\|^2 = ((\mathscr{A}' - \mathscr{A})^2 x, x) = ((\mathscr{A}' - \mathscr{A})y, x) = 0$$

d.h. $\mathscr{A}'x = \mathscr{A}x$ gilt für jedes $x \in H$. Also ist $\mathscr{A}' = \mathscr{A}$. $\square$

1.75 Normale Operatoren im Hilbert–Raum

1. Die Norm normaler Operatoren. Es sei $(H, (.\,,.)) = H$ ein Hilbert–Raum, $\mathscr{L} \in \Lambda_0(H, H)$, sein adjungierter $\mathscr{L}^*$. Der *Operator* $\mathscr{L}$ heißt *normal*, wenn $\mathscr{L}\mathscr{L}^* = \mathscr{L}^*\mathscr{L}$ gilt.

Ist $\mathscr{L}$ ein normaler Operator, dann gilt für ein beliebiges Element $x \in H$

$$\|\mathscr{L}x\| = \|\mathscr{L}^*x\|. \tag{1.75.01}$$

Es ist nämlich

$$\|\mathscr{L}x\|^2 = (\mathscr{L}x, \mathscr{L}x) = (x, \mathscr{L}^*\mathscr{L}x) = (x, \mathscr{L}\mathscr{L}^*x) = (\mathscr{L}^*x, \mathscr{L}^*x) = \|\mathscr{L}^*x\|^2.$$

Dabei gilt ferner für normale Operatoren

$$\|\mathscr{L}^*\mathscr{L}\| = \|\mathscr{L}\mathscr{L}^*\| = \|\mathscr{L}\|^2. \tag{1.75.02}$$

Das sieht man wie folgt ein: Wir wissen (vgl. (1.71.05)), daß $\|\mathscr{L}\| = \|\mathscr{L}^*\|$ ist, daraus folgt

$$\|\mathscr{L}^*\mathscr{L}\| \leqq \|\mathscr{L}^*\| \, \|\mathscr{L}\| = \|\mathscr{L}\|^2. \tag{1.75.03}$$

Andererseits folgt nach der Schwarzschen Ungleichung

$$0 \leqq \|\mathscr{L}x\|^2 = (\mathscr{L}x, \mathscr{L}x) = (\mathscr{L}^*\mathscr{L}x, x) \leqq \|\mathscr{L}^*\mathscr{L}\| \cdot \|x\|^2,$$

woraus sich

$$\sup_{\|x\|=1} (\mathscr{L}^*\mathscr{L}x, x) \leqq \|\mathscr{L}^*\mathscr{L}\|$$

ergibt. Also ist

$$\|\mathscr{L}^*\mathscr{L}\| \geqq \sup_{\|x\|=1} (\mathscr{L}^*\mathscr{L}x, x) = \sup_{\|x\|=1} (\mathscr{L}x, \mathscr{L}x) = \sup_{\|x\|=1} \|\mathscr{L}x\|^2 = \|\mathscr{L}\|^2$$

d.h. $\|\mathscr{L}\|^2 < \|\mathscr{L}^*\mathscr{L}\|$. Der Vergleich mit (1.75.03) ergibt (1.75.02).

2. Spektralradius eines normalen Operators.

Satz 1. *Es sei* $\mathscr{L} \in \Lambda_0(H, H)$ *normal. Dann ist der Spektralradius*

$$s(\mathscr{L}) = \|\mathscr{L}\|. \tag{1.75.04}$$

Beweis. Wir zeigen zuerst, daß

$$\|\mathscr{L}^{2^n}\|^{2^{-n}} = \|\mathscr{L}\|$$

gilt. Ist $n = 1$, so ist nach (1.75.03)

$$\|\mathscr{L}^2\| = \|(\mathscr{L}^2)^*\mathscr{L}^2\| = \|(\mathscr{L}^*)^2\mathscr{L}^2\| = \|(\mathscr{L}^*\mathscr{L})^*\mathscr{L}^*\mathscr{L}\| = \|\mathscr{L}^*\mathscr{L}\| = \|\mathscr{L}\|^4.$$

Genauso schließen wir von n auf $n + 1$. Nach Satz 4; 1.61 ist

$$s(\mathscr{L}) = \lim_{n \to \infty} \|\mathscr{L}^n\|^{1/n} = \lim_{n \to \infty} \|\mathscr{L}^{2^n}\|^{1/2^n} = \|\mathscr{L}\|. \quad \Box$$

Es ist nicht uninteressant zu zeigen, daß

$$\|\mathscr{L}^n\|^{1/n} = \|\mathscr{L}\| \tag{1.75.05}$$

für alle positiv ganze n gilt.

Im Beweis vom Satz 4; 1.61 haben wir nämlich gesehen, daß $s(\mathscr{L}) \leq \|\mathscr{L}^n\|^{1/n}$ $(n = 1, 2, 3, \ldots)$ ist. Andererseits gilt $\|\mathscr{L}^n\|^{1/n} \leq \|\mathscr{L}\|$ also ist nach (1.75.04)

$$s(\mathscr{L}) \leq \|\mathscr{L}^n\|^{1/n} \leq \|\mathscr{L}\| = s(\mathscr{L}). \quad \Box$$

3. Vollstetige normale Operatoren. Es gilt folgender grundlegender Satz:

Satz 2. *Es sei* $\mathscr{L} \neq \theta$ *ein vollstetiger und normaler linearer Operator von* H *in* H. $\mathscr{L}$ *besitzt einen Eigenwert* λ_0 *für welchen* $|\lambda_0| = \|\mathscr{L}\|$ *gilt.*

Beweis. Nach (1.61.19) und (1.75.04) gibt es mindestens einen Punkt $\lambda_0 \in \sigma(\mathscr{L})$ mit $|\lambda_0| = \|\mathscr{L}\|$. Andererseits aber ist auf Grund von Satz 4; 1.63 (Vollstetigkeit!) jeder Punkt von $\sigma(\mathscr{L})$ ein Eigenwert, also ist λ_0 ein Eigenwert. $\Box$

Satz 3. *Die Voraussetzungen sind die gleichen wie im Satz 2. Der im Satz 2 gesicherter Eigenwert* λ_0 *von* $\mathscr{L}$, *ist einer dem Absolutbetrage nach größte Eigenwert von* $\mathscr{L}$.

Beweis. Es sei λ ein beliebiger Eigenwert von $\mathscr{L}$ und x ein zu λ gehöriges auf 1 normiertes Eigenelement. Dann gilt

$$|\lambda_0| = \|\mathscr{L}\| = \sup_{\|y\|=1} \|\mathscr{L}y\| \geq \|\mathscr{L}x\| = |\lambda| \, \|x\| = |\lambda|. \quad \Box$$

Auch folgender Satz spielt im folgenden eine wichtige Rolle:

Satz 4. *Es sei* $\mathscr{L} \in \Lambda_0(H, H)$ *ein normaler Operator. Dann gelten:*

$$N(\mathscr{L} - \lambda\mathscr{E}) = N(\mathscr{L}^* - \bar{\lambda}\mathscr{E}) \qquad (\lambda \in \mathbb{C}) \tag{1.75.06}$$

$$(N(\mathscr{L} - \lambda_1\mathscr{E}), N(\mathscr{L} - \lambda_2\mathscr{E})) = 0 \quad \text{für} \quad \lambda_1 \neq \lambda_2 \qquad (\lambda_1, \lambda_2 \in \mathbb{C}) \tag{1.75.07}$$

Beweis. Nach Satz 1; 1.71 ist $(\mathscr{L}-\lambda\mathscr{E})^* = \mathscr{L}^* - (\lambda\mathscr{E})^*$. Es seien $x, y \in H$ beliebig gewählt, dann ist $(x, (\lambda\mathscr{E})^*y) = (\lambda\mathscr{E}x, y) = \lambda(x, y) = (x, \bar{\lambda}y) = (x, \bar{\lambda}\mathscr{E}y)$, woraus $(\lambda\mathscr{E})^* = \bar{\lambda}\mathscr{E}$ folgt. Also ist $(\mathscr{L}-\lambda\mathscr{E})^* = \mathscr{L}^* - \bar{\lambda}\mathscr{E}$ $(\lambda \in \mathbb{C})$. Man überzeugt sich sofort, daß mit $\mathscr{L}$ auch $\mathscr{L}-\lambda\mathscr{E}$ normal ist, somit gilt nach (1.15.01) $\|(\mathscr{L}-\lambda\mathscr{E})x\| = \|\mathscr{L}^* - \bar{\lambda}\mathscr{E})x\|$ für jedes $x \in H$. Deshalb ist $x \in N(\mathscr{L}-\lambda\mathscr{E})$ genau dann, wenn $x \in N(\mathscr{L}^* - \bar{\lambda}\mathscr{E})$ ist, womit (1.75.06) bewiesen ist.

Ist eine der Zahlen λ_1, λ_2 kein Eigenwert, etwa λ_1 dann ist $N(\mathscr{L}-\lambda\mathscr{E}) = \{\theta\}$ und (1.75.07) wird trivial. Sind dagegen λ_1 und λ_2 beide Eigenwerte von $\mathscr{L}$ zu denen die Eigenelemente x_1 bzw. x_2 gehören, dann ist $x_i \in N(\mathscr{L}-\lambda_i\mathscr{E})$ $(i = 1, 2)$. Es gelten somit die Gleichungen $\lambda_i x_i = \mathscr{L}x_i$ $(i = 1, 2)$. Daraus folgt auf Grund von (1.75.06) $\bar{\lambda}_2 x_2 = \mathscr{L}^* x_2$ und deshalb haben wir folgendes:

$$(x_1, x_2) = \frac{1}{\lambda_1}(\mathscr{L}x_1, x_2) = \frac{1}{\lambda_1}(x_1, \mathscr{L}^* x_2) = \frac{1}{\lambda_1}(x_1, \bar{\lambda}_2 x_2) = \frac{\lambda_2}{\lambda_1}(x_1, x_2).$$

Da aber $\lambda_1 \neq \lambda_2$ ist, folgt $(x_1, x_2) = 0$. $\square$

Auch folgender Satz hat wichtige Anwendungen:

Satz 5. *Es sei $\mathscr{L} \in \Lambda_0(H, H)$ und normal. Dann ist der Index von $\mathscr{L}-\lambda\mathscr{E}$ für jedes $\lambda \in \mathbb{C}$ gleich Null.*

Beweis. Es sei $\lambda \in \mathbb{C}$ beliebig. Für ein Element gilt $x \in R(\mathscr{L}-\lambda\mathscr{E})^\perp$ genau dann, wenn $(x, (\mathscr{L}-\lambda\mathscr{E})y) = 0$ für jedes $y \in H$ ist. Dann ist $(x, (\mathscr{L}-\lambda\mathscr{E})y) = ((\mathscr{L}^* - \bar{\lambda}\mathscr{E})x, y) = 0$. Das letztere bedeutet, daß $(\mathscr{L}^* - \bar{\lambda}\mathscr{E})x = \theta$ ist. Also $x \in R(\mathscr{L}-\lambda\mathscr{E})^\perp$ gilt genau dann, wenn $x \in N(\mathscr{L}^* - \bar{\lambda}\mathscr{E})$ ist, das aber bedeutet, daß $R(\mathscr{L}-\lambda\mathscr{E})^\perp = N(\mathscr{L}^* - \bar{\lambda}\mathscr{E}) = N(\mathscr{L}-\lambda\mathscr{E})$ (nach (1.75.06)) ist, also

$$R(\mathscr{L}-\lambda\mathscr{E})^\perp = N(\mathscr{L}-\lambda\mathscr{E}) \qquad (\lambda \in \mathbb{C}).$$

Daraus ergibt sich

$$\beta(\mathscr{L}-\lambda\mathscr{E}) = \dim R(\mathscr{L}-\lambda\mathscr{E})^\perp = \dim N(\mathscr{L}-\lambda\mathscr{E}) = \alpha(\mathscr{L}-\lambda\mathscr{E}). \qquad \square$$

4. Die Folge der geordneter Eigenwerte und das komplette Eigenelement-system. Wenn $\mathscr{L}$ vollstetig ist, dann hat $\mathscr{L}$, wie wir das schon in (1.63.04) bemerkt haben, höchstens abzählbar unendlich viele Eigenwerte. Wenn wir diese durch $\lambda_1, \lambda_2, \ldots, \lambda_n, \ldots$ bezeichnen, dann machen wir die *Verein-barung*, diese derart zu numerieren, daß $|\lambda_1| \geq |\lambda_2| \geq \cdots \geq |\lambda_n| \geq |\lambda_{n+1}| \geq \cdots$ gilt. Sind unendlich viele Eigenwerte vorhanden, dann ist nach (1.63.04) $\lambda_n \to 0$ $(n \to \infty)$. Wie bisher sei $\dim N(\mathscr{L}-\lambda_i\mathscr{E}) = \alpha_i$ die *Multiplizität* des Eigenwertes λ_i $(i = 1, 2, 3, \ldots)$ und wir werden jeden Eigenwert in der Folge von Eigenwerten so oft aufzählen wie das seine Multiplizität zeigt. Zu jedem Eigenwert λ_i werden wir von jetzt an genau ein Eigenelement x_i zuordnen, und zwar, sind zwei Eigenwerte miteinander gleich, so sollen die zugehörigen normierte Eigenelemente zu einander orthogonal sein. Zu verschiedenen Eigenwerten gehörige Eigenelemente sind nach (1.75.07) automatisch zueinander orthogonal. Wir machen auch die Vereinbarung, daß wir unter Eigenelement immer auf 1 normiertes Element verstehen werden. Die nach den obigen Gesichtspunkten zusammengestellte Folge der Eigenwerte nennen wir die *geordnete Folge der Eigenwerten* und die ortho-normierte Folge der entsprechenden Eigenelemente *das komplette Eigen-elementsystem von $\mathscr{L}$*.

5. Der Reihenentwicklungssatz. Es bezeichne H jetzt einen separabler Hilbert–Raum.

Satz 6. *Es sei $\mathscr{L} \in \Lambda_0(H, H)$ vollstetig und normal, $\{\lambda_n\}$ die geordnete Folge der Eigenwerten und $\{x_n\}$ das komplette Eigenelementsystem von $\mathscr{L}$. Für jedes Element $x \in H$ gelten folgende Reihenentwicklungen:*

$$x = x_0 + \sum_{(i)} (x, x_i) x_i \tag{1.75.08}$$

$$\mathscr{L}x = \sum_{(i)} \lambda_i (x, x_i) x_i, \tag{1.75.09}$$

wobei x_0 ein gewisses Element aus $N(\mathscr{L})$ ist. $\sum_{(i)}$ bedeutet, daß im Fall unendlich vielen existierenden Eigenwerten der Index i von 1 bis ∞ läuft. In diesem Fall konvergieren die Reihen (1.75.08) und (1.75.09) nach der Norm von H. Sind aber nur endlich viele Eigenwerte, etwa N vorhanden, dann wird von 1 bis N summiert.

Beweis. Für eine beliebige natürliche Zahl n bilden wir die lineare Hülle $L(x_1, x_2, \ldots, x_n)$ und definieren für jedes $x \in H$ den Operator $\mathscr{P}_n$ durch folgende Vorschrift:

$$\mathscr{P}_n x := \sum_{i=1}^{n} (x, x_i) x_i \qquad (x \in H). \tag{1.75.10}$$

Wir zeigen, daß $\mathscr{P}_n$ ein orthogonaler Projektor ist, welcher den Raum H auf $L(x_1, x_2, \ldots, x_n)$ projiziert. $R(\mathscr{P}_n) \subset L(x_1, x_2, \ldots, x_n)$ folgt aus der Definition von $\mathscr{P}_n$. Weiter gilt

$$\mathscr{P}_n^2 x = \mathscr{P}_n(\mathscr{P}_n x) = \sum_{i=1}^{n} (\mathscr{P}_n x, x_i) x_i = \sum_{i=1}^{n} \sum_{k=1}^{n} (x, x_k)(x_k, x_i) x_i$$

$$= \sum_{i=1}^{n} (x, x_i) x_i = \mathscr{P}_n x \qquad (x \in H),$$

$\mathscr{P}_n$ ist demzufolge idempotent. Er ist auch selbstadjungiert, wie man das leicht einsieht. Für beliebige Elemente $x, y \in H$ gilt nämlich

$$(\mathscr{P}_n x, y) = \sum_{i=1}^{n} (x, x_i)(x_i, y) = \sum_{i=1}^{n} \overline{(y, x_i)} \, \overline{(x_i, x)} = \overline{(\mathscr{P}_n y, x)} = (x, \mathscr{P}_n y).$$

$\mathscr{P}_n$ hat die weitere Eigenschaft:

$$\mathscr{P}_n\mathscr{L}x = \sum_{i=1}^{n} (\mathscr{L}x, x_i)x_i = \sum_{i=1}^{n} (x, \mathscr{L}^*x_i)x_i = \sum_{i=1}^{n} (x, \bar{\lambda}_i x_i)x_i$$

$$= \sum_{i=1}^{n} \lambda_i(x, x_i)x_i \qquad (x \in H), \tag{1.75.11}$$

weil $\mathscr{L}^* - \bar{\lambda}\mathscr{E} = (\mathscr{L} - \lambda\mathscr{E})^*$ ist. Wir führen die Folge der Operatoren $\mathscr{L}_n$ ein:

$$\mathscr{L}_n x := \sum_{i=1}^{n} \lambda_i(x, x_i)x_i \qquad (x \in H) \tag{1.75.12}$$

und sehen sofort, daß

$$\mathscr{P}_n\mathscr{L} = \mathscr{L}_n \qquad (n = 1, 2, 3, \ldots) \tag{1.75.13}$$

gilt. Andererseits sehen wir, daß

$$\mathscr{L}\mathscr{P}_n x = \sum_{i=1}^{n} (x, x_i)\mathscr{L}x_i = \sum_{i=1}^{n} \lambda_i(x, x_i)x_i = \mathscr{L}_n x \qquad (x \in H),$$

d.h. $\mathscr{L}\mathscr{P}_n = \mathscr{L}_n$ ist. Das zusammen mit (1.75.13) gibt

$$\mathscr{P}_n\mathscr{L} = \mathscr{L}\mathscr{P}_n = \mathscr{L}_n \qquad (n = 1, 2, 3, \ldots). \tag{1.75.14}$$

Wir zeigen jetzt, daß $\mathscr{L} - \mathscr{L}_n$ normal ist. Aus (1.75.13), (1.75.14) und der Selbstadjungiertheit von $\mathscr{P}_n$ folgt:

$$(\mathscr{L} - \mathscr{L}_n)(\mathscr{L} - \mathscr{L}_n)^* = (\mathscr{L} - \mathscr{P}_n\mathscr{L})(\mathscr{L} - \mathscr{L}\mathscr{P}_n)^* = (\mathscr{E} - \mathscr{P}_n)\mathscr{L}\mathscr{L}^*(\mathscr{E} - \mathscr{P}_n)$$

$$= (\mathscr{E} - \mathscr{P}_n)\mathscr{L}^*\mathscr{L}(\mathscr{E} - \mathscr{P}_n) = (\mathscr{L} - \mathscr{P}_n\mathscr{L})^*(\mathscr{L} - \mathscr{L}\mathscr{P}_n)$$

$$= (\mathscr{L} - \mathscr{L}_n)^*(\mathscr{L} - \mathscr{L}_n).$$

Ferner gilt

$$R(\mathscr{L} - \mathscr{L}_n) \subset L(x_1, x_2, \ldots, x_n)^{\perp}. \tag{1.75.15}$$

Das sieht man in folgender Weise ein: Für irgendein $x \in H$ ist

$$y := (\mathscr{L} - \mathscr{L}_n)x = \mathscr{L}x - \sum_{i=1}^{n} \lambda_i(x, x_i)x_i,$$

somit gilt für $k < n$

$$(y, x_k) = (\mathscr{L}x, x_k) - \sum_{i=1}^{n} \lambda_i(x, x_i)(x_i, x_k) = (x, \mathscr{L}^*x_k) - \lambda_k(x, x_k)$$

$$= \lambda_k(x, x_k) - \lambda_k(x, x_k) = 0.$$

Man sieht sofort: Ist $z \in L(x_1, x_2, \ldots, x_n)^{\perp}$, dann folgt $\mathscr{L}_n z = \theta$, deshalb gilt

$$(\mathscr{L} - \mathscr{L}_n)z = \mathscr{L}z \qquad (z \in L(x_1, x_2, \ldots, x_n)^{\perp}). \tag{1.75.16}$$

$\mathscr{L} - \mathscr{L}_n$ ist vollstetig und wie gezeigt wurde normal, hat also einen Eigenwert, etwa λ. Zu ihm gehört das Eigenelement x, d.h. es gilt $\lambda x = (\mathscr{L} - \mathscr{L}_n)x$.

Daraus folgt $x \in R(\mathscr{L} - \mathscr{L}_n)$. Auf Grund von (1.75.15) ist desto mehr $x \in L(x_1, x_2, \ldots, x_n)^{\perp}$, das gibt $\mathscr{L}_n x = \theta$ und deshalb ist die Beziehung $\lambda x = \mathscr{L} x$ richtig. Das aber bedeutet, jeder Eigenwert λ von $\mathscr{L} - \mathscr{L}_n$ ist mit einem der Eigenwerte $\lambda_{n+1}, \lambda_{n+2}, \lambda_{n+3}, \ldots$ gleich.

Wegen der obigen Eigenschaften von $\mathscr{L} - \mathscr{L}_n$ ist der Spektralradius von $\mathscr{L} - \mathscr{L}_n$ nach Satz 1: $s(\mathscr{L} - \mathscr{L}_n) = \|\mathscr{L} - \mathscr{L}_n\|$, woraus folgt, daß $|\lambda_{n+1}| = \|\mathscr{L} - \mathscr{L}_n\|$ ist. Wenn $n \to \infty$, dann ergibt sich $\|\mathscr{L} - \mathscr{L}_n\| \to 0$ (falls unendlichviele Eigenwerte von $\mathscr{L}$ vorhanden sind), mit andern Worten $\lim_{n \to \infty} \mathscr{L}_n = \mathscr{L}$, die Konvergenz gilt im starken Sinn.

Wenn $\mathscr{L}$ nur endlich viele Eigenwerte hat, dann ist $\mathscr{L}_n = \mathscr{L}$ wenn n die Anzahl der Eigenwerte ist. Damit haben wir (1.75.09) bewiesen.

Wir bemerken, daß die Elementenfolge $\{\mathscr{P}_n x\}$ für jedes $x \in H$ konvergiert, denn $\mathscr{P}_n x$ ist genau die Partialsumme der Fourier–Reihe von x. Es existiert also $y := \lim_{n \to \infty} \mathscr{P}_n x$. Nach (1.75.13) und (1.75.14) ist $\lim_{n \to \infty} \mathscr{L} \mathscr{P}_n x = \lim_{n \to \infty} \mathscr{L}_n x = \mathscr{L} y$. Andererseits wißen wir $\lim_{n \to \infty} \mathscr{L}_n x = \mathscr{L} x$ $(x \in H)$. Aus diesen Gründen ist

$$\mathscr{L}(x - y) = \mathscr{L} x - \mathscr{L} y = \lim_{n \to \infty} \mathscr{L}_n x - \mathscr{L} x = \theta.$$

Wir haben also $x_0 := x - y \in N(\mathscr{L})$, damit ist auch (1.75.08) bewiesen. $\square$

Aus dem soeben bewiesenen Satz ergibt sich sofort die folgende Behauptung:

Satz 7. *Ist $\mathscr{L} \in \Lambda_0(H, H)$ vollstetig und normal für welches $N(\mathscr{L}) = \{\theta\}$ ist, so bildet das komplette System von Eigenelementen ein in H vollständiges orthonormiertes Elementensystem.*

Beweis. Aus der Annahme $N(\mathscr{L}) = \{\theta\}$ folgt, daß in (1.75.08) das Element $x_0 = \theta$ ist, d.h. jedes Element x aus H kann in eine zu x konvergierende Fourier–Reihe entwickelt werden. $\square$

6. Darstellung von vollstetigen und normalen Operatoren mittels Eigenwerten und Eigenelementen. Die obige Aussage von Satz 6 läßt sich auch umkehren. Es sei wieder H ein separabler Hilbert–Raumm.

Satz 8. *Es sei $\{\lambda_i\}$ eine beliebige Zahlenfolge (aus $\mathbb{C}$), welche, falls sie unendlich ist, gegen Null strebt, $\{x_i\}$ ein orthonormales Elementensystem in H (Falls beide endlich sind so sei die Anzahl der Glieder gleich). Dann definiert die an der rechten Seite von (1.75.09) stehende Reihe einen vollstetigen und normalen Operator von H in sich.*

Beweis. Sind die Folgen $\{\lambda_i\}$ und $\{x_i\}$ endlich so ist nichts zu beweisen, da ein endlichdimensionaler Operator kompakt ist. Daß der durch (1.75.09) definierte Operator normal ist, ergibt sich durch ein einfaches Rechnen.

Wir bilden die in (1.75.12) definierten endlichdimensionalen Operatoren $\mathscr{L}_n$ $(n = 1, 2, 3, \ldots)$. Die an der rechten Seite von (1.75.09) stehende Reihe ist unter unsern Voraussetzungen immer konvergent, denn es gilt

$$\left\| \sum_{i=n+1}^{n+k} \lambda_i (x, x_i) x_i \right\|^2 = \sum_{i=n+1}^{n+k} |\lambda_i (x, x_i)|^2 \leq \sum_{i=n+1}^{n+k} |(x, x_i)|^2 \qquad (x \in H)$$

für beliebiges k, falls n so groß ist, daß $|\lambda_i| \leq 1$ $(i \geq n)$ ist. Die rechte Seite wird aber kleiner als eine beliebige, in voraus gegebene positive Zahl für hinreichend großes n, woraus wegen der Vollständigkeit von H die Konvergenz der in Frage stehender Reihe folgt.

$\mathscr{L}_n$ ist normal, denn für beliebige Elemente x und $y \in H$ ist

$$(\mathscr{L}_n x, y) = \sum_{i=1}^{n} \lambda_i (x, x_i)(x_i, y) = \sum_{i=1}^{n} \lambda_i (y, x_i)(x_i, x) = (\mathscr{L}_n^* y, x) = (x, \mathscr{L}_n^* y),$$

wobei

$$\mathscr{L}_n^* y = \sum_{i=1}^{n} \bar{\lambda}_i (y, x_i) x_i \qquad (y \in H)$$

der adjungierte Operator von $\mathscr{L}_n$ ist. Daher ergibt sich

$$\mathscr{L}_n \mathscr{L}_n^* y = \sum_{i=1}^{n} \bar{\lambda}_i (y, x_i) \mathscr{L}_n x_i = \sum_{i=1}^{n} |\lambda_i|^2 (y, x_i) x_i \qquad (y \in H).$$

Andererseits ist

$$\mathscr{L}_n^* \mathscr{L}_n y = \sum_{i=1}^{n} \lambda_i (y, x_i) \mathscr{L}_n^* x_i = \sum_{i=1}^{n} |\lambda_i|^2 (y, x_i) x_i \qquad (y \in H),$$

woraus $\mathscr{L}_n^* \mathscr{L}_n = \mathscr{L}_n \mathscr{L}_n^*$ folgt.

Genau wie im Beweis von Satz 6 ergibt sich $\lim\limits_{n \to \infty} \mathscr{L}_n = \mathscr{L}$ (stark). Deswegen ist auch $\mathscr{L}$ normal. Jeder Operator $\mathscr{L}_n$, als endlichdimensionaler Operator ist vollstetig, deshalb ist auch $\mathscr{L}$ nach Lemma 1; 1.62(i) vollstetig. $\square$

7. Darstellung der Resolvente durch Eigenelementen. Es sei wieder $\mathscr{L} \in \Lambda_0(H, H)$ vollstetig und normal, $\{\lambda_i\}$ die geordnete Folge der Eigenwerten, $\{x_i\}$ das komplette System von Eigenelementen. x bezeichne ein beliebiges Element aus H und betrachten die Gleichung

$$\lambda y - \mathscr{L} y = x, \qquad (0 \neq \lambda \in \mathbb{C}, \quad \lambda \neq \lambda_i, \quad i = 1, 2, 3, \ldots) \qquad (1.75.17)$$

welche eine eindeutige Auflösung y besitzt. Wenn wir diese Gleichung mit x_i skalar multiplizieren, ergibt sich

$$\lambda(y, x_i) - (\mathscr{L} y, x_i) = (x, x_i) \qquad (i = 1, 2, 3, \ldots),$$

oder

$$(x, x_i) = \lambda(y, x_i) - (y, \mathscr{L}^* x_i) = \lambda(y, x_i) - \lambda_i(y, x_i)$$
$$= (\lambda - \lambda_i)(y, x_i).$$

Nach (1.75.09) ergibt sich deshalb

$$\lambda y = x + \mathcal{L} y = x + \sum_{(i)} \lambda_i (y, x_i) x_i = x + \sum_{(i)} \frac{\lambda_i}{\lambda - \lambda_i} (x, x_i) x_i,$$

woraus

$$y = \mathcal{R}(\mathcal{L}; \lambda) x = \frac{x}{\lambda} + \sum_{(i)} \frac{\lambda_i}{\lambda(\lambda - \lambda_i)} (x, x_i) x_i \qquad (x \in H)$$

folgt. Die Resolvente ist also für jedes $\lambda \in \rho(\mathcal{L})$ bei einem vollstetigen und normalen Operator durch die folgende Reihe darstellbar:

$$\mathcal{R}(\mathcal{L}; \lambda) = \frac{\mathcal{E}}{\lambda} + \sum_{(i)} \frac{\lambda_i}{\lambda(\lambda - \lambda_i)} (., x_i) x_i. \qquad (1.75.18)$$

Aus dieser Darstellung erkennt man, daß $\mathcal{R}(\mathcal{L}; \lambda)$ *als Funktion von λ eine meromorphe Funktion ist, im Endlichen sind alle singuläre Stellen einfache Pole welche genau die Eigenwerte von $\mathcal{L}$ sind.* (1.75.19)

1.76 Selbstadjungierte Operatoren

1. Eine Charakterisierung der selbstadjungierten Operatoren. Es sei $(H, (.,.)) = H$ ein Hilbert–Raum. Der lineare Operator $\mathcal{L}$ ist selbstadjungiert oder hermitesch, wie wir das in 1.71.1 definierten, falls $\mathcal{L} = \mathcal{L}^*$ gilt. Offensichtlich ist jeder selbstadjungierter Operator normal.

Ein selbstadjungierter Operator kann durch folgende Eigenschaft charakterisiert werden:

Satz 1. *Der Operator $\mathcal{L} \in \Lambda_0(H, H)$ ist genau dann selbstadjungiert, wenn das auf $H \times H$ definiertes Funktional*

$$[x, y] = (\mathcal{L} x, y) \qquad (x, y \in H) \qquad (1.76.01)$$

folgenden Bedingung genügt:

$$[x, y] = \overline{[y, x]}. \qquad (1.76.02)$$

Beweis. a) *Sei $\mathcal{L} = \mathcal{L}^*$, dann gilt*

$$[x, y] = (\mathcal{L} x, y) = (x, \mathcal{L} y) = \overline{(\mathcal{L} y, x)} = \overline{[y, x]}.$$

b) Es gelte (1.76.02) für alle $x, y \in H$, dann ist

$$[x, y] = (\mathcal{L} x, y) = \overline{(\mathcal{L} y, x)} (= \overline{[y, x]}) = (x, \mathcal{L} y) = (\mathcal{L}^* x, y)$$

woraus $\mathcal{L} = \mathcal{L}^*$ folgt. $\square$

Eine weitere Charakterisierung eines selbstadjungierten Operators ist im folgenden Satz enthalten:

Satz 2. *Ein Operator $\mathcal{L} \in \Lambda_0(H, H)$ (H ist ein komplexer Hilbert–Raum) ist genau dann selbstadjungiert, wenn $[x, x] = (\mathcal{L} x, x)$ für alle $x \in H$ reell ist.*

Beweis. a) Es sei $\mathscr{L} = \mathscr{L}^*$ dann folgt aus Satz 1 $[x, x] = \overline{[x, x]}$, d.h. $[x, x]$ ist reell.

b) Die Umkehrung beruht auf folgender Identität welches durch direktes Ausrechnen verivizierbar ist:

$$[x, y] = \tfrac{1}{4}\{([x + y, x + y] - [x - y, x - y])$$
$$+ i([x + iy, x + iy] - [x - iy, x - iy])\} \qquad (x, y \in H). \qquad (1.76.03)$$

Wenn wir annehmen, daß $[x, x]$ für alle $x \in H$ reell ist, so sind sämtliche Ausdrücke $[., .]$ in (1.76.03) reell, daher ist

$$4 \operatorname{Im} [x, y] = [x + iy, x + iy] - [x - iy, x - iy],$$
$$4 \operatorname{Re} [x, y] = [x + y, x + y] - [x - y, x - y].$$

Man sieht sofort, daß $\operatorname{Re}[x, y]$ in x, y symmetrisch, und $\underline{\operatorname{Im}[x, y]}$ anti-symmetrisch, d.h. $\operatorname{Im}[y, x] = -\operatorname{Im}[x, y]$ ist. Daher ist $[x, y] = \overline{[y, x]}$, also $\mathscr{L}$ nach Satz 1 selbstadjungiert. $\square$

Aus dem eben bewiesenen Satz ergibt sich:

Satz 3. *Wenn der selbstadjungierte Operator $\mathscr{L}$ überhaupt Eigenwerte hat, dann sind diese reell.*

Beweis. Angenommen, daß $\mathscr{L}$ den Eigenwert λ hat zu welchen das Eigenelement x gehört, dann gilt $\lambda x = \mathscr{L}x$. Wir bilden das Skalarprodukt beider Seiten mit $x : \lambda(x, x) = (\mathscr{L}x, x)$, woraus $\lambda = (\mathscr{L}x, x)/(x, x)$ folgt. $(\mathscr{L}x, x)$ ist nach Satz 2 reell, sowie der Nenner $(x, x) = \|x\|^2$. $\square$

2. Vollstetige selbstadjungierte Operatoren. Sei jetzt $\mathscr{L}$ selbstadjungiert und vollstetig. Wie schon oben bemerkt wurde ist jeder selbstadjungierter Operator normal. Daraus folgt eine grundlegende Behauptung welche wir als Satz formulieren:

Satz 4. *Jeder vollstetiger und selbstadjungierter Operator $\mathscr{L}$ hat mindenstens einen Eigenwert. Die Eigenwerte sind reell. Dem Absolutbetrage nach größter Eigenwert hat den Betrag $\|\mathscr{L}\|$.*

Der *Beweis* ergibt sich unmittelbar, wenn wir die Ergebnisse vom Satz 2; 1.75 und Satz 3 dieses Abschnittes kombinieren. $\square$

Eine weitere Bemerkung welche in den Anwendungen eine entscheidende Rolle spielt ist, daß *die Eigenwerte eines positiven Operators nichtnegative Zahlen, die Eigenwerte eines positiv definiten Operators positiv sind.*

(1.76.04)

Entsprächende Aussage gilt auch für negative bzw. negativ definite Operatoren. Der Beweis geht ohne Schwierigkeiten, wir überlassen ihn den Leser.

3. Beispiele. a) Es sei $H_0 \subset H$ ein *endlichdimensionaler* Teilraum von H und $\mathscr{P}$ der orthogonale Projektor welcher H auf H_0 abbildet.

$\mathscr{P}$ ist offensichtlich vollstetig, da dim $H_0 = n$ endlich ist, das Bild der
Einheitskugel in H ist also eine kompakte Menge. Dabei ist $\mathscr{P}$ selbst-
adjungiert, also normal, woraus folgt, daß $\mathscr{P}$ mindestens einen Eigenwert
hat. Einer dieser ist gewiß 1, denn nach (1.71.09) gilt für jedes Element
$x \in H_0: x = \mathscr{P}x$. Eine orthonormale Basis für H_0 sei $x_1, x_2, \ldots, x_n$, dann gilt
$x_i = \mathscr{P}x_i$ $(i = 1, 2, \ldots, n)$ also hat 1 die Multiplizität genau $n = \dim H_0$.
Andererseits hat $\mathscr{P}$ gewiß keine weitere von Null verschiedene Eigenwerte.
Denn wäre $\lambda \neq 0$ ein weiterer Eigenwert von $\mathscr{P}$, so gilt $\lambda x = \mathscr{P}x$ für ein
gewisses Element $x \neq \theta$. Dann aber ist nach Satz 2; 1.71: $\lambda \mathscr{P}x = \lambda^2 x = \mathscr{P}^2 x =
\mathscr{P}x$. Also wäre mit λ auch λ^2 ein Eigenwert, zu welchen das gleiche
Eigenelement x gehört. Ist $\lambda \neq \lambda^2$, so müßte x zu sich orthogonal sein. Das
aber kann nicht sein, denn $(x, x) = \|x\|^2$ verschwindet ganau dann, wenn $x = \theta$
ist im Widerspruch zur Voraussetzung. Es muß also $\lambda = \lambda^2$ gelten, woraus
$\lambda = 1$ folgt.

Dabei ist $\lambda = 0$ auch ein Eigenwert. Denn jedes x welches orthogonal zu H_0
ist, befriedigt die Gleichung $\mathscr{P}x = \theta$. Wenn H unendlichdimensional ist, dann
hat $\lambda = 0$ auch eine unendliche Multiplizität.

Wenn wir den Satz 6; 1.75 auf unsern orthogonalen Projektor $\mathscr{P}$ anwenden,
dann sehen wir, daß dieser nach (1.75.09) die Gestalt

$$\mathscr{P}x = \sum_{i=1}^{n} (x, x_i)x_i \qquad (x \in H) \tag{1.76.05}$$

hat, wobei $n = \dim H_0$, und $\{x_1, x_2, \ldots, x_n\}$ eine beliebige orthonormierte
Basis von H_0 ist.

b) Ganz verschieden ist der Sachverhalt, falls $\mathscr{P}$ ein orthogonaler Projektor
vom unendlichdimensionalen separablen Hilbert–Raum auf einen
unendlichdimensionalen Teilraum H_0 ist. Auch in diesem Fall ist 1 ein
Eigenwert, und jedes Element aus H_0 genügt der Gleichung $x = \mathscr{P}x$, d.h.
jedes auf 1 normierte Element von H_0 ist ein zu 1 gehöriges Eigenelement
von $\mathscr{P}$. Da eine orthonormierte Basis von H_0 unendlichviele Elemente
enthält, ist die Multiplizität vom Eigenwert 1 unendlich, anders dim $N(\mathscr{P} - \mathscr{E})$
$= \infty$. Dann aber kann nach dem Rieszschen Satz (Satz 2; 1.63) $\mathscr{P}$ *kein
vollstetiger Operator* sein. Dieses Beispiel zeigt, daß *der Satz 4 nur eine
hinreichende Bedingung für die Existenz eines Eigenwertes liefert*. Ein selbstadjungierter Operator kann, auch wenn er nicht kompakt ist, Eigenwerte
besitzen.

c) Es sei wieder $\mathscr{L}$ ein selbstadjungierter und vollstetiger Operator in einem
separablen Hilbert–Raum. $\{\lambda_i\}$ sei die geordnete Folge seiner Eigenwerte, $\{x_i\}$ das komplette orthonormierte System seiner Eigenelemente. In
1.72 haben wir gezeigt, daß jeder Operator aus $\Lambda_0(H, H)$ durch eine (i.a.
unendliche) Matrix charakterisiert werden kann. Wir wollen jetzt zu $\mathscr{L}$
gehörige Matrix mittels des orthonormierten Systems $\{x_i\}$ aufstellen. Die
Koeffizienten dieser sind

$$\alpha_{jk} = (\mathscr{L}x_k, x_j) = \lambda_k(x_k, x_j) = \begin{cases} 0 & \text{für} \quad k \neq j \\ \lambda_k & \text{für} \quad k = j \end{cases}$$

Die entsprechende Matrix ist also die folgende Diagonalmatrix

$$\mathfrak{A} = \begin{pmatrix} \lambda_1 & & & \\ & \lambda_2 & & \\ & & \lambda_3 & \\ & & & \ddots \end{pmatrix}.$$

Wenn wir dieses Ergebnis mit der Feststellung des Beispieles b) vergleichen erhalten wir das Ergebnis von 1.72.3 zurück.

1.77 Die Schmidtschen Eigenwerte und Eigenelemente

1. Das Schmidtsche System eines vollstetigen Operators. Es sei $\mathscr{L} \in \Lambda_0(H, H)$ vollstetig $(H, (.,.)) = H$ ist ein Hilbert–Raum. Wir betrachten die Operatoren

$$\mathscr{A} = \mathscr{L}^* \mathscr{L} \quad \text{und} \quad \mathscr{B} = \mathscr{L} \mathscr{L}^*. \tag{1.77.01}$$

Beide sind vollstetig und selbstadjungiert. Die Kompaktheit ergibt sich unmittelbar daraus, daß $\mathscr{L}^*$ beschränkt ist, also überführt die Einheitskugel von H in eine beschränkte Menge, nachher überführt $\mathscr{L}$ diese in eine kompakte Menge. Also ist $\mathscr{B}$ kompakt. Genauso sieht man auch die Kompaktheit von $\mathscr{A}$ ein. Beide sind selbstadjungiert denn $\mathscr{A}^* = (\mathscr{L}^* \mathscr{L})^* = \mathscr{L}^* \mathscr{L} = \mathscr{A}$ und genau so gilt $\mathscr{B}^* = \mathscr{B}$. Ist $\mathscr{L} \neq \theta$ (das werden wir immer voraussetzen), dann gibt es ein $x \in H$ mit $\mathscr{L}x \neq \theta$, weshalb

$$(\mathscr{A}x, x) = (\mathscr{L}^* \mathscr{L}x, x) = (\mathscr{L}x, \mathscr{L}x) = \|\mathscr{L}x\|^2 \neq 0$$

ist, also kann auch $\mathscr{A}x = \theta$ nicht gelten.

Dabei sind $\mathscr{A}$ und $\mathscr{B}$ positive Operatoren was sofort erkennbar ist.

Bei diesem Sachverhalt haben $\mathscr{A}$ und $\mathscr{B}$ Eigenwerte, diese sind nichtnegative Zahlen. Es sei $\varkappa^2$ (reell) ein Eigenwert ($\neq 0$) von $\mathscr{A}$ und y ein, zu $\varkappa^2$ gehöriges Eigenelement. Wir setzen $\varkappa x := \mathscr{L}y$ (wobei $\varkappa$ eine Quadratwurzel von $\varkappa^2$ ist). Daraus ergibt sich $\varkappa \mathscr{L}^* x = \mathscr{L}^* \mathscr{L}y = \mathscr{A}y = \varkappa^2 y$, also $\varkappa y = \mathscr{L}^* x$. Wenn wir $\mathscr{L}$ auf beide Seiten dieser Gleichung anwenden, ergibt sich $\varkappa \mathscr{L}y = \mathscr{L}\mathscr{L}^* x = \mathscr{B}x$. Andererseits ist $\varkappa \mathscr{L}y = \varkappa^2 x$, deshalb gilt $\varkappa^2 x = \mathscr{B}x$. Man erkennt sofort, daß $x \neq \theta$ ist, in Gegenteil könnte y kein Eigenelement von $\mathscr{L}^* \mathscr{L} = \mathscr{A}$ sein. Demzufolge ist x ein Eigenelement von $\mathscr{B}$ welches zum Eigenwert $\varkappa^2$ gehört. Ein Eigenwert $\varkappa^2$ von $\mathscr{B}$ ist auch ein Eigenwert von $\mathscr{A}$. Analog beweist man die Umkehrung: jeder Eigenwert von $\mathscr{A}$ ist auch ein Eigenwert von $\mathscr{B}$. Das Ergebnis des bisherigen Gedankenganges fassen wir im folgenden Satz zusammen:

Satz 1. *Es sei* $\theta \neq \mathscr{L} \in \Lambda_0(H, H)$ *vollstetig. Dann sind die Eigenwerte der Operatoren* $\mathscr{A}$ *und* $\mathscr{B}$, *definiert in* (1.77.01), *gemeinsam. Ist* $\varkappa^2$ ($\neq \theta$) *ein solcher Eigenwert, dann hat das Gleichungssystem*

$$\varkappa x = \mathscr{L}y, \qquad \varkappa y = \mathscr{L}^* x \tag{1.77.02}$$

von Null verschiedene Lösungen in H und diese sind genau die zu $\varkappa^2$ *gehörige Eigenelemente von* $\mathscr{A}$ *bzw.* $\mathscr{B}$ ($\varkappa$ *ist eine der Quadratwurzeln von* $\varkappa^2$). $\square$

Die Zahlen $\varkappa_i$ $(i = 1, 2, 3, \ldots)$ heißen die *Schmidtschen Eigenwerte* (nach Erhard Schmidt), die dazugehörigen, auf 1 normierte Lösungen von (1.77.02) sind die *Schmidtschen Eigenelemente von $\mathscr{L}$*.

Man kann fordern, daß beide Elemente x und y auf 1 normiert seien, denn ist z.B. x auf 1 normiert, so ist y schon automatisch auf 1 normiert. Es gilt nämlich

$$\varkappa^2(x, x) = \varkappa^2 = (\mathscr{L}y, \mathscr{L}y) = (\mathscr{L}^*\mathscr{L}y, y) = (\mathscr{A}y, y) = \varkappa^2(y, y) = \varkappa^2 \|y\|^2$$

woraus $\|y\|^2 = 1$ folgt.

Auch die Schmidtschen Eigenwerte werden wir geordnet aufschreiben nach der Vereinbarung in 1.75.4 *Ist χ^2 ein Eigenwert von $\mathscr{A}$ und $\mathscr{B}$, so hat dieser bezüglich $\mathscr{A}$ und $\mathscr{B}$ die gleiche Vielfachheit.* (1.77.03)

Ist nämlich $\varkappa^2$ ein Eigenwert von $\mathscr{A}$ von der Vielfachheit $n_{\mathscr{A}}$ und ist eine orthonormale Basis von $N(\varkappa^2\mathscr{E} - \mathscr{A})$ etwa $\{y_1, y_2, \ldots, y_{n_{\mathscr{A}}}\}$, dann sind die Elemente $x_i = \dfrac{1}{\varkappa^2}\mathscr{L}y_i$ $(i = 1, 2, \ldots, n)$ zu $\varkappa^2$ gehörige Eigenelemente von $\mathscr{B}$.

Diese bilden sogar ein orthonormales Eigenelementsystem. Die Normiertheit von x_i haben wir oben schon gezeigt, die Orthogonalität sieht man in ähnlicher Weise ein:

$$\varkappa^2(x_i, x_j) = (\mathscr{L}y_i, \mathscr{L}y_j) = (\mathscr{L}^*\mathscr{L}y_i, y_j) = (\mathscr{A}y_i, y_j)$$
$$= \varkappa^2(y_i, y_j) \qquad (i, j = 1, 2, \ldots, n_{\mathscr{A}}).$$

Mit $(y_i, y_j) = 0$ ist auch $(x_i, x_j) = 0$. Die Elemente $\{x_i\}$ sind somit linear unabhängig, deswegen ist $n_{\mathscr{B}} \geqq n_{\mathscr{A}}$ wobei $n_{\mathscr{B}}$ die Vielfachheit von $\varkappa^2$ bezüglich $\mathscr{B}$ ist. Analog zeigt man, ausgehend aus einer orthonormalen Basis $\{x_1, x_2, \ldots, x_{n_{\mathscr{B}}}\}$ von $N(\chi^2\mathscr{E} - \mathscr{B})$, daß $n_{\mathscr{A}} \geqq n_{\mathscr{B}}$ ist, woraus $n_{\mathscr{A}} = n_{\mathscr{B}}$ folgt.

Wir ordnen jedem Schmidtschen Eigenwert $\varkappa_i$ die Eigenelemente x_i von $\mathscr{B}$ und y_i von $\mathscr{A}$ zu. In dieser Weise ergibt sich das System $\{\varkappa_i, x_i, y_i\}$ welches wir *das zu $\mathscr{L}$ gehöriges Schmidtsche System* nennen.

Man erkennt sofort, wenn $\mathscr{L}$ selbstadjungiert und vollstetig ist, dann gilt $\mathscr{A} = \mathscr{B} = \mathscr{L}^2$ und $\varkappa_i^2 = \lambda_i^2$ ist das Quadrat der Eigenwerte, das Schmidtsche System reduziert sich auf die geordnete Folge von Eigenwerten und die dazu gehörigen Eigenelemente.

2. Reihenentwicklungssätze. Es sei $\mathscr{L}$ wieder ein vollstetiger Operator. Es gilt folgender Entwicklungssatz:

Satz 2. *Ist $\{\varkappa_i; x_i, y_i\}$ das Schmidtsche System von $\mathscr{L}$, so gilt für ein beliebiges Element $y \in H$:*

$$\mathscr{L}y = \sum_{(i)} \varkappa_i(y, y_i)x_i. \tag{1.77.04}$$

Enthält das Schmidtsche System unendlichviele Elemente, so konvergiert die obige Summe im Raum H.

Beweis. y sei beliebig, dann gilt nach (1.75.08)

$$y = y_0 + \sum_{(i)} (y, y_i) y_i,$$

wobei $y_0 \in N(\mathscr{L}^*\mathscr{L})$ ist. Man sieht aber ohne Schwirigkeit, daß aus $y_0 \in N(\mathscr{L}^*\mathscr{L})$ folgt $y_0 \in N(\mathscr{L})$. Es sei nämlich x vorläufig beliebig, dann ist $(\mathscr{L}^*\mathscr{L}x, x) = (\mathscr{L}x, \mathscr{L}x) = \|\mathscr{L}x\|^2$. Ist also $x \in N(\mathscr{L}^*\mathscr{L})$, so folgt $x \in N(\mathscr{L})$, also $N(\mathscr{L}^*\mathscr{L}) \subseteq N(\mathscr{L})$. Es ergibt sich also $\mathscr{L}y_0 = \theta$. Wegen der Stetigkeit von $\mathscr{L}$ ergibt sich

$$\mathscr{L}y = \sum_{(i)} (y, y_i) \mathscr{L}y_i = \sum_{(i)} \varkappa_i (y, y_i) x_i. \quad \square$$

Aus diesem Satz sieht man sofort, *hat ein Operator endlich viele Schmidtsche Eigenwerte, so ist dieser endlichdimensional.*

Man kann in gewisser Hinsicht den vorigen Satz umkehren:

Satz 3. *Es seien zwei orthonormale Elementensysteme $\{x_n\}$ und $\{y_n\}$ und eine Zahlenfolge $\{\varkappa_n\}$ von gleicher Mächtigkeit gegeben, so daß $\varkappa_n \to 0$ falls unendlich viele glieder vorhanden sind. Dann ist die Reihe*

$$\sum_{(i)} \varkappa_i (y, y_i) x_i \tag{1.77.05}$$

für jedes Element $y \in H$ konvergent und definiert einen linearen und vollstetigen Operator.

Beweis. Ist (1.77.05) eine endliche Summe, so ist nichts zu beweisen, denn ein endlichdimensionaler Operator ist immer kompakt. Ist dagegen die obige Reihe unendlich, dann ist

$$\left\| \sum_{i=n+1}^{n+k} \lambda_i (y, y_i) x_i \right\|^2 \leqq \sum_{i=n+1}^{n+k} |(y, y_i)|^2 < \varepsilon$$

für hinreichend großen Wert von n (k beliebig), woraus wegen der Vollständigkeit des Raumes H die Konvergenz von (1.77.05) folgt. Es sei

$$\mathscr{L}_n y := \sum_{i=1}^{n} \varkappa_i (y, y_i) x_i; \qquad \mathscr{L}y := \sum_{i=1}^{\infty} \varkappa_i (y, y_i) x_i \qquad (y \in H).$$

Dann gilt

$$(\mathscr{L} - \mathscr{L}_n) y = \sum_{i=n+1}^{\infty} \varkappa_i (y, y_i) x_i$$

und nach der Besselschen Ungleichung

$$\|(\mathscr{L} - \mathscr{L}_n) y\|^2 = \sum_{i=n+1}^{\infty} |\varkappa_i|^2 |(y, y_i)|^2 \leqq |\varkappa_{n+1}|^2 \sum_{i=n+1}^{\infty} |(y, y_i)|^2$$

$$\leqq |\varkappa_{n+1}|^2 \|y\|^2.$$

Daraus ergibt sich

$$\|\mathscr{L} - \mathscr{L}_n\| \leqq |\varkappa_{n+1}| \to 0 \qquad (n \to \infty).$$

$\mathscr{L}$ ist nun der starke Grenzwert von $\mathscr{L}_n$, also der Grenzwert von kompakten Operatoren und als solcher selbst kompakt. $\square$

Man sieht sofort, das Schmidtsche System des oben bestimmten Operators genau $\{\varkappa_n ; x_n, y_n\}$ ist.

II   Lineare Integralgleichungen

2.1   Einführung

2.11   Grundbegriffe

1. Begriff der linearen Integralgleichung. Es sei A eine lineare Menge von Funktionen und $\mathcal{K}$ irgendein linearer *Integraloperator* welcher die Menge A in sich abbildet. Es sei $f \in A$ irgendeine Funktion aus A, dann heißen die Funktionalgleichungen

$$\mathcal{K}x = f \qquad\qquad (2.11.01)$$

und

$$x - \mu\mathcal{K}x = f \qquad\qquad (2.11.02)$$

lineare Integralgleichungen. Die Gleichung (2.11.01) heißt *Integralgleichung erster Art*, die Gleichung (2.11.02) *Integralgleichung zweiter Art*. In der letztern ist μ eine reelle oder komplexe Konstante, der sog. *Parameter der Integralgleichung*. Das Problem ist eine Funktion $x \in A$ zu finden, welche (2.11.01) bzw. (2.11.02) befriedigt. Eine solche Funktion heißt ein *Lösung* der Integralgleichung. Wir werden mit Hilfe der Darstellungen der ersten Teiles dieses Buches die Auflösbarkeit und Lösungsmethoden behandeln.

A wird in der Regel der Raum $L^2(a, b)$ $(a < b)$ sein. Manchmal suchen wir die Lösung der Integralgleichungen auch im Raum $C[a, b]$ $(a < b$ sind endlich). Die Kernfunktion $K(s, t)$ $(s, t \in (a, b))$ welcher den Integraloperator $\mathcal{K}$ erzeugt, heißt der *Kern* der Integralgleichung.

Ist in den Gleichungen $f = 0$ (das bedeutet im Fall $A = C[a, b]$, daß $f(s) = 0$ für jedes s aus $[a, b]$ ist und im Fall $A = L^2(a, b)$, daß f ein Repräsentant derjenigen Äquivalenzklasse, welche die Funktion identisch Null enthält ist, also ist $f(s) = 0$ fast überall in (a, b)), dann heißt (2.11.01) bzw. (2.11.02) *homogene Integralgleichung* erster bzw. zweiter Art. Im Gegenteil nennen wir die obengenannten Gleichungen *inhomogen*.

Hat für irgendeinen Wert von μ die homogene Integralgleichung (2.11.02) eine von der Nullfunktion verschiedene Lösung, so heißt μ eine *charakteristische Zahl* der Integralgleichung. Da die charakteristische Zahl nur vom Kern abhängt, deshalb werden wir auch den Ausdruck: *charakteristische Zahl des Kernes* gebrauchen. Ist μ also eine charakteristische Zahl, dann heißt jede auf 1 normierte zu A gehörige Lösung eine zu μ gehörige *Eigenfunktion* (des Kernes oder der Integralgleichung). Hat die homogene Integralgleichung erster Art (2.11.01) eine von Null verschiedene Lösung, so sagen wir (aus später dargestellten Gründen) $\mu = \infty$ ist ein Eigenwert des Kernes und jede auf 1 normierte Lösung der homogenen Integralgleichung erster Art wird als eine, zu $\mu = \infty$ gehörige Eigenfunktion betrachtet.

2. Stetige Kerne. Es sei $I = [a, b]$ ein endliches, abgeschlossenes Intervall und $K : I \times I \to \mathbb{C}$ eine stetige Kernfunktion. Dann wissen wir (s.1.42.1), daß

K einen linearen und stetigen (beschränkten) Integraloperator

$$\mathscr{K} : C[a, b] \to C[a, b]$$

darstellt für deren Operatorennorm die Abschätzung (1.42.05) gilt. Weiter hinaus gilt noch auf Grund von 1.62.2. Beispiel c) daß $\mathscr{K}$ sogar vollstetig ist.

Wir wissen ferner, daß die iterierten Operatoren von $\mathscr{K}$ ebenfalls Integraloperatoren sind, welche die iterierten Kerne von K darstellen. (vgl. 1.42.4) Grundlegend ist folgender Satz;

Satz 1. *Es sei $K : I \times I \to \mathbb{C}$ ein stetiger Kern. Der durch ihn erzeugte Operator $\mathscr{K}$ bestimmt den Kern eindeutig im folgenden Sinn: Gilt $(\mathscr{K}_1 x)(s) = (\mathscr{K}_2 x)(s)$ ($a \leq s \leq b$) für jede Funktion $x \in C[a, b]$, wobei $\mathscr{K}_1$ und $\mathscr{K}_2$ zwei, durch stetige Kerne K_1 und K_2 erzeugte Integraloperatoren sind, dann ist $K_1(s, t) = K_2(s, t)$ für jedes $s, t \in [a, b]$.*

Beweis. Es sei $K := K_1 - K_2$, dann ist $(\mathscr{K} x)(s) = 0$ ($a \leq s \leq b$) für jedes $x \in C[a, b]$, wobei $\mathscr{K}$ der durch K erzeugte Integraloperator ist. Es sei für ein beliebiges, festes $s \in [a, b]$ $x(t) = \bar{K}(s, t)$ ($a \leq t \leq b$), dann ist $\int_a^b K(s, t) \bar{K}(s, t) \, dt = \int_a^b |K(s, t)|^2 \, dt = 0$, woraus $K(s, t) = 0$ für $a \leq t \leq b$ folgt. Da aber s beliebig ist, ergibt sich die Behauptung unmittelbar. $\square$

3. Quadratisch integrierbare Kerne. Wir werden jetzt solche Kernfunktionen $K(s, t)$ ($a \leq s, t \leq b$) betrachten, für welche die folgenden drei Bedingungen erfüllt sind:
1) $K(s, t)$ ist eine meßbare Funktion von (s, t) über $I \times I$ ($I = (a, b)$) so daß

$$\int_a^b \int_a^b |K(s, t)|^2 \, ds \, dt < \infty. \tag{2.11.03}$$

2) Für jeden festen Wert s aus I ist $K(s, t)$ eine meßbare Funktion von t, so daß

$$\int_a^b |K(s, t)|^2 \, dt < \infty. \tag{2.11.04}$$

3) Nebst jedem festen Wert von $t \in I$ ist $K(s, t)$ eine meßbare Funktion der Variablen s, so daß

$$\int_a^b |K(s, t)|^2 \, ds < \infty$$

gilt.

Den linearen Raum aller in $I \times I$ erklärten Kerne mit den Eigenschaften 1), 2), 3) werden wir mit Q^2 (ausführlicher mit $Q^2(I)$ oder $Q^2(a, b)$) bezeichnen.

Man sieht sofort, daß ein Kern $K \in Q^2$ einen linearen und beschränkten Integraloperator $\mathscr{K}$ von $L^2(I)$ in sich definiert. Die Linearität des Integraloperators

$$y(s) = (\mathscr{K}x)(s) := \int_a^b K(s, t)x(t)\, dt \tag{2.11.05}$$

muß offensichtlich nicht bewiesen werden. Die Beschränktheit ergibt sich nach der Schwarzschen Ungleichung:

$$|y(s)|^2 \leq \int_a^b |K(s, t)|^2\, dt \int_a^b |x(t)|^2\, dt$$

$$= \int_a^b |K(s, t)|^2\, ds\, \|x\|_{L^2}^2. \tag{2.11.06}$$

Daraus folgt unmittelbar auf Grund der Voraussetzungen über K, daß $y \in L^2$ ist. Wenn wir beide Seiten Integrieren nach s, so ergibt sich

$$\int_a^b |y(s)|^2\, ds \leq \int_a^b \int_a^b |K(s, t)|^2\, ds\, dt\, \|x\|_{L^2}^2$$

oder

$$\|y\|_{L^2} \leq \left(\int_a^b \int_a^b |K(s, t)|^2\, ds\, dt \right)^{1/2} \|x\|_{L^2}. \tag{2.11.07}$$

Man erkennt also die Beschränkheit von $\mathscr{K}$, es gilt sogar

$$\|\mathscr{K}\| \leq \left(\int_a^b \int_a^b |K(s, t)|^2\, ds\, dt \right)^{1/2}. \tag{2.11.08}$$

4. Der Fubini und Tonelli–Hobsonsche Satz. Bei dem obigen Gedankengang haben wir davon Gebrauch gemacht, daß das Doppelintegral an der linken Seite von (2.11.03) als zwei nacheinander ausgeführte Integrale berechenbar ist. War dieser Schritt legal? Darauf bezieht sich der Satz von Fubini, welcher auch in den späteren Ausführungen eine zentrale Rolle spielt.

Satz 2. (Fubini) *Es sei $F : I \times I \to \mathbb{C}$ eine Funktion, so daß das Lebesgue-Integral*

$$\int_a^b \int_a^b F(s, t)\, ds\, dt$$

existiert. Dann ist $\int_a^b F(s, t)\, dt$ für fast alle $s \in I$ vorhanden und stellt eine Lebesgue-integrierbare Funktion dar und es ist

$$\int_a^b \int_a^b F(s, t)\, ds\, dt = \int_a^b \left(\int_a^b F(s, t)\, dt \right) ds.$$

Analog ist auch $\int_a^b F(s, t)\, ds$ über I Lebesgue-integrierbar und es gilt

$$\int_a^b \int_a^b F(s, t)\, ds\, dt = \int_a^b \left(\int_a^b F(s, t)\, ds \right) dt.$$

Wie wichtig auch dieser Satz für unsere Zwecke ist, bringen wir seinen Beweis hier nicht, das würde uns über den Ramen dieses Buches hinausführen. Wir verweisen auf die Lehrbüchen über reelle Funktionentheorie (z.B. J. C. Burkill: The Lebesgue Integral. Cambridge Tracts in Mathematics and Mathematical Physics. No. 40. Cambridge. 1951. S. 63–64).

Aus diesem Satz sieht man sofort, daß $|y(s)|^2$ tatsächlich integrierbar ist (wobei y die in (2.11.05) definierte Funktion ist), da die Rechte Seite von (2.11.06) integrierbar ist, und daß aus (2.11.06) die Ungleichung (2.11.07) tatsächlich folgt.

Eine Verallgemeinerung des Fubinischen Satzes ist der Folgende auf Tonelli und Hobson zurückgehende Satz welcher sich auch als nützlich erweisen wird:

Satz 3. *Ist $F: I \times I \to \mathbb{C}$ eine meßbare Funktion für welche eine der folgenden Integrale existiert:*

$$\int_a^b \int_a^b |F(s, t)|\, ds\, dt; \quad \int_a^b \left(\int_a^b |F(s, t)|\, dt \right) ds; \quad \int_a^b \left(\int_a^b |F(s, t)|\, ds \right) dt,$$

dann existieren die Integrale

$$\int_a^b \int_a^b F(s, t)\, ds\, dt; \quad \int_a^b \left(\int_a^b F(s, t)\, dt \right) ds; \quad \int_a^b \left(\int_a^b F(s, t)\, ds \right) dt$$

und sind miteinander gleich.

Auch den Beweis dieses bringen wir hier nicht (s.z.B. das oben zitierte Buch von Burkill).

5. Die Faltung von Q^2-Kernen. Es seien $K, L \in Q^2(I)$ welche die Integraloperatoren $\mathcal{K}$ und $\mathcal{L}$ erzeugen. Wir zeigen jetzt, daß $\mathcal{K}\mathcal{L}$ ebenfalls ein Integraloperator ist welcher durch einen Q^2-Kern erzeugt ist. Es sei nämlich

$x \in L^2$ beliebig, dann gilt $(\mathscr{K}\mathscr{L})x = \mathscr{K}(\mathscr{L}x)$, das bedeutet

$$y(s) = ((\mathscr{K}\mathscr{L})x)(s) = \int_a^b K(s, r)\left(\int_a^b L(r, t)x(t)\, dt\right) dr.$$

Andererseits aber existiert

$$\int_a^b |K(s, r)|\left(\int_a^b |L(r, t)|\, |x(t)|\, dt\right) dr$$

und für jeden festen Wert $r \in I$ ist $K(s, r)L(r, t)x(t)$ eine, bezüglich (s, t) meßbare Funktion, deswegen gilt nach dem Satz 3

$$y(s) = \int_a^b K(s, r)\left(\int_a^b L(r, t)x(t)\, dt\right) dr = \int_a^b \left(\int_a^b K(s, r)L(r, t)\, dr\right)x(t)\, dt.$$

$\mathscr{K}\mathscr{L}$ ist dementsprechend ein Integraloperator dessen Kern

$$M(s, t) = \int_a^b K(s, r)L(r, t)\, dr \tag{2.11.09}$$

ist. M heißt die *Faltung* der Kerne K und L. Es ist nicht schwer zu erkennen, daß $M \in Q^2$ ist. Nach der Schwarzschen Ungleichung gilt nämlich

$$|M(s, t)|^2 \leqq \int_a^b |K(s, r)|^2\, dr \int_a^b |L(r, t)|^2\, dr.$$

Beide Faktoren an der rechten Seite sind nach dem Fubinischen Satz integrierbar nach s bzw. t, deshalb ist auch $|M(s, t)|^2$ bezüglich (s, t) Lebesgue-integrierbar über $I \times I$. Es gilt

$$\int_a^b \int_a^b |M(s, t)|^2\, ds\, dt \leqq \int_a^b \int_a^b |K(s, r)|^2\, ds\, dr \int_a^b \int_a^b |L(r, t)|^2\, dr\, dt. \tag{2.11.10}$$

Ebenfalls können wir mit Hilfe der Schwarzschen Ungleichung jetzt beweisen, daß $Q^2(I)$ tatsächlich ein linearer Raum ist wie wir das behauptet haben. Dazu müßen wir nur zeigen, daß mit $K, L \in Q^2(I)$ auch $K + L \in Q^2(I)$ gilt. Es ist nämlich

$$|K(s, t) + L(s, t)|^2 = |K(s, t)|^2 + |L(s, t)|^2$$
$$+ K(s, t)\bar{L}(s, t) + \bar{K}(s, t)L(s, t)$$

und

$$\left|\int_a^b \int_a^b K(s, t)\bar{L}(s, t)\, ds\, dt\right|^2 \leqq \int_a^b \int_a^b |K(s, t)|^2\, ds\, dt \int_a^b \int_a^b |L(s, t)|^2\, ds\, dt.$$

Daher

$$\int\limits_a^b\int\limits_a^b |K(s,t)+L(s,t)|^2\,ds\,dt \leqq \int\limits_a^b\int\limits_a^b |K(s,t)|^2\,ds\,dt + \int\limits_a^b\int\limits_a^b |L(s,t)|^2\,ds\,dt$$

$$+2\left(\int\limits_a^b\int\limits_a^b |K(s,t)|^2\,ds\,dt\right)^{1/2}\left(\int\limits_a^b\int\limits_a^b |L(s,t)|^2\,ds\,dt\right)^{1/2}$$

$$=\left[\left(\int\limits_a^b\int\limits_a^b |K(s,t)|^2\,ds\,dt\right)^{1/2}+\left(\int\limits_a^b\int\limits_a^b |L(s,t)|^2\,ds\,dt\right)^{1/2}\right]<\infty.$$

Folgender Hilfssatz über die Faltung von Q^2-Kernen wird sich als nützlich erweisen: Es seien A, B, C Kerne aus $Q^2(I)$, die entsprechende Integraloperatoren werden wir mit $\mathscr{A}$, $\mathscr{B}$, $\mathscr{C}$, bezeichnen. Man setzt

$$a(s):=\left(\int\limits_a^b |A(s,t)|^2\,dt\right)^{1/2}, \qquad c(t):=\left(\int\limits_a^b |C(s,t)|^2\,ds\right)^{1/2} \qquad (s,t\in I).$$

Lemma 1. *Unter den obigen Voraussetzungen gilt*

$$\left|\int\limits_a^b\int\limits_a^b A(s,r_1)B(r_1,r_2)C(r_2,t)\,dr_1\,dr_2\right| \leqq \|\mathscr{B}\|\,a(s)c(t).$$

Beweis. Für beliebige Funktionen $x,y\in L^2$ gilt

$$|(\mathscr{B}x,y)|\leqq\|\mathscr{B}x\|_{L^2}\|y\|_{L^2}\leqq\|\mathscr{B}\|\,\|x\|_{L^2}\|y\|_{L^2}.$$

Für feste Werte von s und t (aus I) sei $x=C(.,t)$, $y=\bar{A}(s,.)$ dann ist

$$(\mathscr{B}x,y)=\int\limits_a^b\int\limits_a^b A(s,r_1)B(r_1,r_2)C(r_2,t)\,dr_1\,dr_2 \qquad (s,t\in I)$$

und

$$\|\mathscr{B}\|\,\|x\|_{L^2}\|y\|_{L^2}=\|\mathscr{B}\|\,a(s)c(t). \qquad \square$$

6. Die Vollstetigkeit der Kerne aus Q^2

Satz 4. *Die Kerne der Klasse Q^2 sind vollstetig.*

Beweis. Den ausführlichen Beweis diesen äusserst wichtigen Satzes können wir an dieser Stelle nicht wiedergeben, dazu benötigen wir weitgehende Vorkenntnisse. Der Gedankengang ist jedoch der folgende. Es sei $K\in Q^2$.

Wir geben eine beliebige Zahl $\varepsilon > 0$ an, dann gibt es nach einem bekannten Satz (s.z.B. E. W. Hobson: The theory of functions of a real variable and the theory of Fourier-series. 3 ed. Vol. 1. Cambridge. 1927. S. 638.) immer einen in $I \times I$ stetigen Kern, etwa K_1, derart, daß

$$\int_a^b \int_a^b |K(s,t) - K_1(s,t)|^2 \, ds \, dt < \frac{\varepsilon^2}{4}$$

ist. Wir wenden den Weierstraßschen Approximationssatz (Bd.I.101.08 S. 34) auf die Funktion von zwei Veränderlichen $K_1(s,t)$ an; d.h. wir können derart ein Polynom $P(s,t)$ bestimmen, daß

$$|K_1(s,t) - P(s,t)| < \frac{\varepsilon}{2(b-a)} \qquad (a \leqq s, t \leqq b)$$

gilt. Dann ist

$$\int_a^b \int_a^b |K_1(s,t) - P(s,t)|^2 \, ds \, dt \leqq (b-a)^2 \frac{\varepsilon^2}{4(b-a)^2} = \frac{\varepsilon^2}{4}.$$

Nach der Minkowskischen Ungleichung (1.27.06) gilt

$$\left(\int_a^b \int_a^b |K(s,t) - P(s,t)|^2 \, ds \, dt \right)^{1/2}$$

$$= \left(\int_a^b \int_a^b |K(s,t) - K_1(s,t) + K_1(s,t) - P(s,t)|^2 \, ds \, dt \right)^{1/2}$$

$$\leqq \left(\int_a^b \int_a^b |K(s,t) - K_1(s,t)|^2 \, ds \, dt \right)^{1/2}$$

$$+ \left(\int_a^b \int_a^b |K_1(s,t) - P(s,t)|^2 \, ds \, dt \right)^{1/2} < \frac{\varepsilon}{2} + \frac{\varepsilon}{2} = \varepsilon.$$

Es läß sich demzufolge eine Folge von Polynomen $P_n(s,t)$ $(n = 1, 2, 3, \ldots)$ bestimmen derart, daß

$$\lim_{n \to \infty} \int_a^b \int_a^b |K(s,t) - P_n(s,t)|^2 \, ds \, dt = 0$$

gilt. Wenn wir die entsprechenden Operatoren mit $\mathscr{K}$ und $\mathscr{P}_n$ bezeichnen, so ist nach (2.11.08)

$$\|\mathcal{K}-\mathcal{P}_n\|^2 \leqq \int\limits_a^b\int\limits_a^b |K(s,t)-P_n(s,t)|^2\,ds\,dt \to 0, \qquad (n\to\infty)$$

also ist $\lim\limits_{n\to\infty}\mathcal{P}_n = \mathcal{K}$ im starken Sinne. $P_n(s,t)$ ist ein Polynom, deshalb stellt $\mathcal{P}_n$ einen endlichdimensionalen Operator dar, also nach 1.62.2. Beispiel b) sind die Operatoren $\mathcal{P}_n$ vollstetig. Andererseits folgt aus dem Lemma 1; 1.62(i), daß der starke Grenzwert vollstetiger Operatoren vollstetig ist. $\mathcal{K}$ ist somit vollstetig. $\square$

7. Klasse der Kerne q^2. Wir werden hier solche Kernfunktionen

$$K: I \times I \to \mathbb{C}$$

betrachten für welche nur die Bedingung (2.11.03) gilt. Den linearen Raum dieser Kerne werden wir mit q^2 (ausführlicher mit $q^2(I) = q^2(a,b)$) bezeichnen.

Sehr wichtig ist die folgende Behauptung:

Satz 5. *Es sei $K \in q^2(I)$. Dann gibt es einen Kern $K_0 \in Q^2(I)$ welcher in $L^2(I\times I)$ mit K äquivalent ist.*

Beweis. Nach dem Fubinischen Satz sind die Integrale

$$\int\limits_a^b |K(s,t)|^2\,dt, \qquad \int\limits_a^b |K(s,t)|^2\,ds$$

f.ü. endlich und definieren meßbare Funktionen von s bzw. von t. Die Punkte (s,t) für welche s oder t zu den Ausnahme-Nullmengen gehören bilden eine zweidimensionale Nullmenge. Diese Menge vom Maß 0 sei $\mathfrak{M}$. Wir setzen

$$K_0(s,t) := \begin{cases} 0 & \text{für } (s,t)\in\mathfrak{M} \\ K(s,t) & \text{sonst in } I\times I. \end{cases}$$

Offensichtlich ist $K_0(s,t)$ mit $K(s,t)$ äquivalent, denn diese Funktionen unterscheiden sich an einer Menge vom zweidimensionalen Maß 0. Dabei gilt aus diesem Grunde

$$\int\limits_a^b\int\limits_a^b |K_0(s,t)|^2\,ds\,dt = \int\limits_a^b\int\limits_a^b |K(s,t)|^2\,ds\,dt < \infty.$$

Gehört s zur Ausnahmemenge, dann ist (bei festem s) $K_0(s,t)=0$ und daher $\int_a^b |K_0(s,t)|^2\,dt = 0$, ist aber s nicht in der Ausnahmemenge, dann gilt

$K_0(s, t) = K(s, t)$ fast für alle t, daher ist

$$\int_a^b |K_0(s, t)|^2 \, dt = \int_a^b |K(s, t)|^2 \, dt < \infty \quad \text{f.ü.}$$

K_0 genügt der Bedingung (2.11.04). Analog sieht man ein, daß K_0 auch die Bedingung in 2.11.3 erfüllt. $\square$

Analog zum Satz 1 ist die folgende Behauptung:

Satz 6. *Es seien $K_1, K_2 \in Q^2$ und erzeugen den gleichen Operator. Dann ist $K_1(s, t) = K_2(s, t)$ f.ü. in $I \times I$.*

Beweis. Es sei $K(s, t) = K_1(s, t) - K_2(s, t)$, dann gilt $\int_a^b K(s, t) x(t) \, dt = 0$ (f.ü.) für jede Funktion $x \in L^2$. Bei festem s sei $x(t) = K(s, t)$, dann folgt $\int_a^b |K(s, t)|^2 \, dt = 0$, woraus $\int_a^b \int_a^b |K(s, t)|^2 \, ds \, dt = 0$, d.h. $K(s, t) = 0$ f.ü. in $I \times I$ folgt. $\square$

2.12 Relativ gleichmäßige Konvergenz

1. Relativ gleichmäßig konvergente Funktionenfolgen. Es sei $\{x_n\}$ eine unendliche Folge von Funktionen aus $L^2(I)$ $(I = (a, b))$. Wir sagen, diese Folge ist *relativ gleichmäßig* gegen die Funktion x konvergent, falls eine nichtnegative Funktion $p(t)$ aus $L^2(I)$ existiert, so daß zu jedem $\varepsilon > 0$ ein $N(\varepsilon) > 0$ bestimmt werden kann, so daß

$$|x_n(t) - x(t)| < \varepsilon p(t), \qquad n > N(\varepsilon), \qquad (a \leqq t \leqq b). \tag{2.12.01}$$

Wenn man über $p(t)$ überhaupt keine weitere Voraussetzung macht als daß $p(t)$ nicht negativ ist, dann bedeutet (2.12.01) die punktweise Konvergenz von x_n gegen x. Ist aber $p(t)$ eine in $[a, b]$ beschränkte nichtnegative Funktion, dann übergeht (2.12.01) in die gleichmäßige Konvergenz. Ist nämlich $0 \leqq p(t) \leqq m$, so gilt desto mehr

$$|x_n(t) - x(t)| < \varepsilon m \quad \text{für} \quad n > N(\varepsilon) \qquad (t \in I),$$

was die gleichmäßige Konvergenz von $\{x_n\}$ bedeutet. Die relativ gleichmäßige Konvergenz ist demzufolge zwischen der punktweise und der gleichmäßigen Konvergenz.

Wir nehmen nun an, daß $\{x_n\}$ relativ gleichmäßig gegen x konvergiert. Aus (2.12.01) folgt $|x(t)| \leqq |x_n(t)| + \varepsilon p(t)$ $(n > N(\varepsilon), t \in I)$, daher ist wegen der Linearität des Raumes $L^2(I)$ auch $x \in L^2(I)$.

Der Raum $L^2(I)$ ist also bezüglich der relativ gleichmäßigen Konvergenz abgeschlossen. (2.12.02)

Leicht beweisbar ist die folgende Behauptung:

Satz 1. *Notwendig und hinreichend dafür, daß die Funktionenfolge $\{x_n\}$ aus $L^2(I)$ relativ gleichmäßig konvergent ist, ist die Existenz einer nichtnegativen*

Funktion $p(t) \in L^2(I)$, *so daß zu jedem* $\varepsilon > 0$ *ein* $N(\varepsilon) > 0$ *bestimmt werden kann mit*

$$|x_{n+k}(t) - x_n(t)| < \varepsilon p(t), \qquad (n > N(\varepsilon),\ t \in I) \tag{2.12.03}$$

für jeden nichtnegativen ganzen Wert von k.

Beweis. Die Notwendigkeit der Bedingung ist trivial, denn ist $\{x_n\}$ relativ gleichmäßig konvergent, d.h. es gilt (2.12.01) dann ist

$$|x_{n+k}(t) - x_n(t)| = |x_{n+k}(t) - x(t) + x(t) - x_n(t)|$$

$$\leq |x_{n+k}(t) - x(t)| + |x_n(t) - x(t)| \leq \frac{\varepsilon}{2} p(t) + \frac{\varepsilon}{2} p(t) = \varepsilon p(t)$$

für $n > N\left(\dfrac{\varepsilon}{2}\right)$, wobei k beliebig ist.

Die Umkehrung kann man wie folgt einsehen: Ist (2.12.03) für irgendeine nichtnegative $L^2(I)$-Funktion $p(t)$ erfüllt, so ist $\{x_n(t)\}$ bei jedem festen $t \in I$ eine Cauchysche–Folge, d.h. $\lim\limits_{n \to \infty} x_n(t) = x(t)$ existiert punktweise. Wegen der Stetigkeit des Absolutbetrages lassen wir in (2.12.03) k gegen ∞ streben:

$$|x(t) - x_n(t)| < \varepsilon p(t); \qquad n > N(\varepsilon), \qquad t \in I.$$

Das ist genau mit der Bedingung (2.12.01) identisch. $\square$

Satz 2. *Die Funktionenfolge* $\{x_n\}$ *aus* $L^2(I)$ *sei gegen* x *relativ gleichmäßig konvergent. Dann gilt für eine beliebige Funktion* $y \in L^2(I)$:

$$\lim_{n \to \infty} (x_n, y) = (x, y), \tag{2.12.04}$$

wobei $(.,.)$ *das Skalarprodukt des Raumes* $L^2(I)$ *bedeutet.*

Beweis. Nach der Schwarzschen Ungleichung und (2.12.01) gilt

$$|(x_n, y) - (x, y)| = |(x_n - x, y)| \leq \|x_n - x\|_{L^2} \|y\|_{L^2}$$

$$= \left(\int_a^b |x_n(t) - x(t)|^2\, dt \right)^{1/2} \|y\|_{L^2} < \varepsilon \left(\int_a^b p(t)^2\, dt \right)^{1/2} \|y\|_{L^2}$$

$$= \varepsilon \, \|p\|_{L^2} \|y\|_{L^2}$$

falls $n > N(\varepsilon)$ ist.

Wenn $I = [a, b]$ endlich ist, so ist die Funktion identisch 1 in $L^2(I)$, deswegen folgt aus (2.12.04)

$$\lim_{n \to \infty} \int_a^b x_n(t)\, dt = \int_a^b x(t)\, dt, \tag{2.12.05}$$

d.h. man darf eine relativ gleichmäßig konvergente Funktionenfolge gliedweise integrieren.

Sehr wichtig ist der folgende Bemerkung:

Satz 3. *Ist $\{x_n\}$ relativ gleichmäßig gegen x konvergent, dann gilt auch $x_n \to x$ ($n \to \infty$) in der Norm von $L^2(I)$.*

Beweis. Aus (2.12.01) folgt unmittelbar

$$\|x_n - x\|_{L^2} \leqq \varepsilon \, \|p\|_{L^2} \qquad n > N(\varepsilon)$$

woraus die Behauptung folgt. $\square$

2. Relativ gleichmäßig konvergente Reihen von L^2-Funktionen. Die unendliche Reihe $\sum\limits_{n=1}^{\infty} u_n(t)$, wobei $u_n \in L^2(I)$ ($n = 1, 2, 3, \ldots$) ist, heißt *relativ gleichmäßig konvergent*, wenn die Folge seiner Partialsummen in Sinn von (2.12.01) relativ gleichmäßig konvergent ist.

Aus dem Satz 1 ergibt sich unmittelbar, daß die Reihe $\sum\limits_{n=0}^{\infty} u_n$ genau dann relativ gleichmäßig konvergent ist, wenn eine nichtnegative Funktion $p \in L^2(I)$ existiert, so daß zu jedem $\varepsilon > 0$ ein $N(\varepsilon) > 0$ gibt für welche

$$\left| \sum_{n=k+1}^{k+m} u_n(t) \right| < \varepsilon p(t) \qquad (k > N(\varepsilon), \quad t \in I, \quad m = 1, 2, 3, \ldots)$$

gilt.

Aus (2.12.04) folgt wiederum, wenn die Reihe $\sum\limits_{n=1}^{\infty} u_n(t)$ relativ gleichmäßig konvergiert, so gilt für jede Funktion $y \in L^2(I)$

$$\sum_{n=1}^{\infty} (u_n, y) = \left(\sum_{n=1}^{\infty} u_n, y \right). \qquad (2.12.06)$$

Wenn $I = [a, b]$ beschränkt ist, so darf man die relativ gleichmäßig konvergente Reihe gliedweise integrieren.

Wenn die unendliche Funktionenreihe $\sum\limits_{n=1}^{\infty} u_n$ ($u_n \in L^2(I)$, $n = 1, 2, 3, \ldots$) so beschaffen ist, daß $\sum\limits_{n=1}^{\infty} |u_n(t)|$ relativ gleichmäßig konvergiert, dann sagen wir $\sum u_n$ ist relativ gleichmäßig absolut konvergent.

3. Relativ gleichmäßig konvergente Folgen von Kernfunktionen. Es sei $\{K_n\}$ eine Folge von Kernfunktionen aus der Klasse Ω^2. Wir sagen, diese Folge ist *relativ gleichmäßig gegen K konvergent*, falls eine nichtnegative Kernfunktion $P \in Q^2$ existiert, derart, daß zu jedem $\varepsilon > 0$ eine Zahl $N(\varepsilon) > 0$ bestimmt werden kann für welche

$$|K_n(s, t) - K(s, t)| < \varepsilon P(s, t) \quad \text{für} \quad n > N(\varepsilon), \qquad s, t \in I \qquad (2.12.07)$$

gilt.

Satz 4. *Der Grenzwert einer relativ gleichmäßigen Folge von Kernfunktionen aus Q^2 ist wieder ein Kern aus Q^2.*

Beweis. Aus (2.12.07) folgt

$$|K(s, t)| \leq |K_n(s, t)| + \varepsilon P(s, t), \qquad n > N(\varepsilon)$$

deshalb ist $\int_a^b \int_a^b |K(s, t)|^2 \, ds \, dt$ endlich. Auf Grund der Minkowskischen Ungleichung können wir schreiben

$$\left| \left(\int_a^b |K_n(s, t)|^2 \, dt \right)^{1/2} - \left(\int_a^b |K(s, t)|^2 \, dt \right)^{1/2} \right|$$

$$\leq \left(\int_a^b |K_n(s, t) - K(s, t)|^2 \, dt \right)^{1/2} < \varepsilon \left(\int_a^b |P(s, t)|^2 \, dt \right)^{1/2}, \qquad (n > N(\varepsilon))$$

woraus die Meßbarkeit von $\int_a^b |K(s, t)|^2 \, dt$ folgt. Genauso sieht man die Meßbarkeit von $\int_a^b |K(s, t)|^2 \, ds$ ein. $\square$

Auf Grund des Satzes 1 sieht man, eine Folge $\{K_n\}$ ($K_n \in Q^2$, $n = 1, 2, 3, \ldots$) ist genau dann relativ gleichmäßig konvergent, falls für eine gewisse nichtnegative Funktion $P \in Q^2$ die Beziehung

$$|K_n(s, t) - K_{n+m}(s, t)| < \varepsilon P(s, t) \qquad (s, t \in I) \tag{2.12.08}$$

für alle $n > N(\varepsilon)$ und alle $m = 1, 2, 3, \ldots$ gilt.

Sehr wichtig ist die folgende Behauptung:

Satz 5. *Gilt* $\lim\limits_{n \to \infty} K_n = K$ *($K_n \in Q^2$, $n = 1, 2, 3, \ldots$) relativ gleichmäßig dann ist für eine beliebige Funktion $x \in L^2(I)$*

$$\lim_{n \to \infty} \int_a^b K_n(s, t) x(t) \, dt = \int_a^b K(s, t) x(t) \, dt,$$

wobei die Konvergenz relativ gleichmäßig gilt.

Beweis. Nach der Schwarzschen Ungleichung gilt

$$\left| \int_a^b K(s, t) x(t) \, dt - \int_a^b K(s, t) x(t) \, dt \right|^2$$

$$\leq \int_a^b |K_n(s, t) - K(s, t)|^2 \, dt \cdot \int_a^b |x(t)|^2 \, dt \leq \varepsilon^2 \int_a^b P(s, t)^2 \, dt \, \|x\|_{L^2}^2$$

$$= \varepsilon^2 p^2(t),$$

wobei jetzt

$$p(t) = \left(\int_a^b P(s, t)^2 \, dt \right)^{1/2} \|x\|_{L^2}$$

ist. p gehört zu L^2. $\square$

Satz 6. *Wenn* $\lim\limits_{n \to \infty} K_n = K$ *relativ gleichmäßig* $(K_n \in Q^2,\ n = 1, 2, 3, \ldots)$ *und* $L \in Q^2$ *beliebig ist, dann gilt*

$$\lim_{n \to \infty} \int_a^b L(s, r) K_n(r, t) \, dr = \int_a^b L(s, r) K(r, t) \, dr$$

und auch hier ist die Konvergenz relativ gleichmäßig.

Der *Beweis* verläuft wortlaut wie der des Satzes 5. Er soll durch den Leser ausgeführt werden.

Aus den vorangehenden Beweisen sieht man, daß die *Sätze 4, 5 und 6 auch dann gelten, wenn wir anstatt* Q^2 *die Funktionenklasse* q^2 *betrachten.*

Alle obigen Behauptungen lassen sich ohne Veränderung auf Reihen von relativ gleichmäßig Konvergenten bzw. relativ gleichmäßig absolut Konvergenten Kernen aus Q^2 bzw. q^2 übertragen.

2.2 Die Volterrasche Integralgleichung

2.21 Die Volterrasche Integralgleichung zweiter Art

1. Der Volterrasche Kern. Es sei $V(s, t)$ ein Kern aus der Klasse $Q^2(I) = Q^2$, wobei $I = [a, b]$ ein endliches Intervall ist. Wenn $V(s, t) = 0$ für $a \leqq s < t \leqq b$ ist, so heißt V ein *Volterrascher Kern*. Er definiert einen linearen Integraloperator $\mathscr{V}$ von L^2 in sich, welcher die folgende Gestalt hat:

$$(\mathscr{V}x)(s) = \int_a^b V(s, t)x(t) \, dt = \int_a^s V(s, t)x(t) \, dt. \qquad (2.21.01)$$

Einen Integraloperator von dieser Gestalt nennen wir einen *Volterraschen Integraloperator*.

Sind V und W Volterrasche Kerne, dann hat ihre Faltung folgende Gestalt:

$$\int_a^b V(s, r)W(r, t) \, dr = \int_t^s V(s, r)W(r, t) \, dr \quad \text{für} \quad a \leqq t < s \leqq b \qquad (2.21.02)$$

und 0 für $t \geqq s$.

Die Faltung zweier Volterraschen Kernen ist also wieder ein Volterrascher Kern. Das ist der Kern des Integraloperators $\mathscr{V}\mathscr{W}$. Aus der obigen Feststellung ergibt sich, daß die *iterierten Kerne eines Volterraschen Kernes wieder Volterrasche Kerne sind* und sie sind die Kerne der Potenzen des Volterraschen Operators.

Wir werden folgende Hilfssätze benötigen. Es sei V ein Volterrascher Kern (aus Q^2) und führen folgende Bezeichnungen ein:

$$v_1(s) := \left(\int_a^s |V(s, t)|^2 \, dt \right)^{1/2}, \qquad v_2(t) := \left(\int_t^b |V(s, t)|^2 \, ds \right)^{1/2} \qquad (s, t \in I)$$

$V_n(s, t)$ bezeichne den n-ten iterierten Kern von V.

Lemma 1. *Voraussetzungen über V wie oben. Es gilt für eine beliebige Funktion $x \in L^2$ folgende Abschätzung:*

$$(\mathscr{V}^n x)(s) = \left| \int_a^s V_n(s, t)x(t) \, dt \right| \leqq \frac{\|x\|_{L^2}}{(n-1)!} v_1(s) \left(\int_a^s v_1(t)^2 \, dt \right)^{(n-1)/2}$$

$$(n = 1, 2, \ldots; \quad a \leqq s \leqq b). \qquad (2.21.03)$$

Beweis. Diese Abschätzung gilt nach der Schwarzschen Ungleichung für $n = 1$. Wir werden ihre Gültigkeit für beliebiges n mit vollständiger Induktion beweisen. Es wird also vorausgesetzt, daß die obige Ungleichung für n

gilt. Nach der Schwarzschen Ungleichung ist

$$|(\mathcal{V}^{n+1}x)(s)|^2 \leq \int_a^s |V(s,t)|^2 \, dt \int_a^s |x_n(t)|^2 \, dt = v_1(s)^2 \int_a^s |x_n(t)|^2 \, dt,$$

$$(2.21.04)$$

wobei $x_n(s) = (\mathcal{V}^n x)(s)$ ist. Für $\mathcal{V}^n x$ wenden wir die Ungleichung (2.21.03) an, welche nach Induktionsvoraussetzung gültig ist:

$$|(\mathcal{V}^{n+1}x)(s)|^2 \leq v_1(s)^2 \|x\|_{L^2}^2 \frac{1}{(n-1)!} \int_a^s v_1(t)^2 \left(\int_a^t v_1(\tau)^2 \, d\tau \right)^{n-1} dt.$$

$$(2.21.05)$$

Andererseits aber ist

$$\left(\int_a^t v_1(\tau)^2 \, d\tau \right)^{n-1} = \int_a^t v_1(\tau_1)^2 \, d\tau_1 \int_a^t v_1(\tau_2)^2 \, d\tau_2 \cdots \int_a^t v_1(\tau_{n-1})^2 \, d\tau_{n-1},$$

die rechte Seite kann als ein $(n-1)$-faches Integral über das Gebiet $a \leq \tau_i \leq t$ $(i = 1, 2, 3, \ldots, n-1)$ in $\mathbb{R}^{n-1}$ dargestellt werden. Das Integrationsgebiet $a \leq \tau_i \leq t$ $(i = 1, 2, \ldots, n-1)$ ist die Vereinigung folgender Gebiete:

$$a \leq \tau_{i_1} \leq \tau_{i_2} \leq \cdots \leq \tau_{i_{n-1}} \leq t,$$

wobei $(i_1, i_2, \ldots, i_{n-1})$ alle Permutationen von $(1, 2, \ldots, n-1)$ durchläuft. Die Anzahl dieser Gebiete ist $(n-1)!$, zwei dieser Gebiete haben keinen gemeinsahmen innern Punkt und das obige Integral über jedes dieser Gebiete hat den gleichen Betrag. Wir erhalten deswegen

$$\left(\int_a^t v_1(\tau)^2 \, d\tau \right)^{n-1} = (n-1)! \int_a^t v_1(\tau_1)^2 \int_a^{\tau_1} v_1(\tau_2)^2 \int_a^{\tau_2} v_1(\tau_3)^2 \times$$

$$\cdots \int_a^{\tau_{n-2}} v_1(\tau_{n-1})^2 \, d\tau_1 \, d\tau_2 \cdots d\tau_{n-1}. \qquad (2.21.06)$$

Wenn wir (2.21.06) berücksichtigen, erhalten wir nach (2.21.05)

$$|(\mathcal{V}^{n+1}x)(s)|^2 \leq v_1(s)^2 \|x\|_{L^2}^2 \int_a^s v_1(t)^2 \int_a^t v_1(\tau_1)^2 \int_a^{\tau_1} v_1(\tau_2)^2 \times$$

$$\cdots \int_a^{\tau_{n-2}} v_1(\tau_{n-1}) \, d\tau_1 \, d\tau_2 \cdots d\tau_{n-1} = v_1(s)^2 \frac{\|x\|_{L^2}^2}{n!} \left(\int_a^s v_1(t)^2 \, dt \right)^n. \quad \square$$

Lemma 2. *Es sei* $V(s, t) \in Q^2$ $(s, t \in [a, b] = I)$ *ein Volterrascher Kern. Für die iterierten Kerne* $V_n(s, t)$ *von* V *gilt folgende Abschätzung:*

$$|V_{n+1}(s, t)| \leq \|v_1\|_{L^2}^{n-1} \frac{v_1(s)v_2(t)}{\sqrt{(n-1)!}}. \quad (n = 1, 2, 3, \ldots; \quad s, t \in I) \quad (2.21.07)$$

Beweis. Für ein beliebiges festes $t \in I$ ist $V(., t) \in L^2$ und man setzt $x = V(., t)$ in Lemma 1. Dann ist $\|x\|_{L^2} = v_2(t)$; $(\mathscr{V}^n x)(s) = V_{n+1}(s, t)$ und

$$\int_a^s v_1(t)^2 \, dt \leq \int_a^b v_1(t)^2 \, dt = \|v_1\|_{L^2}^2.$$

Wenn wir diese Werte in (2.21.03) einsetzen, ergibt sich (2.21.07). □

2. Die Volterrasche Integralgleichung zweiter Art. Es sei wieder $V(s, t) \in Q^2$ ein Volterrascher Kern und bilden die lineare Integralgleichung zweiter Art

$$x(s) - \mu \int_a^s V(s, t)x(t) \, dt = y(s), \quad (s \in I) \quad (2.21.08)$$

wobei $y \in L^2$ eine beliebige in voraus gegebene Funktion ist. Man sucht die Lösung x von (2.21.08) im Funktionenraum L^2 (falls eine solche überhaupt vorhanden ist). μ bedeutet eine beliebige komplexe Zahl. Die Gleichung (2.21.08) ist so aufzufassen, daß die Funktionen an der rechten und linken Seite zur gleichen Äquivalenzklasse des Raumes L^2 gehören, sind also bis auf eine Teilmenge vom Maß Null miteinander gleich. Wenn wir den durch V erzeugten Integraloperator mit $\mathscr{V}$ bezeichnen, dann läß sich (2.21.08) kürzer schrieben:

$$x - \mu \mathscr{V} x = y. \quad (2.21.09)$$

Wir werden diese Gleichung mit der Methode der sukzessiven Approximation (s. 1.43.3) lösen, in dem wir als nullte Näherung $x_0 = 0$ nehmen:

$$x_{n+1} = y + \mu \mathscr{V} x_n \quad (n = 0, 1, 2, 3, \ldots).$$

$\mathscr{V} : L^2 \to L^2$ ist nach (2.11.08) ein beschränkter Operator, also hängt nach Satz 3; 1.43 die eindeutige Auflösbarkeit von (2.21.09) (bzw. (2.21.08)) von dem Verhalten der Reihe

$$\mathscr{E} + \mu \mathscr{V} + \mu^2 \mathscr{V}^2 + \cdots + \mu^n \mathscr{V}^n + \cdots$$

ab. Wir zeigen zuerst, daß die Reihe

$$V(s, t) + \mu V_2(s, t) + \cdots + \mu^{n-1} V_n(s, t) + \cdots \quad (2.21.10)$$

für jeden Wert von $\mu \in \mathbb{C}$ relativ gleichmäßig absolut konvergiert. Dazu bilden wir einen Abschnitt der Reihe (2.21.10) und beachten die Abschätzung (2.21.07):

$$|\mu^{n-1} V_n(s, t) + \cdots + \mu^{n+m-1} V_{n+m}(s, t)| \leq$$

$$|\mu|^{n-1} |V_{n-1}(s, t)| + \cdots + |\mu|^{n+m-1} |V_{n+m}(s, t)| \leq$$

$$|\mu|^{n-1} v_1(s)v_2(t) \left[\frac{\|v_1\|^{n-3}}{\sqrt{(n-3)!}} + \frac{|\mu| \|\mathscr{V}_1\|^{n-2}}{\sqrt{(n-2)!}} + \cdots + \frac{|\mu|^m \|\mathscr{V}_1\|^{m+n-2}}{\sqrt{(m+n-2)!}} \right],$$

wobei $\|v_1\| = \|v_1\|_{L^2}$ ist. Wir wissen aus den Elementen der Analysis, daß die Reihe $\sum\limits_{n=0}^{\infty} \dfrac{z^n}{\sqrt{n!}}$ für jeden Wert von z konvergent ist, deshalb können wir zu $\varepsilon > 0$ eine Zahl N derart wählen, daß

$$\frac{\|v_1\|^{n-3}}{\sqrt{(n-3)!}} + \cdots + \frac{|\mu|^m \, \|v_1\|^{n+m-2}}{\sqrt{(n+m-2)!}} < \varepsilon \qquad (n > N)$$

für jeden Wert von m ist. Es gilt also für $n > N$ und m beliebig:

$$|\mu^{n-1} V_{n-1}(s, t) + \cdots + \mu^{n+m-1} V_{n+m}(s, t)| \leqq \varepsilon \, |\mu|^{n-1} \, v_1(s) v_2(t),$$

$v_1(s)$ und $v_2(t)$ sind nichtnegative L^2-Funktionen, deshalb ist auf Grund von (2.12.08) die Reihe (2.21.10) relativ gleichmäßig absolut konvergent. Daraus folgt (Satz 4; 2.12) daß die Summe der Reihe (2.21.10) wieder ein Q^2-Kern ist, den wir mit $L(s, t; \mu)$ bezeichnen und als *lösenden Kern* von $V(s, t)$ nennen werden. Es gilt also

$$L(s, t; \mu) = \sum_{n=1}^{\infty} V_n(s, t) \mu^{n-1} \qquad (s, t \in I, \quad \mu \in \mathbb{C}). \qquad (2.21.11)$$

Aus dieser Definition erkennt man sofort, daß $L(s, t; \mu)$ für jeden beliebigen Wert von μ ebenfalls ein Volterrasche Kern ist.

3. Die Lösung der Volterraschen Integralgleichung. Wir wissen also, daß die rechte Seite von (2.21.11) relativ gleichmäßig (absolut) gegen $L(s, t; \mu)$ konvergiert. Dann aber gilt nach Satz 3; 2.12

$$\lim_{n \to \infty} \int_a^b \int_a^b \left| L(s, t; \mu) - \sum_{k=1}^{n} V_k(s, t) \mu^{k-1} \right|^2 ds \, dt = 0.$$

Andererseits wissen wir (vgl. (2.11.08)), daß

$$0 \leqq \left\| \mathscr{L}(\mu; \mathscr{V}) - \sum_{k=1}^{n} \mathscr{V}^k \mu^{k-1} \right\| \leqq \left(\int_a^b \int_a^b \left| L(s, t; \mu) - \sum_{k=1}^{n} V_k(s, t) \mu^{k-1} \right|^2 ds \, dt \right)^{1/2}$$

ist ($\mathscr{L}(\mu, \mathscr{V})$ ist der durch $L(s, t; \mu)$ erzeugte Integraloperator, den wir als *lösenden Operator* bezeichnen werden), also konvergiert $\sum\limits_{k=1}^{\infty} \mathscr{V}^k \mu^{k-1}$ zu $\mathscr{L}(\mu; \mathscr{V})$ nach der Operatorennorm und deshalb ist auch

$$\mathscr{E} + \mu \mathscr{V} + \mu^2 \mathscr{V}^2 + \cdots + \mu^n \mathscr{V}^n + \cdots = \mathscr{E} + \mu \mathscr{L}(\mu; \mathscr{V}) \qquad (2.21.12)$$

konvergent. Aus diesem Grund ist nach Satz 3; 1.43 die Folge der sukzessiven Approximationen konvergent und wir erhalten als Lösung von (2.21.09)

$$x = y + \mu \mathscr{V} y + \mu^2 \mathscr{V}^2 y + \cdots + \mu^n \mathscr{V}^n y + \cdots$$
$$= y + \mu \mathscr{L}(\mu; \mathscr{V}) y = (\mathscr{E} + \mu \mathscr{L}(\mu; \mathscr{V})) y. \qquad (2.21.13)$$

Diese ist eine Funktion x aus L^2. *Die Volterrasche Integralgleichung (2.21.08) hat also nebst jedem Wert von μ eine Lösung was immer $y \in L^2$ ist.*

Wir werden jetzt beachten, daß $\mathscr{V}$ nicht nur stetig, sondern sogar vollstetig ist (Satz 4; 2.11). Daraus folgt auf Grund von (1.63.02), daß $\varkappa(\mathscr{E} - \mu\mathscr{V}) = 0$ ($\varkappa(\cdot)$ ist der Index des Operators $\cdot$). Oben haben wir gezeigt, daß die Gleichung

$$(\mathscr{E} - \mu\mathscr{V})x = \mu\left(\frac{1}{\mu}\mathscr{E} - \mathscr{V}\right)x = y$$

für jedes $y \in L^2$ ($\neq 0$) eine Lösung hat, deswegen hat nach dem Fredholmschen Alternativsatz (Satz 3; 1.63) die entsprechende homogene Integralgleichung $x - \mu\mathscr{V}x = 0$ keine andere Lösung als $x = 0$. Das aber hat zur Folge, daß die vorhandene Lösung der inhomogenen Volterraschen Integralgleichung die einzige ist. Denn hätte (2.21.08) zwei Lösungen, etwa x_1 und x_2, dann wäre $x = x_1 - x_2$ eine Lösung der entsprechenden homogenen Integralgleichung, woraus aber $x = x_1 - x_2 = 0$ folgt.

Eine weitere Folge des obigen Gedankenganges ist, daß der Volterrascher Integraloperator hat keine (von Null verschiedene) Eigenwerte, also die Volterrasche Integralgleichung hat keine (endlichen) charakterische Zahlen. Wir werden die bisherigen Ergebnisse wegen ihrer Wichtigkeit auch in Form eines Satzes formulieren:

Satz 1. *Die Volterrasche Integralgleichung (2.21.07) (bzw. (2.21.08)) hat für jede Funktion $y \in L^2$ und jeden Parameterwert μ eine eindeutige Lösung aus L^2, welche durch die Reihe (2.21.13) gegeben ist. Diese Reihe konvergiert relativ gleichmäßig. Die Volterrasche Integralgleichung hat keine endliche charakteristische Zahl.*

Wir haben zusätzlich noch zu zeigen, daß die Reihe in (2.21) relativ gleichmäßig konvergiert. Es gilt nach dem Lemma 2 und der Schwarzschen Ungleichung:

$$|\mu^n\mathscr{V}^n y + \cdots + \mu^{n+m}\mathscr{V}^{n+m}y|$$

$$\leq |\mu|^n\left|\int_a^b V_n(s,t)y(t)\,dt + \cdots + \mu^m\int_a^b V_{n+m}(s,t)y(t)\,dt\right|$$

$$\leq |\mu|^n\left(\int_a^b |V_n(s,t)|\,|y(t)|\,dt + \cdots + |\mu|^m\int_a^b |V_{n+m}(s,t)|\,|y(t)|\,dt\right)$$

$$\leq |\mu|^n\left[\left(\int_a^b |V_n(s,t)|^2\,dt\right)^{1/2} + \cdots + |\mu|^m\left(\int_a^b |V_{n+m}(s,t)|^2\,dt\right)^{1/2}\right]\|y\|_{L^2}$$

$$\leq |\mu|^n\,\|y\|_{L^2}\,\|v_2\|_{L^2}\,v_1(s)\sum_{k=n}^{n+m}\frac{|\mu|^{k-n}\,\|\mathscr{V}_1\|^{k-2}}{\sqrt{(k-2)!}}.$$

Bei hinreichend großen n ist die Summe an der rechten Seite für alle Werte von $m = 0, 1, 2, 3, \ldots$ kleiner als eine in voraus gegebene noch so kleine positive Zahl, dabei ist $v_1(s) \geqq 0$ und $v_1 \in L^2$, woraus die Behauptung folgt. $\square$

4. Resolvente und lösender Operator für Volterrasche Operatoren. Der Inhalt des Satzes 1 ist, daß der Operator $\mathscr{E} - \mu \mathscr{V}$ für jeden endlichen Wert von μ eine eindeutige Inverse, $(\mathscr{E} - \mu \mathscr{V})^{-1}$ hat. Andererseits aber gilt nach (2.21.12), da $y \in L^2$ beliebig ist,

$$(\mathscr{E} - \mu \mathscr{V})^{-1} = \mathscr{E} + \mu \mathscr{L}(\mu; \mathscr{V}). \qquad (2.21.14)$$

Kennt man den lösenden Operator, welcher durch die Reihe (2.21.12) gegeben ist, so ist die explizite Lösung von $x - \mu \mathscr{V} x = y$

$$x = y + \mu \mathscr{L}(\mu; \mathscr{V}) y = (\mathscr{E} + \mu \mathscr{L}(\mu; \mathscr{V})) y. \qquad (2.21.15)$$

Der lösende Operator ist durch den lösenden Kern erzeugt, dieser wieder ist durch die Reihe (vgl. (2.21.10)) dargestellt

$$L(s, t; \mu) = \sum_{n=1}^{\infty} V_n(s, t) \mu^{n-1}, \qquad (s, t \in I, \quad \mu \in \mathbb{C}) \qquad (2.21.16)$$

wobei die Reihe nebst jedem festem μ bezüglich (s, t) relativ gleichmäßig absolut konvergiert wie wir das oben gezeigt haben. Das aber bedeutet, daß $L(s, t; \mu)$ *für beliebige feste Werte* $(s, t) \in I \times I$ *als Funktion von μ eine ganze Funktion ist.* (2.21.17)

Ähnliches gilt auch für den lösenden Operator, dieser ist nach (2.21.12) durch folgende Potenzreihe

$$\mathscr{L}(\mu; \mathscr{V}) = \sum_{n=1}^{\infty} \mathscr{V}^n \mu^{n-1} \qquad (2.21.18)$$

dargestellt, welche ebenfalls für jedes μ (stark) konvergiert, d.h. $\mathscr{L}(\mu; \mathscr{V})$ *ist eine ganze Funktion von μ.* (2.21.19)

Wir werden die Integralgleichung $(\mathscr{E} - \mu \mathscr{V}) x = y$ umformen:

$$\left(\frac{1}{\mu} \mathscr{E} - \mathscr{V} \right) x = \frac{1}{\mu} y \qquad (\mu \neq 0).$$

Daraus folgt

$$x = \left(\frac{1}{\mu} \mathscr{E} - \mathscr{V} \right)^{-1} \left(\frac{1}{\mu} y \right) = \frac{-1}{\mu} \mathscr{R} \left(\mathscr{V}, \frac{1}{\mu} \right) y.$$

$\mathscr{R} \left(\mathscr{V}, \dfrac{1}{\mu} \right)$ ist die *Resolvente* von $\mathscr{V}$ an der Stelle $\dfrac{1}{\mu}$ (vgl. Abschnitt 1.61). Ein Vergleich mit (2.21.15) zeigt

$$\mathscr{R} \left(\mathscr{V}; \frac{1}{\mu} \right) = -\mu \mathscr{E} - \mu^2 \mathscr{L}(\mu; \mathscr{V}). \qquad (2.21.20)$$

Wenn wir in die rechte Seite die Reihenentwicklung (2.21.18) von $\mathscr{L}(\mu; \mathscr{V})$

einsetzen, erhalten wir genau die Potenzreihendarstellung (1.61.15) von
$$\mathscr{R}\left(\mathscr{V}, \frac{1}{\mu}\right).$$
Wir können mit den Begriffen des Abschnittes 1.61 die Behauptungen
(2.21.18) bzw. (2.21.19) auch in folgender Weise formulieren:

Satz 2. *Die Resolventmenge eines Volterraschen Operators $\mathscr{V}$ mit dem Kern
aus Q^2 ist $\rho(\mathscr{V}) = \mathbb{C} - \{0\}$, die Spektralmenge $\sigma(\mathscr{V}) = \{0\}$. Anders: Der
Spektralradius ist $s(\mathscr{V}) = 0$.*

Diese letztere Aussage folgt aus dem Lemma 2 und (1.61.18).

5. Volterrasche Integralgleichung mit stetigem Kern. Wir setzen jetzt voraus, daß $V(s,t)$ für $a \leqq t \leqq s \leqq b$ stetig (und natürlich für $t > s$ gleich 0 ist).
Alles was bisher festgestellt wurde bleibt unverändert gültig. Zusätzlich aber
sind die Funktionen $v_1(s)$ und $v_2(t)$ in $[a, b]$ stetig und auch die iterierten
Kerne sind für $a \leqq t \leqq s \leqq b$ stetig. Da der lösende Kern durch eine relativ
gleichmäßig konvergente Reihe von stetigen Kernen dargestellt ist und auch
$v_1(s)v_2(t)$ stetig ist, folgt, daß die Reihe (2.21.11) gleichmäßig konvergiert,
also ist der lösende Kern $L(s, t; \mu)$ für jedem festen Wert von μ im Gebiet
$a \leqq t \leqq s \leqq b$ stetig. Daraus folgt, die Lösung der Integralgleichung (2.21.08)
bei stetiger Funktion y ebenfalls stetig ist.

Wir zeigen zuerst folgenden Hilfssatz:

Lemma 3. *Ist $N(s, t)$ ein Volterrascher Kern welcher in $a \leqq t \leqq s \leqq b$ stetig ist,
und $u \in L^2$, dann ist*

$$\mathscr{V}(s) := \int_a^s N(s, t)u(t)\, dt \qquad (s \in [a, b])$$

stetig.

Beweis. Es sei h beliebig, $\neq 0$ und $t < s + h$. Dann gilt

$$v(s+h) - v(s) = \int_a^s [N(s+h, t) - N(s, t)]u(t)\, dt + \int_s^{s+h} N(s+h, t)u(t)\, dt.$$

Nach der Schwarzschen Ungleichung ergibt sich

$$\left| \int_a^s [N(s+h, t) - N(s, t)]u(t)\, dt \right|^2 \leqq \int_a^s |N(s+h, t) - N(s, t)|^2\, dt\, \|u\|_{L^2}^2.$$

Im abgeschlossenem Gebiet $a \leqq t \leqq s \leqq b$ ist N gleichmäßig stetig, deshalb
kann man h derart wählen, daß

$$|N(s+h, t) - N(s, t)| < \frac{\varepsilon}{2\sqrt{b-a}\, \|u\|_{L^2}^2}$$

ist. Daher ist

$$\left| \int_a^s [N(s+h, t) - N(s, t)] u(t) \, dt \right| \leqq \frac{\varepsilon}{2}.$$

Andererseits ist $|N(s, t)|$ in $[a, b] \times [a, b]$ von oben beschränkt, eine obere Schranke sei M. Wir wählen $|h|$ so klein, daß neben voriger Bedingung auch noch

$$|h| \leqq \frac{\varepsilon^2}{4 M^2 \|u\|_{L^2}^2}$$

sei. Dann ist wieder nach der Schwarzschen Ungleichung

$$\left| \int_s^{s+h} N(s+h, t) u(t) \, dt \right|^2 \leqq \int_s^{s+h} |N(s+h, t)|^2 \, dt \, \|u\|_{L^2}$$

$$\leqq M^2 \|u\|_{L^2}^2 |h| \leqq \frac{\varepsilon^2}{4}.$$

Daher gilt $|v(s+h) - v(s)| < \varepsilon$ für hinreichend kleines $|h|$.

Ist nun y in $[a, b]$ stetig, dann ist auch $\mathscr{L}(\mu; \mathscr{V}) y \in C[a, b] \subset L^2$ und somit $x = y + \mathscr{L}(\mu; \mathscr{V}) y$ stetig. Da andere Lösung nicht existiert, ist alles bewiesen. □

Aus Lemma 3 ergibt sich eine sehr interessante Tatsache. Wenn nämlich $y \in L^2(I)$, aber nicht unbedingt stetig ist, so ist $x - y = \mathscr{L}(\mu; \mathscr{V}) y$ stetig. Das bedeutet y und die Lösung x sind an den gleichen Stellen stetig oder unstetig.

6. Ein Gegenbeispiel. Wir haben im Satz 1 behauptet, daß ein Volterrascher Integraloperator in L^2 keine Eigenfunktionen hat. Folgendes Gegenbeispiel widerspricht scheinbar dieser Feststellung:

Es sei

$$V(s, t) = \begin{cases} t^{s-1} & \text{für} \quad 0 < t \leqq s < 1 \\ 0 & \text{sonst (auch für } t = 0). \end{cases}$$

$V(s, t)$ ist beschränkt, meßbar und ein Q^2-Kern. Die homogene Integralgleichung

$$x(s) - \int_0^s t^{s-1} x(t) \, dt \qquad (0 \leqq s \leqq 1)$$

hat eine nichtverschwindende Lösung, nämlich

$$x_0(s) = \begin{cases} s^{s-1} & \text{für} \quad 0 < s \leqq 1 \\ 0 & \text{für} \quad s = 0. \end{cases}$$

Man beachte aber, daß $x_0(s)$ nicht zur Klasse $L^2[0, 1]$ gehört! Also ist dieses Beispiel mit dem Satz 1 nicht in Wiederspruch. Auch die inhomogene Integralgleichung

$$x(s) - \int_0^s t^{s-1} x(t)\, dt = y(s) \qquad (y \in L^2(0, 1))$$

hat unendlichviele Lösungen. Addiert man nämlich zu einer $L^2(0, 1)$-Lösung (so eine ist gewiß vorhanden) $\gamma x_0(s)$ wobei γ eine beliebige konstante Zahl ist, erhält man eine weitere Lösung. Unter diesen unendlichvielen Lösungen gibt es aber genau eine, welche zu $L^2(0, 1)$ gehört, diese ergibt sich wenn man $\gamma = 0$ setzt.

7. Beispiel. Man löse die Volterrasche Integralgleichung

$$x(s) + \int_0^s (s - t)x(t)\, dt = 1 \qquad 0 \le s \le 1.$$

Die sukzessiven Approximationen sind wie ein leichtes Rechnen zeigt

$$x_0(s) = 0, \qquad x_1(s) = 1, \qquad x_2(s) = 1 - \frac{s^2}{2!}; \qquad x_3(s) = 1 - \frac{s^2}{2!} + \frac{s^4}{4!}; \cdots$$

$$x_n(s) = 1 - \frac{s^2}{2!} + \frac{s^4}{4!} \pm \cdots \pm \frac{s^{2n-2}}{(2n-2)!} \qquad (n = 1, 2, 3, \ldots).$$

Die Lösung unserer Gleichung ist also

$$x(s) = 1 - \frac{s^2}{2!} + \frac{s^4}{4!} - \frac{s^6}{6!} \pm \cdots = \cos s \qquad (0 \le s \le 1).$$

2.22 Volterrasche Integralgleichungen erster Art

1. Zurückführung auf Integralgleichung zweiter Art. Die Integralgleichung welche wir behandeln werden ist von der Gestalt

$$\int_a^s V(s, t)x(t)\, dt = y(s) \qquad (a \le s \le b), \tag{2.22.01}$$

wobei $V(s, t)$ ein Volterrascher Kern aus Q^2 und y eine in voraus gegebene Funktion aus L^2 ist. Man sucht eine Funktion $x \in L^2$ welche die Gleichung (1) befriedigt.

Wenn $V(s, t)$ für $a \le t \le s \le b$ stetig ist, so muß nach Lemma 3; 2.21 auch y eine stetige Funktion mit $y(a) = 0$ sein, wie immer $x \in L^2$ beschaffen ist. Bei stetigen Volterraschen Kern ist also für die Auflösbarkeit von (1) notwendig, daß y eine stetige Funktion mit $y(a) = 0$ sei.

Wir werden folgendes voraussetzen: $\dfrac{\partial V}{\partial s}$ existiert in $a \leqq t \leqq s \leqq b$,

$$\frac{1}{v(s,s)} \frac{\partial V}{\partial s}(s,t) \in Q^2; \quad \frac{dy}{ds} = y' \quad \text{existiert,} \quad \frac{1}{v(s,s)} y'(s) \in L^2.$$

Dann läßt sich (1) zu einer Volterraschen Integralgleichung zweiter Art zurückführen. Man bildet die Ableitung beider Seiten von (2.22.01), so ergibt sich

$$x(s) + \int_a^s \frac{1}{V(s,s)} \frac{\partial V}{\partial s}(s,t)x(t)\,dt = \frac{1}{V(s,s)} y'(s). \qquad (2.22.02)$$

Das ist eine Volterrasche Integralgleichung zweiter Art, welche nach den Ergebnissen des Abschnittes 2.21 genau eine Lösung $x \in L^2$ besitzt. Diese Lösung von (2.22.02) befriedigt (2.22.01). Wenn man nämlich (2.22.02) mit $V(s,s)$ multipliziert und beide Seiten von a bis s integriert so ergibt sich in Berücksichtigung der notwendigen Bedingung $y(a) = 0$ genau (2.22.01).

Wir haben also folgendes Resultat: *Unter unsern Voraussetzungen hat die Integralgleichung (2.22.01) genau eine Lösung aus L^2. Daraus ergibt sich sofort, daß unter obigen Bedingungen die entsprechende homogene Integralgleichung keine andere Lösung als $x = 0$ hat.* (2.22.03)

Ähnliches Resultat erhält man, wenn der Kern V die folgende Eigenschaften hat:

$$V(s,s) = \frac{\partial V}{\partial s}(s,s) = \cdots = \frac{\partial^{n-2} V}{\partial s^{n-2}}(s,s) = 0 \quad \text{f.ü. in } (a,b),$$

$$\frac{1}{\dfrac{\partial^{n-1} V}{\partial s^{n-1}}(s,s)} \frac{\partial^n V}{\partial s^n}(s,t) \in Q^2. \qquad (s,t \in (a,b))$$

Ferner sei $y^{(n)}(s)$ vorhanden und

$$\frac{1}{\dfrac{\partial^{n-1} V}{\partial s^{n-1}}(s,s)} y^{(n)}(s) \in L^2.$$

Wenn wir jetzt (2.22.01) n-mal differenzieren, so gelangen wir zur Integralgleichung

$$x(s) + \int_a^s \frac{1}{\dfrac{\partial^{n-1} V}{\partial s^{n-1}}(s,s)} \frac{\partial^n V}{\partial s^n}(s,t)x(t)\,dt = \left(\frac{\partial^{n-1} V}{\partial s^{n-1}}(s,s)\right)^{-1} y^{(n)}(s), \qquad (2.22.04)$$

welche unter unsern Voraussetzungen eindeutig in L^2 auflösbar ist. Wenn wir die notwendige Bedingungen $y(a) = y'(a) = \cdots = y^{(n-1)}(a) = 0$ beachten, dann erkennen wir, durch n-fache Integration, daß die Auflösung von (2.22.04) unsere Gleichung (2.22.01) befriedigt. Auch in diesem Fall hat (2.22.01) genau eine Lösung in L^2.

2. Ein zweiter Weg zur Zurückführung auf eine Integralgleichung zweiter Art. Wir setzen jetzt voraus, daß $\dfrac{\partial V}{\partial t}$ vorhanden ist, stetig in $a \leqq t \leqq s \leqq b$, $V(s, s) \neq 0$ $(a \leqq s \leqq b)$. Man setzt

$$\int_a^s x(t)\, dt = z(s) \qquad (z(a) = 0)$$

und wendet auf (2.22.01) die partielle Integration an:

$$y(s) = [V(s, t)z(t)]_{t=a}^{t=s} - \int_a^s \frac{\partial V}{\partial t}(s, t)z(t)\, dt$$

$$= V(s, s)z(s) - \int_a^s \frac{\partial V}{\partial t}(s, t)z(t)\, dt,$$

woraus

$$z(s) - \int_a^s \frac{1}{V(s, s)}\frac{\partial V}{\partial t}(s, t)z(t)\, dt = \frac{y(s)}{V(s, s)}$$

folgt. Diese Volterrasche Integralgleichung zweiter Art ist immer auflösbar und da jeder Schritt umkehrbar ist, befriedigt die Ableitung der Lösung die Gleichung (2.22.01).

3. Beispiele. a) Es sei die Integralgleichung

$$\int_0^s e^{s-t}x(t)\, dt = y(s) \qquad\qquad (2.22.05)$$

zu lösen. Da hier

$$V(s, t) = \begin{cases} e^{s-t} & \text{für} \quad 0 \leqq t \leqq s \leqq b \\ 0 & \text{für} \quad 0 \leqq s < t \leqq b \end{cases}$$

ist, gilt $V(s, s) = e^0 = 1$ $(0 \leqq s \leqq b)$ und $\dfrac{\partial V}{\partial s}(s, t) = e^{s-t}$ ist vorhanden und ist stetig. Nach der Behauptung (2.22.03) hat somit (2.22.05) genau eine Lösung für jede in $[0, b]$ stetige und stetig differenzierbare Funktion $y(s)$ für welche $y(0) = 0$ gilt.

Um die Lösung zu bestimmen, führen wir (2.22.05) auf eine Volterrasche Integralgleichung zweiter Art zurück:

$$x(t) + \int_0^s e^{s-t} x(t)\, dt = y'(s). \tag{2.22.06}$$

Um diese zu lösen, werden wir die iterierten Kerne von V berechnen:

$$V_2(s, t) = \int_t^s e^{s-r} e^{r-t}\, dr = (s-t) e^{s-t}$$

$$V_3(s, t) = \int_t^s e^{s-r} e^{r-t}(r-t)\, dr = \frac{(s-t)^2}{2!}\, e^{s-t}$$

u.s.w. Allgemein

$$V_n(s, t) = \frac{(s-t)^{n-1}}{(n-1)!}\, e^{s-t}. \qquad (n = 1, 2, 3, \ldots)$$

Nach (2.21.16) ist der lösende Kern von V

$$L(s, t; \mu) = \sum_{n=1}^{\infty} \frac{(s-t)^{n-1}}{(n-1)!}\, e^{s-t} \mu^{n-1} = e^{s-t} \sum_{n=1}^{\infty} \frac{(s-t)^{n-1} \mu^{n-1}}{(n-1)!}$$
$$= e^{s-t} e^{\mu(s-t)} = e^{(1+\mu)(s-t)}$$

für jeden Wert von μ. Demzufolge ist $L(s, t; -1) = 1$ ($s, t \in [0, b]$) und somit die Lösung von (2.22.06) auf Grund von (2.21.13)

$$x(s) = y'(s) - \int_0^s y'(t)\, dt = y'(s) - y(s). \tag{2.22.07}$$

Man überzeugt sich unmittelbar, daß diese Funktion die Integralgleichung (2.22.05) befriedigt.

Wir hätten in unserem Fall das Ergebnis (2.22.07) auch auf kürzerem Wege erreichen können. Die Gleichung (2.22.05) läßt sich nämlich auch wie folgt aufschreiben:

$$\int_0^s e^{-t} x(t)\, dt = e^{-s} y(s).$$

Wenn wir beide Seiten nach s differenzieren, ergibt sich sofort (2.22.07).

b) Man suche die Auflösung von

$$\int_0^s \cos (s-t) x(t)\, dt = \frac{s^2}{2} \qquad (0 \leqq s \leqq b). \tag{2.22.08}$$

Wenn wir beide Seiten differenzieren, ergibt sich

$$x(s) - \int\limits_0^s \sin(s-t)x(t)\,dt = s. \qquad (2.22.09)$$

Diese Volterrasche Integralgleichung zweiter Art ist mittels der Methode der sukzessiven Approximation auflösbar und ihre Lösung liefert die gesuchte Funktion. In unserem Fall kann man die gesuchte Auflösung schneller erhalten. Man differenziere nämlich beide Seiten von (2.22.09). (Die Ableitung von x ist sicher vorhanden, denn $x(s) = s + \int_0^s \sin(s-t)x(t)\,dt$ und da $\sin(s-t)$ nach s differenzierbar ist, ist auch x differenzierbar.) So erhalten wir

$$x'(s) - \int\limits_0^s \cos(s-t)x(t)\,dt = 1 \qquad (0 \leqq s \leqq b).$$

Den Wert des zweiten Gliedes an der linken Seite können wir aus (2.22.08) entnehmen, so ergibt sich $x'(s) = 1 + \dfrac{s^2}{2}$, woraus folgt $x(s) = s + \dfrac{s^3}{6} + C$, wobei C eine noch unbekannte Konstante ist. Wenn wir diesen Ausdruck von $x(s)$ in (2.22.08) einsetzen, ergibt sich $C = 0$. Die Lösung unserer Integralgleichung ist also

$$x(s) = s + \frac{s^3}{6}.$$

4. Eine Bemerkung. In Bd. I. 203.13 (S. 140–147) haben wir schon Volterrasche Integralgleichungen erster und zweiter Art betrachtet bei denen der Kern von der Gestalt $V(s,t) = k(s-t)$ $(a \leqq t \leqq s \leqq b)$, und $V(s,t) = 0$ $(a \leqq s < t < b)$ war. Diese Integralgleichungen haben wir mittels der Mikusinskischen Operatorenrechnung gelöst und sogar verallgemeinerte Lösungen gefunden. Die jetzigen Integralgleichungen haben unter milden Voraussetzungen beliebige Kerne. Es wird dem Leser empfohlen die jetztigen Begriffsbildungen und Methoden mit denen im Bd. I. behandelten zu vergleichen.

2.23 Die Anwendung der Volterraschen Integralgleichungen zur Lösung gewöhnlicher Differentialgleichungen

1. Überführung linearer Differentialgleichungen in Volterrasche Integralgleichungen. Wir betrachten die lineare inhomogene Differentialgleichung

$$u^{(n)} + a_1 u^{(n-1)} + \cdots + a_n u = f, \qquad (2.23.01)$$

wobei $a_i = a_i(s)$ gegebene stetige Koeffizienten, $(i = 1, 2, \ldots, n)$ f ebenfalls eine gegebene Funktion von s, $u = u(s)$ die gesuchte unbekannte Funktion ist. Man bestimme die Lösung von (2.23.01) unter den Anfangsbedingungen

$$u(0) = c_0, \qquad u'(0) = c_1, \ldots, u^{(n-1)}(0) = c_{n-1}, \qquad (2.23.02)$$

wobei c_i $(i = 0, 1, 2, \ldots, n-1)$ in voraus gegebene Zahlen sind. Wir zeigen jetzt, daß das Problem (2.23.01), (2.23.02) auf eine lineare Volterrasche Integralgleichung zweiter Art zurückgeführt werden kann. Für eine Funktion v gilt

$$(\mathscr{D}^{-1}v)(s) = \int_0^s v(t)\, dt$$

$$(\mathscr{D}^{-2}v)(s) = \mathscr{D}^{-1}(\mathscr{D}^{-1}v)(s) = \int_0^s (s-t)v(t)\, dt \qquad (2.23.03)$$

$$\cdot\;\cdot$$

$$(\mathscr{D}^{-n}v)(s) = \mathscr{D}^{-1}(\mathscr{D}^{-n+1}v)(s) = \frac{1}{(n-1)!}\int_0^s (s-t)^{n-1}v(t)\, dt.$$

$\mathscr{D}^{-1}$ bedeutet den Operator des unbestimmten Integrals welches im Ursprung verschwindet. Wir setzen $v = u^{(n)}$ dann ergibt sich unter Beachtung der Bedingungen (2.23.02)

$$u^{(n-1)}(s) = c_{n-1} + \mathscr{D}^{-1}v$$
$$u^{(n-2)}(s) = c_{n-1}s + c_{n-2} + \mathscr{D}^{-2}v$$
$$\cdot\;\cdot$$
$$u(s) = c_{n-1}\frac{s^{n-1}}{(n-1)!} + c_{n-2}\frac{s^{n-2}}{(n-2)!} + \cdots + c_1 s + \mathscr{D}^{-n}v.$$

Wenn wir diese Ausdrücke in die Differentialgleichung (2.23.01) einsetzen, erhalten wir

$$v(s) + a_1(s)(\mathscr{D}^{-n}v)(s) + a_2(s)(\mathscr{D}^{-n+1}v)(s) + \cdots + a_n(s)(\mathscr{D}^{-1}v)(s)$$
$$= f(s) - c_{n-1}a_1(s) - (c_{n-1}s + c_{n-2})a_2(s) - \cdots$$
$$- \left(c_{n-1}\frac{s^{n-1}}{(n-1)!} + \cdots + c_1 s + c_0\right)a_n(s).$$

Wenn wir

$$y(s) := f(s) - c_{n-1}a_1(s) - (c_{n-1}s + c_{n-2})a_2(s) - \cdots$$
$$- \left(c_{n-1}\frac{s^{n-1}}{(n-1)!} + \cdots + c_1 s + c_0\right)a_n(s) \qquad (2.23.04)$$

setzen und die Formeln (2.23.03) berücksichtigen, so folgt

$$v(s) + \int_0^s \left(a_n(s)\frac{(s-t)^{n-1}}{(n-1)!} + a_{n-1}(s)\frac{(s-t)^{n-2}}{(n-2)!} + \cdots + a_1(s)\right)v(t)\, dt$$
$$= y(s),$$

oder mit der Bezeichnung

$$V(s, t) = \begin{cases} a_n(s) \dfrac{(s-t)^{n-1}}{(n-1)!} + \cdots + a_2(s)(s-t) + a_1(s) & \text{für} \quad 0 \leqq t \leqq s \\ 0 \quad \text{für} \quad 0 \leqq s \leqq t \end{cases}$$

(2.23.05)

folgt

$$v(s) + \int_0^s V(s, t)v(t)\, dt = y(s).$$

(2.23.06)

Das ist eine Volterrasche Integralgleichung zweiter Art, mit dem Kern (2.23.05), Störfunktion (2.23.04) und Parameterwert $\mu = -1$. Man sieht sofort, daß die Integralgleichung (2.23.06) mit dem Problem (2.23.01)–(2.23.02) äquivalent ist. (2.23.06) hat immer genau eine Auflösung welche mittels der sukzessiven Approximation berechnet werden kann. Daraus folgt, daß unser Ausgangsproblem genau ein Lösung hat.

2. Die Fubinische Methode. Um das Wesen dieser Methode besser erläutern zu können beschränken wir uns auf Differentialgleichungen zweiter Ordnung von der Gestalt

$$a_0(s)u'' + a_1(s)u' + a_2(s)u = 0.$$

(2.23.07)

Wir werden die Koeffizienten zerlegen: $a_0(s) = 1 - A_0(s)$, $a_1(s) = p_1(s) - A_1(s)$; $a_2(s) = p_2(s) - A_2(s)$, wodurch unsere Differentialgleichung folgende Gestalt erhält:

$$u''(s) + p_1(s)u'(s) + p_2(s)u(s) = A_0(s)u''(s) + A_1(s)u'(s) + A_2(s)u(s).$$

(2.23.08)

Vorausgesetzt wird, daß $a_0 = 1 - A_0$ in keinen Punkt des Intervalls, wo wir die Lösung suchen, verschwindet. Die Zerlegung der Koeffizienten werden wir derart durchführen, daß die allgemeine Lösung von

$$u'' + p_1 u' + p_2 u = 0$$

(2.23.09)

in möglichst einfacher Art bestimmt werden kann. Es seien Y_1, Y_2 zwei linear unabhängige Lösungen von (2.23.09), dann verschwindet ihre Wronskische Determinante

$$W(s) = \begin{vmatrix} Y_1(s) & Y_2(s) \\ Y_1'(s) & Y_2'(s) \end{vmatrix}$$

(2.23.10)

in keinem Punkt. Wir werden die Lösung von (2.23.08) (bzw. von (2.23.07)) in folgender Gestalt suchen

$$u(s) = C_1(s)Y_1(s) + C_2(s)Y_2(s).$$

(2.23.11)

Die vorläufig unbekannten Funktionen C_1, C_2 wollen wir so bestimmen, daß

$$C_1'(s)Y_1(s) + C_2'(s)Y_2(s) = 0 \qquad (s \in (a, b))$$

(2.23.12)

identisch erfüllt sei. Wenn wir jetzt (2.23.11) in (2.23.08) einsetzen und (2.23.12) berücksichtigen, ergibt sich

$$C_1' Y_1' + C_2' Y_2' = \frac{A_0 Y_1'' + A_1 Y_1' + A_2 Y_1}{1 - A_0} C_1 + \frac{A_0 Y_2'' + A_1 Y_2' + A_2 Y_1}{1 - A_0} C_2.$$

$$(2.23.13)$$

Die Gleichungen (2.23.12) und (2.23.13) werden wir als ein lineares Gleichungssystem bezüglich C_1', C_2' betrachten, ihre Auflösung führt zu

$$C_1' = -\left[C_1 \frac{A_0 Y_1'' + A_1 Y_1' + A_2 Y_1}{(1 - A_0) W} + C_2 \frac{A_0 Y_2'' + A_1 Y_2' + A_2 Y_2}{(1 - A_0) W} \right] Y_2$$

$$(2.23.14)$$

$$C_2' = \left[C_1 \frac{A_0 Y_1'' + A_1 Y_1' + A_2 Y_1}{(1 - A_0) W} + C_2 \frac{A_0 Y_2'' + A_1 Y_2 + A_2 Y_2}{(1 - A_0) W} \right] Y_1.$$

Wir führen einfachheishalber die folgenden Bezeichnungen ein:

$$G_i = \frac{A_0 Y_i'' + A_1 Y_i' + A_2 Y_i}{(1 - A_0) W} \qquad (i = 1, 2) \tag{2.23.15}$$

und erhalten aus (2.23.14) durch Integrieren:

$$C_1(s) = \gamma_1 - \int_2^s [C_1(t) G_1(t) + C_2(t) G_2(t)] Y_2(t)\, dt$$

$$(2.23.16)$$

$$C_2(s) = \gamma_2 + \int_a^s [C_1(t) G_1(t) + C_2(t) G_2(t)] Y_1(t)\, dt,$$

wobei $\gamma_i = C_i(a)$ $(i = 1, 2)$ Konstanten sind welche aus den Aufangs-bedingungen $u(a) = \alpha$, $u'(a) = \beta$ mit Hilfe folgendem Gleichungssystem berechenbar sind

$$Y_1(a) \gamma_1 + Y_2(a) \gamma_2 = \alpha$$
$$Y_1'(a) \gamma_1 + Y_2'(a) \gamma_2 = \beta.$$

Wir setzen

$$x(s) = C_1(s) G_1(s) + C_2(s) G_2(s) \tag{2.23.17}$$

und multiplizieren die erste der Gleichungen (2.23.16) mit $G_1(s)$, die zweite mit $G_2(s)$ und addieren, so erhalten wir

$$x(s) - \int_a^s V(s, t) x(t)\, dt = y(s), \tag{2.23.18}$$

wobei

$$V(s, t) = \begin{vmatrix} Y_1(t) & Y_2(t) \\ G_1(s) & G_2(s) \end{vmatrix}; \qquad y(s) = \gamma_1 G_1(s) + \gamma_2 G_2(s) \tag{2.23.19}$$

ist. Wenn wir anstatt (2.23.18) die Integralgleichungen

$$x_i(s) - \int_a^s V(s, t)x_i(t)\, dt = G_i(s) \qquad (i = 1, 2) \tag{2.23.20}$$

betrachten, dann sieht man sofort, daß $x = \gamma_1 x_1 + \gamma_2 x_2$ die Lösung von (2.23.18) ist. Die Gleichungen (2.23.20) können aufgelöst werden (mit Hilfe der Methode der sukzessiven Approximation), aus diesen erhalten wir eindeutig x_1 und x_2. Sind x_1 und x_2 einmal schon bestimmt, so kann man die Funktionen

$$u_i(s) = Y_i(s) + \int_a^s \begin{vmatrix} Y_1(t) & Y_2(t) \\ Y_1(s) & Y_2(s) \end{vmatrix} x_i(t)\, dt \qquad (i = 1, 2) \tag{2.23.21}$$

bilden, und dann ist

$$u = \gamma_1 u_1 + \gamma_2 u_2$$

die (einzige) Lösung von (2.23.07) welche den vorgeschriebenen Anfangsbedingungen genügt. Durch direktes Einsetzen von u in die Gleichung (2.23.08) sieht man die Gültigkeit unserer Behauptung.

2.24 Volterrasche Integralgleichungen mit unbeschränkten Kernen

1. Integraloperatoren mit unbeschränkten Kernen. Es sei $F(s, t)$ eine in $I \times I$ ($I = [a, b]$) beschränkte meßbare Funktion und wir betrachten Volterra Kerne von der Gestalt

$$V(s, t) = \frac{F(s, t)}{(s - t)^\alpha}, \qquad 0 < \alpha < 1, \qquad a \leqq t < s \leqq b \tag{2.24.01}$$

(und 0 für $s < t$).

Wir werden zeigen, daß genügend hohe Iterierten beschränkt sind.

Um das zu sehen führen wir in den Ausdruck der zweiten Iterierten anstatt r die neue Integrationsvariable z ein:

$$r = t + (s - t)z.$$

So ergibt sich

$$V_2(s, t) = \int_t^s \frac{F(s, r)F(r, t)}{(s - r)^\alpha (r - t)^\alpha}\, dr = (s - t)^{1 - 2\alpha} F_2(s, t),$$

wobei

$$F_2(s, t) = \int_0^1 \frac{F(s, t + (s - t)z)F(t + (s - t)z, t)}{z^\alpha (1 - z)^\alpha}\, dz$$

ist. Man sieht sofort, daß $F_2(s, t)$ in $I \times I$ beschränkt ist. Ähnlich ergibt sich

$$V_3(s, t) = \int_t^s V(s, r)(r - t)^{1-2\alpha} F_2(r, t)\, dr = \int_t^s \frac{F(s, r) F_2(r, t)}{(s - r)^\alpha (r - t)^{2\alpha - 1}}\, dr$$

$$= (s - t)^{2-3\alpha} F_3(s, t),$$

wobei $F_3(s, t)$ wieder eine beschränkte Funktion ist. Analog finden wir

$$V_n(s, t) = (s - t)^{n-1-n\alpha} F_n(s, t), \qquad (t \leqq s), \tag{2.24.02}$$

wobei $F_n(s, t)$ beschränkt ist. Wir erkennen, V_n ist selbst beschränkt, falls der Exponent von $s - t$ nichtnegativ wird, d.h. $(n - 1) - n\alpha \geqq 0$, also ist

$$n > \frac{1}{1 - \alpha}.$$

2. Lösung von Volterraschen Integralgleichungen erster Art mit Kernen von der Form (2.24.01). Wir können die obige Tatsache leicht zur Lösung von Integralgleichungen von der Gestalt

$$\int_a^s \frac{F(s, t)}{(s - t)^\alpha} x(t)\, dt = y(s) \qquad (s \in I, \quad 0 < \alpha < 1) \tag{2.24.03}$$

benutzen, wobei F eine beschränkte meßbare Funktion, y eine in voraus gegebene meßare Funktion ist. Man wähle $n \geqq \dfrac{1}{1 - \alpha}$ und bilde V_n, hier bedeutet V den Kern $\dfrac{F(s, t)}{(s - t)^\alpha}$. Dann ergibt sich

$$\int_0^s V_{n+1}(s, t) x(t)\, dt = \int_0^s V_n(s, t) y(t)\, dt. \tag{2.24.04}$$

Das ist eine Integralgleichung erster Art, die rechte Seite verschwindet für $s = a$. Wenn $V_{n+1}(s, s) \neq 0$ ($s \in I$) ist, so kann man die in 2.22 beschriebene Methode verwenden. Es muß jedoch hinzugefügt werden, wonach die so erhaltene Lösung die Gleichung (2.24.03) nur dann befriedigt, wenn

$$\int_a^s V_n(s, t) u(t)\, dt = 0 \qquad (s \in I) \tag{2.24.05}$$

keine andere Lösung als $u = 0$ hat. Das ist sicher erfüllt, wenn $V_n(s, s) \neq 0$ ($s \in I$) ist. Gilt nämlich diese Voraussetzung, so folgt aus (2.24.04)

$$\int_a^s V_n(s, r) \left[\int_a^r V(r, t) x(t)\, dt - y(r) \right] dr = 0.$$

Dann aber gilt nach (2.24.05) die Beziehung (2.24.03). Die Gleichungen (2.24.03) und (2.24.04) sind genau dann miteinander gleichwertig, wenn die Bedingung über (2.24.05) gilt.

3. Die Abelsche Integralgleichung. Ein sehr wichtiges Beispiel dazu ist die Abelsche Integralgleichung, welche das Problem der *Tautochrone* löst (und scheint die ältete Integralgleichung zu sein).

Auf einer glatten Bahn in vertikaler Ebene gleitet ein Körper wiederstandslos unter alleiner Einwirkung der Schwerkraft herab. Wie groß ist die Fallzeit? (Fig. 6.) Um diese Frage beantworten zu können führen wir folgende Bezeichnungen ein: s sei die Höhe der Anfangslage P des Körpers, den wir Punktförmig annehmen, t sei die Höhe irgendeiner Zwischenlage, O die Höche der Endlage. y die Bogenlänge des in der Zeit τ vom Körper zurückgelegten Weges. Nach dem Energiegesetz gilt nun für die Bahngeschwindigkeit des Körpers

$$v = \frac{dy}{d\tau} = \sqrt{2g(s-t)}, \qquad (g = 9{,}81 \text{ msec}^{-2})$$

daher ist die Fallzeit, die der Körper braucht um von P nach 0 zu kommen,

$$T(s) = \int_0^T d\tau = \int \frac{dy}{\sqrt{2g(s-t)}} = \frac{1}{\sqrt{2g}} \int_s^0 \frac{y'(t)\,dt}{\sqrt{s-t}} = -\frac{1}{\sqrt{2g}} \int_0^s \frac{y'(t)\,dt}{\sqrt{s-t}}.$$

$$(2.24.06)$$

Bei gegebener Bahn $y = y(t)$ gibt uns diese Formel die gesuchte Fallzeit T. Wir fragen umgekehrt: $T(s)$ sei als Funktion von s gegeben. Welche Kurve $y(t)$ ist dann so beschaffen, daß die Fallzeit für einen Körper, der auf ihr von P nach 0 fällt, $T(s)$ ist?

Ist $T(s)$ konstant, so liegt das Problem der *Isochronen* vor: Man sucht Kurven bei denen die Fallzeit von der Fallhöhe unabhängig ist.

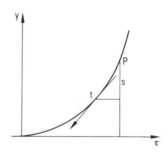

Fig. 6

Aus (2.24.06) folgt für $-\dfrac{y'(t)}{\sqrt{2g}} = x(t)$

$$\int_0^s \frac{x(t)}{\sqrt{s-t}}\, dt = T(s) \qquad (s>0). \tag{2.24.07}$$

Diese Integralgleichung heißt die Abelische Integralgleichung. Sie ist von der Gestalt (2.24.03), wobei jetzt $F(s, t) = 1$, $\alpha = \tfrac{1}{2}$ ist. Wenn wir die zweite Iterierte des Kernes bilden, so sehen wir

$$V_2(s, t) = \int_t^s \frac{dr}{\sqrt{s-r}\,\sqrt{r-t}} = \int_0^1 [z(1-z)]^{-1/2}\, dz = \pi.$$

Wenn wir also nach der in 2. beschriebenen Methode auf die der (2.24.04) entsprechende Gleichung mit $n = 1$ übergehen, ergibt sich

$$\pi \int_0^s x(t)\, dt = \int_0^s \frac{T(r)}{\sqrt{s-r}}\, dr,$$

woraus nach differenzieren

$$x(s) = \frac{1}{\pi} \frac{d}{ds} \int_0^s \frac{T(r)}{\sqrt{s-r}}\, dr \tag{2.24.08}$$

folgt. Man kann den Ausdruck der Lösung für den Fall, daß T eine stetige Ableitung besitzt in einer ausführlicher Gestalt darstellen. Durch partielle Integration ergibt sich nämlich

$$x(s) = \frac{1}{\pi} \frac{d}{ds} \left[2\sqrt{s}\, T(0) + 2 \int_0^s \sqrt{s-t}\, T'(t)\, dt \right],$$

woraus

$$x(s) = \frac{T(0)}{\pi\sqrt{3}} + \frac{1}{\pi} \int_0^s \frac{T'(t)}{\sqrt{s-t}}\, dt$$

folgt. Daß die so gewonnene Funktion die Abelsche Integralgleichung befriedigt, kann man durch direktes Einsetzen in (2.24.07) zeigen.

4. Die verallgemeinerte Abelsche Integralgleichung. Darunter verstehen wir die Integralgleichung von der Gestalt:

$$\int_0^s \frac{x(t)}{(s-t)^\alpha}\, dt = y(s) \qquad (0 < \alpha < 1). \tag{2.24.09}$$

Diese kann mit ähnlicher Methode wie (2.24.07) gelöst werden. Wenn wir die Faltung des Kernes mit $(s-t)^\alpha$ bilden und die Substitution $r = t + (s-t)z$ einführen, erhalten wir nach bekannter Eigenschaft der Eulerschen Γ-Funktion

$$\int_t^s \frac{dr}{(s-r)^\alpha (r-t)^{1-\alpha}} = \int_0^1 \frac{dz}{(1-z)^\alpha z^{1-\alpha}} = \Gamma(\alpha)\Gamma(1-\alpha) = \frac{\pi}{\sin \alpha\pi}.$$

Die in 2. beschriebene Methode, angewendet für $n = 1$ liefert

$$\frac{\pi}{\sin \alpha\pi} \int_0^s x(t)\,dt = \int_0^s \frac{y(t)}{(s-t)^{1-\alpha}}\,dt,$$

woraus folgt, genauso wie in 3. (wenn y' existiert):

$$x(s) = \frac{\sin \alpha\pi}{\pi} \frac{d}{ds} \int_0^s \frac{y(t)}{(s-t)^{1-\alpha}}\,dt = \frac{\sin \alpha\pi}{\pi} \left[\frac{y(0)}{s^{1-\alpha}} + \int_0^s \frac{y'(t)}{(s-t)^{1-\alpha}}\,dt \right].$$

Wenn wir diesen Ausdruck in (2.24.09) einsetzen, können wir uns durch ein leichtes Rechnen überzeugen, daß die eben gewonnene Funktion die verallgemeinerte Abelsche Integralgleichung befriedigt.

Wir werden einen für die Praxis wichtigen speziellen Fall betrachten und zwar die Integralgleichung

$$\int_0^s \frac{x(t)}{(s-t)^\alpha} = s^\lambda \qquad (\lambda \geqq 0) \tag{2.24.10}$$

wobei $\alpha < 1$ (unter Umständen auch negativ) ist. Wir setzen vorläufig voraus, daß (2.24.10) eine stetige Lösung besitzt. Wir multiplizieren dann die Gleichung mit $(s-r)^\mu$ $(\mu > -1)$, vorher aber ersätzen wir in (2.24.10) s mit r, und dann integrieren wir von Null bis s (>0):

$$\int_0^s \int_0^r (s-r)^\mu (r-t)^{-\alpha} y(t)\,dt\,dr = \int_0^s (s-r)^\mu r^\lambda\,dr. \qquad (s>0) \tag{2.24.11}$$

Man kann die Reihenfolge (auf Grund des Fubinischen Satzes) der Integrationen auf der linken Seite vertauschen:

$$\int_0^s y(t) \left(\int_t^r (s-r)^\mu (r-t)^{-\alpha}\,dr \right) dt$$

und wie früher, erhalten wir mittels der Substitution $r = t + (s-t)z$

$$\int_t^s (s-r)^\mu (r-t)^{-\alpha}\,dr = (s-t)^{\mu-\alpha+1} \frac{\Gamma(1-\alpha)\Gamma(\mu+1)}{\Gamma(\mu-\alpha+2)}. \qquad (s \geqq t)$$

Mit Hilfe der Substitution $r = sz$ ergibt sich

$$\int\limits_0^s r^\lambda (s-r)^\mu\, dr = \int\limits_0^1 z^\lambda (1-z)^\mu\, dz\, s^{\lambda+\mu+1} = \frac{\Gamma(\mu+1)\Gamma(\lambda+1)}{\Gamma(\lambda+\mu+2)}\, s^{\lambda+\mu+1},$$

wobei bekenntlicher Weise

$$\int\limits_0^1 z^\lambda (1-z)^\mu\, dz = \frac{\Gamma(\lambda+1)\Gamma(\mu+1)}{\Gamma(\lambda+\mu+2)}$$

gesetzt wurde ($\Gamma(\lambda)$ ist die Eulersche Gamma-Funktion). Hier ist $\lambda+\mu+1 > \lambda \geqq 0$. (2.24.11) nimmt also die Gestalt an:

$$\frac{\Gamma(1-\alpha)\Gamma(1+\mu)}{\Gamma(\mu-\alpha+2)} \int\limits_0^s (s-t)^{\mu-\alpha+1} x(t)\, dt = \frac{\Gamma(1+\mu)\Gamma(1+\lambda)}{\Gamma(\lambda+\mu+2)}\, s^{\lambda+\mu+1}.$$

$$(2.24.12)$$

Die bisher beliebige Zahl μ sei jetzt derart gewählt, daß $\mu-\alpha+1 = n$ eine nichtnegative ganze Zahl wird. Dann ergibt sich

$$\int\limits_0^s \frac{(s-t)^n}{n!}\, x(t)\, dt = \frac{\Gamma(1+\lambda)}{\Gamma(1-\alpha)}\, \frac{1}{\Gamma(n+\lambda+\alpha+1)}\, s^{\lambda+n+\alpha}. \qquad (s \geqq 0)$$

$$(2.24.13)$$

Differenziert man diese Gleichung $(n+1)$-mal nach s, so erhält man das Ergebnis

$$\left. \begin{aligned} x(s) &= \frac{\Gamma(1+\lambda)(\lambda+n+\alpha)\cdots(\lambda+\alpha)}{\Gamma(1-\alpha)\Gamma(n+\lambda+\alpha+1)}\, s^{\lambda+\alpha-1} \quad &\text{für} \quad \lambda+\alpha+k \neq 0 \\[2mm] & & k = 0, 1, \ldots, n \\[2mm] x(s) &= \frac{\Gamma(1+\lambda)}{\Gamma(1-\alpha)\Gamma(\lambda+\alpha+1)}\, s^{\lambda+\alpha-1} \quad &\text{für} \quad n = 0. \end{aligned} \right\}$$

$$(2.24.14)$$

Wenn wir $x(s)$ in die ursprüngliche Gleichung (2.24.10) einsetzen, erkennen wir durch ein leichtes Rechnen, daß im Fall $\lambda+\alpha-1 \neq$ negativ ganzzahlig, (2.24.14) tatsächlich unsere Gleichung befriedigt. Sollte aber der Exponent $\lambda+\alpha-1$ negativ ganzzahlig werden, so ergibt sich Null. In diesem Fall hat die Gleichung (2.24.10) keine Lösung.

Leicht zu erkennen ist auch, daß die Integralgleichung (2.24.10), wenn überhaupt, genau eine Lösung hat. Denn jede Lösung von (2.24.10) befriedigt auch die Gleichung (2.24.13) die linke Seite dieser ist aber, nach einer wohlbekannten Formel der elementaren Analysis genau das n-fache unbestimmte Integral von x, also kann x nur die Gestalt (2.24.14) besitzen.

5. Eine praktische Anwendung. In einer Talsperre, die durch eine senkrechte Mauer begrenzt wird, ist die durch eine Schützenöffnung pro Zeiteinheit ausfließende Wassermenge eine Funktion des Pegelstandes und außerdem von der Form der Öffnung abhängig. Wie muß in der Fig. 7 die Randkurve $y(\eta)$ gewählt werden, damit die Ausflußmenge eine lineare Funktion des Pegelstandes werde?

Ist h die Höhe des Pegelstandes, so ist für einen Punkt in der Höhe η über den Boden die Ausflußgeschwindigkeit $\sqrt{2g(h-\eta)}$, also die Ausflußmenge pro Zeiteinheit gleich

$$2g \int_a^b \sqrt{h-\eta}\, y(\eta)\, d\eta + \tfrac{2}{3}b(h^{3/2}-(h-a)^{3/2}) = F(h).$$

Setzt man nun $\eta = a+t$; $h = a+s$; $y(\eta) = y(a+t) = x(t)$, $F(h) = F(a+s) = A + Bs - \tfrac{2}{3}b((a+s)^{3/2}-s^{3/2}) = f(s)$, so erhält man die Integralgleichung

$$\int_0^s \sqrt{s-t}\, x(t)\, dt = A + Bs - \tfrac{2}{3}b((a+s)^{3/2}-s^{3/2}) = f(s). \tag{2.24.15}$$

Man kann die rechte Seite in eine unendliche Reihe entwickeln, welche für hinreichend kleine Werte von s (gleichmäßig) konvergent ist:

$$f(s) = A - \tfrac{2}{3}ba^{3/2} + (B-b)a)s - \tfrac{1}{4}ba^{-1/2}s^2$$
$$- \sum_{\lambda=3}^{\infty} (-1)^\lambda ba^{3/2} \frac{1\cdot 3\cdot 5\cdots(2\lambda-5)}{2^\lambda \lambda! a^\lambda} s^\lambda + \frac{2b}{3}s^{3/2}.$$

Wir werden die Lösung unserer Integralgleichung (2.24.15) mit Hilfe der Auflösungsformel (2.24.14) additiv zusammensetzen, indem man $\alpha = -\tfrac{1}{2}$, und λ der Reihe nach die Werte $0,1,2,3,\dots$ und $\tfrac{3}{2}$ annimmt. Unter

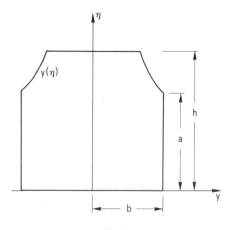

Fig. 7

Berücksichtigung der folgenden Beziehungen, welche man aus entsprechenden Tabellen entnehmen kann:

$$\Gamma(\tfrac{1}{2}) = \sqrt{\pi}, \qquad \Gamma(-\tfrac{1}{2}) = -2\sqrt{\pi}, \qquad \Gamma(1) = \Gamma(2) = 1! = 1,$$

$$\Gamma(\lambda - \tfrac{1}{2}) = 2\,\frac{1 \cdot 3 \cdots (2\lambda - 3)}{2\lambda}\,\sqrt{\pi},$$

ergibt sich die folgende formale unendliche Reihe:

$$x(s) = \frac{1}{\sqrt{\pi}}\left\{(\tfrac{2}{3}ba^{3/2} - A)s^{-3/2} + 2(B - b\sqrt{a})s^{-1/2}\right.$$
$$\left. - 2b\sum_{\lambda=2}^{\infty}\frac{(-1)^{\lambda}}{(2\lambda - 3)}\left(\frac{s}{a}\right)^{\lambda - 3/2}\right\}.$$

Diese ist für hinreichend kleine Werte von s gleichmäßig konvergent und kann sogar in geschlossener Form dargestellt werden

$$x(s) = \frac{1}{\pi}\left\{(\tfrac{2}{3}ba^{3/2} - A)s^{-3/2} + 2(B - b\sqrt{a})s^{-1/2} + 2b\,\text{arctg}\,\sqrt{\frac{s}{a}}\right\}.$$

Diese Funktion gibt die Auflösung von (2.24.15) für jeden positiven Wert von s nach dem Prinzip der analytischen Fortsetzung.

6. Volterrasche Integralgleichung zweiter Art mit Kern für welcher (2.24.01) gilt. Es sei die Integralgleichung

$$x(s) - \int_{a}^{s} V(s, t)x(t)\,dt = y(s) \qquad (s \in I) \tag{2.24.16}$$

vorgelegt. Es wird zweckmäßiger sein, diese in Form

$$x - \mathcal{V}x = y \tag{2.24.17}$$

zu schreiben, wobei $\mathcal{V}$ der durch (2.24.01) erzeugte Integraloperator ist. Wir wenden den Operator $\mathcal{V}$ auf beide Seiten von (2.24.17) an, so ergibt sich

$$\mathcal{V}x - \mathcal{V}^2 x = \mathcal{V}y.$$

Aus (2.24.11) ist aber $\mathcal{V}x = x - y$, deshalb erhalten wir

$$x - \mathcal{V}^2 x = y + \mathcal{V}y.$$

Das gleiche Verfahren nochmals angewendet:

$$\mathcal{V}x - \mathcal{V}^3 x = \mathcal{V}y + \mathcal{V}^2 y,$$

woraus wiederum, genauso wie oben

$$x - \mathcal{V}^3 x = y + \mathcal{V}y + \mathcal{V}^2 y$$

folgt. Man erhält also aus (2.24.17) für ein beliebiges n

$$x - \mathcal{V}^n x = y + \mathcal{V}y + \cdots + \mathcal{V}^{n-1}y = y_n. \tag{2.24.18}$$

Wenn wir $n > \dfrac{1}{1-\alpha}$ wählen, dann ist der Kern in (2.24.18) schon beschränkt und (2.24.18) ist auflösbar nach der in 2.21 beschriebenen Methode. Aber auch hier gilt, daß (2.24.11) mit (2.24.18) äquivalent, falls die Voraussetzung bezüglich (2.24.05) erfüllt ist.

2.3 Die Fredholmsche Integralgleichungen zweiter Art

2.31 Lösung mittels sukzessiver Approximation

1. Der Begriff der Fredholmschen Integralgleichungen. Es sei $I = [a, b]$ ein endliches, abgeschlossenes Intervall und der durch den Kern $K \in Q^2(I)$ (oder $q^2(I)$) erzeugter Integraloperator. Die Integralgleichungen

$$\mathcal{K}x = y \qquad\qquad\qquad (2.31.01)$$

$$x - \mu\mathcal{K}x = y \qquad\qquad\qquad (2.31.02)$$

oder ausführlicher

$$\int_a^b K(s, t)x(t)\, dt = y(s); \qquad x(s) - \mu\int_a^b K(s, t)x(t)\, dt = y(s) \qquad (s \in I)$$

heißen *Fredholmsche Integralgleichungen*, und zwar ist (2.31.01) eine Fredholmsche Integralgleichung *erster Art*, (2.31.02) eine Fredholmsche Integralgleichung *zweiter Art*. In diesem Kapitel werden wir nur Integralgleichungen zweiter Art betrachten. Ist die Gefahr eines Irrtums nicht vorhanden, dann werden wir hier anstatt Integralgleichung zweiter Art kurz nur Integralgleichung sagen. In den Gleichungen (2.31.01) und (2.31.02) ist y eine in voraus gegebene Funktion aus $L^2(I)$ und es wird immer die Lösung in L^2 gesucht. Der Fall, wenn die Kernfunktion K und y stetig sind, ist in obigen Fall enthalten. Aus den obigen Definitionen erkennt man sofort, daß die Volterrasche Integralgleichungen spezialfälle der Fredholmschen Integralgleichungen sind. Wenn nämlich der Kern $K : (a, b) \times (a, b) \to \mathbb{C}$ im Dreieck $a \leqq s < t \leqq b$ f.ü. verschwindet, dann übergeht die Fredholmsche Integralgleichung in eine Volterrasche.

Wir wissen, daß der Operator $\mathcal{K} \in Q^2(I)$ vollstetig ist (Satz 4; 2.11) daher ist nach (1.63.02) $\mathcal{E} - \mu\mathcal{K}$ für jedes μ ein Fredholm-Operator (vgl. dazu 1.63.3) mit dem Index 0. (Daher der Name.) $\qquad\qquad (2.31.03)$

2. Lösung durch sukzessive Approximation. Genau wie bei der Volterraschen Integralgleichung, lösen wir die Integralgleichung (2.31.02) mit Hilfe der sukzessiven Approximation

$$x_{n+1} = y + \mu\mathcal{K}x_n \qquad (x_0 = 0; \quad n = 0, 1, 2, \ldots). \qquad (2.31.04)$$

Wir wissen, (Satz 3; 1.43), wenn die Reihe

$$\mathcal{E} + \mu\mathcal{K} + \mu^2\mathcal{K}^2 + \cdots \qquad\qquad\qquad (2.31.05)$$

(stark) konvergiert, dann ist auch das Verfahren (2.31.04) gegen die einzige Lösung des betrachteten Integralgleichung konvergent. Anderseits ist die Reihe (2.31.05) nach (1.43.05) gewiss konvergent, wenn $|\mu|\, \|\mathcal{K}\| < 1$ d.h.

wenn

$$|\mu| < \frac{1}{\|\mathscr{K}\|} \qquad (2.31.06)$$

gilt. Wenn wir die Abschätzung (2.11.08) berücksichtigen, so haben wir folgendes Resultat: *Für jedes $\mu \in \mathbb{C}$ mit*

$$|\mu| < \frac{1}{\left(\int\limits_a^b \int\limits_a^b |K(s, t)|^2 \, ds \, dt \right)^{1/2}} \qquad (2.31.07)$$

ist die Integralgleichung (2.31.02) eindeutig auflösbar für jedes $y \in L^2$ und man erhält die Lösung durch das Verfahren (2.31.04). Die Funktionenfolge $\{x_n\}$ ist nach der Norm des Raumes L^2 gegen die Lösung x konvergent. Ihre explizite Form lautet

$$x = y + \mu \mathscr{K} y + \mu^2 \mathscr{K}^2 y + \cdots + \mu^n \mathscr{K}^n y + \cdots \qquad (2.31.08)$$

Auch diese Reihe ist in L^2 konvergent. $\qquad (2.31.09)$

Auf Grund von (1.43.06) kann man die Konvergenzgeschwindigkeit nach (1.43.11) abschätzen:

$$\|x - x_n\|_{L^2} \leq \frac{|\mu|^n \|\mathscr{K}^n\|}{1 - |\mu| \|\mathscr{K}\|} \|y\| \leq \frac{(|\mu| \|\mathscr{K}\|)^n}{1 - |\mu| \|\mathscr{K}\|} \|y\|. \qquad (n = 1, 2, 3, \ldots)$$
$$\qquad (2.31.10)$$

Wir können die Ergebnisse (2.31.06) (2.31.07) auch etwas anders formulieren. Es wurde eigentlich der Operator $\mathscr{E} - \mu \mathscr{K}$ betrachtet, den wir jetzt als $-\mu(\mathscr{K} - \lambda \mathscr{E})$ mit $\lambda = 1/\mu$ umschreiben. (Wir können annehmen, daß $\mu \neq 0$ ist, sonst wäre (2.31.02) überhaupt keine Integralgleichung). In (2.31.06) wurde festgestellt, daß $\mathscr{E} - \mu \mathscr{K}$ für jedes μ welches (2.31.06) befriedigt, eine eindeutige Inverse hat, d.h. $[-\mu(\mathscr{K} - \lambda \mathscr{E})]^{-1}$ existiert, falls

$$|\lambda| > \|\mathscr{K}\| \qquad (2.31.11)$$

ist. Die Resolventenmenge $\rho(\mathscr{K})$ enthält also das Gebiet (2.31.11). Eine etwas schwächere Behauptung enthält (2.31.07), diese besagt, daß

$$\rho(\mathscr{K}) \supset \left\{ \lambda \mid \lambda \in \mathbb{C} : |\lambda| > \left(\int\limits_a^b \int\limits_a^b |K(s, t)|^2 \, ds \, dt \right)^{1/2} \right\} \qquad (2.31.12)$$

gilt. Über das Spektrum können wir also behaupten, daß

$$\sigma(\mathscr{K}) \subset \{ \lambda \mid \lambda \in \mathbb{C} : |\lambda| < \|\mathscr{K}\| \} \qquad (2.31.13)$$

ist. Desto mehr gilt

$$\sigma(\mathscr{K}) \subset \left\{ \lambda \mid \lambda \in \mathbb{C} : |\lambda| < \left(\int\limits_a^b \int\limits_a^b |K(s, t)|^2 \, ds \, dt \right)^{1/2} \right\}. \qquad (2.31.14)$$

3. Lösender Kern und Resolvente. Wir kommen jetzt auf die Auflösungs-formel (2.31.08) zurück, welche wir in der Form

$$x = y + \mu(\mathcal{K} + \mu\mathcal{K}^2 + \cdots + \mu^{n-1}\mathcal{K}^n + \cdots)y \qquad (2.31.15)$$

schreiben. Wir zeigen, daß die in klammer stehende Reihe für jeden Wert von μ mit $|\mu| < \|\mathcal{K}\|^{-1}$ einen Integraloperator $\mathcal{L}(\mu; \mathcal{K})$, den *lösenden Operator* erzeugt, dessen Kern $L(s, t; \mu)$ der *lösende Kern* von K ist. Genauer wird der Sachverhalt im folgenden Satz formuliert:

Satz 1. *Ist $K \in Q^2(I)$, dann konvergiert die Reihe*

$$K(s, t) + \mu K_2(s, t) + \cdots + \mu^{n-1}K_n(s, t) + \cdots. \qquad (s, t \in I) \qquad (2.31.16)$$

für jeden Wert $\mu : |\mu| < \|\mathcal{K}\|^{-1}$ relativ gleichmäßig absolut gegen den lösenden Kern $L(s, t; \mu)$ von K.

Beweis. Es sei

$$k_1(s) := \left(\int\limits_a^b |K(s, t)|^2\, dt\right)^{1/2} \; ; \qquad k_2(t) := \left(\int\limits_a^b |K(s, t)|^2\, ds\right)^{1/2}$$

$(s, t \in I)$. Dann ist nach Lemma 1 in 2.11

$$|\mu^{n-1}K_n(s, t)| = |\mu|^{n-1}\left|\int\limits_a^b\int\limits_a^b K(s, r_1)K_{n-2}(r_1, r_2)K(r_2, t)\, dr_1\, dr_2\right|$$

$$= |\mu|^{n-1}\|\mathcal{K}^{n-2}\|\, k_1(s)k_2(t) \leqq |\mu|^{n-1}\|\mathcal{K}\|^{n-2}\, k_1(s)k_2(t)$$

$$= |\mu|\,\|\mu\mathcal{K}\|^{n-2}\, k_1(s)k_2(t). \qquad (n = 1, 2, 3, \ldots)$$

Dann gilt für beliebiges n und m

$$|\mu^{n-1}K_n(s, t) + \mu^n K_{n+1}(s, t) + \cdots + \mu^{n+m-1}K_{m+n}(s, t)|$$

$$\leqq |\mu^{n-1}K_n(s, t)| + |\mu^n K_{n+1}(s, t)| + \cdots + |\mu^{n+m-1}K_{n+m}(s, t)|$$

$$\leqq |\mu|\, k_1(s)k_2(t)[\|\mu\mathcal{K}\|^{n-2} + \cdots + \|\mu\mathcal{K}\|^{n+m-2}].$$

Da $|\mu|\,\|\mathcal{K}\| = \|\mu\mathcal{K}\| < 1$ ist, wird die eckige Klammer an der rechten Seite kleiner als $\dfrac{\varepsilon}{|\mu|}$, für hinreichend großen Wert von n und beliebigem m daher ist

$$|\mu^{n-1}K_n(s, t) + \cdots + \mu^{n+m-1}K_{n+m}(s, t)| \leqq \varepsilon k_1(s)k_2(t).$$

Aus der Voraussetzung $K \in Q^2$ folgt $k_1, k_2 \in L^2$, daher $k_1(s)k_2(t) \in Q^2$. Weiter sind k_1 und k_2 nichtnegative Funktionen, daher ist die Reihe (2.31.16) relativ gleichmäßig absolut konvergent zur Funktion $L(s, t; \mu)$. Auf Grund von Satz 4; 2.12 ist $L(s, t; \mu) \in Q^2$, womit Satz 1 bewiesen ist. □

Wir haben demzufolge

$$L(s, t; \mu) = \sum_{n=1}^{\infty} \mu^{n-1}K_n(s, t) \qquad (|\mu| < \|\mathcal{K}\|^{-1}, \quad K_1 = K).$$

Bemerkung. Die Bedingung $|\mu| < \|\mathcal{K}\|^{-1}$ ist für die Konvergenz von (2.31.05) bzw. (2.31.17) *nur eine hinreichende, keineswegs aber eine notwendige Bedingung.* Man betrachte dazu den Kern $K(s, t) = \sin s \cos t$, $(s, t \in (0, 2\pi))$. Der zweite iterierte Kern ist

$$K_2(s, t) = \int_0^{2\pi} \sin s \cos r \sin r \cos t \, dr = 0 \qquad s, t \in (0, 2\pi),$$

daher $K_n(s, t) = 0$ $(n = 2, 3, 4, \ldots, s, t \in (0, 2\pi))$. Die Reihe (2.31.17) ist für jeden Wert von μ in trivialer Weise konvergent. Ein weiteres Beispiel dazu ist jeder Volterrascher Kern.

4. Die Auflösung der Fredholmscher Integralgleichung. Wir wenden jetzt den Satz 5 in 2.12 auf die Partialsummen der Reihe (2.31.16) an. Auf diesem Wege erhalten wir in Beachtung der Formel (2.31.15) den folgenden Satz:

Satz 2. *Es sei $K \in Q^2(I)$ der Kern der Integralgleichung (2.31.02). Dann ist die Lösung dieser Integralgleichung für jeden Parameterwert $\mu : |\mu| < \|\mathcal{K}\|^{-1}$ und für jede Funktion $y \in L^2(I)$ durch die folgende Reihe dargestellt*

$$x = y + \mu\mathcal{K}y + \mu^2\mathcal{K}^2x + \cdots + \mu^n\mathcal{K}^n y + \cdots, \tag{2.31.18}$$

wobei diese Reiche relativ gleichmäßig absolut konvergiert. Die Funktion x ist ebenfalls im Raum $L^2(I)$.

Die letzte Behauptung ist eine direkte Konsequenz von (2.12.02). *Wenn K in $I \times I$ und y in I stetig sind, dann ist auch die Lösung x eine stetige Funktion.*

Wir können wegen (2.31.03) den Fredholmschen Alternativsatz (Satz 3; 1.63) auf $\mathcal{E} - \mu\mathcal{K}$ anwenden. Auf Grund dessen ist (2.31.18) die *einzige Lösung* unserer Integralgleichung, *demzufolge hat die entsprechende homogene Integralgleichung die einzige Lösung $x = 0$ (in L^2).*

Man kann wieder auf Grund vom Satz 5; 2.12 anstatt (2.31.18) auch folgendes schreiben:

$$x = y + \mu(\mathcal{K} + \mu\mathcal{K}^2 + \cdots + \mu^{n-1}\mathcal{K}^n + \cdots)y$$
$$= y + \mu\mathcal{L}(\mu; \mathcal{K})y$$

oder anders

$$x(s) = y(s) + \mu \int_a^b L(s, t; \mu) y(t) \, dt. \tag{2.31.19}$$

Wenn wir für ein beliebiges, jedoch festes $t(\in I)$ $y = K(., t)$ in die rechte Seite von (2.31.18) einsetzen, so ergibt sich $\mathcal{K} + \mu\mathcal{K}^2 + \mu^2\mathcal{K}^3 + \cdots = \mathcal{L}(\mu; \mathcal{K})$. Der Lösende Kern ist somit die Auflösung der Integralgleichung (2.31.02) falls an der rechten Seite $y = K(., t)$ für ein festes t steht. Es gilt deswegen

$$\mathscr{L}(\mu;\mathscr{K}) - \mu\mathscr{K}\mathscr{L}(\mu;\mathscr{K}) = \mathscr{K}. \qquad (2.31.20)$$

Der Leser überzeugt sich leicht (durch wiedermalige Anwendung vom Satz 5; 2.12), daß $\mathscr{K}$ und $\mathscr{L}$ vertauschbar sind, d.h. es gilt

$$\mathscr{L}(\mu;\mathscr{K})\mathscr{K} = \mathscr{K}\mathscr{L}(\mu;\mathscr{K}). \qquad (2.31.21)$$

2.32 Integralgleichungen mit ausgearteten Kern

1. Ausgeartete Kerne. Ein endlichdimensionaler Integraloperator $\mathscr{K}$ ist immer durch einen Kern $K(s,t)$ von der Gestalt

$$K(s,t) = a_1(s)b_1(t) + \cdots + a_n(s)b_n(t) \qquad (s,t \in I) \qquad (2.32.01)$$

erzeugt, wobei a_i, b_i Funktionen aus L^2 sind. Einen Kern von dieser Gestalt nennen wir *ausgearteten Kern*. Man kann ohne die Allgemeinheit einzuschränken annehmen, daß die Funktionen $\{a_i\}$ und die $\{b_i\}$ linear unabhängige Systeme bilden. Wäre nämlich das nicht der Fall, z.B. wäre das System $\{a_i\}$ linear abhängig, dann kann man die eine Funktion mit den übrigen linear ausdrücken und in (2.32.01) einsetzen wodurch ein zu (2.32.01) ähnlicher Ausdruck mit höchstens $(n-1)$ Gliedern entsteht. Sind die Funktionensysteme $\{a_i\}$ und $\{b_i\}$ schon linear unabhängig, dann heißt n die *Länge* des Kernes K. Bei Angeben eines ausgearteten Kernes werden wir von jetzt an immer voraussetzen, daß $\{a_i\}$ und $\{b_i\}$ linear unabhängige Funktionensysteme sind.

2. Integralgleichungen mit ausgearteten Kern. Die Integralgleichung

$$x - \mu\mathscr{K}x = y \qquad (2.32.02)$$

habe den Kern von der Gestalt (2.32.01). Wir setzen vorläufig voraus, daß (2.32.02) eine Lösung x in L^2 besitzt. Unsere Integralgleichung lautet also in ausführlicher Schreibweise:

$$x(s) - \mu \sum_{k=1}^{n} a_k(s) \int_a^b b_k(t)x(t)\,dt = y(s) \qquad (s \in I).$$

Wir führen die Bezeichung

$$\gamma_k = \int_a^b x(t)b_k(t)\,dt \qquad (k = 1, 2, \ldots, n)$$

ein, dann haben wir

$$x(s) - \mu \sum_{k=1}^{n} \gamma_k a_k(s) = y(s),$$

wobei γ_k vorläufig noch unbekannte konstante Zahlen sind. Wenn also

(2.32.02) überhaupt auflösbar ist, dann muß ihre Lösung von der Gestalt

$$x(s) = y(s) + \mu \sum_{k=1}^{n} \gamma_k a_k(s) \qquad (s \in I) \qquad (2.32.03)$$

sein. Wenn wir (2.32.03) in unsere Integralgleichung einsetzen, ergibt sich folgendes:

$$\sum_{k=1}^{n} \gamma_k a_k(s) - \mu \sum_{k=1}^{n} a_k(s) \int_a^b \sum_{j=1}^{n} \gamma_j b_k(t) a_j(t)\, dt = \sum_{k=1}^{n} a_k(s) \int_a^b b_k(t) y(t)\, dt.$$

Das muß für jedes $s \in I$ gelten. Da das Funktionensystem $\{a_i\}$ linear unabhängig ist, kann dieser Zusammenhang nur so gelten, wenn die Koeffizienten von a_k miteinander gleich sind:

$$\gamma_k - \mu \sum_{j=1}^{n} \gamma_j \int_a^b b_k(t) a_j(t)\, dt = \int_a^b b_k(t) y(t)\, dt \qquad (k = 1, 2, \ldots, n).$$

Wenn wir die Bezeichnungen

$$\varkappa_{kj} := \int_a^b b_k(t) a_j(t)\, dt; \qquad c_k = \int_a^b b_k(t) y(t)\, dt \qquad (k, j = 1, 2, \ldots, n)$$

$$(2.32.04)$$

einführen, ergibt sich

$$\gamma_k - \mu \sum_{j=1}^{n} \varkappa_{kj} \gamma_j = c_k \qquad (k = 1, 2, \ldots, n). \qquad (2.32.05)$$

Das ist ein lineares Gleichungssystem von n Gleichungen. Die Koeffizienten $\varkappa_{kj}$ und c_k sind bekannt bzw. können berechnet werden. Hat man einmal die Koeffizienten γ_k aus (2.32.05) bestimmt, dann erhält man die Auflösung von (2.32.02) wenn man diese Werte in (2.32.03) einsetzt. Wir haben demzufolge die Auflösung unserer Integralgleichung auf die eines linearen Gleichungssystems zurückgeführt.

3. *Lösung der inhomogenen Integralgleichung.* Die Matrix des Gleichungssystems (2.32.05) hängt von μ ab, wir wollen sie mit $\mathbf{A}(\mu)$ bezeichnen. Sie hat folgende Gestalt:

$$\mathbf{A}(\mu) = \begin{bmatrix} 1 - \mu \varkappa_{11} & -\mu \varkappa_{12} & \cdots & -\mu \varkappa_{1n} \\ -\mu \varkappa_{21} & 1 - \mu \varkappa_{22} & \cdots & -\mu \varkappa_{2n} \\ \hdashline -\mu \varkappa_{n1} & -\mu \varkappa_{n2} & \cdots & 1 - \mu \varkappa_{nn} \end{bmatrix} = \mathbf{E} - \mu \mathbf{K}, \qquad (2.32.06)$$

wobei $\mathbf{E}$ die Einheitsmatrix und $\mathbf{K} = (\varkappa_{ij})$ ist. Wir führen die Bezeichnung

$$D(\mu) := \det \mathbf{A}(\mu) \qquad (2.32.07)$$

ein. $D(\mu)$ ist ein Polynom von μ. Ist μ *keine* Wurzel von $D(\mu)$, dann is die

Matrix $\mathbf{A}(\mu)$ *regulär* (s. Bd II. S. 47), sie hat also eine Inverse und das Gleichungssystem (2.32.05) ist eindeutig auflösbar. Man erhält die Auflösung (vgl. Bd. II. S. 49–50)

$$\boldsymbol{\gamma} = \frac{\operatorname{adj} \mathbf{A}(\mu)}{D(\mu)} \, \boldsymbol{c} \tag{2.32.08}$$

wobei $\boldsymbol{\gamma} = (\gamma_1, \gamma_2, \ldots, \gamma_n)$, $\boldsymbol{c} = (c_1, c_2, \ldots, c_n)$ ist. Auch explizit kann man die Komponenten von $\boldsymbol{\gamma}$ mittels der Cramerschen Regel (Bd II. S. 50) bestimmen:

$$\gamma_1 = \frac{1}{D(\mu)} \begin{vmatrix} c_1 & -\mu\varkappa_{12} & -\mu\varkappa_{13} & \cdots & -\mu\varkappa_{1n} \\ c_2 & 1-\mu\varkappa_{22} & -\mu\varkappa_{23} & \cdots & -\mu\varkappa_{2n} \\ \vdots & & & & \\ c_n & -\mu\varkappa_{n2} & -\mu\varkappa_{n3} & \cdots & 1-\mu\varkappa_{nn} \end{vmatrix}$$

$$\gamma_2 = \frac{1}{D(\mu)} \begin{vmatrix} 1-\mu\varkappa_{11} & c_1 & -\mu\varkappa_{13} & \cdots & -\mu\varkappa_{1n} \\ -\mu\varkappa_{21} & c_2 & -\mu\varkappa_{23} & \cdots & -\mu\varkappa_{2n} \\ \vdots & & & & \\ -\mu\varkappa_{n1} & c_n & -\mu\varkappa_{n3} & \cdots & 1-\mu\varkappa_{nn} \end{vmatrix} \tag{2.32.08'}$$

$$\cdots$$

$$\gamma_n = \frac{1}{D(\mu)} \begin{vmatrix} 1-\mu\varkappa_{11} & -\mu\varkappa_{12} & \cdots & c_1 \\ -\mu\varkappa_{21} & 1-\mu\varkappa_{22} & \cdots & c_2 \\ -\mu\varkappa_{n1} & -\mu\varkappa_{n2} & \cdots & c_n \end{vmatrix} .$$

Wenn wir die Unterdeterminanten von $D(\mu)$ mit $A_{ik}(\mu)$ bezeichnen, so erkennt man, daß diese ebenfalls Polynome von μ sind und zwar ist der Grad des Polynoms $A_{ik}(\mu)$ ($i, k = 1, 2, \ldots, n$) höchstens $n-1$. Aus diesem Grund sind die γ_k rationale Funktionen von μ, in welchen der Nenner ein Polinom von höheren Grad als der des Zählers ist.

Haben wir also die Koeffizienten γ_k ($k = 1, 2, \ldots, n$) bestimmt, so erhalten wir die Auflösung von (2.32.02) indem wir diese in (2.32.03) einsetzen:

$$x(s) = y(s) + \mu \sum_{k=1}^{n} \sum_{j=1}^{n} \frac{A_{kj}(\mu) c_i}{D(\mu)} \, a_k(s)$$

$$= y(s) + \mu \sum_{k=1}^{n} \sum_{j=1}^{n} \frac{\Lambda_{kj}(\mu)}{D(\mu)} \int_a^b a_k(s) b_j(t) y(t) \, dt$$

$$= y(s) + \mu \int_a^b \left(\sum_{k=1}^{n} \sum_{j=1}^{n} \frac{A_{kj}(\mu)}{D(\mu)} a_k(s) b_j(t) \right) y(t) \, dt. \tag{2.32.09}$$

Hier haben wir den Ausdruck (2.32.04) von c_j berücksichtigt. Wenn wir

$$L(s, t; \mu) := \sum_{k=1}^{n} \sum_{j=1}^{n} \frac{A_{kj}(\mu)}{D(\mu)} a_k(s) b_j(t) \qquad (2.32.10)$$

setzen, dann ergibt sich die Lösung von (2.32.02) in folgender Gestalt:

$$x(s) = y(s) + \mu \int_a^b L(s, t; \mu) y(t) \, dt. \qquad (2.32.11)$$

Aus (2.32.06) folgt unmittelbar, daß $D(0) = 1 \neq 0$ ist, ist $|\mu|$ hinreichend klein ($|\mu| < \|\mathcal{K}\|^{-1}$) dann zeigt ein Vergleich von (2.32.11) mit der allgemeinen Auflösungsformel (2.31.19), daß die in (2.32.10) definierte Funktion genau der lösende Kern von (2.32.01) ist. (2.32.10) gibt aber den lösenden Kern nicht nur für «kleine» Werte von $|\mu|$ an, sondern für jeden Wert (unabhängig vom Betrag) für welchen $D(\mu) \neq 0$ ist. Wir sehen gleichzeitig, daß

$$\{\lambda \mid \lambda = 1/\mu, \ \mu \in \mathbb{C}, \ D(\mu) \neq 0\} \subseteq \rho(\mathcal{K}) \qquad (2.32.12)$$

gilt. Aus dem expliziten Ausdruck des Lösenden Kernes sieht man, daß dieser für beliebige feste Werte von $s, t \in I$ eine rationale Funktion von μ ist. Ihre singuläre Punkte können nur die Wurzeln von $D(\mu)$ sein und der unendliche Punkt von $\mathbb{C}$ ist eine reguläre Stelle von $L(s, t; \mu)$.

4. Die homogene Integralgleichung. Wenn in der Integralgleichung (2.32.02) $y = 0$ ist, so sind nach (2.32.04) auch sämtliche Zahlen $c_k = 0$ ($k = 1, 2, \ldots, n$) und (2.32.05) übergeht in ein homogenes algebraisches Gleichungssystem. Dieses hat aber genau dann eine nichttriviale Lösung, wenn die Determinante des Gleichungssystems, verschwindet, d.h. wenn $D(\mu) = 0$ ist (vgl. Bd. II. S. 74). $D(\mu)$ hat endlich viele (höchstens n) Wurzeln. Ist μ_0 eine solche, so gibt es einen Vektor $\gamma^{(0)} = (\gamma_1^{(0)}, \gamma_2^{(0)}, \ldots, \gamma_n^{(0)}) \neq 0$ welcher das Gleichungssystem

$$\gamma_k - \mu_0 \sum_{j=1}^{n} \varkappa_{kj} \gamma_j = 0 \qquad (2.32.13)$$

befriedigt. Nach Einsetzen der Komponenten von $\gamma^{(0)}$ in (2.32.03) ergibt sich eine nichttriviale Lösung der homogenen Integralgleichung

$$x(s) = \mu_0 \int_a^b K(s, t) x(t) \, dt \qquad (s \in I) \qquad (2.32.14)$$

in der Form

$$x_0(s) = \mu_0 \sum_{k=1}^{n} \gamma_k^{(0)} a_k(s) \qquad (s \in I). \qquad (2.32.15)$$

x_0 ist sicher keine triviale Lösung von (2.32.14), da sie eine lineare Kombination der linear unabhängigen Funktionen $a_k(s)$ ($k = 1, 2, \ldots, n$) mit nichtverschwindenden Koeffizienten ist. *μ_0 hat sich also als eine charakteristische Zahl von K erwiesen, zu welcher die Eigenfunktion (2.32.15) gehört.* Demzufolge ist das Spektrum (die Spektralmenge):

$$\{\lambda_0 \,|\, \lambda_0 = 1/\mu; \quad D(\mu_0) = 0\} = \sigma(\mathcal{K}). \tag{2.32.16}$$

Da die Spektralmenge und Resolventenmenge einander ergänzen, weiter da auch die Mengen an der linken Seite von (2.32.12) und (2.32.16) Komplementärmengen sind, gilt

$$\{\lambda \,|\, \lambda = 1/\mu; \quad \mu \in \mathbb{C}, \quad D(\mu) \neq 0\} = \rho(\mathcal{K}). \tag{2.32.17}$$

Wir sehen also, daß $N(\mathcal{E} - \mu_0 \mathcal{K}) \neq \{\theta\}$ ist. Die Anzahl der linear unabhängigen Lösungen von (2.32.13) ist endlich und hängt mit dem Rang von $\mathbf{A}(\mu_0)$ zusammen. (s. Bd. II. S. 59). Die linear unabhängigen Lösungen von (2.32.13) liefern nach (2.32.15) die linear unabhängige Lösungen von (2.32.14). Nähere Einzelheiten s. in Fenyö–Stolle: Theorie und Praxis der linearen Integralgelichungen. Bd.II. Abschn. 5.4 und 5.41. Basel. (In Druck)

5. Die transponierte Integralgleichung. Der zu $\mathcal{K}$ transponierte Operator $\mathcal{K}^T$ ist ein Integraloperator mit dem transponierten Kern

$$K^T(s, t) = K(t, s) = \sum_{k=1}^{n} b_k(s) a_k(t) \qquad (s, t \in I) \tag{2.32.18}$$

wie das unmittelbar ersichtbar ist. Die Matrix $\mathbf{K}^T = (\varkappa_{ji})$ ist die transponierte Matrix von $\mathbf{K}$ (s. (2.32.06)) es gilt also

$$D^T(\mu) = \det(\mathbf{E} - \mu \mathbf{K}^T) = \det(\mathbf{E} - \mu \mathbf{K}) = D(\mu) \qquad (\mu \in \mathbb{C}),$$

da durch Vertauschung der Reihen und Spalten in einer Determinante sein Wert unverändert bleibt. Daraus folgt

$$\sigma(\mathcal{K}^T) = \sigma(\mathcal{K}) \quad \text{und} \quad \rho(\mathcal{K}^T) = \rho(\mathcal{K}),$$

anders: *Die charakteristische Zahlen von $\mathcal{K}$ und $\mathcal{K}^T$ sind miteinander gleich.*

Aus den Überlegungen welche zur Bestimmung der Eigenfunktionen führen folgt, daß jede Eigenfunktion von $\mathcal{K}^T$ von der Gestalt (auf Grund von (2.32.15))

$$x_0^T(s) = \mu_0 \sum_{k=1}^{n} \delta_k^{(0)} b_k(s) \qquad (s \in I) \tag{2.32.19}$$

ist, wobei $\delta^{(0)} = (\delta_1^{(0)}, \delta_2^{(0)}, \ldots, \delta_n^{(0)})$ eine nichttriviale Lösung des folgenden Gleichungssystem bedeutet

$$\delta_j - \mu_0 \sum_{k=1}^{n} \varkappa_{kj} \delta_k = 0. \qquad (j = 1, 2, \ldots, n) \tag{2.32.20}$$

(2.32.19) ergibt sich indem man das Funktionensystems $\{a_n\}$ mit $\{b_k\}$ vertauscht.

6. Die inhomogene Integralgleichung im Fall einer charakteristischer Zahl. Die inhomogene Integralgleichung (2.32.02) wurde auf das i.A. inhomogene algebraisches Gleichungssystems (2.32.05) zurückgeführt. Es kann aber unter Umständen passieren, daß obwohl (2.32.02) inhomogen ist, (2.32.05) trotzdem homogen wird. Sind nämlich die Funktionen b_k ($k = 1, 2, \ldots, n$) zu y orthogonal, dann verschwinden die Zahlen c_k ($k = 1, 2, \ldots, n$) und (2.32.05) ist homogen welches genau dann auflösbar ist, wenn $D(\mu) = 0$ d.h. μ eine charakteristische Zahl ist. Die Bedingung daß alle c_k Koeffizienten verschwinden bedeutet nach (2.32.19), daß y zu allen, zu μ gehörigen Eigenfunktionen des transponierten Kernes orthogonal ist. *Ist also in der inhomogenen Integralgleichung die Störfunktion y zu allen Funktionen b_k (und damit zu allen Eigenfunktionen der Transponierten Integralgleichung) orthogonal, dann hat die Integralgleichung (2.32.02) auch dann Lösungen wenn der Parameter μ eine charakteristische Zahl ist.*

Ist die obige Bedingung bezüglich y erfüllt und $D(\mu) \neq 0$ auch dann gibt es natürlich Auflösung (und zwar eindeutige) von (2.32.02) welche man jetzt sehr leicht bestimmen kann. In unserem Fall hat nämlich (2.32.13) (jetzt steht anstatt μ_0 eine Zahl μ mit $D(\mu) \neq 0$) keine andere Lösung als $\gamma = 0$ und somit muß nach (2.32.03) $x(s) = y(s)$ sein. Das ergibt sich aber auch direkt aus der expliziten Auflösungsformel (2.32.09).

Das mit der Intergralgeichung (2.32.02) äquivalentes algebraische Gleichungssystem (2.32.05) kann aber für $\mu = \mu_0$ ($D(\mu_0) = 0$) auch dann aufgelöst werden, wenn an der rechten Seite der Gleichungen (2.32.05) stehende Zahlen c_k nicht alle verschwinden. Wir werden die Matrix $A(\mu_0) = E - \mu_0 K$ erweitern, indem wir als letzte Spalte die Komponenten von c hizufügen. Es ergibt sich derart die Matrix $B(\mu_0)$. Nach dem Rouché–Capellischen Satz der linearen Algebra wissen wir, daß das Gleichungssystem (2.32.05) genau dann auflösbar ist, falls die Matrizen $A(\mu_0)$ und $B(\mu_0)$ vom gleichen Rang sind (s. Bd. II. S. 133). Ist diese Bedingung erfüllt, dann (und nur dann) gibt es einen Vektor $\gamma = (\gamma_1, \gamma_2, \ldots, \gamma_n)$ welcher (2.32.05) befriedigt. Gleichzeitig existiert ein von Null verschiedener Vektor $\delta = (\delta_1, \delta_2, \ldots, \delta_n)$ welcher eine nichttriviale Lösung des homogenen Gleichungssystems ist (da $D(\mu_0) = D^T(\mu_0) = 0$ ist). Es gilt also in abgekürzter vektorieller Schreibweise:

$$(E - \mu_0 K)\gamma = c \qquad (2.32.21)$$

und

$$(E - \mu_0 K)^T \delta = 0. \qquad (2.32.22)$$

Wenn wir auf die transporierte Form von (2.32.22) übergehen, so ergibt sich

$$\delta^T(E - \mu_0 K) = 0$$

und somit in Berücksichtigung von (2.32.21)

$$\delta^T(E - \mu_0 K)\gamma = \delta^T c = 0.$$

Das Gleichungssystem (2.32.05) ist demzufolge für $\mu = \mu_0$ genau dann auflösbar, wenn $\boldsymbol{\delta}^T \boldsymbol{c} = 0$, oder ausführlich

$$\delta_1 c_1 + \delta_2 c_2 + \cdots + \delta_n c_n = 0 \qquad (2.32.23)$$

gilt. Wenn man die Werte von c_k $(k = 1, 2, \ldots, n)$ aus (2.32.04) hier einsetzt, ergibt sich

$$\int_a^b \left(\sum_{k=1}^n \delta_k b_k(t) \right) y(t) \, dt = 0.$$

Da aber δ eine beliebige nichttriviale Lösung von (2.32.22) ist, ist $\sum_{k=1}^n \delta_k b_k(t)$ eine beliebige Eigenfunktion von $\mathcal{K}^T$. Das Ergebnis unserer bisherigen Überlegungen führt zur Feststellung: *Die Integralgleichung (2.32.02) ist für einen Parameterwert μ_0 mit $D(\mu_0) = 0$ genau dann auflösbar, wenn y zu allen Eigenfunktionen von $\mathcal{K}^T$, welche zu μ_0 gehören, orthogonal ist.*

In diesem Fall hat die inhomogene Integralgleichung unendlich viele Lösung: Wenn man zu einer Lösung eine beliebige Linearkombination der zu μ_0 gehörigen Eigenfunktionen von $\mathcal{K}$ addiert ergibt sich eine weitere Lösung.

7. Zusammenfassung. Alle bisherigen Ergebnisse stimmen mit dem Alternativsatz überein. Wir hätten ihn auf den Kern (2.32.01) einfach anwenden können. Die ausführliche Ableitung unserer Ergebnisse läßt einen konkreten Einblick in das Wesen des Alternativsatzes. Folgender Satz faßt die obigen Teilergebnisse zusammen:

Satz 1. *Es sei die Integralgleichung (2.32.02) mit dem Kern (2.32.01) gegeben. Mit Hilfe des Kernes bilden wir das Polynom $D(\mu)$ wie in (2.32.07) Dann gilt:*
1) *Ist für ein μ $(\in \mathbb{C})$ $D(\mu) \neq 0$, dann hat die inhomogene Integralgleichung für jede Störfunktion aus L^2 genau eine Lösung in L^2 und die entsprechende homogene Integralgleichung besitzt keine andere Lösung aus L^2 als $x = 0$.*
2) *Ist μ eine Wurzel von $D(\mu)$, so ist μ eine charakteristische Zahl und die homogene Integralgleichung hat endlich viele linear unabhängige Eigenfunktionen. Die inhomogene Integralgleichung hat in diesem Fall i.A. keine Lösung. Notwendig und hinreichend, daß die inhomogene Integralgleichung auflösbar sei, ist daß die Störfunktion orthogonal zu allen zu μ gehörige Eigenfunktionen des transponierten Kern ist. Ist diese Bedingung erfüllt, so hat die inhomogene Integralgleichung unendlich viele Lösungen.*

In Bd. II. S. 139 ff. haben wir das gleiche Problem von einem andern Standpunkt behandelt.

8. Beispiele. a) Die charakteristische Zahlen von $\mathcal{K}$ ergeben sich, wenn man die Gleichung $D(\mu) = 0$ auflöst. Da $D(\mu)$ ein Polynom ist, hat dieses immer Wurzeln bis auf den Fall, daß $D(\mu)$ sich auf eine Konstante reduziert. Man sieht aus (2.32.06) daß $D(0) = \det E = 1$ ist. *Charakteristische Zahlen eines ausgearteten Kern existieren genau dann nicht, wenn $D(\mu) = 1$ ($\mu \in \mathbb{C}$) gilt.* Solche Kerne heißen *Kerne ohne charakteristische Zahlen.* Der Kern

$$K(s, t) = \sin s \cos t \qquad (s, t \in (0, 2\pi))$$

ist z.B. ein solcher. Hier ist $n = 1$, $\varkappa_{11} = \int_0^{2\pi} \sin t \cos t \, dt = 0$, also ist $K = 0$ und daher $A(\mu) = E$ woraus $D(\mu) = 1$ ($\mu \in \mathbb{C}$) folgt.

Es wird dem Leser empfohlen weitere Kerne ohne charakteristische Zahlen von der Länge >1 zu konstruieren.

b) Es soll die Integralgleichung

$$x(s) - 2 \int_0^1 (1 + 3st)x(t) \, dt = s^2$$

gelöst werden. Es sei

$$\int_0^1 x(t) \, dt = \gamma_1, \qquad \int_0^1 tx(t) \, dt = \gamma_2.$$

Mit diesen Bezeichnungen nimmt die Lösung folgende Gestalt an:

$$x(s) = s^2 + 2\gamma_1 + 6s\gamma_2,$$

wobei γ_1 und γ_2 unbekannte Koeffizienten sind. Wenn wir diesen Ausdruck in die Integralgleichung einsetzen, ergibt sich

$$s^2 - (6\gamma_1 + 6\gamma_2 + \tfrac{3}{2})s - (2\gamma_1 + 6\gamma_2 + \tfrac{2}{3}) = s^2.$$

Ein Polynom kann nur so identisch verschwinden, wenn alle seine Koeffizienten gleich Null sind:

$$\gamma_1 + 6\gamma_2 = -\tfrac{2}{3}$$
$$6\gamma_1 + 6\gamma_2 = -\tfrac{3}{2}$$

woraus $\gamma_1 = -\tfrac{5}{6}$, $\gamma_2 = -\tfrac{1}{24}$ folgt. Demzufolge ist die Lösung

$$x(s) = s^2 - \tfrac{1}{4}s - \tfrac{5}{3}.$$

c) Die charakteristische Zahlen und die dazugehörige Eigenfunktionen von

$$x(s) = \mu \int_0^1 e^{s+t}x(t) \, dt$$

sollen bestimmt werden. Mit $\int_0^1 e^t x(t) \, dt = y$ hat jede Eigenfunktion folgende Gestalt

$$x(s) = \mu\gamma e^s.$$

Wenn wir diesen Ausdruck in die Integralgleichung einsetzen ergibt sich

$$\gamma e^s = \mu \gamma e^s \frac{e^2-1}{2} \,.$$

γ kann nicht verschwinden, sonst würden wir keine Eigenfunktion erhalten, $e^s \neq 0$, es bleibt also $1 = \mu \dfrac{e^2-1}{2}$, woraus $\mu = \dfrac{2}{e^2-1}$ folgt. Unser Kern hat also nur diese einzige charakteristische Zahl, zu welcher die einzige auf 1 normierte Eigenfunktion

$$x(s) = \sqrt{\frac{2}{e^2-1}}\, e^s \qquad s \in (0,1)$$

gehört.

2.33 Das Auflösungsverfahren für beliebige Kerne bei «großen» Parameterwerten

1. Die Problemstellung. Wir haben im Abschnitt 2.31 gesehen, daß eine Integralgleichung von der Gestalt

$$x - \mu \mathcal{K}x = y \qquad (y \in L^2;\ \mathcal{K} \in Q^2) \tag{2.33.01}$$

mit Hilfe der sukzessiven Approximation auflösbar ist, falls für den Parameterwert die Bedingung $|\mu| < \|\mathcal{K}\|^{-1}$ gilt, wobei jetzt der Kern des Integraloperators (aus Q^2, sonst) beliebig ist. Also bei hinreichend kleinen Werten von $|\mu|$ besitzt der lineare Operator $\mathcal{E} - \mu\mathcal{K}$ eine eindeutige Inverze:

$$(\mathcal{E} - \mu\mathcal{K})^{-1} = \mathcal{E} + \mu\mathcal{L}(\mu;\mathcal{K}), \tag{2.33.02}$$

wobei $\mathcal{L}(\mu;\mathcal{K})$ der lösende Operator, auch ein Integraloperator, mit einem Kern, den lösenden Kern, aus Q^2 ist.

Im Abschnitt 2.32 dagegen wurde eine Integralgleichung von der Gestalt (2.33.01) mit einem ausgearteten Integraloperator $\mathcal{K}$, nebst beliebig großen Wert von $|\mu|$ aufgelöst, wenn μ keine Wurzel eines gewissen Polynoms $D(\mu)$ ist. Git $D(\mu) \neq 0$ und ist $\mathcal{K}$ ausgeartet, dann hat $\mathcal{E} - \mu\mathcal{K}$ eine eindeutige Inverse, welche in der Form (2.33.02) ausgedrückt werden kann.

Es erhebt sich nun die Frage: Wie kann man eine Integralgleichung von der Gestalt (2.33.01) auflösen wenn ertweder $\mathcal{K}$ ausgeartet, noch $|\mu|$ klein ist? Unser Ziel ist ein Auflösungsverfahren für (2.33.01) in diesem allgemeinen Fall zu geben, welches auf den Ergebnissen von 2.31 und 2.32 beruht.

2. Zurückführung auf eine Integralgleichung mit ausgeartetem Kern. Es wird also die Integralgleichung (2.33.01) betrachtet, wobei der Kern aus der Klasse Q^2 ist. Man kann den Kern K wie wir das in 2.11.6 gesehen haben, im quadratischen Mittel mit ausgearteten Kern beliebig genau approximieren. $\mu \neq 0$ sei vorläufig eine beliebige festgehaltene Zahl. Man bestimme einen ausgearteten Kern $A(s,t) \in Q^2$ (der entsprechende Integraloperator sei $\mathscr{A}$), für welchen

$$\left(\int\limits_a^b \int\limits_a^b |K(s,t)-A(s,t)|^2 \, ds \, dt\right)^{1/2} < |\mu|^{-1} \tag{2.33.03}$$

gilt (A hängt also von der Wahl von μ ab). Wir setzen

$$K(s,t) = A(s,t) + B(s,t) \qquad (s,t \in I) \tag{2.33.04}$$

und stellen fest, daß B ebenfalls ein Kern aus Q^2 ist (welcher den Integral-operator $\mathscr{B}$ erzeugt).

Wir nehmen jetzt für einen Augenblick an, daß (2.33.01) eine Auflösung x aus L^2 besitzt und zerlegen die Integralgleichung in Berücksichtigung von (2.33.04) wie folgt:

$$x - \mu\mathscr{B}x = y + \mu\mathscr{A}x. \tag{2.33.05}$$

Auf Grund von (2.11.08) gilt nach (2.33.03)

$$\|\mathscr{B}\| = \|\mathscr{K} - \mathscr{A}\| \le \left(\int\limits_a^b \int\limits_a^b |K(s,t) - A(s,t)|^2 \, ds \, dt\right)^{1/2}$$

$$= \left(\int\limits_a^b \int\limits_a^b |B(s,t)|^2 \, ds \, dt\right)^{1/2} < |\mu|^{-1} \tag{2.33.06}$$

also ist $|\mu| < \|\mathscr{B}\|^{-1}$, weswegen $\mathscr{E} - \mu\mathscr{B}$ nach (2.31.07) eine eindeutige Inverse $(\mathscr{E} - \mu\mathscr{B})^{-1}$ hat. Diese hat die Gestalt $(\mathscr{E} - \mu\mathscr{B})^{-1} = \mathscr{E} + \mu\mathscr{L}(\mu, \mathscr{B})$, wobei $\mathscr{L}(\mu, \mathscr{B})$ der lösende Operator von $\mathscr{B}$ ist. Aus (2.33.05) folgt

$$x = (\mathscr{E} + \mu\mathscr{L}(\mu; \mathscr{B}))(y + \mu\mathscr{A}x) = (\mathscr{E} + \mu\mathscr{L}(\mu, \mathscr{B}))y$$
$$+ \mu(\mathscr{A} + \mu\mathscr{L}(\mu; \mathscr{B})\mathscr{A})x. \tag{2.33.07}$$

Bei diesem Schritt muß betont werden, daß die Gleichungen (2.33.05) und (2.33.07) wegen der eindeutig Bestimmtheit von $(\mathscr{E} - \mu\mathscr{B})^{-1}$ äquivalent sind. Man kann anstatt (2.33.07) auch schreiben

$$x - \mu\mathscr{C}_\mu x = z_\mu, \tag{2.33.08}$$

wobei

$$\mathscr{C}_\mu = \mathscr{A} + \mu\mathscr{L}(\mu; \mathscr{B})\mathscr{A} \quad \text{und} \quad z_\mu = (\mathscr{E} + \mu\mathscr{L}(\mu; \mathscr{B}))y \tag{2.33.09}$$

ist. Die Funktion $z_\mu(s)$ ist bekannt (kann bestimmt werden) und gehört dem Funktionenraum L^2 an. Auch der (von μ abhängiger) Operator $\mathscr{C}_\mu$ ist bekannt, ist sogar ausgeartet, wie wir das jetzt zeigen werden. Es sei nämlich

$$A(s,t) = f_1(s)b_1(t) + f_2(s)b_2(t) + \cdots + f_n(s)b_n(t) \qquad (s,t \in I). \tag{2.33.10}$$

Den Kern von $\mathscr{L}(\mu; \mathscr{B})$ werden wir mit $L_B(s,t;\mu)$ bezeichnen, dann ist der

Kern des Integraloperators $\mathscr{C}_\mu$ nach 2.11.5.

$$C_\mu(s, t) = \sum_{k=1}^{\infty} f_k(s)b_k(t) + \mu \sum_{k=1}^{\infty} \int_a^b L_B(s, r; \mu)f_k(r) \, dr \, b_k(t)$$

$$= \sum_{k=1}^{n} a_k(s)b_k(t) \qquad (s, t \in I), \qquad (2.33.11)$$

wobei

$$a_k(s) = f_k(s) + \mu \int_a^b L_B(s, r; \mu)f_k(r) \, dr = [(\mathscr{E} + \mu\mathscr{L}(\mu; \mathscr{B}))f_k](s)$$

$$= ((\mathscr{E} - \mu\mathscr{B})^{-1}f_k)(s) \qquad (s \in I, \quad k = 1, 2, \ldots, n) \qquad (2.33.12)$$

ist.

Wenn in (2.33.10) die Funktionen f_k $(k = 1, 2, \ldots, n)$ linear unabhängig sind, (und das soll immer vorausgesetzt werden) dann ist auch das Funktionensystem $\{a_k\}$ linear unabhängig. Im gegenteil gibt es Zahlen $\lambda_1, \lambda_2, \ldots, \lambda_n$ welche nicht alle verschwinden, so daß $\sum\limits_{k=1}^{n} \lambda_k a_k = 0$ wäre. Das aber bedeutet nach (2.33.12)

$$\sum_{k=1}^{n} \lambda_k a_k = 0 = (\mathscr{E} - \mu\mathscr{B})^{-1}(\sum \lambda_k f_k),$$

wegen der Eindeutigkeit von $(\mathscr{E} - \mu\mathscr{B})^{-1}$ müßte $\sum\limits_{k=1}^{n} \lambda_k f_k = 0$ sein, was im Wiederspruch zur Voraussetzung ist. (Auch die lineare Unabhängigkeit vom System $\{b_k\}$ soll vorausgesetzt werden.)

Wir haben also die Integralgleichung (2.33.01) auf die Integralgleichung mit ausgearteten Kern (2.33.08) zurückgeführt. *Nochmals soll unterstrichen werden, das (2.33.01) und (2.33.08) miteinander völlig äquivalent sind: (2.33.01) ist genau dann auflösbar, wenn (2.33.08) eine Lösung hat und beide Gleichungen besitzen die gleichen Lösungen.*

Zur Auflösung von (2.33.08) kann man jetzt ohne weiteres die Lösungsmethode von 2.32 anwenden.

3. Die Fredholmsche Determinante. Die in (2.32.06) auftretenden Matrizenkoeffizienten $\varkappa_{ij}$ sind nach (2.32.04)

$$\varkappa_{ij}(\mu) = \int_a^b b_k(t)a_k(t) \, dt = \int_a^b ((\mathscr{E} - \mu\mathscr{B})^{-1}f_k)(t)b_k(t) \, dt, \qquad (2.33.13)$$

also keine Konstanten mehr, sondern hängen von μ ab. Dementsprechend ist $D(\mu)$ (s. (2.32.07)) kein Polynom mehr.

Wir werden jetzt beweisen, daß $D(\mu)$, die sog. Fredholmsche Determinante, eine ganze Funktion von μ ist (d.h. eine Taylorsche Reihenentwicklung mit unendlichen Konvergenzradius besitzt).

Es sei nämlich $r \geqq 0$ beliebig und bilden die Zerlegung (2.33.04) derart, daß $r < \|\mathscr{B}\|^{-1}$ ist. Mann kann deswegen $(\mathscr{E} - \mu\mathscr{B})^{-1}$ in eine Neumannsche Reihe entwickeln

$$(\mathscr{E} - \mu\mathscr{B})^{-1} = \mathscr{E} + \mu\mathscr{B} + \mu\mathscr{B}^2 + \cdots + \mu^n\mathscr{B}^n + \cdots \qquad (2.33.14)$$

welche für $|\mu| \leqq r$ (stark) konvergent ist und deswegen gilt

$$(\mathscr{E} - \mu\mathscr{B})^{-1} f_k = f_k + \mu \sum_{n=1}^{\infty} \mu^{n-1} \mathscr{B}^n f_k.$$

Diese Reihe ist nach Satz 2; 2.31 (da $f_k \in L^2$, $k = 1, 2, \ldots, n$) für jeden Wert $\mu : |\mu| \leqq r$ relativ gleichmäßig absolut konvergent und ist für jeden festen Wert $s \in I$ ein im Kreisgebiet $|\mu| \leqq r$ konvergente Potenzreihe. Dann aber gilt nach Satz 2; 2.12, daß auch

$$\varkappa_{ij}(\mu) = \sum_{n=0}^{\infty} \mu^n \int_a^b \int_a^b B_n(s, t) f_k(t) b_k(s) \, ds \, dt \qquad (2.33.15)$$

im Kreisgebiet $|\mu| \leqq r$ konvergiert. Das ist genau die Taylorentwicklung von $\varkappa_{ij}(\mu)$. In der Berechnung von $D(\mu)$ müßen wir nach (2.32.07) nur Additionen und Multiplikationen mit den $\varkappa_{ij}(\mu)$ Funktionen ausführen, deshalb ist ihre Taylorsche Reihe in $|\mu| \leqq r$ konvergent. Da r beliebig gewählt werden kann, ist alles bewiesen.

Man sieht in Berücksichtigung des Satzes 1; 2.32; daß (2.33.08) und damit auch (2.33.01) genau eine Auflösung hat, wenn $D(\mu) \neq 0$ ist.

4. Die Anzahl der charakteristischen Zahlen. μ ist genau eine charakteristische Zahl von $\mathscr{K}$, wenn $D(\mu) = 0$ ist. $D(\mu)$ ist jedoch eine ganze Funktion und wie aus der Funktionentheorie bekannt ist, hat diese höchstens abzählbar unendlich viele charakteristischen Zahlen. Wir haben also das Ergebnis: *Ein Kern $K \in Q^2$ hat entweder keine, oder endlich viele oder aber abzählbar unendlichviele charakteristische Zahlen.*

Es ist vielleicht nicht uninteressant zu bemerken, daß *die Integralgleichungen* (2.33.01) *und* (2.33.08) *gleichzeitig homogen oder inhomogen sind.* Es gilt nämlich nach (2.33.09) $z_\mu = (\mathscr{E} + \mu\mathscr{L}(\mu; \mathscr{B}))y = (\mathscr{E} - \mu\mathscr{B})^{-1}y$. Wegen der Eindeutigkeit von $(\mathscr{E} - \mu\mathscr{B})^{-1}$ sind z_μ und y gleichzeitig Null oder von Null verschieden.

5. Das Funktionentheoretische Verhalten des lösenden Kernes. Der lösende Kern von (2.33.08) ist nach (2.32.10)

$$L_c(s, t; \mu) = \sum_{k=1}^{n} \sum_{j=1}^{n} \frac{A_{kj}(\mu)}{D(\mu)} a_k(s) b_j(t)$$

$$= \sum_{k=1}^{n} \sum_{j=1}^{n} \frac{A_{kj}(\mu)}{D(\mu)} ((\mathscr{E} - \mu\mathscr{B})^{-1} f_k)(s) b_j(t), \qquad (s, t \in I, \ |\mu| < r)$$

wobei r dasselbe bedeutet wie oben. Die Auflösung von (2.33.08) lautet demnächst (falls $D(\mu) \neq 0$ ist) nach (2.32.11)

$$x(s) = z_\mu(s) + \mu \int_a^b L_c(s, t; \mu) z_\mu(t)\, dt = y(s) + \mu \int_a^b L_B(s, t; \mu) y(t)\, dt$$

$$+ \mu \int_a^b \sum_{k=1}^n \sum_{j=1}^n \frac{A_{kj}(\mu)}{D(\mu)} a_k(s) b_j(t) y(t)\, dt$$

$$+ \mu^2 \int_a^b \int_a^b \sum_{k=1}^n \sum_{j=1}^n \frac{A_{kj}(\mu)}{D(\mu)} a_k(s) b_j(\tau) L_B(\tau, t; \mu) y(t)\, dt.$$

Das aber ist gleichzeitig auch die Auflösung von (2.33.01). Aus dieser Formel erkennt man sofort, daß der lösende Kern von $\mathcal{K}$ folgende Gestalt hat.

$$L(s, t; \mu) = L_B(s, t; \mu) + \sum_{k=1}^n \sum_{j=1}^n \frac{A_{kj}(\mu)}{D(\mu)} a_k(s) b_j(t)$$

$$+ \mu \int_a^b \sum_{k=1}^n \sum_{j=1}^n a_k(s) b_j(\tau) L_B(\tau, t; \mu) \frac{A_{kj}(\mu)}{D(\mu)}\, d\tau.$$

Aus dieser Gestalt erkennt man sogleich, daß bei festem s, t ($\in I$) $L(s, t; \mu)$ *keine weitere singuläre Stellen hat als die Nullstellen von $D(\mu)$*. Denn bei beliebigem r kann man die Zerlegung (2.33.04) derart durchführen, daß die Taylorsche Reihen von $L_B(s, t; \mu)$ und $a_k = (\mathcal{E} - \mu\mathcal{B})^{-1} f_k$ ($k = 1, 2, \ldots, n$) im Gebiet $|\mu| \leq r$ konvergieren. Dabei berechnet man die Funktionen $A_{kj}(\mu)$ durch endlich viele Additionen und Multiplikationen der $\varkappa_{ij}(\mu)$ Funktionen, welche unter (2.33.15) bestimmt wurden. Die Taylorsche Entwicklung dieser konvergiert ebenfalls für $|\mu| \leq r$. Also sind die Zähler im Ausdruck von L im Kreisgebiet $|\mu| \leq r$ in eine konvergente Taylorsche Reihe entwickelbar.

6. Der Alternativsatz für Integralgleichungen. Hier ist der betrachtete Banach–Raum $L^2(I)$ ($= L^2$) und $\mathcal{K} \in Q^2$. Wir wissen ((2.11.6)) daß $\mathcal{K}$ vollstetig, also $\varkappa(\mathcal{E} - \mu\mathcal{K}) = 0$ ist. Man kann also den Satz 3; 1.63 auf die Integralgleichung (2.33.01) anwenden. Nach diesen gelten folgende Tatsachen:

Entweder ist für irgendein μ (2.33.01) und für jedes $y \in L^2$ eindeutig auflösbar und das trifft genau dann zu, falls $D(\mu) \neq 0$ ist, (in diesem Fall hat die entsprechende homogene Integralgleichung die einzige Lösung $x = 0$),

$$(2.33.16)$$

oder hat die homogene Integralgleichung nichttriviale Lösungen. Das trifft für diejenige Werte von μ zu, für welche $D(\mu) = 0$ ist (charakteristische Zahlen). In diesem Fall, hat die inhomogene Integralgleichung i.A. keine Auflösung.

$$(2.33.17)$$

Da L^2 ein Hilbert–Raum ist, erhalten wir durch Anwendung von Satz 5; 1.71 folgendes:

Ist μ eine charakteristische Zahl, dann ist die inhomogene Integralgleichung genau dann auflösbar, falls $(y, N(\mathscr{E} - \mu\mathscr{K}^*)) = 0$ ist, wobei $\mathscr{K}^*$ der adjungierte Operator von $\mathscr{K}$ bezüglich $(.,.)$ ist. Das ist ein Integraloperator mit dem Kern $K^*(s, t) = \bar{K}(t, s)$.

7. Charakteristische Zahlen des adjungierten Kernes. Genauso wie bei den ausgearteten Kernen, erkennt man, daß die Funktionen $\varkappa_{ij}(\mu)$ von $\mathscr{K}$ und $\varkappa_{ij}^*(\mu)$ die von $\mathscr{K}^*$ in folgender Beziehung stehen $\varkappa_{ij}^*(\mu) = \bar{\varkappa}_{ji}(\mu)$, woraus folgt, daß $D(\mu)$ und $D^*(\mu)$ einander gleich sind. Aus diesem Grund *sind die charakteristischen Zahlen von $\mathscr{K}$ und $\mathscr{K}^*$ die gleichen* (falls überhaupt solche existieren).

Die Bedingung am Ende von 6. kann man also so formulieren:

Ist μ eine charakteristische Zahl von $\mathscr{K}$ so hat die inhomogene Integralgleichung (2.33.01) eine Lösung, falls y orthogonal zu jeder Eigenfunktion von $\mathscr{K}^*$ ist welche zu μ gehört.

$$(2.33.18)$$

2.34 Ein numerischs Verfahren zur Auflösung von Fredholmschen Integralgleichungen

1. Ein Approximationssatz. Es sei diesmal der Kern $K : I \times I \to \mathbb{C}$ ($I = -\infty < a \leqq s \leqq b < \infty$) beschränkt und streckenweise stetig. Wir nehmen an, es existiert ein Kern $T : I \times I \to \mathbb{C}$ ebenfalls beschränkt und streckenweise stetig, so daß

$$\int_a^b |K(s, t) - T(s, t)|\, dt \leqq A \qquad (s \in I),\qquad (2.34.01)$$

wobei A eine Konstante ist. Der lösende Kern von T sei $L_T(s, t; \mu)$ und wir setzen voraus, daß für diesen und den betrachteten Parameterwert μ

$$\int_a^b |L_T(s, t; \mu)|\, dt \leqq B \qquad (s \in I)\qquad (2.34.02)$$

gilt (B ist eine Konstante). Auch die Störfunktion f in der Integralgleichung

$$x(s) - \mu \int_a^b K(s, t)x(t)\, dt = f(s) \qquad (s \in I)\qquad (2.34.03)$$

soll durch eine andere $g(s)$ ersätzt werden, derart, daß

$$|f(s) - g(s)| \leqq C \qquad (s \in I)\qquad (2.34.04)$$

gilt. Wir bezeichnen mit y die Auflösung von

$$y(s) - \mu \int_a T(s, t) y(t)\, dt = g(s) \qquad (s \in I). \qquad (2.34.05)$$

Hier wird angenommen, daß μ einen solchen Parameterwert bedeutet, für welchen (2.34.03) eindeutig auflösbar ist. Wir° setzen noch die Beschränktheit von f woraus:

$$|f(s)| \leq D \qquad (s \in I) \qquad (2.34.06)$$

(D ist eine Konstante.) Es gilt folgendes:

Satz 1. *Unter den Voraussetzungen* (2.34.01), (2.34.02), (2.34.04), (2.34.06) *und*

$$1 - |\mu|\, A(1 + |\mu|\, B) > 0 \qquad (2.34.07)$$

kann man die Abweichung der Lösungen von (2.34.03) *und* (2.34.05) *wie folgt abschätzen:*

$$|x(s) - y(s)| \leq \frac{|\mu|\, AD(1 + |\mu|\, B)^2}{1 - |\mu|\, A(1 - |\mu|\, B)} + C(1 + |\mu|\, B) \qquad (s \in I). \qquad (2.34.08)$$

Beweis. Wir schreiben anstatt (2.34.03)

$$x(s) - \mu \int_a^b K(s, t) x(t)\, dt = x(s) - \mu \int_a^b K(s, t) x(t)\, dt - \mu \int_a^b T(s, t) x(t)\, dt$$

$$+ \mu \int_a^b T(s, t) x(t)\, dt = f(s),$$

woraus

$$x(s) - \mu \int_a^b T(s, t) x(t)\, dt = f(s) + \mu \int_a^b (K(s, t) - T(s, t)) x(t)\, dt = \tilde{f}(s),$$

$$(2.34.09)$$

folgt, wobei

$$\tilde{f}(s) = f(s) + \mu \int_a^b (K(s, t) - T(s, t)) x(t)\, dt$$

ist. Wenn wir für einen Augenblick voraussetzen, daß $\tilde{f}(s)$ bekannt ist, dann folgt aus (2.34.09):

$$x(s) = \tilde{f}(s) + \mu \int_a^b L_T(s, t; \mu) \tilde{f}(t)\, dt. \qquad (2.34.10)$$

Nach Voraussetzung hat (2.34.03) eine Lösung. Diese ist in I sicher beschränkt auf Grund den Voraussetzungen über K und f, deshalb gilt $|x(s)| \leqq M$, wobei man als M zweckmäßigerweise die kleinste obere Schranke von x zu wählen hat. Dann aber ist auch $\tilde{f}$ beschränkt, eine Schranke ist

$$|\tilde{f}(s)| \leqq |f(s)| + |\mu| \int_a^b |K(s, t) - T(s, t)|\, |x(t)|\, dt \leqq D + |\mu|\, AM.$$

Mit Hilfe dieser Abschätzung ergibt sich aus (2.34.10)

$$|x(s)| \leqq |\tilde{f}(s)| + |\mu| \int_a^b |L_T(s, t; \mu)|\, |\tilde{f}(t)|\, dt$$

$$\leqq D + |\mu|\, AM + |\mu|\, B(D + |\mu|\, AM),$$

woraus

$$M \leqq D + |\mu|\, AM + |\mu|\, B(D + |\mu|\, AM)$$

folgt. Das aber führt zu $(1 - |\mu|\, A(1 + |\mu|\, B))M \leqq D(1 + |\mu|\, B)$, so erhalten wir in Berücksichtigung von (2.34.07)

$$M \leqq \frac{D(1 + |\mu|\, B)}{1 - |\mu|\, A(1 + |\mu|\, B)}.$$

Man substrahiere aus (2.34.09) die Gleichung (2.34.05), so ergibt sich

$$x(s) - y(s) - \mu \int_a^b T(s, t)[x(t) - y(t)]\, dt = \tilde{f}(s) - g(s),$$

woraus

$$x(s) - y(s) = \tilde{f}(s) - g(s) + \mu \int_a^b L_T(s, t; \mu)[\tilde{f}(t) - g(t)]\, dt \qquad (2.34.11)$$

folgt. Nach der Definition von $\tilde{f}(s)$ verfügen wir über den Zusammenhang:

$$\tilde{f}(s) - f(s) = f(s) + \mu \int_a^b [K(s, t) - T(s, t)]x(t)\, dt - f(s)$$

$$= \mu \int_a^b [K(s, t) - T(s, t)]x(t)\, dt.$$

Unter Anwendung der Dreiecksungleichung erhalten wir

$$|\tilde{f}(s) - f(s)| \leqq |\mu|\, M \int_a^b |K(s, t) - T(s, t)|\, dt \leqq |\mu|\, AM, \qquad (s \in I)$$

demzufolge ist

$$|\bar{f}(s) - g(s)| \leq |\mu| \, MA + C \qquad (s \in I).$$

Aus (2.34.11) folgt

$$|x(s) - y(s)| \leq |\mu| \, AM + C + |\mu| \, (|\mu| \, AM + C) \int_a^b |L_T(s, t; \mu)| \, dt$$

$$\leq |\mu| \, AM + C + |\mu| \, (|\mu| \, AM + C)B = |\mu| \, AM(1 + |\mu| \, B)$$
$$+ C(1 + |\mu| \, B).$$

Wenn wir jetzt die für M erhaltene Abschätzung beachten, erhalten wir

$$|x(s) - y(s)| \leq \frac{|\mu| \, AD(1 + |\mu| \, B)^2}{1 - |\mu| \, A(1 + |\mu| \, B)} + C(1 + |\mu| \, B), \qquad (s \in I)$$

wie wir behauptet haben. $\square$

2. Beispiele und Anwendungen. a) Wir können die genäherte Lösung der Integralgleichung

$$x(s) - \mu \int_a^b K(s, t) x(t) \, dt = f(s) \qquad (s \in I)$$

in folgender Art erhalten: Man zerlegt das Intervall (a, b) durch $a \leq t_0 < t_1 < t_2 < \cdots < t_n = b$ in Teilintervalle. Es sei $\Delta t_k = t_k - t_{k-1}$ und $t_{k-1} \leq \tau_k \leq t_k$ beliebige Stellen. Wenn der Kern K stetig ist, so ersätzen wir unsere Integralgleichung durch folgendes

$$x(\tau_k) - \mu \sum_{j=1}^n K(\tau_k, \tau_j) x(\tau_j) \, \Delta t_j = f(\tau_k) \qquad (k = 1, 2, \ldots, n). \qquad (2.34.12)$$

Das ist ein algebraisches Gleichungssystem für $x(\tau_k)$ $k = 1, 2, \ldots, n$. Hat dieses Gleichungssystem eine eindeutige Auflösung, so ergibt sich eine Treppenfunktion $y(t)$ mit $y(t) = x(\tau_k)$ für $t_{k-1} \leq t < t_k$, welche tatsächlich eine Näherungslösung unserer Integralgleichung ist. Wir haben nämlich bei diesem Verfahren den Kern durch eine geeignete Treppenfunktion ersätzt und auch die Störfunktion wurde durch eine Treppenfunktion approximiert. Hier übergeht die approximierende Integralgleichung wie (2.34.05) in das obige Gleichungssystem. Man kann den Fehler der bei diesem Näherungsverfahren entsteht durch (2.34.08) berechnen.

Wenn wir das Gleichungssystem (2.34.12) schon gelöst haben, dann können wir eine genäherte Lösung der Integralgleichung erhalten, wenn wir eine Interpolationsformel gebrauchen.

Ein konkretes Beispiel soll unser Verfahren erläutern.

Die Integralgleichung, deren Näherungslösung gesucht wird, sei

$$x(s)+\int\limits_{-\pi}^{\pi}\frac{x(t)\,dt}{6{,}8-3{,}2\cos{(s+t)}}=25-16\sin^2 s \qquad s\in[-\pi,\pi].$$

$$\text{(2.34.13)}$$

Der Kern und die Störfunktion sind nach π periodisch, beide gerade Funktionen, deshalb ist auch die Lösung x gerade und in Bezug auf $\frac{\pi}{2}$ symmetrisch, also $x(s)=x(\pi-s)$ und $x(s)=x(-s)$ $(-\pi\le s\le\pi)$. Es genügt somit $x(s)$ für Werte zwischen 0 und $\frac{\pi}{2}$ zu bestimmen.

Wir zerlegen das Intervall in 12 gleichlange Teilintervalle $(n=13)$, es ist also $\Delta t_k=\frac{2\pi}{12}=\frac{\pi}{6}$ $(k=0,1,\ldots,12)$. Wir setzen jetzt $\tau_k=\frac{(k-6)\pi}{6}$ $(k=1,2,\ldots,12)$, dann ist

$$x\left(\frac{(k-6)\pi}{6}\right)+\frac{\pi}{6}\sum_{j=1}^{12}\frac{1}{6{,}8-3{,}2\cos\left(\frac{(k-6)\pi}{6}+\frac{(j-6)\pi}{6}\right)}x\left(\frac{(j-6)\pi}{6}\right)$$

$$=25-16\sin^2\frac{(k-6)\pi}{6} \qquad (k=1,2,\ldots,12). \qquad \text{(2.34.14)}$$

Man beachte

$$x\left(\frac{(k-6)\pi}{6}\right)=x\left(\frac{k\pi}{6}-\pi\right)=x\left(\pi-\frac{k\pi}{6}\right)=x\left(\frac{k\pi}{6}\right) \qquad (k=1,2,\ldots,12).$$

Es genügt die Werte

$$x_1=x(0), \qquad x_2=x\left(\frac{\pi}{6}\right); \qquad x_3=x\left(\frac{2\pi}{6}\right)=\left(\frac{\pi}{3}\right); \qquad x_4=x\left(\frac{3\pi}{6}\right)=x\left(\frac{\pi}{2}\right)$$

zu berechnen, weil

$$x\left(\frac{4\pi}{6}\right)=x\left(\frac{2\pi}{3}\right)=x\left(\pi-\frac{\pi}{3}\right)=x\left(\frac{\pi}{3}\right)=x_3$$

$$x\left(\frac{5\pi}{6}\right)=x\left(\pi-\frac{5\pi}{6}\right)=x\left(\frac{\pi}{6}\right)=x_2$$

$$x\left(\frac{6\pi}{6}\right)=x(\pi)=x(0)=x_1$$

ist. In Berücksichtigung dieser Bemerkungen nimmt (2.34.14) die folgende Gestalt an:

$$1{,}19x_1+0{,}35x_2+0{,}31x_3+0{,}15x_4=25$$
$$0{,}18x_1+1{,}34x_2+0{,}32x_3+0{,}16x_4=21$$
$$0{,}16x_1+0{,}32x_2+1{,}34x_3+0{,}18x_4=13$$
$$0{,}15x_1+0{,}31x_2+0{,}35x_3+1{,}19x_4=9.$$

Die Auflösung dieses Gleichungssystem ist

$$x_1 = 16{,}04; \qquad x_2 = 12{,}27, \qquad x_3 = 4{,}73, \qquad x_4 = 0{,}94.$$

Wegen der Periodizität von $x(t)$ machen wir von einer trigonometrischen Interpolation Gebrauch. Wegen $x(s) = x(-s)$ und $x(s) = x(\pi - s)$ $(-\pi \leqq s \leqq \pi)$ scheint das folgende trigonometrische Polynom

$$\tilde{x}(s) = a_0 + a_1 \cos 2s + a_2 \cos 4s + a_3 \cos 6s$$

zweckmäßig zu sein. Dann aber ist

$$x(0) = x_1 = 16{,}04 = a_0 + a_1 + a_2 + a_3$$

$$x\left(\frac{\pi}{6}\right) = x_2 = 12{,}27 = a_0 + a_1 \cos \frac{\pi}{3} + a_2 \cos \frac{2\pi}{3} + a_3 \cos \pi$$

$$x\left(\frac{\pi}{3}\right) = x_3 = 4{,}73 = a_0 + a_1 \cos \frac{2\pi}{3} + a_2 \cos \frac{4\pi}{3} + a_3 \cos 2\pi$$

$$x\left(\frac{\pi}{2}\right) = x_4 = 0{,}94 = a_0 + a_1 \cos \pi + a_2 \cos 2\pi + a_3 \cos 3\pi$$

Aus diesem Gleichungssystem ergibt sich

$$a_0 = 8{,}50; \qquad a_1 = 7{,}54; \qquad a_2 = 0; \qquad a_3 = 0.$$

Die gesuchte Näherungslösung von (2.34.13) lautet somit

$$\tilde{x}(s) = 8{,}50 + 7{,}54 \cos 2s \qquad (-\pi \leqq s \leqq \pi).$$

b) Es soll eine Näherungslösung von

$$x(s) - \int_0^{0{,}5} \sin st\, x(t)\, dt = f(s) \tag{2.34.15}$$

gefunden werden. Hier werden wir den Kern $K(s, t) = \sin st$ $(0 \leqq s,\ t \leqq 0{,}5)$ durch ein Polynom ersätzen. Die Taylor–Reihe des Kernes ist nämlich

$$K(s, t) = \sin st = st - \frac{s^3 t^3}{3!} + \frac{s^5 t^5}{5!} - \frac{s^7 t^7}{7!} \pm \cdots,$$

deswegen werden wir $\sin st$ durch $st - \dfrac{(st)^3}{3!}$ ersetzen, so entsteht die die Integralgleichung

$$y(s) - \int_0^{0{,}5} \left(st - \frac{(st)^3}{3!}\right) x(t)\, dt = f(s). \tag{2.34.16}$$

Der Kern von (2.34.16) ist ausgeartet. Wir können von der Auflösungsformel (2.32.09) Gebrauch machen $\left(\text{hier ist } \mu = 1,\ a_1(s) = s,\ a_2(s) = -\dfrac{s^3}{3!};\right.$ $\left. b_1(t) = t,\ b_2(t) = t^3 \right)$ so erhalten wir

$$y(s) = f(s) + 1{,}043277[1{,}000186\beta_1 s - 0{,}001041\beta_1 s^3$$
$$- 0{,}0010416\beta_2 s - 0{,}159722\beta_2 s^3]$$

wobei

$$\beta_1 = \int_0^{0,5} tf(t)\, dt; \qquad \beta_2 = \int_0^{0,5} t^3 f(t)\, dt$$

ist. Um die Fehlerabschätzung durchführen zu können, werden wir den lösenden Kern von $T(s, t) := st - \dfrac{(st)^3}{3!}$ mit Hilfe der Formel (2.32.10) berechnen. Nach dieser ist

$$L_T(s, t; 1) = 1{,}043277[1{,}000186st - 0{,}0010416s^3 t \\ - 0{,}0010416st^3 - 0{,}159722s^3 t^3].$$

Daraus folgt

$$\int_0^{0,5} |L_T(s, t; 1)|\, dt \leqq \tfrac{1}{2} = B.$$

Wir wissen, daß andererseits nach der bekannten Fehlerabschätzung bei der Taylor-Entwicklung gilt

$$\int_0^{0,5} |K(s, t) - T(s, t)|\, dt \leqq \frac{1}{5!} s^5 \int_0^{0,5} t^5\, dt = \frac{s^5}{46\,080}.$$

Da $0 \leqq s \leqq 0,5$ ist haben wir

$$A = \max_{0 \leqq s \leqq 0,5} \int_0^{0,5} |K(s, t) - T(s, t)|\, dt \leqq \frac{10^{-6}}{1{,}474560} < 0{,}75 \cdot 10^{-6}.$$

Wenn wir die Fehlerabschätzung (2.34.08) verwenden, ergibt sich

$$|x(s) - y(s)| \leqq D\, \frac{0{,}75 \cdot 10^{-6}(1 + \tfrac{1}{12})^2}{1 - 0{,}75 \cdot 10^{-6}(1 + \tfrac{1}{12})} < 10^{-6}\, D.$$

2.35 Schwach singuläre Integralgleichungen

1. *Kerne mit schwacher Singularität.* Abweichend von den bisherigen Betrachtungen, bedeute diesmal die unabhängige Variable s einen Vektor des n-dimensionalen euklidischen Raumes $\mathbb{R}^n$. Ω bezeichne ein beschränktes, abgeschlossenes Gebiet in $\mathbb{R}^n$. Die Integralgleichung

$$x(s) - \mu \int_\Omega K(s, t)x(t)\, dt = y(s) \tag{2.35.01}$$

(wobei das Integral sich auf das Gebiet Ω ersteckt, $dt = dt_1\, dt_2 \cdots dt_n$, $K: \Omega \times \Omega \to \mathbb{R}$) hat die gleichen Eigenschaften wie diejenige, welche bis jetzt betrachtet wurden. Auch hier können wir die $K \in Q^2 = Q^2(\Omega \times \Omega)$ Bedingung für den Kern K genauso stellen wie im Fall $\Omega = I = [a, b]$. Daß die Integralgleichung (2.35.01) genauso behandelbar ist wie die bisherigen, liegt daran, daß der durch K erzeugte Integraloperator $\mathcal{K}$ vollstetig ist, unabhängig davon in wievieldimensionalen Raum die unabhängigen Veränderlichen Variieren. Diese Bemerkung haben wir wegen den Anwendungen gemacht. In zahlenreichen Anwendungen treten Kerne von Integralgleichungen mit folgender Gestalt

$$K(s, t) = \frac{H(s, t)}{\|s - t\|^\alpha} \qquad (s \neq t) \tag{2.35.02}$$

auf, wobei, wenn $s, t \in \mathbb{R}^n$ ist, $\|.\|$ bedeutet die n-dimensionale euklidische Norm, $0 \leq \alpha < n$, $H(s, t)$ ist eine in $\Omega \times \Omega$ stetige Funktion. Einen Kern von der Gestalt (2.35.02) heißt ein *schwach singulärer Kern*. (Wenn $\alpha \leq 0$ ist, dann übergeht der schwach singuläre Kern in einen stetigen Kern).

Für einen schwach singulären Kern gilt folgende Ungleichung:

$$|K(s, t)| \leq \frac{A}{\|s - t\|^\alpha} \qquad (s, t \in \Omega) \tag{2.35.03}$$

wobei A eine positive Konstante ist $(|H(s, t)| \leq A)$.

2. Faltung von schwach singulären Kernen. Grundlegend für die späteren Ausführungen ist folgender Satz:

Satz 1. *Es seien N und M Kerne mit*

$$|N(s, t)| \leq \frac{A}{\|s - t\|^\alpha}; \qquad |M(s, t)| \leq \frac{B}{\|s - t\|^\beta} \qquad (s \neq t; \quad s, t \in \mathbb{R}^n),$$
$$\tag{2.35.04}$$

wobei A und B positive Konstanten und $0 \leq \alpha, \beta < n$ sind. Dann gilt für die Faltung

$$R(s, t) = \int_\Omega N(s, r) M(r, t) \, dr \qquad (dr = dr_1 \, dr_2 \cdots dr_n)$$

die folgende Abschätzung:

$$|R(s, t)| \leq \begin{cases} C & \text{für } \alpha + \beta < n \\ C \, |\log \|s - t\|| & \text{für } \alpha + \beta = n \\ \dfrac{C}{\|s - t\|^{\alpha + \beta - n}} & \text{für } \alpha + \beta > n. \end{cases} \tag{2.35.05}$$

Beweis. Es sei h eine beliebige positive Zahl welche nicht kleiner als der Durchmesser von Ω ist. Dann gilt

$$|R(s, t)| \leq AB \int_\Omega \frac{dr}{\|s - r\|^\alpha \|r - t\|^\beta} \leq AB \int_{\|s - r\| \leq h} \frac{dr}{\|s - r\|^\alpha \|r - t\|^\beta}. \tag{2.35.06}$$

Wenn $\alpha + \beta < n$ ist, dann ist, wie aus den Elementen der Integralrechnung bekannt, das an der rechten Seite von (2.35.06) stehende Integral bezüglich s, t gleichmäßig konvergent und ist deswegen beschränkt. Damit ist die Abschätzung (2.35.05) für diesen Fall bewiesen.

Es sei jetzt $\alpha + \beta \geqq n$. Wir versetzen den Ursprung unseres Koordinatensystems in den Punkt s und verdrehen es derart, daß die erste Achse durch t geht ($s \neq t$) und die positive Richtung an dieser Achse von s nach t gerichtet sei. In diesem neuem Koordinatensystem hat der Punkt s die Koordinaten $(0, 0, \ldots, 0)$, die Koordinaten von t sind: $(\|s - t\|, 0, 0, \ldots, 0)$. Es sei der kürzehalber $\|s - t\| = p$, dann ist

$$\|s - r\|^2 = \sum_{k=1}^{n} r_k^2; \qquad \|r - t\|^2 = (r_1 - p)^2 + \sum_{k=2}^{n} r_k^2.$$

Im Integral an der rechten Seite von (2.35.06) führen wir die neuen Integrationsvariablen ρ_k mit $r_k = p\rho_k$ ($k = 1, 2, \ldots, n$) ein, so erhalten wir

$$|R(s, t)| \leqq \frac{AB}{p^{\alpha+\beta-n}} \int\limits_{\rho \leqq h/p} \frac{d\rho_1 \, d\rho_2 \cdots d\rho_n}{\rho^\alpha \left[(\rho_1 - 1)^2 + \sum\limits_{k=2}^{n} \rho_k^2\right]^{\beta/2}}, \qquad (2.35.07)$$

wobei $\rho^2 = \sum\limits_{k=1}^{n} \rho_k^2$ ist. Es gilt weiter $d\rho_1 \, d\rho_2 \cdots d\rho_n = \rho^{n-1} \, d\rho \, dS$, dabei ist dS das Oberflächendifferential der Einheitskugel im n-dimensionalen Raum. Hier gilt

$$(\rho_1 - 1)^2 + \sum_{k=2}^{n} \rho_k^2 = \rho^2 - 2\rho_1 + 1 \geqq (\rho - 1)^2.$$

Man sieht sofort ein, daß für $\rho > 2$ die Ungleichung $(\rho - 1)^2 > \tfrac{1}{4}\rho^2$ gilt, demzufolge ist

$$(\rho_1 - 1)^2 + \sum_{k=2}^{n} \rho_k^2 > \tfrac{1}{4}\rho^2. \qquad (2.35.08)$$

Wir können also schreiben, wenn wir das Integral an der rechten Seite von (2.35.07) in zwei Teile zerlegen und berücksichtigen (2.35.08):

$$|R(s, t)| \leqq \frac{AB}{p^{\alpha+\beta-n}} \left[\int\limits_{\rho \leqq 2} \frac{\rho^{n-1-\alpha} \, d\rho \, dS}{\left[(\rho_1 - 1)^2 + \sum\limits_{k=1}^{n} \rho_k^2\right]^{\beta/2}} \right.$$

$$\left. + 2^\beta \int\limits_{2 < \rho < h/p} \rho^{n-1-\alpha-\beta} \, d\rho \, dS \right]. \qquad (2.35.09)$$

Das erste Integral in eckigen Klammern enthält entweder s und t noch ihren Abstand p, ist deswegen eine Konstante. Was das zweite Integral in den eckigen Klammern anbelangt, das ist im Fall $\alpha + \beta > n$ gewiß kleiner als

$$2^{\beta} S \int\limits_{2}^{\infty} \frac{d\rho}{\rho^{\alpha+\beta-n+1}} = \frac{2^{n-\alpha} S}{\alpha+\beta-n},$$

wobei S die Kugeloberfläche der Einheitskugel in $\mathbb{R}^n$ ist. Wir sehen also, daß beide Integrale in eckigen Klammern kleiner als gewisse endlichen Konstanten sind, womit (2.35.05) auch für diesen Fall bewiesen ist.

Schließlich, wenn $\alpha + \beta = n$ ist, dann ist das zweite Integral an der rechten Seite von (2.35.09) mit folgendem Ausdruck gleich

$$2^{\beta} S \int\limits_{2}^{h/p} \frac{d\rho}{\rho} = 2^{\beta} S \log \frac{h}{2p}. \quad \square$$

3. Die Iterierten von schwach singulären Kernen

Satz 2. *Es sei K ein schwach singulärer Kern definiert in $\Omega \subset \mathbb{R}^n$. Dann sind alle iterierten Kerne K_m beschränkt, wenn*

$$m > \frac{n}{n-\alpha} \tag{2.35.10}$$

ist, wobei α eine nur vom Kern K abahänige Zahl zwischen 0 und n ist.

Beweis. Wenn K eine schwache Singuläritat hat, dann gilt eine Abschätzung wie in (2.35.04):

$$|K(s,t)| \leq \frac{A}{|s-t|^{\alpha}} \qquad 0 < \alpha < n. \tag{2.35.11}$$

Genügt m der Ungleichung (2.35.10), dann ist $m\alpha - (m-1)n < 0$, also auf Grund von (2.35.05) ist $K_m(s,t)$ beschränkt. $\quad \square$

4. Die Auflösung von Integralgleichungen mit schwach singulären Kern.
Obwohl ein schwach singulärer Kern nicht zur Klasse Q^2 gehört, doch gelten für eine Integralgleichung zweiter Art mit solchem Kern die Fredholmsche Sätze. Das wollen wir hier beweisen.

K sei ein schwach singulärer Kern, welcher einer Abschätzung von der Form (2.35.11) genügt, der durch ihm erzeugte Integraloperator soll durch $\mathcal{K}$ bezeichnet werden. Wir werden die Integralgleichung

$$x - \mu \mathcal{K} x = y \qquad (y \in L^2) \tag{2.35.12}$$

untersuchen. Es sei $\varepsilon = e^{2\pi i/m}$ wobei m eine natürliche ganze Zahl ist welche der Bedingung (2.35.10) genügt. Man erkennt sofort die Gültigkeit folgender Identitäten:

$$(\mathcal{E} - \varepsilon \mu \mathcal{K})(\mathcal{E} - \varepsilon^2 \mu \mathcal{K}) \cdots (\mathcal{E} - \varepsilon^{m-1} \mu \mathcal{K}) = \mathcal{E} + \mu \mathcal{K} + \cdots + \mu^{m-1} \mathcal{K}^{m-1}$$

$$\tag{2.35.13}$$

und

$$(\mathscr{E} - \varepsilon\mu\mathscr{K})(\mathscr{E} - \varepsilon^2\mu\mathscr{K}) \cdots (\mathscr{E} - \varepsilon^{m-1}\mu\mathscr{K})(\mathscr{E} - \mu\mathscr{K}) = \mathscr{E} - \mu^m\mathscr{K}^m.$$

(2.35.14)

Wir nehmen an, daß die Integralgleichung (2.35.12) eine Lösung (aus L^2) besitzt und lassen den Operator (2.35.13) auf beide Seiten von (2.35.12) wirken. So ergibt sich nach (2.35.14):

$$(\mathscr{E} - \mu^m\mathscr{K}^m)x = (\mathscr{E} + \mu\mathscr{K} + \mu^2\mathscr{K}^2 + \cdots + \mu^{m-1}\mathscr{K}^{m-1})y.$$ (2.35.15)

Der Kern der Integralgleichung (2.35.15) ist beschränkt, also ein Q^2-Kern. Man kann demzufolge diese Gleichung mit den bisherigen Methoden auflösen. Jede Lösung von (2.35.12) befriedigt (2.35.15), nicht aber in jedem Fall ungekehrt: Es kann passieren, daß (2.35.15) Lösungen hat welche keine Lösungen der Gleichung (2.35.12) sind. Es sind Fälle, wie wir es sehen werden, wenn die Gleichungen (2.35.12) und (2.35.15) miteinander äquivalent sind.
1) Nehmen wir an, daß μ_0 eine charakteristische Zahl von $\mathscr{K}$ ist. Das bedeutet, die Integralgleichung (2.35.12) hat für $\mu = \mu_0$ und $y = 0$ eine nichttriviale Lösung, etwa x_0. Dann aber ist x_0 eine (nichttriviale) Lösung von $(\mathscr{E} - \mu_0^m\mathscr{K}^m)x_0 = 0$. Wenn μ_0 eine charakteristische Zahl von $\mathscr{K}$ ist, dann ist μ_0^m eine charakteristische Zahl von $\mathscr{K}^m$.

Sei ρ irgendeine Zahl mit $0 < |\mu_0| \leqq \rho$. Hätte $\mathscr{K}$ im Kreisgebiet $|\mu| \leqq \rho$ unendlich viele charakteristische Zahlen, so hätte auch $\mathscr{K}^m$ im Kreisgebiet $|\mu| \leqq \rho^m$ unendlich viele charakteristische Zahlen, was unmöglich ist, da $\mathscr{K}^m$ aus Q^2 ist. Es ist also bewiesen: *In jedem beschränkten Gebiet hat ein schwach singulär Kern höchstens endlichviele charakteristische Zahlen, d.h. die charakteristischen Zahlen haben im Endlichen keinen Häufungspunkt.*
2) Setzen wir voraus, daß $x_1, x_2, \ldots$ zu μ_0 gehörigen linear unabhängige Eigenfunktionen von $\mathscr{K}$ sind. Dann sind diegleichen auch linear unabhängige, zu μ_0^m gehörige Eigenfunktionen von $\mathscr{K}^m$. Diese letzte hat aber nur endlich viele solche, woraus sich ergibt: *Zu einer charakteristischen Zahl gehören nur endlichviele linear unabhängige Eigenfunktionen.*
3) Um zu zeigen, daß die Anzahl der linear unabhängigen Eigenfunktionen von $\mathscr{K}$ und $\mathscr{K}^*$ welche zur gleichen charakteristischen Zahl μ_0 gehören miteinander gleich sind, benötigen wir eine Bemerkung.

Über m haben wir nur vorausgesetzt, daß diese der Ungleichung (2.35.10) genügt, sonst aber beliebig ist. Wir zeigen jetzt, m kann derart gewählt werden, daß unter den Zahlen $\varepsilon\mu_0, \varepsilon^2\mu_0, \ldots, \varepsilon^{m-1}\mu_0$ keine charakteristische Zahl von $\mathscr{K}$ ist. Wäre das nämlich nicht so, so hätte $\mathscr{K}$ auf den Kreis $|\mu| = \mu_0$ unendlichviele Eigenwerte was der in 1) bewiesenen Tatsache wiederspricht.

Wenn wir m derart wählen, daß keine charakteristische Zahl unter $\varepsilon\mu_0, \varepsilon^2\mu_0, \ldots, \varepsilon^{m-1}\mu_0$ sich befindet, *dann sind die Integralgleichungen (2.35.12) und (2.35.15) miteinander gleichwertig.*   (2.35.16)

Um das beweisen zu können setzen wir

$$(\mathscr{E} - \mu_0^m\mathscr{K}^m)x = 0$$

(2.35.17)

in folgende Gestalt:

$$(\mathscr{E} - \varepsilon\mu_0\mathscr{K}) \prod_{k=2}^{m} (\mathscr{E} - \varepsilon^k\mu_0\mathscr{K})x = 0. \tag{2.35.18}$$

Es sei

$$\prod_{k=2}^{m} (\mathscr{E} - \varepsilon^k\mu_0\mathscr{K})x = x_1, \tag{2.35.19}$$

dann folgt aus (2.35.18)

$$(\mathscr{E} - \varepsilon\mu_0\mathscr{K})x_1 = 0.$$

Da aber $\varepsilon\mu_0$ keine charakteristische Zahl von $\mathscr{K}$ ist, muß $x_1 = 0$ sein. Wir setzen jetzt

$$x_2 = \prod_{k=3}^{m} (\mathscr{E} - \varepsilon^k\mu_0\mathscr{K})x,$$

dann folgt aus (2.35.19)

$$(\mathscr{E} - \varepsilon^2\mu_0\mathscr{K})x_2 = 0,$$

woraus sich, weil auch $\varepsilon^2\mu_0$ keine charakteristische Zahl von $\mathscr{K}$ ist, $x_2 = 0$ ergibt. Fortgesetzt in dieser Weise gelangen wir nach $(m-1)$ schritten zu

$$(\mathscr{E} - \varepsilon^m\mu_0\mathscr{K})x = (\mathscr{E} - \mu_0\mathscr{K})x = 0. \tag{2.35.20}$$

Die homogenen Integralgleichungen (2.35.17) und (2.35.20) sind miteinander gleichwertig.

Genauso sieht man, daß auch die homogene Integralgleichungen

$$(\mathscr{E} - \bar{\mu}_0\mathscr{K}^*)x = 0 \tag{2.35.21}$$

und

$$(\mathscr{E} - \bar{\mu}_0^m\mathscr{K}^{*m})x = 0 \tag{2.35.22}$$

miteinander äquivalent sind.

Wir wissen nun, daß die Anzahl der linear unabhängigen Lösungen von (2.35.17) und (2.35.22) miteinander gleich sind, da die Kerne dieser aus der Klasse Q^2 sind, demzufolge haben auch die Integralgleichungen (2.35.20) und (2.35.21) in gleicher Anzahl linear unabhängige Lösungen wie das behauptet wurde.

4) Wir betrachten jetzt die inhomogene Integralgleichung (2.35.12) und setzen voraus, daß μ keine charakteristische Zahl von $\mathscr{K}$ ist. Wir wählen m wie in 3). Dann sind die Integralgleichungen (2.35.12) und (2.35.15) miteinander äquivalent. Die Gleichung (2.35.15) ist aber eindeutig auflösbar, da μ^m keine charakteristische Zahl des Fredholmschen Operators $\mathscr{K}^m$ ist. Daher, wegen der Äquivalenz, hat (2.35.12) auch genau eine Lösung in L^2.

5) Es soll jetzt wieder die inhomogene Integralgleichung (2.35.12) betrachtet werden, wobei aber jetzt $\mu = \mu_0$ eine charakteristische Zahl von $\mathscr{K}$ ist.

μ_0^m ist in diesem Fall eine charakteristische Zahl von $\mathcal{K}^m$. Man wähle m wieder so, daß unter den Zahlen $\varepsilon\mu_0, \varepsilon^2\mu_0, \dots, \varepsilon^{m-1}\mu_0$ keine charakteristische Zahl von $\mathcal{K}$ sich befindet. Dann kann man (2.35.15) in folgende Gestalt setzen:

$$(\mathcal{E} - \mu_0^m \mathcal{K}^m)x = \prod_{k=1}^{m-1} (\mathcal{E} - \varepsilon^k \mu_0 \mathcal{K})y.$$

Diese letztere ist genau dann auflösbar, wenn die rechte Seite orthogonal zu jeder Lösung x_0 von (2.35.22) ist, d.h. wenn

$$\left(\prod_{k=1}^{m-1} (\mathcal{E} - \varepsilon^k \mu_0 \mathcal{K})y, x_0 \right) = 0 \tag{2.35.23}$$

ist. Wir setzen $y_1 := \prod_{k=2}^{m-1} (\mathcal{E} - \varepsilon^k \mu_0 \mathcal{K})y$, dann ist

$$0 = ((\mathcal{E} - \varepsilon\mu_0\mathcal{K})y_1, x_0) = (y_1, (\mathcal{E} - \varepsilon\mu_0\mathcal{K})^* x_0) = (y_1, (\mathcal{E} - \bar{\varepsilon}\bar{\mu}_0\mathcal{K}^*)x_0)$$

$$= \left(\prod_{k=2}^{m-1} (\mathcal{E} - \varepsilon^k \mu_0 \mathcal{K})y, (\mathcal{E} - \bar{\varepsilon}\bar{\mu}_0\mathcal{K}^*)x_0 \right).$$

Es sei jetzt $y_2 = \prod_{k=3}^{m-1} (\mathcal{E} - \varepsilon^k \mu_0 \mathcal{K})y$ und wiederholen den obigen Gedankengang, so erhalten wir

$$\left(\prod_{k=3}^{m-1} (\mathcal{E} - \varepsilon^k \mu_0 \mathcal{K})y, (\mathcal{E} - \bar{\varepsilon}\bar{\mu}_0\mathcal{K}^*)(\mathcal{E} - \bar{\varepsilon}^2\bar{\mu}_0\mathcal{K}^*)x_0 \right) = 0$$

u.s.w. Schließlich nach $m - 2$ Schritten gelangen wir zur Beziehung

$$\left(y, \prod_{k=1}^{m-1} (\mathcal{E} - \bar{\varepsilon}^k \bar{\mu}_0\mathcal{K}^*)x_0 \right) = 0. \tag{2.35.24}$$

Wir setzen die Gleichung (2.35.22) in folgende Gestalt

$$\prod_{k=0}^{m-1} (\mathcal{E} - \bar{\varepsilon}^k \bar{\mu}_0\mathcal{K}^*)x_0 = (\mathcal{E} - \bar{\mu}_0\mathcal{K}^*) \prod_{k=1}^{m-1} (\mathcal{E} - \mu_0^k\mathcal{K}^*)x_0 = 0$$

und erkennen, daß der zweite Faktor in (2.35.24) eine Lösung von (2.35.21) ist. Wir sehen also: *Hinreichend für die Auflösbarkeit der Integralgleichung* (2.35.15) *bzw. für* (2.35.12) *ist, daß die Störfunktion y orthogonal zu jeder Lösung von* (2.35.21) *sei.* Daß diese Bedingung auch notwendig für die Auflösbarkeit von (2.35.12) ist sieht man genauso ein, wie bei den Fredholmschen Gleichungen mit Q^2-Kernen.

Bemerkung. Hier wurde nur die Tatsache benutzt, daß die Iterierte $\mathcal{K}^m$ zur Klasse Q^2 gehört. Daraus folgt, der Fredholmsche Alternativsatz gilt für jede Integralgleichung zweiter Art bei welchem alle iterierte Kerne, von einer angefangen, zur Klasse Q^2 gehören.

2.4 Integralgleichungen mit selbstadjungierten Integraloperatoren

2.41 Eigenwerte und Eigenfunktionen von selbstadjungierten Integraloperatoren

1. Grundbegriffe. Wir werden den Hilbert–Raum L^2 ($= L^2(I)$; $I = (a, b)$) betrachten, und einen Kern $K(s, t) \in Q^2(I)$ ($= Q^2$) welcher den Integraloperator $\mathcal{K} : L^2 \to L^2$ erzeugt. Wie bisher, sei auch jetzt das Skalarprodukt in L^2 mit $(.,.)$ bezeichnet

$$(x, y) = \int_a^b x(t)\bar{y}(t)\, dt \qquad (x, y \in L^2).$$

Wir nennen, in Übereinstimmung mit den Definition von 1.71 $\mathcal{K}$ *selbstadjungiert*, wenn $\mathcal{K} = \mathcal{K}^*$ gilt. Das bedeutet nach (1.71.07), daß der Kern die Eigenschaft

$$K(s, t) = \overline{K(t, s)} \qquad (s, t \in I, \quad \text{f.ü.}) \tag{2.41.01}$$

besitzt. Wenn K eine reelle Funktion ist, dann stellt sie einen selbstadjungierten Integraloperator $\mathcal{K}$ dar, falls

$$K(s, t) = K(t, s) \qquad (s, t \in I, \quad \text{f.ü.}) \tag{2.41.02}$$

gilt. Im ersten Fall nennen wir K einen *hermiteschen*, im zweiten Fall einen (reell) symmetrischen Kern.

Wie auch bisher, heißt eine Zahl μ ($\neq 0$) eine *charakteristische Zahl* von $\mathcal{K}$ (bzw. von K), wenn die homogene Integralgleichung

$$\mu \mathcal{K} x = x \tag{2.41.03}$$

eine nichttriviale Lösung $x \in L^2$ hat. Jede, auf 1 normierte Lösung (nach der Norm von L^2) von (2.41.03) heißt eine zu μ gehörige *Eigenfunktion* von $\mathcal{K}$. Ist μ eine charakteristische Zahl, so ist $1/\mu = \lambda$ ein *Eigenwert* von $\mathcal{K}$.

2. Die Iterierten selbstadjungierter Integraloperatoren. *Jeder Iterierte des selbstadjungierten Integraloperators $\mathcal{K}$ ist selbstadjungiert.* (2.41.04)

Für $\mathcal{K}^2$ folgt das aus

$$(\mathcal{K}^2 x, y) = (\mathcal{K} x, \mathcal{K} y) = (x, \mathcal{K}^2 y) \qquad (x, y \in L^2).$$

Mit vollstendiger Induktion kann das der Leser für beliebige Iterierte leicht beweisen.

Aus dieser Feststellung folgt, daß jeder iterierte Kern eines hermiteschen (symmetrischen) Kernes hermitesch (symmetrisch) ist.

Wichtig ist zu bemerken die schon früher bewiesene Tatsache: *Ist μ eine charakteristische Zahl (λ ein Eigenwert) von $\mathcal{K}$ so ist μ^n eine charakteristische Zahl (λ^n ein Eigenwert) von $\mathcal{K}^n$:*

3. Die Existenz von charakteristischen Zahlen. Es erhebt sich die Frage, ob ein hermitescher Kern eine charakteristische Zahl (einen Eigenwert) hat? Diese Frage ist schon deswegen berechtfertigt, da früher schon gezeigt wurde, daß Kerne existieren, welche keine charakteristische Zahlen besitzen.

Wir werden in der Zukunft immer voraussetzen, daß $K(s, t) = 0$ $(s, t \in I \ f.\ddot{u}.)$ nicht zutrifft, also daß $\mathcal{K} \neq 0$ ist.

Aus dem Satz 4; 1.76 ergibt sich sofort: *Jeder hermitescher (symmetrischer) Kern aus Q^2 besitzt mindenstens einen (von Null verschiedenen) Eigenwert, also auch eine charakteristische Zahl.* (2.41.05)

Hier wurde die Tatsache benutzt, daß jeder, zur Klasse Q^2 gehöriger Integraloperator vollstetig ist. Aus dem Satz 4; 1.76 geht unmittelbar hervor, daß λ_1 mit $|\lambda_1| = \|\mathcal{K}\|$ *der dem Absolutbegrade nach größte Eigenwert*

bzw. $\dfrac{1}{\lambda_1} = \mu_1$, *die dem Absolutbetrage nach kleinste charakteristische Zahl ist.*

(2.41.06)

Wir machen die Vereinbarung, daß die Eigenwerte λ_i wie in 1.75.4 zu numerieren sind: $|\lambda_1| > |\lambda_2| > \cdots > |\lambda_n| > \cdots$ und dementsprechend die charakteristischen Zahlen geordnet aufgezählt werden $|\mu_1| < |\mu_2| < \cdots < |\mu_n| < \cdots$, jeden Eigenwert (jede charakteristische Zahl) so oft aufzuschreiben wie ihre Multiplizität ist (genau wie in 1.75.4).

Eine weitere, wichtige Tatsache ist im Satz 3; 1.76 formuliert. Nach diesem *ist jeder Eigenwert (jede charakteristische Zahl) eines hermiteschen (symmetrischen) Kernes reell.* (2.41.06′)

4. Das komplette System von Eigenfunktionen. Aus dem Satz 4; 1.75 (insbesondere aus (1.75.07)) geht sofort hervor, daß zu verschiedenen Eigenwerten gehörige Eigenfunktionen zu einander orthogonal sind.

Es sei λ_0 ein Eigenwert von $\mathcal{K}$. Eine linear unabhängige Basis für $N(\lambda_0 \mathcal{E} - \mathcal{K})$ sei $\{y_1, y_2, \ldots, y_{\alpha_0}\}$ wobei α_0 die Multiplizität von λ_0 ist. Man kann diese Basis orthogonalisieren und normieren, so gelangen wir zum orthonormalen System von den zu λ_0 gehörigen Eigenfunktionen $x_1, x_2, \ldots, x_{\alpha_0}$. Dieses Verfahren wiederholen wir mit jedem Eigenwert, das so erhaltene System von Eigenfunktionen $\{x_1, x_2, \ldots\}$ heißt *das komplette System von Eigenfunktionen von $\mathcal{K}$.* Das ist ein orthonormales Funktionensystem, weil zu verschiedenen Eigenwerten automatisch orthogonale Eigenfunktionen gehören, und zu einem und demselbar Eigenwert gehörige Eigenfunktionen orthogonalisiert wurden.

Ist das komplette System von Eigenfunktionen eine Basis für L^2 (d.h. ist $\{x_1, x_2, x_3, \ldots\}$ ein vollständiges Funktionensystem in L^2) so heißt $\mathcal{K}$ bzw. der Kern K abge*schlossen.* Die Wichtigkeit dieses Begriffs erkennt man, wenn man den Satz 7; 1.75 berücksichtigt. Nach diesem ergibt sich: Hat die homogene Integralgleichung

$$\mathcal{K}x = 0 \quad \text{oder} \quad \int_a^b K(s, t)x(t)\, dt = 0 \qquad (s \in I \quad \text{f.ü.}) \qquad (2.41.07)$$

keine andere Lösung in L^2 als $x = 0$, dann ist das komplette System der Eigenfunktionen vollständig in L^2. Es gilt aber auch die Umkehrung: Ist das komplette Eigenfunktionensystem $\{x_k\}$ in L^2 vollständig, dann folgt aus $\mathcal{K}x = 0$ ($x \in L^2$), $x = 0$. Diese Aussage werden wir in kommenden Abschnitt beweisen (Satz 4; 2.42).

2.42 Reihenentwicklungssätze

1. Reihenentwicklung von quellenmäßig dargestellten Funktionen. Es sei wieder $\mathcal{K}$ ein selbstadjungierter Integraloperator aus Q^2, $\{\lambda_i\}$ die geordnete Folge seiner Eigenwerte, $\{x_i\}$ das komplette System seiner Eigenfunktionen. Es sei x eine beliebige Funktion aus L^2, dann gilt nach Satz 5; 1.75, daß

$$y = \mathcal{K}x = \sum_{n=1}^{\infty} \lambda_i(x, x_i)x_i \qquad (x \in L^2), \qquad (2.42.01)$$

wobei die Reihe an der rechten Seite im quadratischen Mittel (nach der Norm des Raumes L^2) gegen $y = \mathcal{K}x$ konvergiert.

Eine Funktion y welche in der Gestalt

$$y(s) = \int_a^b K(s, t)x(t)\, dt \qquad (x \in L^2; \quad s \in I \quad \text{f.ü.}) \qquad (2.42.02)$$

darstellbar ist heißt eine *quellenmäßig dargestellte Funktion.* y ist offensichtlich quellenmäßig darstellbar, wenn $y \in R(\mathcal{K})$ gilt.

Man kann die Reihe (2.42.01) mit Hilfe der charakteristischen Zahlen darstellen:

$$y = \mathcal{K}x = \sum \frac{(x, x_i)}{\mu_i} x_i. \qquad (2.42.03)$$

Das Ziel unserer jetzigen Untersuchungen ist über die Reihenentwicklungen (2.42.01) bzw. (2.42.03) genaueres feststzusellen.

Wir betrachten bei festem $s \in I$ die L^2-Funktion $K(s, .)$ und bilden ihre Fourier-Koeffizienten bezüglich des orthonormierten Funktionensystem $\{\bar{x}_k\}$ $(K(s, .), \bar{x}_k) = \int_a^b K(s, t)x_k(t)\, dt = \lambda_k x_k(s)$. Deshalb gilt

$$\sum_{k=1}^{\infty} |\lambda_k x_k(s)|^2 \leq \int_a^b |K(s, t)|^2\, dt. \qquad (2.42.04)$$

Wir werden nun einen Abschnitt der Reihe (2.42.01) betrachten. Nach der Cauchy–Schwarzschen Ungleichung gilt:

$$\left| \sum_{i=n+1}^{n+m} \lambda_i(x, x_i)x_i(s) \right|^2 \leq \left(\sum_{i=n+1}^{n+m} |\lambda_i(x, x_i)x_i(s)| \right)^2$$

$$\leq \sum_{i=n+1}^{n+m} |(x, x_i)|^2 \sum_{i=n+1}^{n+m} |\lambda_i|^2 |x_i(s)|^2 \leq \int_a^b |K(s, t)|^2 \, dt \sum_{i=n+1}^{n+m} |(x, x_i)|^2.$$

Hier haben wir auch von der Ungleichung (2.42.04) Gebrauch gemacht. Wir wählen nun n so groß, daß für eine beliebige natürliche ganze Zahl m $\sum_{i=n+1}^{n+m} |(x, x_i)|^2 < \varepsilon^2$ ist. Das Können wir gewiß erreichen da $x \in L^2$ ist und deswegen konvergiert die Reihe $\sum_{i=1}^{\infty} |(x, x_i)|^2$. Bei solcher Wahl von n, gilt

$$\left| \sum_{i=n+1}^{n+m} \lambda_i(x, x_i)x_i(s) \right| \leq \varepsilon \left(\int_a^b |K(s, t)|^2 \, dt \right)^{1/2}.$$

$(\int_a^b |K(s, t)|^2 \, dt)^{1/2}$ ist eine nichtnegative Funktion aus L^2, also ist die Reihe (2.42.01) nach 2.12.2 relativ gleichmäßig absolut konvergent. Wir haben demzufolge folgenden Satz bewiesen:

Satz 1. *Ist* $K \in Q^2$ *hermitesch, dann ist die Reihe* (2.42.01) *relativ gleichmäßig absolut konvergent.* $\square$

Wenn der Kern $K(s, t)$ in $I \times I$ stetig ist, dann ist selbstverständlich auch $(\int_a^b |K(s, t)|^2 \, dt)^{1/2}$ stetig, woraus die gleichmäßige Konvergenz der Reihe (2.42.01) (und auch von (2.42.03)) folgt. Wir können also folgendes behaupten:

Satz 2. *Sind die Voraussetzungen des Satzes 1 erfüllt und ist zusätzlich* K *in* $I \times I$ *stetig, dann ist die Reihe* (2.42.01) *((2.42.03)) gleichmäßig und absolut zur quellenmäßig dargestellten Funktion* y *konvergent.*

2. Reihenentwicklung eines hermiteschen Kernes. Wir bilden die Summe

$$\sum_{i=1}^{n} \lambda_i x_i(s) \bar{x}_i(t) \qquad (s, t \in I) \tag{2.42.05}$$

wobei n eine beliebige natürliche Zahl ist. Diese Summe stellt einen hermiteschen Kern dar, deshalb ist auch

$$K(s, t) - \sum_{i=1}^{n} \lambda_i x_i(s) \bar{x}_i(t) \qquad (s, t \in I) \tag{2.42.06}$$

ein hermitescher Kern welcher ebenfalls aus Q^2 ist, weil $x_i \in L^2$ $(i = 1, 2, \ldots, n)$ gilt. Es können nun zwei Fälle auftreten: a) Der unter

(2.42.06) stehender Kern ist in $I \times I$ f.ü. gleich Null, dann ist

$$K(s, t) = \sum_{i=1}^{n} \lambda_i x_i(s) \bar{x}_i(t). \tag{2.42.07}$$

In diesem Fall ist der Operator $\mathscr{K}$ n-dimensional. $\lambda_1, \lambda_2, \ldots, \lambda_n$ sind seine Eigenwerte zu welchen die Eigenfunktionen $x_1, x_2, \ldots, x_n$ gehören. Daß weitere Eigenwerte nicht vorhanden sind, ergibt sich daraus, daß jede Eigenfunktion eine Linearkombination der Funktionen x_i $(i = 1, 2, \ldots, n)$ ist. Wenn man eine solche Linearkombination in die homogene Gleichung $\lambda x - \mathscr{K} x = 0$ einsetzt, erhalten wir eine nichttriviale Lösung, falls $\lambda = \lambda_i$ $(i = 1, 2, \ldots, n)$ ist.

b) Der Kern (2.42.06) ist für kein n gleich Null. Dann hat K gewiß unendlich viele Eigenwerte. Denn (2.42.06) ist ein hermitescher Kern aus Q^2, hat also mindestens einen Eigenwert, welchen wir mit λ_{n+1} bezeichnen. x_{n+1} sei eine Eigenfunktion die zu λ_{n+1} gehört. Wir zeigen, daß $\lambda_{n+1} \neq \lambda_i$ $(i = 1, 2, 3, \ldots, n)$ ist. Diese Behauptung ergibt sich daraus, daß λ_i $(i = 1, 2, \ldots, n)$ kein Eigenwert von (2.42.06) ist. Es sei k ein fester Index mit $1 \leq k \leq n$, dann ist

$$\int_a^b \left[K(s, t) - \sum_{i=1}^{n} \lambda_i x_i(s) \bar{x}_i(t) \right] x_k(t) \, dt = \int_a^b K(s, t) x_k(t) \, dt$$

$$- \sum_{i=1}^{n} \lambda_i x_i(s) \int_a^b \bar{x}_i(t) x_k(t) \, dt = \lambda_k x_k(s) - \lambda_k x_k(s) = 0,$$

also ist x_k $(k = 1, 2, \ldots, n)$ keine Eigenfunktion des Kernes (2.42.06). Dafür ist aber $\lambda_{k'}$ $(k \geq n+1)$ ein Eigenwert mit der Eigenfunktion x_k $(k \geq n+1)$ von (2.42.06). Es ist nämlich

$$\int_a^b \left[K(s, t) - \sum_{i=1}^{n} \lambda_i x_i(s) \bar{x}_i(t) \right] x_k(t) \, dt = \int_a^b K(s, t) x_k(t) \, dt$$

$$- \sum_{i=1}^{n} \lambda_i x_i(s) \int_a^b \bar{x}_i(t) x_k(t) \, dt = \int_a^b K(s, t) x_k(t) \, dt = \lambda_k x_k(s).$$

Einen weitern von Null verschiedenen Eigenwert kann es nicht geben, wäre nämlich λ einer, mit der Eigenfunktion x, dann gelte

$$\lambda x(s) = \int_a^b \left[K(s, t) - \sum_{i=1}^{n} \lambda_i x_i(s) \bar{x}_i(t) \right] x(t) \, dt$$

$$= \int_a^b K(s, t) x(t) \, dt - \sum_{i=1}^{n} \lambda_i (x, x_i) x_i(s)$$

Die Funktion $\int_a^b K(s, t)x(t)\, dt$ ist eine quellenmäßig dargestellte Funktion, deshalb gilt nach Satz 1:

$$\int_a^b K(s, t)x(t)\, dt = \sum_{i=1}^\infty \lambda_i(x, x_i)x_i(s), \qquad (s \in I)$$

wobei diese Reihe relativ gleichmäßig absolut konvergiert. Aus diesem Grund ist also

$$\lambda x(s) = \sum_{i=n+1}^\infty \lambda_i(x, x_i)x_i(s).$$

Der k-te Fourier-Koeffizient von $\lambda x(s)$ ist für $1 \le k \le n$ einerseits $\lambda(x, x_k)$, andererseits 0, also $\lambda(x, x_k) = 0$. Ist für ein k, $(x, x_k) \ne 0$, dann müßte $\lambda = 0$ sein, was aber nicht möglich ist, es muß also $(x, x_k) = 0$ gelten. Dann aber ist λ ein Eigenwert von K mit der Eigenfunktion x. Die Eigenwerte von K haben wir aber in der Folge $\{\lambda_i\}$ aufgezählt, also müßte $\lambda = \lambda_i$ sein.

Wenn wir die Fourier Koeffizienten von λx bezüglich $x_k\,(k = n + 1, n + 2, \ldots)$ bilden, dann ergibt sich

$$\lambda(x, x_k) = \lambda_k(x, x_k) \qquad (k = n + 1, n + 2, \ldots).$$

Alle Skalarprodukte (x, x_k) können nicht verschwinden, denn sonst wäre $x(s) = 0$ (f.ü.), also λ kein Eigenwert. Ist aber für irgendein $k : (x, x_k) \ne 0$, so ist $\lambda = \lambda_k$. Damit haben wir die Behauptung bewiesen.

Der dem Absolutbetrage nach größte Eigenwert des Differenzkernes ist λ_{n+1} (die in Absolutwert kleinste charakteristische Zahl μ_{n+1}), deshalb gilt nach (2.41.06)

$$\left\| \mathcal{K} - \sum_{i=1}^n \lambda_i x_i \otimes \bar{x}_i \right\| = |\lambda_{n+1}|.$$

Sind unendlichviele Eigenwerte vorhanden, dann gilt $\lambda_{n+1} \to 0$ und wir haben

$$\lim_{n \to \infty} \left\| \mathcal{K} - \sum_{i=1}^n \lambda_i x_i \otimes \bar{x}_i \right\| = 0. \tag{2.42.09}$$

(Hier bedeutet $x_i \otimes \bar{x}_i$ der durch den Kern $x_i(s)\bar{x}_i(t)$ erzeugten Integraloperator.) Wir haben also die Beziehung

$$\mathcal{K} = \sum_{i=1}^\infty \lambda_i x_i \otimes \bar{x}_i, \tag{2.42.10}$$

oder

$$\mathcal{K} = \sum_{i=1}^\infty \frac{x_i \otimes \bar{x}_i}{\mu_i}, \tag{2.42.11}$$

wobei diese Reihen nach der Operatorennorm konvergieren.

Wir fassen unsere bisherige überlegungen im folgenden Satz zusammen:

Satz 3. *Es sei* $K \in Q^2$ *ein hermitescher Kern. Seine Eigenwerte seien* $(\lambda_1, \lambda_2, \ldots)$ *(charakteristische Zahlen* $\mu_1, \mu_2, \ldots$*). Das komplette System von Eigenfunktionen ist* $\{x_i\}$. *Ist K endlichdimensional (ausgeartet), dann kann man ihn in der Gestalt (2.42.07) darstellen. Ist das nicht der Fall, dann gilt die Reihenentwicklung (2.42.10) (bzw. (2.42.11)) wobei diese Reihen nach der Operatorennorm konvergieren.* □

3. Einige Folgerungen. a) In 2.42.4 haben wir gesehen, wenn die Integralgleichung $\mathcal{K}x = 0$ keine andere Lösung als die triviale hat, dann ist K abgeschlossen. Umgekehrt: Ist K abgeschlossen, so hat $\mathcal{K}x = 0$ keine andere Lösung als $x = 0$. Denn 0 ist quellenmäßig durch x dargestellt, also gilt für sie die Reihenentwicklung (2.42.01). Diese Fourier-Reihe kann nur so die Funktion 0 darstellen, wenn $(x, x_i) = 0$, $i = 1, 2, 3, \ldots$ ist. Ist aber $\{x_i\}$ in L^2 vollständig, so folgt $x = 0$. Es gilt also:

Satz 4. *Ein* $K \in Q^2$ *hermitescher Kern ist genau dann abgeschlossen, wenn die homogene Integralgleichung erster Art* $\mathcal{K}x = 0$ *nur die triviale Lösung hat.* □

b) Wir beweisen folgendes:

Satz 5. *Die Eigenwerte bzw. charakteristischen Zahlen eines hermiteschen Kernes (aus* Q^2*) genügen folgender Ungleichung*

$$\sum_{i=1}^{\infty} \lambda_i^2 \leqq \int_a^b \int_a^b |K(s, t)|^2 \, ds \, dt \tag{2.42.12}$$

bzw.

$$\sum_{i=1}^{\infty} \frac{1}{\mu_i^2} \leqq \int_a^b \int_a^b |K(s, t)|^2 \, ds \, dt \tag{2.42.13}$$

(falls unendlichviele Eigenwerte vorhanden sind. Sind nur endlichviele Eigenwerte, dann stehen an der linken Seite endliche Summen).

Beweis. Aus (2.42.04) folgt, für ein beliebiges n:

$$\sum_{k=1}^{n} \lambda_k^2 \leqq \int_a^b \int_a^b |K(s, t)|^2 \, ds \, dt.$$

Wir lassen $n \to \infty$, so erhalten wir (2.42.12). □

4. Reihenentwicklungen der iterierten Kerne. Es sei wie bisher $\mathcal{K}$ ein selbstadjungierten Integraloperator aus Q^2, $\{x_i\}$ das komplette System seiner Eigenfunktionen und $\{\lambda_i\}$ die Folge der Eigenwerte ($\lambda_i \neq 0$). Wir wissen, daß

$\mathcal{K}^n \in Q^2$ auch selbstadjungiert ist, $\{\lambda_i^n\}$ ist seine Folge von Eigenwerte und $\{x_i\}$ das komplette Eigenfunktionensystem von $\mathcal{K}^n$. Demzufolge gilt durch Anwendung von (2.42.10) auch die Beziehung

$$\mathcal{K}^n = \sum_{i=1}^{\infty} \lambda_i^n x_i \otimes \bar{x}_i, \qquad (2.42.14)$$

wobei die Reihe nach der Operatorennorm (stark) konvergiert.

Wenn $n \geqq 2$ ist, dann kann man über die Reihe (2.42.14) genauere Aussagen machen.

Zuerst nehmen wir den Fall $n = 2$. Der zweite iterierte Kern von K ist

$$K_2(s, t) = \int_a^b K(s, r) K(r, t) \, dr.$$

Hält man $t \in I$ fest, so ist $K_2(., t)$ eine durch $K(., t) \in L^2$ quellenmäßig dargestellte Funktion. Man kann also den Satz 1 auf diesen anwenden, dadurch ergibt sich die folgende Behauptung:

Satz 6. *Die Reihe*

$$K_2(s, t) = \sum_{i=1}^{\infty} \lambda_i^2 x_i(s) \bar{x}_i(t) \qquad (2.42.15)$$

ist für jeden festen Wert t bezüglich s relativ gleichmäßig absolut konvergent und für jeden festen Wert $s \in I$ relativ gleichmäßig absolut konvergent.

Beweis. Wir bilden die Reihenetwicklung (2.42.01) mit $x = K(., t)$ $(t \in I)$, dann ist

$$(x, x_i) = (K(., t), x_i) = \int_a^b K(r, t) \bar{x}_i(r) \, dr = \int_a^b \bar{K}(t, r) \bar{x}_i(r) \, dr = \lambda_i \bar{x}_i(t),$$

(weil die Eigenwerte λ_i $(i = 1, 2, \ldots)$ reell sind). Es ergibt sich die Reihe (2.42.15) und die Behauptung folgt aus dem Satz 1.

Wenn man $K_2(s, t)$ als eine durch $\bar{K}(t, r)$ quellenmäßig dargestellte Funktion mit $\bar{K}(., s)$ $(s \in I)$ auffasst, erhält man die zweite Behauptung. $\square$

Satz 7. *Wenn man zusätzlich voraussätzt, daß der Kern K in $I \times I$ stetig ist, dann konvergiert die Reihe (2.42.15) für jeden festen Wert $t \in I$ $(s \in I)$ bezüglich s (bezüglich t) gleichmäßig und absolut gegen $K_2(s, t)$.*

Beweis. Die Behauptung folgt unmittelbar aus dem Satz 2. $\square$

Wir übergehen jetzt auf den Fall $n > 2$. Es gilt folgendes:

Satz 8. *Unter den Voraussetzungen wie oben ist die Reihe*

$$K_n(s, t) = \sum_{i=1}^{\infty} \lambda_i^n x_i(s) x_i(t) \qquad (n > 2) \tag{2.42.16}$$

relativ gleichmäßig absolut konvergent. Wenn der Kern zusätzlich in $I \times I$ stetig ist, dann ist die Konvergenz der Reihe (2.42.16) gleichmäßig und absolut.

Beweis. Für $n \geq 1$ gilt

$$\left\| \mathcal{K}^n - \sum_{i=1}^{p} \lambda_i^n x_i \otimes \bar{x}_i \right\| = \left\| \mathcal{K}^{n-1} \left(\mathcal{K} - \sum_{i=1}^{p} \lambda_i x_i \otimes \bar{x}_i \right) \right\|$$

$$\leq \| \mathcal{K}^{n-1} \| \left\| \mathcal{K} - \sum_{i=1}^{p} \lambda_i x_i \otimes \bar{x}_i \right\| \to 0 \qquad (p \to \infty) \tag{2.42.17}$$

auf Grund von (2.42.10) wobei $\|.\|$ die Opreatorennorm ist. Es sei nun $n > 2$, dann gilt nach Lemma 1 in 2.11

$$\left| K^n(s, t) - \sum_{i=1}^{p} \lambda_i x_i(s) \bar{x}_i(t) \right|$$

$$= \left| \int_a^b \int_a^b K(s, r_1) \left[K^{n-2}(r_1, r_2) - \sum_{i=1}^{p} \lambda_i^{n-2} x_i(r_1) \bar{x}_i(r_2) \right] K(r_2, t) \, dr_1 \, dr_2 \right|$$

$$\leq k(s) k(t) \left\| \mathcal{K}^{n-2} - \sum_{i=1}^{p} \lambda_i^{n-2} x_i(s) \bar{x}_i(t) \right\| \to 0$$

für $p \to \infty$ nach (2.42.17) da $n - 2 \geq 1$ ist. Hier ist

$$k(s) := \left(\int_a^b |K(s, t)|^2 \, dt \right)^{1/2} \left(= \left(\int_a^b |K(t, s)|^2 \, dt \right)^{1/2} \right)$$

eine nichtnegative L^2-Funktion.

Wenn K in $I \times I$ stetig ist, so ist auch $k(s)$ stetig, woraus die Behauptung folgt. $\square$

5. Die Darstellung der Lösung der Integralgleichung durch eine, nach Eigenfunktionen schreitenden Reihe. Man kann die Reihenentwicklungssätze zur Auflösung von inhomogenen Integralgleichungen von der Gestalt

$$x - \mu \mathcal{K} x = y \qquad (y \in L^2) \tag{2.42.18}$$

anwenden. Eine Voraussetzung dafür ist jedoch, daß man die Eigenwerte (charakteristische Zahlen) und die Eigenfunktionen kennt. Es gilt nämlich folgendes:

Satz 1. *Es sei K ein hermitescher Kern aus der Klasse Q^2 (der durch ihn dargestellter Integraloperator ist $\mathcal{K}$), die geordnete Folge der charakteristischen Zahlen sei $\{\mu_i\}$ das komplette orthonormierte System von Eigenfunktionen $\{x_i\}$. Ist in (2.43.01) μ keine charakteristische Zahl, dann ist die (eindeutig bestimmte) Lösung dieser Integralgleichung*

$$x = y + \mu \sum_{i=1}^{\infty} \frac{\mu_i}{\mu_i - \mu} (y, x_i) x_i, \qquad (2.42.19)$$

wobei die Reihe relativ gleichmäßig absolut konvergent ist.

Beweis. Wir wissen aus dem Fredholmschen Alternativsatz, daß (2.43.01) eine (eindeutig bestimmte) Lösung $x \in L^2$ besitzt. Nach Satz 1 gilt

$$\mathcal{K}x = \sum_{i=1}^{\infty} \frac{1}{\mu_i} (x, x_i) x_i,$$

wobei diese Reihe relativ gleichmäßig absolut konvergent ist. Wenn wir diesen Ausdruck in (2.42.18) einsetzen, ergibt sich

$$x - \mu \sum_{i=1}^{\infty} \frac{1}{\mu_i} (x, x_i) x_i = y. \qquad (2.42.20)$$

Auf Grund der relativ gleichmäßigen Konvergenz (Satz 2; 2.12) dieser Reihe und der Orthonormalität von $\{x_i\}$ ist $(x, x_i) - \frac{\mu}{\mu_i} (x, x_i) = (y, x_i)$, woraus (da $\mu \neq \mu_i$; $i = 1, 2, 3, \ldots$) $(x, x_i) = \frac{\mu}{\mu_i - \mu} (y, x_i)$ folgt. Wenn wir diese Ausdrücke in (2.42.20) einsetzen, ergibt sich

$$x = y + \mu \sum_{i=1}^{\infty} \frac{\mu_i}{\mu_i - \mu} (y, x_i) x_i,$$

wie das behauptet wurde. $\square$

Aus dieser Formel erkennt man sofort, wenn μ mit irgendwelchen μ_i gleich ist, so hat (2.42.19) nur dann einen Sinn, falls $(y, x_i) = 0$ für die gleichen Indizes i gilt, das ist in Übereinstimmung mit dem Alternativsatz.

2.43   Ein numerisches Verfahren zur Bestimmung des Eigenwerte und Eigenfunktionen

1. Die Beschreibung des Verfahren. Es sei K ein hermitescher Kern aus der Klasse Q^2. Unser Ziel ist ein numerisches Verfahren zur Bestimmung eines Eigenwertes mit kleinstem Absolutbetrag und gleichzeitig zur genäherten Bestimmung einer zu ihr gehöriger Eigenfunktion. Die Existenz einer charakteristischen Zahl ist uns bekannt.

Wir wählen eine beliebige auf 1 normierte Funktion $g_1 \in L^2(I)$ $(I = [a, b])$ derart, daß

$$\mathcal{K}g_1 \neq 0$$

gilt. (Das bedeutet, $\mathcal{K}g_1$ ist nicht mit der identisch Null Funktion äquivalent.) Man bestimme jetzt die Zahl $\mu^{(1)}$ derart, daß

$$g_2 := \mu^{(1)}\mathcal{K}g_1$$

auf 1 normiert ist. Nachher soll eine Zahl $\mu^{(2)}$ derart bestimmt werden, daß die Norm von

$$g_3 = \mu^{(2)}\mathcal{K}g_2$$

Eins ist, u.s.w. Allgemein sei

$$g_n = \mu^{(n-1)}\mathcal{K}g_{n-1}; \quad \|g_n\|_{L^2} = 1, \quad (n = 2, 3, 4, \ldots). \tag{2.43.01}$$

Man sieht leicht ein, daß aus $\mathcal{K}g_1 \neq 0$ folgt $g_n \neq 0$ $(n = 1, 2, 3, \ldots)$. Denn $\mathcal{K}g_1 \neq 0$ bedeutet (nach Satz 4; 2.42), daß g_1 nicht zu jeder Eigenfunktion von $\mathcal{K}$ orthogonal ist. Die Eigenfunktionen von $\mathcal{K}$ sind gleichzeitig auch Eigenfunktionen von $\mathcal{K}^{n-1}$, also ist g_1 nicht zu jeder Eigenfunktion von $\mathcal{K}^n$ orthogonal, deshalb ist $\mathcal{K}^{n-1}g_1 \neq 0$ wieder nach Satz 4; 2.42. Aus (2.43.01) folgt

$$g_n = \mu^{(1)}\mu^{(2)} \cdots \mu^{(n-1)}\mathcal{K}^{n-1}g_1 \tag{2.43.02}$$

deshalb ist $g_n \neq 0$.

Es sei $n > 3$, dann gilt

$$1 = \|g_n\|^2 = (g_n, g_n) = (\mu^{(1)}\mu^{(2)} \cdots \mu^{(n-1)})^2(\mathcal{K}^{n-1}g_1, \mathcal{K}^{n-1}g_1)$$
$$= (\mu^{(1)}\mu^{(2)} \cdots \mu^{(n-1)})^2(\mathcal{K}^{2n-2}g_1, g_1).$$

Wir setzen anstatt n die Zahl $n + 1$, so ergibt sich

$$1 = (\mu^{(1)}\mu^{(2)} \cdots \mu^{(n-1)}\mu^{(n)})^2(\mathcal{K}^{2n}g_1, g_1).$$

Wenn wir diese Gleichungen miteinander dividieren erhalten wir folgendes

$$(\mu^{(n)})^2 = \frac{(\mathcal{K}^{2n-2}g_1, g_1)}{(\mathcal{K}^{2n}g_1, g_1)} \quad (n = 1, 2, 3, \ldots). \tag{2.43.03}$$

Es wird sich als zwäckmäßig erweisen eine Zahl c mit $a \leqq c \leqq b$ derart zu wählen, daß $K(s, c) \neq 0$ ist. Dann sei μ eine Zahl so bestimmt, daß

$$g_1(s) = \mu K(s, c) \tag{2.43.04}$$

eine, auf 1 normierte Funktion ist, d.h. es sei

$$|\mu| = \frac{1}{k(c)} \quad \left(k(c) = \left(\int_a^b |K(s, c)|^2 \, ds\right)^{1/2}\right).$$

Wenn wir den Ausdruck von (2.43.04) in (2.43.03) einsetzen, dann muß man beachten, daß

$$(\mathcal{K}^{2n-2}g_1, g_1) = |\mu|^2 \int_a^b \int_a^b K_{2n-2}(s, t)K(t, c)\bar{K}(s, c)\, ds\, dt = |\mu|^2 K_{2n}(c, c)$$

ist. Daher ist

$$(\mu^{(n)})^2 = \frac{K_{2n}(c, c)}{K_{2n+2}(c, c)} \qquad (n = 1, 2, 3, \ldots). \tag{2.43.04}$$

Man kann jetzt folgende Tatsachen beweisen:

Die in (2.43.03) definierte Zahlenfolge $\mu^{(n)}$ hat für $n \to \infty$ einen von Null verschiedenen Grenzwert μ_0 welcher von der Wahl der Ausgangsfunktion g_1 unabhängig ist. $|\mu_0|$ ist der Absolutbetrag der ersten charakteristischen Zahl von $\mathcal{K}$, eine zu dieser gehörigen Eigenfunktion ist $\lim_{n\to\infty} g_n$. Daraus folgt, daß auch der Grenzwert der in (2.43.04) stehender Folge existiert, ist von c unabhängig und ist mit der obigen Zahl μ_0 gleich.

Die Zahlenfolge $\mu^{(n)}$ kann zur numerischen Bestimmung der ersten charakteristischen Zahl eines hermiteschen Kernes verwendet werden.

Den Beweis der obigen Behauptungen geben wir hier nicht wieder, er würde weit über den Raumen dieses Buches hinausführen.

2. Ein numerisches Beispiel. Wir betrachten folgenden Kern:

$$K(s, t) = \begin{cases} t\left(1 - \dfrac{s}{\pi}\right) & \text{für} \quad 0 \leqq t \leqq s \leqq \pi \\[2ex] s\left(1 - \dfrac{t}{\pi}\right) & \text{für} \quad 0 \leqq s \leqq t \leqq \pi. \end{cases}$$

Dieser ist offensichtlich reell symmetrisch: $K(s, t) = K(t, s)$ $(s, t \in [0, \pi])$. Es sei $g_1(s) = \dfrac{1}{\sqrt{\pi}}$ $(s \in [0, \pi])$. Dann ist

$$g_2(s) = \mu^{(1)} \int_0^\pi K(s, t)g_1(t)\, dt = \frac{\mu^{(1)}}{\sqrt{\pi}} \int_0^s t\left(1 - \frac{s}{\pi}\right) dt$$

$$+ \frac{\mu^{(1)}}{\sqrt{\pi}} \int_s^\pi s\left(1 - \frac{t}{\pi}\right) dt = \frac{\mu^{(1)}}{\sqrt{\pi}} \frac{s(\pi - s)}{2}.$$

Wir haben jetzt $\mu^{(1)}$ derart zu bestimmen, daß $\|g_2\| = 1$ ist. Das heißt

$$1 = (\mu^{(1)})^2 \frac{1}{4\pi} \int_0^\pi s^2(\pi - s)^2\, ds = (\mu^{(1)})^2 \frac{\pi^4}{120},$$

woraus

$$\mu^{(1)} = \frac{\sqrt{120}}{\pi^2} = 1{,}11 \cdots$$

folgt. g_2 hat folgende Gestalt:

$$g_2(s) = \frac{\sqrt{120}}{\sqrt{\pi}} \frac{s(\pi - s)}{2\pi^2}.$$

Der nächste Schritt:

$$g_3(s) = \mu^{(2)} \int_0^\pi K(s, t) g_2(t) \, dt = \frac{\sqrt{120}}{\sqrt{\pi}} \frac{\mu^{(2)}}{24\pi^2} s(\pi - s)(\pi^2 + \pi s - s^2).$$

Aus g_3 soll auf 1 normiert werden, deshalb gilt

$$1 = (\mu^{(2)})^2 \int_0^\pi \frac{120}{\pi} \frac{1}{24^2 \pi^4} s^2(\pi - s)^2(\pi^2 + \pi s - s^2)^2 \, ds$$

$$= (\mu^{(2)})^2 \frac{5}{24} \frac{1}{\pi^5} \frac{31\pi^2}{630}.$$

woraus

$$\mu^{(2)} = \frac{1}{\pi^2} \sqrt{\frac{3024}{31}} \approx 1{,}0007$$

folgt. Man kann beweisen, daß die erste charakteristische Zahl unseres Kernes $\mu_1 = 1$ ist. Wir haben nach zwei Schritten den Näherungswert 1,0007 gefunden, der Fehler ist nicht größer als $7 \cdot 10^{-4} \cdot g_3(s)$ gibt eine Näherung einer, zu 1 gehörigen Eigenfunktion.

Die übrigen charakteristischen Werte bzw. Eigenwerte kann man numerisch wie folgt bestimmen: Nachdem wir μ_1 und x_1 schon kennen, bildet man den Kern

$$K^{(1)}(s, t) = K(s, t) - \frac{x_1(s) x_1(t)}{\mu_1}.$$

Auch dieser ist symmetrisch. Wir wenden das obige Verfahren auf $K^{(1)}$ an, so erhalten wir μ_2 und x_2. In dieser Art wird das Verfahren fortgesetzt.

2.5 Integralgleichungen mit nichtselbstadjungierten Integraloperatoren

2.51. Die Schmidtschen Eigenwerte und Eigenfunktionen

1. Die Schmidtschen Eigenwerte, charakteristische Zahlen und Eigen-funktionen. Wenn der Integraloperator $\mathscr{K}$ selbstadjungiert ist, dann kann man ihn mit Hilfe seiner Eigenwerte (charakteristischen Zahlen) und Eigenfunktionen darstellen, wie wir es im vorangehenden Kapitel gesehen haben. Ganz natürlich scheint die Frage, ob die Resultate bezüglich selbstadjungierter Integraloperatoren auch auf nichtselbstadjungierte Integraloperatoren sich übertragen lassen? Schon am Anfang erhebt sich eine Schwierigkeit, diejenige nämlich, daß es von Null verschiedene Integraloperatoren existieren, welche keine Eigenwerte (charakteristische Zahlen) haben. Den Schlüssel zur Beantwortung der gestellten Frage finden wir in der Anwendung der Ausführungen von 1.77 auf Integraloperatoren.

Es sei $K \in Q^2$ ein (nicht unbedingt Hermitescher) Kern, welcher den Integraloperator $\mathscr{K} \in \Lambda_0(L^2, L^2)$ darstellt ($\mathscr{K} \neq 0$). Man kann die Feststellungen des Kapitels 1.77 ohne Änderungen auf $\mathscr{K}$ anwenden. Auch hier werden die Operatoren

$$\mathscr{A} = \mathscr{K}^*\mathscr{K} \quad \text{und} \quad \mathscr{B} = \mathscr{K}\mathscr{K}^* \tag{2.51.01}$$

betrachtet. Diese sind offensichtlich Integraloperatoren, welche durch die Kerne

$$A(s, t) = \int\limits_a^b \bar{K}(r, s)K(r, t)\, dr \quad \text{und} \quad B(s, t) = \int\limits_a^b K(s, r)\bar{K}(t, r)\, dr \tag{2.51.02}$$

erzeugt sind und beide sind aus der Klasse Q^2. Wie in 1.77.1 gezeigt wurde, sind $\mathscr{A}$ und $\mathscr{B}$ vom Nulloperator verschieden, falls $\mathscr{K} \neq 0$ ist. A und B heißen *dem Kern K zugeordnete Schmidtsche Kerne.*

$\mathscr{A}$ und $\mathscr{B}$ sind selbstadjungiert, deswegen sind die Kerne A und B hermitesch. Durch Anwendung des Satzes 1; 1.77 können wir Behaupten, daß das System von Integralgleichungen

$$\varkappa x = \mathscr{K}y; \quad \varkappa y = \mathscr{K}^* x$$

oder ausführlicher

$$\varkappa x(s) = \int\limits_a^b K(s, t)y(t)\, dt; \quad \varkappa y(s) = \int\limits_a^b \bar{K}(t, s)x(t)\, dt \tag{2.51.03}$$

nur für bestimmte, von Null verschiedene Zahlen $\varkappa$ nichttriviale Lösungen hat, welche wir als *Schmidtsche Eigenwerte* von $\mathscr{K}$ bezeichnen. Den reciproken Wert $\nu = 1/\varkappa$ eines Schmidtschen Eigenwertes werden wir als

Schmidtsche charakteristische Zahl bezeichnen. Aus (1.77.03) wissen wir, *daß die Kerne A und B gemeinsame Eigenwerte mit gleicher Vielfachheit besitzen* und diese sind genau die Quadrate der Absolutbeträge der Schmidtschen Eigenwerte. Dabei *sind die Operatoren $\mathscr{A}$ und $\mathscr{B}$ positiv* (s. 1.74.1) Für eine beliebige Funktion $x \in L^2$ gilt nämlich

$$(\mathscr{A}x, x) = (\mathscr{K}^*\mathscr{K}x, x) = (\mathscr{K}x, \mathscr{K}x) = \|\mathscr{K}x\|_{L^2}^2 \geqq 0.$$

Genauso sieht man die Positivität von $\mathscr{B}$ ein.

Aus der Positivität von $\mathscr{A}$ und $\mathscr{B}$ folgt, daß die (von Null verschiedene) Eigenwerte dieser, positiv sind. Die geordnete Folge der Eigenwerte von $\mathscr{A}$ und $\mathscr{B}$ sei $\{\lambda_i\}$, dann ist $\lambda_i > 0$ ($i = 1, 2, 3, \ldots$) und die geordnete Folge der Schmidtschen Eigenwerte von $\mathscr{K}$ ist $\{\varkappa_i = \sqrt{\lambda_i}\}$ ($\varkappa_i$ ist eine der Quadratwurzeln von λ_i, in dieser Hinsicht sind die Zahlen $\varkappa_i$ nicht eindeutig bestimmt.)

Ist also in (2.51.01) $\varkappa$ mit einer der Zahlen $\varkappa_i$ gleich, dann hat das System von Integralgleichungen (2.51.01) eine nichttriviale Auflösung x_i, y_i ($i = 1, 2, 3, \ldots$) aus L^2. Wir wissen, daß x_i die zu $\varkappa_i^2 = \lambda_i$ gehörige Eigenfunktion von $\mathscr{B}$ und y_i die von $\mathscr{A}$ ist. Aus (2.51.03) folgt unmittelbar

$$\varkappa_i^2 x_i = \mathscr{K}\mathscr{K}^* x_i = \mathscr{B}x_i; \qquad \varkappa_i^2 y_i = \mathscr{K}^*\mathscr{K}y_i = \mathscr{A}y_i. \qquad (i = 1, 2, 3, \ldots)$$

Wir werden natürlich die Eigenfunktionensysteme $\{x_i\}$ und $\{y_i\}$ als komplett und orthonormiert annehmen. $\{x_i\}$ und $\{y_i\}$ heißen die (komplette) Systeme von den *Schmidtschen Eigenfunktionen.*

Wenn $\mathscr{K}$ selbstadjungiert, d.h. K hermitesch ist, dann ist $\mathscr{A} = \mathscr{K}^*\mathscr{K} = \mathscr{K}^2$, $\mathscr{B} = \mathscr{K}\mathscr{K}^* = \mathscr{K}^{*2}$ und die Schmidtschen Eigenfunktionen übergehen in die Eigenfunktionen, die Schmidtschen Eigenwerte in die Eigenwerte. Wenn aber $\mathscr{K}$ nichtselbstadjungiert ist, dann sind die Eigenwerte nicht immer vorhanden, dafür aber existieren die Schmidtschen Eigenwerte und Eigenfunktionen immer. Aus diesem Grund werden wir die nicht selbstadjungierte Integraloperatoren mittels ihrer Schmidtschen Eigenwerte (charakteristischen Zahlen) und Eigenfunktionen darstellen. Das System $\{\varkappa_i; x_i, y_i\}$ werden wir in Übereinstimmung mit der Bezeichnungen von 1.77 das *Schmidtsche System des Kernes K* bezeichnen. Manchmal ersätzen wir $\varkappa_i$ mit $\nu_i = 1/\varkappa_i$ und auch $\{\nu_i; x_i, y_i\}$ führt den Namen Schmidtsches System von K.

2. Reihenentwicklungssätze. Man kann mit Hilfe der Schmidtschen Systemen ähnliche Reihenentwicklungssätze bezüglich quellenmäßig dargestellten Funktionen behaupten, wie bei den hermiteschen Kernen.

Durch Anwendung des Satzes 2; 1.7.7 gilt

$$y = \mathscr{K}x = \sum_{(i)} \varkappa_i(x, y_i)x_i = \sum_{(i)} \frac{(x, y_i)}{\nu_i} x_i \qquad (2.51.04)$$

für jede Funktion $x \in L^2$. Diese Reihe konvergiert nach der Norm von L^2.

Aus diesem Reihenentwicklungssatz folgt unmittelbar, genau wie in 1.77.2: *Ein Kern K ist genau dann ausgeartet (𝒦 endlichdimensional) wenn er endlichviele Schmidtsche Eigenwerte* (charakteristischen Zahlen) *hat.*

Aus der Reihenentwicklung (2.51.04) folgt auch die Behauptung:

Satz 1. *Eine Funktion* $x \in L^2$ *genügt genau dann der Integralgleichung*

$$\mathcal{K}x = 0 \tag{2.51.05}$$

wenn x zu jedem y_i $(i = 1, 2, 3, \ldots)$ *orthogonal ist.*

Beweis. Wenn $(x, y_i) = 0$ $(i = 1, 2, 3, \ldots)$ gilt, dann ist (2.51.05) gewiß erfüllt. Umgekehrt: Befriedigt $x \in L^2$ die obige Integralgleichung, dann ist 0 durch diese Funktion quellenmässig dargestellt, also für sie gilt die Reihenentwicklung (2.51.04), woraus $\varkappa_i(x, y_i) = 0$ folgt. Da aber $\varkappa_i$ laut Definition $\neq 0$ ist, folgt $(x, y_i) = 0$; $(i = 1, 2, \ldots)$ ☐

Aus dem eben bewiesenen Satz ergibt sich folgendes Korollar:

Korollar 1. *Die homogene Integralgleichung* (2.51.05) *besitzt genau dann eine nichttriviale Lösung, wenn der zugeordnete Schmidtsche Kern B nicht abgeschlossen ist.*

Beweis. B ist genau dann abgeschlossen, wenn $\{x_i\}$ in L^2 vollständig ist, dann aber ist 0 die einzige Funktion, welche zu allen x_i $(i = 1, 2, 3, \ldots)$ Funktionen orthogonal ist. Ist dagegen *B* nicht abgeschlossen, dann ist $\{x_i\}$ nicht vollständig, somit ist $\mathcal{L}\{x_i\}^\perp \neq 0$. Jedes Element von $\mathcal{L}\{x_i\}^\perp$ liefert eine Lösung von 2.51.05. ☐

$\{x_i \otimes \bar{y}_i\}$ bildet ein orthonormales Funktionensystem in $L^2(I \times I)$. Aus $K \in Q^2$ folgt $K \in L^2(I \times I)$. Aus $\varkappa_i x_i = \mathcal{K}y_i$ folgt $\varkappa_i = (x_i, \mathcal{K}y_i)$ $(i = 1, 2, \ldots)$, oder ausführlicher

$$\varkappa_i = (x_i, \mathcal{K}y_i) = \int_a^b x_i(s) \left(\int_a^b \bar{K}(s, t)\bar{y}_i(t)\, dt \right) ds = \int_a^b \int_a^b \bar{K}(s, t)x_i(s)\bar{y}_i(t)\, dt.$$

Der Schmidtsche Eigenwert $\varkappa_i$ ist also der Fourier-Koeffizient von $\bar{K}(s, t)$ in Bezug zu $\{x_i \otimes \bar{y}_i\}$. Deshalb gilt nach der Besselschen Ungleichung

$$\sum_{i=1}^{\infty} \lambda_i = \sum_{i=1}^{\infty} \varkappa_i^2 \leq \int_a^b \int_a^b |K(s, t)|^2\, ds\, dt, \tag{2.51.07}$$

wobei λ_i den Eigenwert von *A* bzw. *B* bedeutet, da $\varkappa_i^2 = \lambda_i$ $(i = 1, 2, 3, \ldots)$ ist. Die Beziehung (2.51.07) ist deshalb erwähnenswert, da für einen allgemeinen Kern nur die Quadratsumme seiner Eigenwerte (vgl. 2.42.12)) und nicht die Summe dieser Konvergent ist. Bei den Kernen von der Struktur wie *A* und *B* bildet schon die *Summe* der Eigenwerte eine konvergente Reihe.

3. Die relativ gleichmäßig absolute Konvergenz der Reihe (2.51.04). Wir kommen auf die Reihenentwicklung (2.51.04) einer quellenmäßig dargestellten Funktion zurück.

Satz 2. *Die Reihe (2.51.04) der durch* $x \in L^2$ *quellenmäßig dargestellten Funktion ist relativ gleichmäßig konvergent.*

Beweis. Aus (2.51.03) ist sofort erkennbar, daß $\varkappa_i x_i(s) = \int_a^b K(s,t) y_i(t)\, dt$ für jedes feste s der Fourierkoeffizient von $K(s,.)$ bezüglich $\bar{y}_i$ $(i = 1, 2, 3, \ldots)$ ist. Deshalb ist nach der Besselschen Ungleichung

$$\sum_{i=1}^{\infty} \varkappa_i^2 |x_i(s)|^2 \leqq \int_a^b |K(s,t)|^2 \, dt = k_1(s)^2.$$

$k(s) \in L^2$ und ist nichtnegativ. Für beliebige ganze Zahlen p und q gilt nach der Schwarzschen Ungleichung

$$\left| \sum_{i=p+1}^{p+q} \varkappa_i(x, y_i) x_i(s) \right| \leqq \sum_{i=p+1}^{p+q} |\varkappa_i| \, |(x, y_i)| \, |x_i(s)|$$

$$\leqq \left(\sum_{i=p+1}^{p+q} \varkappa_i^2 |x_n(s)|^2 \right)^{1/2} \left(\sum_{i=p+1}^{p+q} |(x, y_i)|^2 \right)^{1/2} \leqq k_1(s) \left(\sum_{i=p+1}^{p+q} |(x, y_i)|^2 \right)^{1/2}.$$

Da $x \in L^2$ ist, kann man p derart wählen, daß für jede natürliche ganze Zahl q gilt die Ungleichung $\sum\limits_{i=p+1}^{p+q} |(x, y_i)|^2 < \varepsilon^2$. Dann aber ist

$$\left| \sum_{i=p+1}^{p+q} \varkappa_i(x, y_i) x_i(s) \right| \leqq k_1(s)\varepsilon \qquad (s \in I),$$

was nach der ersten Feststellung in 2.12.2 genau die Behauptung des Satzes bedeutet. $\square$

Diesen Satz werden wir zur Auflösung von Integralgleichungen erster Art verwenden.

2.52 Fredholmsche Integralgleichungen erster Art

1. Integralgleichungen erster Art mit ausgeartetem Kern. Eine Integralgleichung erster Art hat in übereinstimmung mit (2.11.01) die Gestalt

$$\mathscr{K}x = y, \tag{2.52.01}$$

wobei $\mathscr{K}$ ein Integraloperator ist. Wir betrachten zuerst, den Fall, daß der Kern K von $\mathscr{K}$ ausgeartet ist:

$$K(s,t) = \sum_{i=1}^{n} a_i(s) b_i(t) \qquad (s, t \in I = (a, b), \quad a_i, b_i \in L^2). \tag{2.52.02}$$

Wir setzen voraus, daß die Funktionensysteme $\{a_i\}$ und $\{b_i\}$ linear unabhängig sind. Mit diesem Kern nimmt die Integralgleichung folgende Gestalt an:

$$\sum_{i=1}^{n} \xi_i a_i(s) = y(s), \qquad (2.52.03)$$

wobei

$$\xi_i = \int_a^b b_i(t)x(t)\,dt \qquad (i = 1, 2, \ldots, n) \qquad (2.52.04)$$

ist. Man sieht: (2.52.01) kann nur dann eine Lösung besitzen, wenn die gegebene Störfunktion y eine Linearkombination der Funktionen $a_i(s)$ ist, d.h. von der Gestalt $y = \sum_{i=1}^{n} \gamma_i a_i$ ist, wobei γ_i bekannte Zahlen sind.

Ist diese Bedingung erfüllt, dann ergibt sich aus (2.52.03)

$$\sum_{i=1}^{n} \xi_i a_i(s) = \sum_{i=1}^{n} \gamma_i a_i(s) \qquad (\text{f.ü. } s \in I).$$

Wegen der linearen Unabhängigkeit des Funktionensystems $\{a_i\}$ ist

$$\xi_i = \gamma_i \qquad (i = 1, 2, \ldots, n). \qquad (2.52.05)$$

Im Besitz dieses Ergebnisses können wir eine Lösung von (2.52.01) in folgender Art konstruieren:

Nach Voraussetzung sind die Funktionen $b_1, b_2, \ldots, b_n$ linear unabhängig. Nach Satz 5; 1.26 kann man diese orthogonalisieren und normieren. Man hat nach dem Verfahren von 1.26.7 die Matrix

$$\mathbf{A} = \begin{pmatrix} \alpha_1^{(1)} & & & & \\ \alpha_1^{(2)} & \alpha_2^{(2)} & & & \\ \alpha_1^{(3)} & \alpha_2^{(3)} & \alpha_3^{(3)} & & \\ \cdots & \cdots & \cdots & \cdots & \cdots \\ \alpha_1^{(n)} & \alpha_2^{(n)} & \alpha_3^{(n)} & \cdots & \alpha_n^{(n)} \end{pmatrix}$$

(mit Hilfe der bekannten Funktionen b_i $(i = 1, 2, 3, \ldots, n)$) zu bilden und jetzt gehen wir vom System $\{b_i\}$ zu System

$$z_i(t) = \alpha_1^{(i)} b_1(t) + \alpha_2^{(i)} b_2(t) + \cdots + \alpha_i^{(i)} b_i(t) \qquad (i = 1, 2, \ldots, n)$$

über. Dann ist

$$\int_a^b z_i(t)x(t)\,dt = \alpha_i^{(1)} \int_a^b b_1(t)x(t)\,dt + \cdots + \alpha_i^{(i)} \int_a^b b_i(t)x(t)\,dt$$

$$= \alpha_i^{(1)} \xi_1 + \alpha_i^{(2)} \xi_2 + \cdots + \alpha_i^{(i)} \xi_i$$

$$= \alpha_i^{(1)} \gamma_1 + \alpha_i^{(2)} \gamma_2 + \cdots + \alpha_i^{(i)} \gamma_i \qquad (i = 1, 2, 3, \ldots, n).$$

Die Ausdrücke $\int_a^b z_i(t)x(t)\,dt$ sind mit bekannten größen ausgedrückt, also bekannt. Aus diesem Grund ist eine Lösung unserer Integralgleichung

$$x(t) = \sum_{i=1}^{n} (\alpha_i^{(1)}\gamma_1 + \alpha_i^{(2)}\gamma_2 + \cdots + \alpha_i^{(i)}\gamma_i)z_i(t)$$

$$= \sum_{i=1}^{n} (\alpha_i^{(1)}\gamma_1 + \cdots + \alpha_i^{(i)}\gamma_i)(\alpha_1^{(i)}b_1(t) + \cdots + \alpha_i^{(i)}b_i(t)).$$

(2.52.06)

Wenn wir diese Funktion in die Integralgleichung (2.52.01) einsetzen und die Form des Kernes sowie die der Störfunktion beachten, sehen wir sofort, daß (2.52.06) unsere Integralgleichung befriedigt. Wir haben somit folgendes bewiesen:

Satz 1. *Notwendig und hinreichend, daß die Integralgleichung erster Art (2.52.01) mit einem ausgearteten Kern von der Gestalt (2.52.02) auflösbar ist, ist das die Störfunktion die Gestalt $y(t) = \sum_{i=1}^{n} \gamma_i a_i(t)$ hat.* $\square$

Es ist zu bemerken, daß jede Funktion $f \in L^2$ welche zu jeder Funktion b_i $(i = 1, 2, \ldots, n)$ orthogonal ist, befriedigt die homogene Integralgleichung $\mathcal{K}x = 0$. Ist x eine Auflösung der inhomogenen Integralgleichung (2.52.01), dann gibt $x + f$ die allgemeine Lösung unserer Integralgleichung an.

2. Beispiele. a)

$$\int_0^{2\pi} \sin(s+t)x(t)\,dt = \sin s \qquad s \in (0, 2\pi).$$

Hier ist $\sin(s+t) = \sin\cos t + \cos s \sin t$, also

$$\sin s \int_0^{2\pi} \cos tx(t)\,dt + \cos s \int_0^{2\pi} \sin tx(t)\,dt = \sin s.$$

Es sei

$$\xi_1 = \int_0^{2\pi} \cos t\,x(t)\,dt; \qquad \xi_2 = \int_0^{2\pi} \sin t\,x(t)\,dt,$$

dann ist

$$\xi_1 \sin s + \xi_2 \cos s = \sin s.$$

Daraus folgt $\xi_1 = 1$, $\xi_2 = 0$. $\{\sin s, \cos s\}$ bilden schon ein orthogonales Funktionensystem (aber nicht normiert!) deshalb ist eine Lösung $x(t) = \dfrac{1}{\pi}\cos t$.

b)

$$\int_0^1 e^{s-t} x(t)\, dt = 4e^s \qquad s \in [0, 1].$$

Aus diser Gleichung folgt

$$\xi_1 e^s = 4e^s, \quad \text{also} \quad \xi_1 = 4,$$

wobei $\xi_1 = \int_0^1 e^{-t} x(t)\, dt$ ist. Also ist $x(t) = 4e^t$ eine Lösung unserer Gleichung.

3. Integralgleichungen erster Art mit nicht ausgearteten Kern. Es sei $K \in Q^2$ und man betrachtet die Integralgleichung

$$\int_a^b K(s, t) x(t)\, dt = y(t) \qquad (y \in L^2). \tag{2.52.07}$$

Wir nehmen jetzt an, daß K nicht ausgeartet ist, diesen Fall haben wir unter 1 schon besprochen und daß $y \neq 0$ ist.

Wir nehmen an, (2.52.07) hat eine Lösung x aus L^2. Dann ist $y(t)$ quellenmäßig dargestellt, man kann den Reihenentwicklungssatz Satz 2; 2.51 anwenden:

$$y(s) = \sum_{i=1}^{\infty} \frac{(x, y_i)}{\nu_i} x_i(s), \tag{2.52.08}$$

wobei $\{\nu_i; x_i, y_i\}$ das Schmidtsche System von K ist. Die Reihe (2.52.08) ist relativ gleichmäßig absolut konvergent. Dabei reduziert sich (2.52.08) im allgemeinen nicht auf eine endliche Summe, da K nicht ausgeartet ist. Aus (2.52.08) folgt $(y, x_i) = \dfrac{(x, y_i)}{\nu_i}$ $(i = 1, 2, 3, \ldots)$ woraus $(x, y_i) = \nu_i(y, x_i)$ folgt, deswegen gilt

$$\sum_{i=1}^{\infty} \nu_i^2 |(y, x_i)|^2 < \infty. \tag{2.52.09}$$

Satz 2. *Notwendig und hinreichend für die Auflösbarkeit von* (2.52.07) *ist die Erfüllung von* (2.52.09). *Ist diese Bedingung erfüllt, dann stellt*

$$x(t) = \sum_{i=1}^{\infty} \nu_i^2 (y, x_i) x_i(t) \tag{2.52.10}$$

eine Lösung dar, wobei die Reihe nach der Norm von L^2 *konvergiert.*

Beweis. Die Notwendigkeit von (2.52.09) haben wir oben gesehen. Der Riesz–Fischersche Satz sichert die Existenz einer Funktion $x \in L^2$ deren Fourier-Koeffizienten die Zahlen $\nu_i(y, x_i)$ sind. Das sind die Fourier

Koeffizienten bezüglich des orthonormalen Funktionensystems $\{y_i\}$. Daher folgt die Reihendarstellung (2.52.10) von x. x befriedigt tatsächlich unsere Integralgleichung, denn wegen der Stetigkeit von $\mathcal{K}$ darf man $\mathcal{K}$ gliedweise auf (2.52.10) ausüben:

$$\mathcal{K}x = \sum_{i=1}^{\infty} \nu_i(y, x_i)\mathcal{K}y_i = \sum_{i=1}^{\infty} (y, x_i)x_i.$$

Diese letzte Reihe ist die Fourier-Reihe von y bezüglich $\{x_i\}$, stellt also y dar. □

III   Anwendungen von Integralgleichungen

3.1   Anwendungen der Integralgleichungen auf Randwertaufgaben von gewöhnlichen Differentialgleichungen

3.11   Die Greensche Funktion von einem gewöhnlichen linearen Differentialoperator

1. Lineare Differentialoperatoren und ihre adjungierten Operatoren. Es sei $I = \{s \mid -\infty < a \leq s \leq b < \infty\}$ und man betrachtet die lineare Menge $C^n(I)$ (die Menge aller Funktionen welche in I mindestens n-mal stetig differenzierbar sind). Auf $C^n(I)$ definieren wir den linearen Differentialoperator $\mathscr{D} : C^n(I) \to C(I)$ für jede Funktion $x \in C^n(I)$ in folgender Art:

$$(\mathscr{D}x)(s) := p_0(s)x(s) + p_1(s)x'(s) + \cdots + p_n(s)x^{(n)}(s)$$

$$= \sum_{k=0}^{n} p_k(s)x^{(k)}(s) \qquad (s \in I), \tag{3.11.01}$$

wobei $p_k(s)$ Funktionen aus $C^n(I)$ sind und $p_n(s) \neq 0$ $(s \in I)$. $\mathscr{D}$ heißt ein *linearer Differentialoperator n-ter Ordnung.*

Die hier auftretenden Funktionen sollen alle reellwertig sein.

$C^n(I)$ ist eine lineare Teilmenge von $L^2(I)$. Wir bilden das Skalarprodukt $(\mathscr{D}x, y)$ für beliebige Funktionen x und y aus $C^n(I)$:

$$(\mathscr{D}x, y) = \int_a^b (\mathscr{D}x)(s)y(s)\,ds = \int_a^b \sum_{k=0}^{n} p_k(s)x^{(k)}(s)y(s)\,ds$$

$$= \sum_{k=0}^{n} \int_a^b p_k(s)x^{(k)}(s)y(s)\,ds. \tag{3.11.02}$$

Die Ausdrücke $\int_a^b p_k(s)x^{(k)}(s)y(s)\,ds$ formen wir durch teilweise Integration um:

$$\int_a^b x^{(k)}(s)p_k(s)y(s)\,ds = [x^{(k-1)}(s)p_k(s)y(s)$$

$$- x^{(k-2)}(s)(p_k(s)y(s))' + \cdots + (-1)^{k-1}x(s)(p_k(s)y(s))^{k-1}]_a^b$$

$$- (-1)^k \int_a^b x(s)(p_k(s)y(s))^{(k)}\,ds.$$

Daraus folgt

$$(\mathcal{D}x, y) = \left[\sum_{k=0}^{n} (x^{(k-1)} p_k y - x^{(k-2)}(p_k y)' + \cdots + (-1)^{k-1} x(p_k y)^{(k-1)}) \right]_a^b$$

$$- \int_a^b x(s) \sum_{k=0}^{n} (-1)^k (p_k(s)y(s))^k \, ds, \tag{3.11.03}$$

wobei für dienigen Ausdrücken in den eckigen Klammern bei welchen die Ordnung der Ableitung negativ ausfällt gleich Null gesetzt werden soll.

Ist

$$\left[\sum_{k=0}^{n} (x^{(k-1)} p_k y - x^{(k-2)}(p_k y)' + \cdots + (-1)^{k-1} x(p_k y)^{(k-1)}) \right]_a^b = 0,$$

$$\tag{3.11.04}$$

und setzt man definitionsgemäß

$$(\mathcal{D}^* y)(s) := \sum_{k=0}^{n} (-1)^k (p_k(s)y(s))^{(k)}, \tag{3.11.05}$$

dann gilt

$$(\mathcal{D}x, y) = (x, \mathcal{D}^* y). \tag{3.11.06}$$

Wenn man mit $N_0^{(n)}(I)$ denjenigen Teilraum von $C^{(n)}(I)$ bezeichnet für deren Elementenpaare (3.11.04) gilt, dann ist $\mathcal{D}^*$ der adjungierte Operator von $\mathcal{D}$ bezüglich des Skalarproduktes von L^2 in $N_0^{(n)}(I)$. Aus diesem Grund nennt man $\mathcal{D}^*$ den zu $\mathcal{D}$ *adjungierten Differentialoperator*.

Aus (3.11.03) folgt mit der Bezeichnung (3.11.05) folgendes

$$(\mathcal{D}x, y) - (x, \mathcal{D}^* y) = \left[\sum_{k=0}^{n-1} (x^{(k-1)} p_k y - x^{(k-2)}(p_k y)' \right.$$

$$\left. + \cdots + (-1)^{k-1} x(p_k y)^{(k-1)}) \right]_a^b \tag{3.11.07}$$

für beliebige Funktionen x, y aus $C^{(n)}(I)$. Die Identität (3.11.07) nennt man die *Greensche Formel*.

Wenn man die rechte Seite von (3.11.07) betrachtet, so sieht man, daß diese eine Bilinearform in den Größen

$$x(a), x'(a), \ldots, x^{(n-1)}(a); \qquad x(b), x'(b), \ldots, x^{(n-1)}(b)$$
$$y(a), y'(a), \ldots, y^{(n-1)}(a); \qquad y(b), y'(b), \ldots, y^{(n-1)}(b)$$

ist.

Wir können die Greensche Formel bezüglich eines beliebigen Intervalls (a, s) mit $a \leqq s \leqq b$ bilden. Wenn wir das tun, nachher nach s differenzieren, erhalten wir folgenden Ausdruck:

$$y\mathscr{D}x - x\mathscr{D}^*y = \frac{d}{ds}\sum_{k=1}^{n}(x^{(k-1)}p_k y - x^{(k-2)}(p_k y)'_n$$

$$+\cdots+(-1)^{k-1}x(p_k y)^{(k-1)}). \tag{3.11.08}$$

Das ist die *Lagrangesche Identität.*

2. Die Greensche Funktion eines linearen Differentialoperators. Es soll wieder der lineare Differentialoperator $\mathscr{D}$ wie in (3.11.01) betrachtet werden. Wir sondern alle Funktionen von $C^{(n)}(I)$ aus, für welche Randwertbedingungen von der Gestalt

$$R_k(x) = \sum_{i=0}^{n-1}[\alpha_{ik}x^{(i)}(a)+\beta_{ik}x^{(i)}(b)] = 0, \qquad (k=1,2,\ldots,n) \tag{3.11.09}$$

erfüllt sind. α_{ik}, β_{ik} $(i=0,1,\ldots,n-1,\ k=1,2,\ldots,n)$ sind in voraus gegebene Konstanten. Wir stellen folgende *Definition* auf: Die *Greensche Funktion* des linearen Differentialoperators $\mathscr{D}$ unter den Randbedingungen $R_k(\cdot)$ $(k=1,2,\ldots,n)$ (falls sie existiert) eine Funktion von zwei Variablen $G(s,t)$ $(s,t\in(a,b))$ mit folgenden Eigenschaften:

1°. $G(s,t)$ besitzt in jedem der Dreiecke $a\leqq s<t\leqq b$ und $a\leqq t<s\leqq b$ partielle Ableitungen nach s bis zur n-ten Ordnung einschließlich, und diese sind in jedem der beiden Dreiecke stetige Funktionen von s und t.

2°. $G(.,t)$ $(t\in(a,b))$ erfüllt in jedem dieser Dreiecke die Differentialgleichung $\mathscr{D}G(.,t) = 0$.

3°. $G(s,t)$ ist im ganzen Quadrat $a\leqq s,\ t\leqq b$ stetig und $(n-2)$-mal nach s differenzierbar, und alle diese Ableitungen sind dort stetige Funktionen von (s,t).

4°. Es gilt für jeden festen Wert t: $a<t<b$

$$\frac{\partial^{n-1}}{\partial s^{n-1}}G(t+0,t) - \frac{\partial^{n-1}}{\partial s^{n-1}}G(t-0,t) = \frac{1}{p_n(t)}. \tag{3.11; 10}$$

5°. $G(.,t)$ erfüllt für jeden festen Wert $t\in I$ die Randbedingungen $R_k(G(.,t)) = 0$ $(k=1,2,\ldots,n)$.

Es erhebt sich die Frage: Unter welchen Bedingungen existiert überhaupt die Greensche Funktion und wie kann man diese berechnen? Darauf bezieht sich folgender Satz:

Satz 1. *Wenn die homogene Randwertaufgabe*

$$\mathscr{D}x = 0; \qquad R_k(x) - 0 \tag{3.11; 11}$$

nur die triviale Lösung hat, dann besitzt $\mathscr{D}$ mit den Randwertfunktionalen R_k eine und nur eine Greensche Funktion.

Beweis. Wir beweisen die Behauptung indem wir ein Konstruktionsverfahren für die Greensche Funktion angeben. Die Eindeutigkeit der Greenschen Funktion folgt sofort aus dem Konstruktionsverfahren:

Es seien $x_1, x_2, \ldots, x_n$ linear unabhängige Lösungen der Differential-gleichung $\mathscr{D}x = 0$. Da $G(., t)$ $(t \in I)$ in den Dreiecken $a \leqq s < t \leqq b$ und $a \leqq t < s \leqq b$ eine Lösung von $\mathscr{D}x = 0$ sein soll (Eigenschaft 2°), deswegen hat $G(., t)$ die folgende Gestalt:

$$\left.\begin{aligned} G(s, t) &= a_1(t)x_1(s) + a_2(t)x_2(s) + \cdots + a_n(t)x_n(s) \quad (a \leqq s < t \leqq b) \\ G(s, t) &= b_1(t)x_1(s) + b_2(t)x_2(s) + \cdots + b_n(t)x_n(s) \quad (a \leqq t < s \leqq b) \end{aligned}\right\}$$

$$(3.11.12)$$

Die Forderung nach der Stetigkeit der Funktion $G(s, t)$ mitsamt ihrer ersten $n - 2$ Ableitungen für $s = t$ liefert die Gleichungen (Forderung 3°):

$$\sum_{k=1}^{n} a_k(t)x_k^{(i)}(t) - \sum_{k=1}^{n} b_k(t)x_k^{(i)}(t) = 0, \qquad (i = 0, 1, 2, \ldots, n-1)$$

$$(3.11.13)$$

die Bedingung 4° aber ist gleichbedeutend mit

$$\sum_{k=1}^{n} a_k(t)x_k^{(n-1)}(t) - \sum_{k=1}^{n} b_k(t)x_k^{(n-1)}(t) = -\frac{1}{p_n(t)}. \qquad (3.11.14)$$

Wir setzen

$$c_k(t) = b_k(t) - a_k(t) \qquad (k = 1, 2, \ldots, n; t \in I)$$

und erhalten für $c_k(t)$ nach (3.11.13) und (3.11.14) das Gleichungssystem

$$\left.\begin{aligned} \sum_{k=1}^{n} c_k(t)x_k^{(i)}(t) &= 0 \qquad (i = 0, 1, \ldots, n-2) \\ \sum_{k=1}^{n} c_k(t)x_k^{(n-1)}(t) &= -\frac{1}{p_n(t)} \end{aligned}\right\}. \qquad (3.11.15)$$

Die Determinante ist genau die Wronskische Determinante des Fundamentalsystems $\{x_1, x_2, \ldots, x_n\}$ und folglich von Null verschieden.

Das System (3.11.15) besitzt daher immer eine, und genau eine Lösung, die Funktionen $c_k(t)$ $(k = 1, 2, \ldots, n)$ sind durch das obige Gleichungssystem eindeutig bestimmt. Zur Bestimmung der Funktionen a_k, und b_k ziehen wir die Randbedingungen heran. Es gilt nach (3.11.09)

$$R_k(G(., t)) = \sum_{j=1}^{n} a_j(t)R_{ak}(x_j) + \sum_{j=1}^{n} b_j(t)R_{bk}(x_j), \qquad (k = 1, 2, \ldots, n)$$

$$(3.11.16)$$

wobei

$$R_{ak}(x) = \sum_{i=0}^{n-1} \alpha_{ik}x^{(i)}(a); \qquad R_{bk}(x) = \sum_{i=0}^{n-1} \beta_{ik}x^{(i)}(b) \qquad (k = 1, 2, \ldots, n)$$

sind. Substituieren wir in (3.11.16) die a_k durch die Ausdrücke $a_k = b_k - c_k$

$(k = 1, 2, \ldots, n)$, so ergibt sich

$$\sum_{j=1}^{n} b_j R_{bk}(x_j) + \sum_{j=1}^{n} (b_j - c_j) R_{ak}(x_j) = 0. \qquad (k = 1, 2, \ldots, n)$$

Hieraus gewinnt man in Berücksichtigung von $R_k(x) = R_{ak}(x) + R_{bk}(x)$

$$\sum_{j=1}^{n} b_j R_k(x_j) = \sum_{j=1}^{n} c_j R_{ak}(x_j) \qquad (k = 1, 2, \ldots, n). \tag{3.11.17}$$

Wenn wir annehmen wie im Satz, daß (3.11.11) nur die triviale Lösung hat, dann ist $\det (R_k(x_j)) \neq 0$, weshalb das Gleichungssystem (3.11.17) bezüglich b_j eine eindeutige Lösung $b_1, b_2, \ldots, b_n$ hat. Dann sind aber die Funktionen a_k durch die Formeln $a_k = b_k - c_k$ eindeutig festgelegt. Die Existenz und Eindeutigkeit der Greenschen Funktion ist somit nachgewiesen. $\square$

3. Die adjungierte Randwertaufgabe. Es sei $x \in C^{(n)}(I)$ eine beliebige Funktion mit welcher wir die Funktionale

$$R_k(x) = \sum_{i=0}^{n-1} [\alpha_{ik} x^{(i)}(a) + \beta_{ik} x^{(i)}(b)] \qquad (k = 1, 2, \ldots, n) \tag{3.11.18}$$

bilden. Wir wählen die Koeffizienten α_{ik}, β_{ik} $(i = 0, 1, 2, \ldots, n-1;\ k = 1, 2, \ldots, n)$ derart, daß die $n \times 2n$ Matrix

$$\begin{pmatrix} \alpha_{01} & \alpha_{02} & \cdots & \alpha_{0n} & \beta_{01} & \beta_{02} & \cdots & \beta_{0n} \\ \alpha_{11} & \alpha_{12} & \cdots & \alpha_{1n} & \beta_{11} & \beta_{12} & \cdots & \beta_{1n} \\ \hline \alpha_{n-1,1} & \alpha_{n-1,2} & \cdots & \alpha_{n-1,n} & \beta_{n-1,1} & \beta_{n-1,2} & \cdots & \beta_{n-1,n} \end{pmatrix}$$

vom Rang n sei. Man kann also diese durch Hinzufügen von n weitern Zeilen zu einer quadratischen Matrix vervollständigen, deren Determinante $\neq 0$ ist. In dieser Weise definieren die hinzugefügten Zeilen weitere Funktionale von der Gestalt (3.11.18), wobei jetzt k die Zahlen $n+1$, $n+2$, $\ldots, 2n$ durchläuft. Wenn wir die Funktionale $R_k(x)$ $(k = 1, 2, \ldots, 2n)$ als ein lineares Gleichungssystem für $x^{(i)}(a)$, $x^{(i)}(b)$ $(i = 0, 1, \ldots, n-1)$ auffassen, dann kann man dieses eindeutig auflösen, d.h. $x^i(a)$, $x^{(i)}(b)$ linear mittels $R_k(x)$ $(k = 1, 2, \ldots, 2n)$ ausdrücken. Trägt man das Ergebnis in die rechte Seite von (3.11.07) ein, so entsteht eine Gleichung von der Gestalt

$$(\mathscr{D}x, y) - (x, \mathscr{D}^*y) = R_1(x) S_{2n}(y) + R_2(x) S_{2n-1}(y) + \cdots + R_{2n}(x) S_1(y),$$
$$\tag{3.11.20}$$

wobei $S_k(y)$ $(k = 1, 2, \ldots, 2n)$ Linearformen von $y(a)$, $y'(a)$, $\ldots, y^{(n-1)}(a)$; $y(b)$, $y'(b)$, $\ldots, y^{(n-1)}(b)$ $(y \in C^{(n)}(I))$ sind. Die Funktionale $S_k = S_k(y)$ $(k = 1, 2, \ldots, 2n)$ heißen zu den Randwertausdrücken $R_k(x)$ adjungierte Randwertausdrücke. Die Aufgabe

$$\mathscr{D}^*y = f; \qquad S_k(y) = 0 \qquad (k = 1, 2, \ldots, n) \tag{3.11.21}$$

heißt die zu der Randwertaufgabe

$$\mathscr{D}x = f; \qquad R_k(x) = 0 \qquad (k = 1, 2, \ldots, n) \tag{3.11.22}$$

adjungierte Randwertaufgabe.

Es läßt sich beweisen, daß die adjungierte Randwertaufgabe, die scheinbar noch von der Art und Weise abhängt, wie die Matrix (3.11.19) zu einer quadratischen Matrix ergänzt ist, in Wirklichkeit hiervon nicht abhängt [E. Kamke: Differentialgleichungen, Lösungmethoden und Lösungen. Bd. I. 4. Aufl. Leipzig 1951. S. 186]. Das läßt sich schon daraus vermuten, da die linke Seite der Identität (3.11.20) von dieser Ergänzung nicht abhängt.

Man findet sofort, daß zum Differentialoperator $\mathscr{D}^*$ und Randwertbedingungen $S_k = 0$ $(k = 1, 2, \ldots, n)$ gehörige Greensche Funktion

$$G^*(s, t) = G(t, s) = G^T(s, t) \qquad (s, t \in I) \tag{3.11.23}$$

ist.

Ein besonders wichtiger Fall ist der, wenn $\mathscr{D}^*$ mit $\mathscr{D}$ übereinstimmt. In diesem Fall heißt der Differentialoperator *selbstadjungiert.* Sind auch die Randwertbedingungen selbstadjungiert, dann ist die zugehörige Greensche Funktion symmetrisch.

4. Selbstadjungierte Differentialoperatoren zweiter Ordnung. Es sei $\mathscr{D}x = p_0 x + p_1 x' + p_2 x''$ $(x \in C^{(2)}(I))$, dann gilt $\mathscr{D}^* x = p_0 x - (p_1 x)' + (p_2 x)''$. $\mathscr{D}$ ist selbstadjungiert, wenn für alle Funktionen x aus $C^{(2)}(I)$

$$p_0 x + p_1 x' + p_2 x'' = p_0 x - (p_1 x)' + (p_2 x)''$$

gilt. Daraus folgt

$$2(p_1 - p_2')x' + (p_1' - p_2'')x = 0.$$

Es sei $x(s) = 1$, $s \in I$, dann folgt $p_1' - p_2'' = 0$, d.h. $p_1 = p_2' + c$, wobei c eine Integrationskonstante ist. Ist aber $p_1' - p_2'' = 0$, so muß auch $p_1 - p_2' = 0$ gelten (man hat für $x(s) = s$ zu setzen um das einzusehen), also ist $c = 0$. p_0 kann beliebig sein. $\mathscr{D}$ hat also die Gestalt

$$\mathscr{D}x = p_0 x + p_2' x' + p_2 x'' = p_0 x + (p_2 x')'.$$

Wenn man für $p_2 = p$ und $p_0 = q$ setzt, so erhalten wir die allgemeine Form eines selbstadjungierten Differentialoperators zweiter Ordnung:

$$\mathscr{D}x = (px')' + qx. \tag{3.11.24}$$

Man nennt $\mathscr{D}$ in diesem Fall *Sturm–Liouvilleschen Operator.* Wie wir sehen werden, spielt dieser in zahlreichen Anwendungen eine wichtige Rolle.

5. Ein Beispiel. Wir werden jetzt die bisherigen Ausführungen an Hand eines Beispieles erläutern. Es sei

$$\mathscr{D}x = x'' + gx, \qquad (g \in C^{(2)}(I))$$

mit den Randwertfunktionalen

$$R_1(x) = x(a) + 2x(b); \qquad R_2(x) = 2x'(a) + x'(b).$$

Die entsprechende Matrix lautet

$$\begin{pmatrix} 1 & 0 & 2 & 0 \\ 0 & 2 & 0 & 1 \end{pmatrix}.$$

Man kann diese durch die Zeilen und $(0, 0, 1, 0)$ und $(0, 1, 0, 0)$ zu der quadratischen Matrix

$$\begin{pmatrix} 1 & 0 & 2 & 0 \\ 0 & 2 & 0 & 1 \\ 0 & 0 & 1 & 0 \\ 0 & 1 & 0 & 0 \end{pmatrix}$$

ergänzen, derart ist ihre Determinante $= -1 \neq 0$. Zu den letzten zwei Zeilen gehören die Randwertausdrücke (Randwertfunkttionale):

$$R_3(x) = x'(b), \qquad R_4(x) = x'(a).$$

Wir bilden nun (3.11.20) entsprechenden Ausdruck. Dazu müssen wir zuerst den zu $\mathscr{D}$ adjungierten Differentialoperator $\mathscr{D}^*$ bilden:

$$\mathscr{D}^* x = gx + x'' = x'' + gx,$$

$\mathscr{D}$ ist also selbstadjungiert. Wir haben also für beliebige Funktionen x, y aus $C^{(2)}(I)$

$$\int_a^b [x''(t) + g(t)x(t)]y(t) \, dt - \int_a^b [y''(t) + g(t)y(t)]x(t) \, dt$$

$$= \int_a^b [x''(t)y(t) - x(t)y''(t)] \, dt = [x'(t)y(t) - x(t)y'(t)]_a^b$$

$$= x'(b)y(b) - x(b)y'(b) - x'(a)y(a) + x(a)y'(a)$$

$$= [x(a) + 2x(b)]y'(a) + [2x'(a) + x'(b)]y(b)$$

$$\quad - x'(b)[2y'(a) + y'(b)] - x'(a)[y(a) + 2y(b)]$$

$$= R_1(x)y'(a) + R_2(x)y(b) - R_3(x)[2y'(a) + y'(b)]$$

$$\quad - R_4(x)[y(a) + 2y(b)].$$

Daraus ergibt sich

$$S_1(y) = -y(a) - 2y(b), \qquad S_2(y) = -2y'(a) - y'(b);$$
$$S_3(y) = y(b); \qquad S_4(y) = y'(a).$$

Die zur Randwertaufgabe

$$x'' + gx = f; \qquad x(a) + 2x(b) = 0; \qquad 2x'(a) + x'(b) = 0$$

adjungierte Randwertaufgabe lautet;

$$y'' + gy = f; \qquad y(a) + 2y(b) = 0, \qquad 2y'(a) + x'(b) = 0.$$

Man sieht also, daß die gestellte Randwertaufgabe selbstadjungiert ist.

6. Greensche Funktion und Grundlösung. Im Bd. I. Abschnitt 310.03 (S. 271–273) haben wir die Grundlösung einer linearen Differentialgleichung mit konstanten Koeffizienten definiert. Man kann leicht nachweisen, wenn $E(t)$ eine Grundlösung der Differentialgleichung bezeichnet, so ist $G(s, t)$ $:= E(s-t)$ die Greensche Funktion der betrachteten Differentialgleichung. Wir haben gesehen, daß die Grundlösung beliebige Konstanten enthält. Durch geeignete Wahl dieser, kann man die Greensche Funktion an die gegebenen Randwertbedingungen anpassen.

Wenn die homogene Randwertaufgabe (3.11.11) nicht nur die triviale Lösung hat, dann existiert die Greensche Funktion nicht. Man kann den Begriff der Greenschen Funktion abändern, so daß auch in diesem Fall eine Kernfunktion bestimmt werden kann, welche änliche Eigenschaften besitzt wie die Greensche Funktion. Das führt zum Begriff der *verallgemeinerten Greenschen Funktionen*. S. dazu K. Kamke: Differenzialgleichungen, Lösungsmethoden und Lösungen. Bd. I. 4. Aufl. Leipzig 1951. S. 190–193.

3.12 Zusammenhang von Randwertaufgaben mit Integralgleichungen

1. Darstellung der Lösung einer inhomogenen Randwertaufgabe mittels eines Integraloperators. Es sei $\mathscr{D}$ ein Differentialoperator wie in (3.11.01) und f eine in I definierte stetige Funktion. Auch Randwertbedingungen seien mit Hilfe der Randwertausdrücken oder Randwertfunktionalen R_k ($k = 1, 2, \ldots, n$) wie in (3.11.09) gegeben. Unter diesen Voraussetzungen gilt folgender grundlegender Satz:

Satz 1. *Es sei die inhomogene Randwertaufgabe*

$$\mathscr{D}x = f; \qquad R_k(x) = 0 \qquad (k = 1, 2, \ldots, n) \tag{3.12.01}$$

gegeben. Wir setzen voraus, daß die Greensche Funktion $G(s, t)$ dieser existiert. Dann hat die Auflösung von (3.12.01) die Gestalt:

$$x(s) = \int_a^b G(s, t) f(t)\, dt. \tag{3.12.02}$$

Beweis. Da die Greensche Funktion nach s ($n-2$)-mal stetig differenzierbar ist, die ($n-1$)-te Ableitung in den Dreiecken $a \leqq s < t \leqq b$ und $a \leqq t < s \leqq b$ vorhanden und in ihren Abschließungen beschränkt ist, deshalb gelten folgende Beziehungen:

$$x^{(i)}(s) = \int_a^b \frac{\partial^i G}{\partial s^i}(s, t) f(t)\, dt \qquad (i = 0, 1, \ldots, n-2)$$

$$x^{(n-1)}(s) = \int_a^s \frac{\partial^{n-1} G}{\partial s^{n-1}}(s, t) f(t)\, dt + \int_s^b \frac{\partial^{n-1} G}{\partial s^{n-1}}(s, t) f(t)\, dt,$$

daher ergibt sich unter Berücksichtigung von (3.11.10)

$$x^{(n)}(s) = \left[\frac{\partial^{n-1} G}{\partial s^{n-1}}(s, s-0) - \frac{\partial^{n-1} G}{\partial s^{n-1}}(s, s+0) \right] f(s)$$

$$+ \int_a^s \frac{\partial^n G}{\partial s^n}(s, t) f(t)\, dt + \int_s^b \frac{\partial^n G}{\partial s^n}(s, t) f(t)\, dt$$

$$= \frac{f(s)}{p_n(s)} + \int_a^s \frac{\partial^n G}{\partial s^n}(s, t) f(t)\, dt + \int_s^b \frac{\partial^n G}{\partial s^n}(s, t) f(t)\, dt,$$

wobei x die rechte Seite von (3.12.02) bedeutet. Wenn wir diese Ausdrücke in den Ausdruck des Differentionaloperators (3.11.01) einsetzen, so ergibt sich nach der Eigenschaft 2° (s. 3.11.2) der Greenschen Funktion $\mathscr{D}x = p_n \dfrac{f}{p_n} = f$, x befriedigt die Differentialgleichung. Die Randbedingungen $R_k(x) = 0$ gelten ebenfalls, weil sie ja für die Greensche Funktion selbst erfüllt sind. $\square$

Man kann offensichtlich die Behauptung des Satzes 1 auch umkehren:

Ist x eine beliebige Funktion aus $C^{(n)}(I)$ welche den Randbedingungen $R_k(x) = 0$ $(n = 1, 2, \ldots, n)$ genügt, dann ist die Auflösung der Integralgleichung erster Art (3.12.02)

$$f = \mathscr{D}x,$$

wobei $\mathscr{D}$ derjenige Differentialoperator n-ter Ordnung ist, welcher zum Greenschen Kern $G(s, t)$ mit den Randbedingungen $R_k(x) = 0$ $(k = 1, 2, \ldots, n)$ gehört. (3.12.03)

2. Der Alternativsatz für Randwertaufgaben. Wir machen über $\mathscr{D}$ und den Randwertfunktionalen R_k die gleichen Voraussetzungen wie in 1. Es sei die Randwertaufgabe

$$\mathscr{D}x - \mu g x = f \qquad R_k(x) = 0 \qquad (k = 1, 2, 3, \ldots, n) \tag{3.12.04}$$

zu lösen, wobei g und f in I stetige Funktionen und μ eine gegebene Zahl ist. Wenn wir die Differentialgleichung in die Form $\mathscr{D}x = \mu g x + f$ schreiben, dann folgt aus Satz 1, daß x (falls überhaupt vorhanden) der folgenden

Integralgleichung genügt

$$x(s) = \mu \int\limits_a^b G(s, t)g(t)x(t)\, dt + \int\limits_a^b G(s, t)f(t)\, dt. \tag{3.12.05}$$

Das ist eine Fredholmsche Integralgleichung zweiter Art, i. A. inhomogen. Aus (3.12.03) folgt, jede Lösung von (3.12.05) befriedigt such die Aufgabe (3.12.04). (3.12.04) *und* (3.12.05) *sind somit miteinander äquivalent.* Diese Feststellung hat weitgehende Konsequenzen:

a) Es sei jetzt $\int_a^b G(s, t)f(t)\, dt$ nicht die Nullfunktion, dann ist (3.12.05) eine inhomogene Integralgleichung zweiter Art. Diese hat, wie wir wissen, genau eine Auflösung x in $C^{(n)}(I)$, falls μ keine charakteristische Zahl der Kernes $G(s, t)g(t)$ ist. In diesem Fall, hat such die Aufgabe (3.12.04) genau eine Lösung.

b) Ist μ keine charakteristische Zahl von $G(s, t)g(t)$ $(s, t \in I)$ und ist $\int_a^b G(s, t)f(t)\, dt = 0$, $s \in I$, dann besitzt (3.12.05) die einzige Lösung $x(s) = 0$, $s \in I$. In diesem Fall muß also (3.12.04) auch nur diese Auflösung haben. Setzt man aber $x = 0$ in die Differentialgleichung ein, so kann diese nur im Fall $f = 0$ befriedigt werden. Daraus folgt, die Funktion $\int_a^b G(s, t)f(t)\, dt$ kann in I nur dann identisch verschwinden, falls $f(s) = 0$ $(s \in I)$ ist. *Die Greensche Funktion ist immer ein abgeschlossener Kern.*

c) Es sei $f(s) = 0$, $s \in I$, dann übergeht (3.12.05) in eine homogene Integralgleichung. Diese hat genau dann nichttriviale Lösungen, wenn μ mit einer charakteristischen Zahl des Kernes $G(s, t)$ gleich ist. In diesem Fall heißt μ der *Eigenwert* der homogenen Randwertaufgabe. (Oft wird μ auch als Eigenwert der Integralgleichung anstatt charakteristische Zahl genannt, das aber ist im Wiederspruch mit den Gebräuchen der Theorie der Operatoren. Die Bezeichnungen «Eigenwert» und «charakteristische Zahl» werden in der Fachliteratur nicht einheitlich benutzt). Ist also μ eine charakteristische Zahl von $G(s, t)g(t)$, dann und nur dann hat das homogene Randwertproblem nichttriviale Lösungen.

c) Das adjungierte Randwertproblem

$$\mathscr{D}^* y - \mu g y = f, \qquad S_k(y) = 0 \qquad (k = 1, 2, \ldots, n) \tag{3.12.06}$$

ist mit der Integralgleichung

$$y(s) = \mu \int\limits_a^b G(t, s)g(t)y(t)\, dt + \int\limits_a^b G(t, s)f(t)\, dt \tag{3.12.07}$$

gleichwertig. Für $f(s) = 0$, $s \in I$ hat (3.12.06) genau dann nichttriviale Lösung, wenn μ eine charakteristische Zahl des transponierten Kernes $G(t, s)g(t)$ ist. Das bedeutet (3.12.04) und (3.12.06) haben bei den gleichen Zahlenwerten μ triviale oder nichttriviale Auflösungen.

d) Ist μ eine charakteristische Zahl des Kernes $G(s, t)g(t)$, dann hat das *inhomogene* Problem $(f(s) \not\equiv 0)$ (3.12.04) genau dann eine Lösung falls $\int_a^b G(s, t)f(t)\, dt$ orthogonal zu jeder Lösung des *homogenen* Problems (3.12.06) ist.

*Die Feststellungen a)–d) bedeuten, daß der Fredholmsche Alternativsatz auch
für Randwertaufgaben* (3.12.04) *bzw.* (3.12.06) *gilt.*

3. Der Fall von selbstadjungierten Randwertaufgaben. Wir haben oben
gesehen, daß die homogene $(f = 0)$ Randwertaufgabe (3.12.04) (bzw.
(3.12.06)) nichttriviale Auflösungen in $C^{(n)}(I)$ hat, hängt davon ab, ob μ mit
einer charakteristischen Zahl von $G(s, t)g(t)$ gleich ist, oder nicht,
$G(s, t)g(t)$ ist aber ein nichtsymmetrischer Kern, und solche müßen keine
charakteristische Zahlen haben. Deswegen ist der Fall besonders wichtig,
wenn g in I eine nichtnegative Funktion und die Randwertaufgabe (3.12.04)
eine selbstadjungierte ist. Dann ist die Greensche Funktion, wie wir es
gesehen haben, symmetrisch. Zwar ist der Kern der mit der Randwertaufgabe gleichwertigen Integralgleichung (3.12.05) nicht symmetrisch, doch
kann man die Existenz reeller Eigenwerte garantieren. Ist $f = 0$ so übergeht
(3.12.05) in: $x(s) = \mu \int_a^b G(s, t)g(t)x(t)\, dt$. Wir multiplizieren beide Seiten
mit $\sqrt{g(s)}$, dann ergibt sich

$$x(s)\sqrt{g(s)} = \mu \int_a^b \sqrt{g(s)}\, G(s, t)\sqrt{g(t)}\, x(t)\sqrt{g(t)}\, dt.$$

Wenn wir als neue Unbekannte $x(s)\sqrt{g(s)} =: X(s)$ einführen, dann geht die
obige Integralgleichung in folgende über:

$$X(s) = \mu \int_a^b \sqrt{g(s)}\, G(s, t)\sqrt{g(t)}\, X(t)\, dt.$$

Das ist eine homogene Integralgleichung mit dem reell symmetrischen Kern
$K(s, t) = \sqrt{g(s)}\, G(s, t)\sqrt{g(t)}$.

Die charakteistischen Zahlen von $K(s, t)$ und von $G(s, t) \cdot g(t)$ stimmen
miteinander überein. Da K wegen der Symmetrie charakteristische
Zahlen hat, gilt das Gleiche von $G(s, t)g(t)$.

Wir haben unter b) in 2, festgestellt, daß $G(s, t)$ ein abgeschlossener Kern
ist. Daraus folgt, daß auch $K(s, t)$ ein abgeschlossener Kern ist. Das aber
bringt mit sich, daß eine selbstadjungierte homogene Randwertaufgabe
(abzählbar-) unendlichviele Eigenwerte hat. Die Eigenfunktionen X_i $(i =
1, 2, 3, \ldots)$ von $K(s, t)$ bilden in $L^2(I)$ ein vollständiges orthonormiertes
Funktionensystem, woraus folgt, *die Eigenfunktionen x_i des homogenen
selbstadjungierten Randwertproblems* (3.12.04) *bilden in I ein vollständiges,
orthonormiertes Funktionensystem bezüglich der Gewichtsfunktion* g.

(3.12.08)

Das bedeutet: Sind x_i und x_j zwei solche Eigenfunktionen, dann ist

$$\int_a^b x_i(t)x_j(t)g(t)\, dt = \begin{cases} 0 & \text{für} \quad i \neq j \\ 1 & \text{für} \quad i = j. \end{cases}$$

und aus

$$\int_a^b x_i(t) x(t) g(t)\, dt = 0 \qquad (i = 1, 2, \ldots)$$

folgt $x = 0$.

3.13 Beispiele und Anwendungen

1. Bestimmung von Greenschen Funktionen

a) Es sei $I = (0, 1)$, $\mathcal{D}x = \dfrac{d^2 x}{dt^2} = x''$ $(x \in C^{(2)}(I))$ und die Randbedingungen

$$\mathcal{R}_1(x) = x(0) = 0; \qquad \mathcal{R}_2(x) = x(1) = 0.$$

Um nach dem Verfahren 3.11.2 die Greensche Funktion bestimmen zu können, müssen wir zwei linear unabhängige Lösungen (falls solche vorhanden sind) von $\mathcal{D}x = 0$ finden. Die Funktionen $x_1(t) = t$ und $x_2(t) = 1 - t$ befriedigen die obige Gleichung, dabei sind sie linear unabhängig. Mit diesen Funktionen ist $R_1(x_1) = 0$; $R_1(x_2) = 1$; $R_2(x_1) = 1$, $R_2(x_2) = 0$, also ist $\det(R_k(x_i)) = -1 \neq 0$, woraus die Existenz der Greenschen Funktion folgt. Diese hat nach (3.11.12) folgende Gestalt

$$G(s, t) = a_1(t)s + a_2(t)(1 - s) \quad \text{für} \quad 0 \leqq s < t \leqq 1$$
$$G(s, t) = b_1(t)s + b_2(t)(1 - s) \quad \text{für} \quad 0 \leqq t < s \leqq 1.$$

Unter Berücksichtigung der Randbedingungen, ergibt sich

$$G(0, t) = a_2(t) = 0, \quad G(1, t) = b_1(t) = 0 \quad (t \in I).$$

Das Gleichungssystem (3.11.15) lautet in unserem Fall

$$c_1 t + c_2(1 - t) = 0$$
$$c_1 - c_2 = -1,$$

woraus $c_1(t) = t - 1$, $c_2(t) = t$ folgt. Mit diesen Werten bilden wir das dem (3.11.17) entsprechende Gleichungssystem (welches in unserem Fall aus einer einzigen Gleichung besteht), das ist $b_2(t) = t$. Daraus folgt $a_1 = 1 - t$, $a_2 = t - t = 0$. Die gesuchte Greensche Funktion ist also:

$$G(s, t) = \begin{cases} (1 - t)s & \text{für} \quad 0 \leqq s < t \leqq 1 \\ t(1 - s) & \text{für} \quad 0 \leqq t < s \leqq 1. \end{cases}$$

Man kan dieses Ergebnis auch in geschlossener Form darstellen:

$$G(s, t) = \tfrac{1}{2}[(s + t) - |s - t|] - st.$$

Diese Kernfunktion ist symmetrisch. Das hängt damit zusammen, daß $\mathcal{D}$ ein selbstadjungierter, also Strum–Liouvillescher Differentialoperator ist.

b) Es sei diesmal wieder $I = (0, 1)$, $\mathcal{D}x = x''$ wie oben, nur die Randbedingungen seien folgende:

$$\mathcal{R}_1(x) := x'(0) = 0; \qquad \mathcal{R}_2(x) := x(1) = 0.$$

Zwei linear unabhängige Lösungen von $\mathcal{D}x = 0$ seien diesmal $x_1(t) = 1$, $x_2(t) = 1 - t$ ($t \in I$). (Deswegen ist es zweckmäßig auf dieses Fundamentalsystem von dem vorangehenden zu übergehen, da x_1 die erste, x_2 die zweite Randbedingung befriedigt, damit wird das Rechnen abgekürzt.) Auch hier erkennt man, daß $\det(\mathcal{R}_k(x_i)) \neq 0$ ist, womit die Existenz der Greenschen Funktion gesichert ist. Ein ganz analoges Rechnen wie in a) zeigt, daß

$$G(s, t) = \begin{cases} 1 - t & \text{für} \quad 0 \leq s < t \leq 1 \\ 1 - s & \text{für} \quad 0 \leq t < s \leq 1 \end{cases}$$

ist. In geschlossener Gestalt:

$$G(s, t) = 1 - \tfrac{1}{2}[(s + t) + |s - t|].$$

Auch das ist symmetrisch aus gleichem Grund wie in a).

c) Als Bedingung zur Bestimmung der Greenschen Funktion wurde vorausgesetzt, daß $p_n(t) \neq 0$, $t \in [a, b]$ gilt. Das haben wir im Gleichungssystem (3.13.15) benutzt. Wäre diese Bedingung nicht erfüllt und würde $p_n(t)$ in a oder b verschwinden, auch dann kann man unser Verfahren ohne weiteres anwenden, falls ein Fundamentalsystem $\{x_1, x_2, \ldots, x_n\}$ existiert so daß $p_n(t)x_i^{(n-1)}(t)$ für $t = a$ bzw. $t = b$ beschränkt bleibt ($i = 1, 2, \ldots, n$). In diesem Fall esätzt man die letzte Gleichung des Gleichungsystems (3.11.15) mit

$$\sum_{k=1}^{n} c_k(t)p_n(t)x_k^{(n-1)}(t) = -1.$$

Ein Beispiel dazu: $\mathcal{D}$ sei folgender Differentialoperator $(\mathcal{D}x)(s) = sx''(s) + x'(s)$. Die Randwertbedingungen $\mathcal{R}_1(x) = x(1) = 0$; $\mathcal{R}_2(x) = x(0) < \infty$. ($\mathcal{D}$ ist der zur Besselschen Funktion $J_0(s)$ nullter Ordnung gehöriger Differentialoperator.) Wenn man aus $x_1(s) = 1$, $x_2(s) = \log s$ ($s \in [0, 1]$) ausgeht, dann führt unser Verfahren zur Greenschen Funktion

$$G(s, t) = \begin{cases} -\log t & \text{für} \quad 0 \leq s < t \leq 1 \\ -\log s & \text{für} \quad 0 < t < s \leq 1. \end{cases}$$

d) Es sei diesmal:

$$(\mathcal{D}x)(s) = (4sx'(s))' - \frac{n^2}{s} x(s), \qquad \mathcal{R}_1(x) = x(1) = 0; \qquad \mathcal{R}_2(x) = x(0) < \infty.$$

($\mathcal{D}$ ist hier der zur Besselschen Funktion $J_n(\sqrt{s})$ gehöriger Differentialoperator). Wenn man hier aus dem Fundamentalsystem

$$x_1(s) = \frac{1}{4n}\left((2s)^{n/2} - \left(\frac{s}{2}\right)^{n/2}\right), \qquad x_2(s) = \frac{1}{4n}\left(\left(\frac{1}{2s}\right)^{n/2} - \left(\frac{s}{2}\right)^{n/2}\right)$$

ausgeht, ergibt sich

$$G(s, t) = \begin{cases} \dfrac{1}{4n}\left[\left(\dfrac{s}{t}\right)^{n/2} - (st)^{n/2}\right] & \text{für} \quad 0 \leq s < t \leq 1 \\[3mm] \dfrac{1}{4n}\left[\left(\dfrac{t}{s}\right)^{n/2} - (st)^{n/2}\right] & \text{für} \quad 0 \leq t < s \leq 1. \end{cases}$$

e) Sehr lehrreich ist folgendes Beispiel: Es sei h eine natürliche ganze Zahl und man betrachtet folgendes: $I = (-1, 1)$ und

$$\mathcal{D}x = ((1-s^2)x')' - \frac{h^2}{1-s^2}x; \qquad \mathcal{R}_1(x) = x(-1) < \infty;$$

$$\mathcal{R}_2(x) = x(1) < \infty.$$

(Der Operator $\mathcal{D}$ gehört zu den Legendreschen Kugelfunktionen h-ter Ordnung.) Man wählt als Fundamentalsystem folgendes:

$$x_1(t) = \left(\frac{1+t}{1-t}\right)^{h/2}, \qquad x_2(t) = \left(\frac{1-t}{1+t}\right)^{h/2} \qquad (-1 < t < 1).$$

In dieser Weise ergibt sich

$$G(s,t) = \begin{cases} \dfrac{1}{2h}\left(\dfrac{1+s}{1-s}\dfrac{1-t}{1+t}\right)^{h/2} & \text{für} \quad -1 \leq s < t \leq 1 \\[3mm] \dfrac{1}{2h}\left(\dfrac{1+t}{1-t}\dfrac{1-s}{1+s}\right)^{h/2} & \text{für} \quad -1 \leq t < s \leq 1. \end{cases}$$

f) *Gegenbeispiele.* Wenn im vorangehendem Beispiel $h = 0$ ist, dann versagt unser Verfahren, die Greensche Funktion existiert nicht. In diesem Fall hat nämlich die homogene Randwertaufgabe

$$((1-s^2)x')' = 0; \qquad \mathcal{R}_1(x) = x(-1) < \infty; \qquad \mathcal{R}_2(x) = x(1) < \infty$$

nichttriviale Lösung, $x(s) = 1$, $(-1 \leq s \leq 1)$ ist beispielsweise eine solche.

Auch im Zusammenhang mit dem Differentialoperator $\mathcal{D}x = x''$ kann ein solcher Fall auftreten, wenn nämlich keine Greensche Funktion existiert, z.B.:

$$\mathcal{D}x = x'', \qquad x(0) = \text{beliebig}; \qquad x(1) = \text{beliebig}.$$

Die Funktion $x(s) = 1$ $(0 \leq s \leq 1)$ befriedigt die Randwertaufgabe $\mathcal{D}x = 0$, $x(0) = x(1) = 1$ und verschwindet nicht identisch.

2. Anwendungen. g) *Seitenschwindung.* Für eine schwingende Seite, deren Endpunkte festgehalten werden, ergibt sich nach der Mechanik, daß die Auslenkung $X(s, t)$ an der Stelle s zur Zeit t der Differentialgleichung genügt

$$\frac{\partial^2 X}{\partial s^2} = \rho(s)\frac{\partial^2 X}{\partial t^2} \qquad (0 \leq s \leq 1, t \geq 0).$$

($\rho(s)$ Masse pro Längeneinheit). Die Randbedingungen lauten:

$$X(0, t) = 0; \qquad X(1, t) = 0 \qquad (t \geq 0).$$

Der Fouriersche Ansatz $X(s, t) = x(s)T(t)$ führt dann zu den beiden gewöhnlichen Differentialgleichungen

$$\frac{x''(s)}{\rho(s)x(s)} = \frac{T''(t)}{T(t)} = -\lambda,$$

woraus sich

$$T(t) = \alpha \cos \sqrt{\lambda}\, t + \beta \sin \sqrt{\lambda}\, t$$

und

$$x'' + \lambda \rho x = 0, \qquad x(0) = x(1) = 0$$

ergibt. Der Greensche Kern von $\mathcal{D}x = x'' = 0$ mit $\mathcal{R}_1(x) = x(0) = 0$; $\mathcal{R}_2(x) = x(1) = 0$ ist nach dem Ergebnis des Beispieles a)

$$G(s, t) = \tfrac{1}{2}(s + t - |s - t|) - st.$$

Wir können den Alternativsatz für Randwertaufgaben verwenden, und zwar den Fall 3.12.2 c), so ergibt sich, daß die Funktion x der homogenen Integralgleichung

$$x(s) = \lambda \int_0^1 G(s, t)\rho(t)x(t)\, dt$$

genügt. Die numerische Auflösung dieser führt zur Beschreibung der Schwingenden Seite.

Wenn z.B. $\rho(s) = \rho_0(1 + s)$ ist (ρ_0 bedeutet eine Konstante), dann ergibt sich

$$x(s) = \lambda \rho_0 \int_0^1 G(s, t)(1 + t)x(t)\, dt.$$

Wenn man anstatt $x(s)$ die Funktion $y(s) = x(s)\sqrt{1 + s}$ einführt, dann genügt diese der Integralgleichung

$$y(s) = \lambda \rho_0 \int_0^1 \sqrt{1 + s}\, G(s, t)\sqrt{1 + t}\, x(t)\, dt.$$

Die Anwendung der in 2.43.1 kennengelehrnte Methode auf $\sqrt{1 + s}\, G(s, t)\sqrt{1 + t}$ liefert

$$\lambda_1 \rho_0 = 6{,}30, \quad \text{woraus} \quad \sqrt{\lambda_1} = \nu_1 = \frac{\sqrt{6{,}30}}{\sqrt{\rho_0}} \approx \frac{2{,}51}{\sqrt{\rho_0}}.$$

Das ist die Frequenz des Grundtones der betrachteten Seite.

h) *Balkenschwingung.* Die Gleichung des schwingenden Balkens vom Elastizitätsmodul E und Trägheitsmoment $J(s)$ lautet bekanntlich (K. W. Wagner: Einführung in die Lehre von den Schwingungen und Wellen. 2. Aufl. Wiesbaden 1947):

$$\frac{\partial^2}{\partial s^2}\left(EJ(s)\frac{\partial^2 X(s, t)}{\partial s^2}\right) + \rho(s)\frac{\partial^2 X(s, t)}{\partial t^2} = 0$$

($\rho(s)$ Masse pro Längeneinheit). Der Fourierscher Ansatz $X(s, t) = x(s)T(t)$

führt zu den Gleichungen:

$$\frac{(EJ(s)x''(s))''}{\rho(s)x(s)} = -\frac{T''}{T} = \lambda,$$

woraus sofort

$$T = \alpha \cos \sqrt{\lambda}\, t + \beta \sin \sqrt{\lambda}\, t$$

folgt. Für x erhalten wir folgendes Randwertproblem:

$$(EJ(s)x''(s))'' - \lambda\rho(s)x(s) = \mathcal{D}x - \lambda\rho x = 0.$$

Beim freigelagerten Balken haben wir die Randbedingungen

$$x(0) = x(1) = 0, \qquad x''(0) = x''(1) = 0.$$

Hier bedeutet $\mathcal{D}x = (EJ(s)x'')''$. Ob dieser Differentialoperator mit den obigen Randbedingungen überhaupt eine Greensche Funktion besitzt, hängt von der gegebenen Funktion $J(s)$ ab. Einfachheitshalber nehmen wir an, daß $J(s) = J$ eine Konstante für $s \in I$ ist. Wir haben also $\mathcal{D}x = EJx^{(4)}$ mit den Randbedingungen:

$$\mathcal{R}_1(x) := x(0) = 0; \qquad \mathcal{R}_2(x) := x(1) = 0;$$

$$\mathcal{R}_3(x) := x''(0) = 0; \qquad \mathcal{R}_4(x) := x''(1) = 0.$$

Wenn wir das Fundamentalsystem $x_1(s) = 1$; $x_2(s) = s$, $x_3(s) = s^2$; $x_4(s) = s^3$ für $\mathcal{D}x = 0$ betrachten, so erkennt man, daß $\det(\mathcal{R}_k(x_i)) = 12 \neq 0$ ist, folglich existiert die Greensche Funktion. Wenn wir diese nach dem Verfahren 3.11.2 berechnen kommen wir zum folgendem Ergebnis:

$$G(s, t) = \begin{cases} \dfrac{s(t-1)}{6EJ}(s^2 + t^2 - 2t) & \text{für} \quad 0 \leq s < t \leq 1 \\[2mm] \dfrac{t(s-1)}{6EJ}(s^2 + t^2 - 2s) & \text{für} \quad 0 \leq t < s \leq 1. \end{cases}$$

Auch hier ist G symmetrisch, denn $\mathcal{D}$ ist ein selbstadjungierter Operator. Die gewünschte Funktion x erhalten wir, wenn man die homogene Integralgleichung

$$x(s) = \lambda \int_0^1 G(s, t)\rho(t)x(t)\, dt$$

auflöst. Sätzt man wieder $y(s) := x(s)\sqrt{\rho(s)}$, so ergibt sich

$$y(s) = \lambda \int_0^1 \sqrt{\rho(s)}\, G(s, t)\sqrt{\rho(t)}\, y(t)\, dt.$$

Das ist eine Integralgleichung mit reellem symmetrischen Kern. Die allgemeine Theorie liefert nun wieder die Existenz von unendlich vielen reellen charakteristischen Zahlen mit den zugehörigen Eigenfunktionen.

3.14 Die Greensche Funktion des zweidimensionalen Laplaceschen Differentialoperators

1. Begriff der Greenschen Funktion für den zweidimensionalen Laplaceschen Differentialoperators. Man kann den Begriff der Greenschen Funktion, wie wir ihn in 3.11 kennengelernt haben auch auf partielle Differentialoperatoren übertragen. Wir werden hier nur den wichtigsten partiellen Differentialoperator, den zweidimensionalen Laplaceschen Operator betrachten. Es sei $s = (s_1, s_2)$ ein Vektor in $\mathbb{R}^2$ und man bildet

$$\nabla^2 = \frac{\partial^2}{\partial s_1^2} + \frac{\partial^2}{\partial s_2^2} \qquad (3.14.01)$$

den Differentialoperator, welchen man als *Laplaceschen Differentialoperator* bezeichnet. Es bezeichne $\partial\Gamma$ eine streckenweise glatte und rektifizierbare Kurve in der s-Ebene, welche ein Gebiet Γ begrenzt. Γ muß nicht unbedingt einmal zusammenhängend sein, d.h. die Randkurve $\partial\Gamma$ von Γ kann aus mehreren Komponenten zusammengesetzt werden. Γ kann natürlich auch unter Umständen unbeschränkt sein.

Als Definitionsbereich von ∇^2 sei die Funktionen Klasse $C^{(2)}(\Gamma)$ zugrunde gelegt, $C^{(2)}(\Gamma)$ ist die lineare Menge aller in Γ mindestens zweimal stetig differenzierbar Funktionen, welche in der Abschließung $\bar\Gamma = \Gamma \cup \partial\Gamma$ stetig sind.

Für die Funktionen $u \in C^{(2)}(\Gamma)$ werden wir einen homogenen *Randwertausdruck*, $\mathscr{R}(x)$ betrachten, dieser soll wie folgt definiert werden: $u(s)$ und $v(s)$ seien zwei, entlang der Randkurve $\partial\Gamma$ definierte beliebige Funktionen, dann sei

$$\mathscr{R}(x) = u(s)x(s) + v(s)\frac{\partial x}{\partial n}(s) \qquad (s \in \partial\Gamma), \qquad (3.14.02)$$

wobei $\frac{\partial}{\partial n}$ die partielle Ableitung in der Richtung der Normale von $\partial\Gamma$ bedeutet. Diese Normale werden wir immer in der Richtung zum *Innern* von Γ betrachten.

Wir kommen jetzt auf die *Definition* der Greenschen Funktion: Unter der Greenschen Funktion von ∇^2 welche zur Randbedingung $\mathscr{R}(x) = 0$ gehört, verstehen wir eine Funktion $G(s, t)$ $(s, t \in \Gamma)$, mit folgenden Eigenschaften (vorausgesetzt natürlich, daß eine solche existiert):

1°) Für einen beliebigen Vektor $t \in \Gamma$ $(t = (t_1, t_2))$ genügt $G(., t)$ der Randbedingung

$$\mathscr{R}(G(., t)) = 0;$$

2°) $G(s, t)$ hat folgende Gestalt

$$G(s, t) = \frac{1}{2\pi} \log \|s - t\| + \gamma(s, t), \qquad (3.14.03)$$

wobei $\|.\|$ die zweidimensionale euklidische Norm (s, t) eine Funktion aus $C^{(2)}(\Gamma)$ ist.

3°) Für jeden festen Wert $t \in \Gamma$ gilt

$$\nabla^2 G(s, t) = 0 \quad \text{für} \quad s \neq t.$$

Es erhebt sich die Frage über die Existenz der Greensche Funktion (manchmal auch *Greenschen Kern*). Wir wissen aus den Elementen der Analysis, daß für ein beliebiges festes t, die Beziehung $\nabla^2 \log \|s - t\| = 0$ gilt. (Es wird dem Leser zur Übung empfohlen über diese Tatsache durch ein direktes Rechnen sich zu überzeugen.) Nach 3° muß also gelten $\nabla^2 \gamma(s, t) = 0$ für ein beliebiges, jedoch festes t aus Γ. Dabei muß nach 1° $\mathcal{R}(\gamma(., t)) = \dfrac{1}{2\pi} \mathcal{R}(\log \|. - t\|)$ gelten, der Ausdruck an der rechten Seite ist mit $\partial \Gamma$ (für ein beliebiges, festes t aus Γ) gegeben. γ muß also aus der inhomogenen Randwertaufgabe

$$\nabla^2 \gamma(., t) = 0; \qquad \mathcal{R}(\gamma(., t)) = \frac{1}{2\pi} \mathcal{R}[\log(\|. - t\|)] \qquad (3.14.04)$$

bestimmt werden. Hat diese eine Auflösung, dann existiert die Greensche Funktion, und umgekehrt.

Man kann beweisen, daß die Greensche Funktion in ihren Variablen symmetrisch ist, d.h. $G(s, t) = G(t, s)$, ausführlicher es gilt $G(s_1, s_2; t_1, t_2) = G(t_1, t_2; s_1, s_2)$, $(s, t \in \Gamma)$.

2. Die Inverse des Laplaceschen Differentialoperators. Es sei die folgende Aufgabe gestellt: Es soll eine Funktion (falls eine existiert) $x \in C^{(2)}(\Gamma)$ bestimmt werden, mit

$$\nabla^2 x = f, \qquad \mathcal{R}(x) = 0, \qquad (3.14.05)$$

wobei f eine Funktion aus $C(\Gamma)$ ist. Hat dieses Problem eine eindeutige Auflösung x, so kann die Bestimmungsformel von x als die Inverse des Operators ∇^2; $\mathcal{R}(.) = 0$ aufgefaßt werden. Diesbezüglich gilt folgender Satz:

Satz 1. *Angenommen, daß zum beschränkten Gebiet Γ und zu ∇^2 mit der Randbedingung $\mathcal{R}$ gehörige Greensche Funktion G vorhanden ist, weiter hat das Problem (3.14.05) eine Lösung x, dann ist diese durch die Formel*

$$x(s) = \int_{\Gamma} G(s, t) f(t)\, dt \qquad (s \in \Gamma) \qquad (3.14.06)$$

gegeben. (Hier bedeutet das Integral ein zweidimensionales Integral über Γ, $dt = dt_1\, dt_2$.)

Dem Beweis schicken wir folgende *Bemerkung* voraus: Das an der rechten Seite von (3.14.06) stehende Integral ist ein uneigentliches Integral, welches aber für jede stetige Funktion f, wegen der logaritmischen Singularität, existiert.

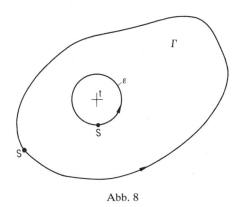

Abb. 8

Beweis von Satz 1. Es sei t ein innerer Punkt von Γ. Dann kann man um t als Mittelpunkt einen Kreis $K_\varepsilon(t) = K_\varepsilon$ zeichnen, welcher ganz in Γ liegt (Abb. 8). Wir werden jetzt die aus der Vektoranalysis wohlbekannte Greensche Integralformel auf das Gebiet $\Gamma - K_\varepsilon(t)$ anwenden (den Kreisbogen werden wir mit $\partial K_\varepsilon(t) = \partial K_\varepsilon$ bezeichnen). Im Gebiet $\Gamma - K_\varepsilon(t)$ hat G keine singuläre Stelle, der Integraloperator (3.14.06) ist somit für $\Gamma - K_\varepsilon(t)$ anwendbar. Wir haben dementsprechend, falls x die Auflösung von (3.14.05) ist (vorausgesetzt, daß diese vorhanden ist), folgendes:

$$\int_{\partial\Gamma} \left(G\frac{\partial x}{\partial n} - x\frac{\partial G}{\partial n} \right) d\sigma_s + \int_{\partial K_\varepsilon} \left(G\frac{\partial x}{\partial n} - x\frac{\partial G}{\partial n} \right) d\sigma_s$$

$$= \int_{\Gamma - K_\varepsilon(t)} (G\nabla^2 x - x\nabla^2 G) \, ds, \quad (3.41.07)$$

wobei $d\sigma_s$ das Linienelement (im Punkt s) ist, G bedeutet hier $G(., t)$ bei festem t, n die nach aussen gerichtete Normale des Gebiets $\Gamma - K_\varepsilon(t)$.

Aus $\mathscr{R}(x) = 0$ folgt nach (3.14.02) $x(s) = 0$ falls $s \in \partial\Gamma'$, $\dfrac{\partial x}{\partial n}(s) = 0$, falls $s \in \partial\Gamma''$ und $\dfrac{\partial x}{\partial n}(s) = g(s)x(s)$ für $s \in \partial\Gamma'''$, wobei $\partial\Gamma' \cup \partial\Gamma'' \cup \partial\Gamma''' = \partial\Gamma$ ist. Da $G(., t)$ nach 1° den gleichen Randbedingungen genügt wie x, folgt für das erste Integral an der linken Seite von (3.41.07):

$$\int_{\partial\Gamma} \left(G\frac{\partial x}{\partial n} - x\frac{\partial G}{\partial n} \right) d\sigma_s = \int_{\partial\Gamma'''} \left(G\frac{\partial x}{\partial n} - x\frac{\partial G}{\partial n} \right) d\sigma_s$$

$$= \int_{\partial\Gamma'''} (Ggx - xgG) \, d\sigma_s = 0.$$

Für das, im zweiten Integral an der linken Seite von (3.41.07) stehendes erste Glied gilt nach (3.14.03):

$$\int\limits_{\partial K_\varepsilon} G(s,t) \frac{\partial x}{\partial n}(s)\, d\sigma_s = \frac{1}{2\pi} \int\limits_{\partial K_\varepsilon} \frac{\partial x}{\partial n}(s) \log \|s-t\|\, d\sigma_s$$

$$+ \int\limits_{\partial K_\varepsilon} \gamma(s,t) \frac{\partial x}{\partial n}(s)\, d\sigma_s.$$

$\gamma(s,t)$ ist im ganzen Gebiet Γ stetig und beschränkt, also auch im Punkt $s=t$. Das gleiche gilt auch für $\dfrac{\partial x}{\partial n}$ falls man den Grenzübergang $s \to t$ durchführt. Aus diesen Gründen ergibt sich nach dem Mittelwertsatz der Integralgleichung

$$\lim_{\varepsilon \to 0} \int\limits_{\partial K_\varepsilon} \gamma(s,t) \frac{\partial x}{\partial n}(s)\, d\sigma_s = 0. \tag{3.14.08}$$

Nach der Definition von $K_\varepsilon(t)$ und dem Mittelwertsatz der Integralgleichung gilt offensichtlich

$$\frac{1}{2\pi} \int\limits_{\partial K_\varepsilon} \frac{\partial x}{\partial n}(s) \log \|s-t\|\, d\sigma_s = \frac{1}{2\pi} \log \varepsilon \int\limits_{\partial K_\varepsilon} \frac{\partial x}{\partial n}(s)\, d\sigma_s$$

$$= \frac{1}{2\pi} 2\varepsilon\pi \log \varepsilon \frac{\partial x}{\partial n}(s') = \varepsilon \log \varepsilon \frac{\partial x}{\partial n}(s'),$$

wobei s' eine gewisse Stelle am Kreisbogen ∂K_ε ist. $\dfrac{\partial x}{\partial n}$ bleibt in der Umgebung von t überall beschränkt, deshalb ist

$$\lim_{\varepsilon \to 0} \varepsilon \log \varepsilon \frac{\partial x}{\partial n}(s') = \frac{1}{2\pi} \lim_{\varepsilon \to 0} \int\limits_{\partial K_\varepsilon} \frac{\partial x}{\partial n}(s) \log \|s-t\|\, d\sigma_s = 0.$$

Wir wenden uns dem Grenzwert des Integrales

$$\int\limits_{\partial K_\varepsilon} x(s) \frac{\partial G}{\partial n}(s,t)\, d\sigma_s = \frac{1}{2\pi} \int\limits_{\partial K_\varepsilon} x(s) \frac{\partial}{\partial n} \log \|s-t\|\, d\sigma_s + \int\limits_{\partial K_\varepsilon} x(s) \frac{\partial \gamma}{\partial n}(s,t)\, d\sigma_s$$

$$= \frac{1}{2\pi} \int\limits_{\partial K_\varepsilon} x(s) \frac{1}{\|s-t\|} \frac{\partial \|s-t\|}{\partial n}\, d\sigma_s$$

$$+ \int\limits_{\partial K_\varepsilon} x(s) \frac{\partial \gamma}{\partial n}(s,t)\, d\sigma_s$$

zu.

Nach dem Mittelwertsatz gilt

$$\int_{\partial K_\varepsilon} x(s) \frac{\partial \gamma}{\partial n} (s, t) \, d\sigma_s = 2\pi\varepsilon x(s'') \frac{\partial \gamma}{\partial n} (s'', t),$$

wobei s'' wieder eine gewisse Stelle am Kreisbogen ∂K_ε ist. Wenn $\varepsilon \to 0$, dann ist $s'' \to t$ und wegen der Beschränktheit von $x \dfrac{\partial \gamma}{\partial n}$ in der Umgebung von t, gilt

$$\lim_{\varepsilon \to 0} \int_{\partial K_\varepsilon} x(s) \frac{\partial \gamma}{\partial n} (s, t) \, d\sigma_s = 0. \tag{3.14.10}$$

Was das Integral

$$\frac{1}{2\pi} \int_{\partial K_\varepsilon} x(s) \frac{1}{\|s - t\|} \frac{\partial \|s - t\|}{\partial n} \, d\sigma_s \tag{3.14.11}$$

anbelangt, dort muß berücksichtigt werden, daß am Kreisbogen ∂K_ε der Wert von $\|s - t\|$, unabhängig von der Lage von s, immer gleich ε ist. Die normale welche nach außen des Bereiches $\Gamma - K_\varepsilon(t)$ gerichtet ist, ist genau die Richtung des Radius des Kreises nach dem Mittelpunkt t des Kreises gerichtet. Aus diesem Grund gilt

$$\frac{\partial \|s - t\|}{\partial n} = -1$$

in jedem Punkt s von ∂K_ε. Das Integral (3.14.11) hat demzufolge unter Anwendung des Mittelwertsatzes folgenden Wert:

$$\frac{1}{2\pi} \int_{\partial K_\varepsilon} x(s) \frac{1}{\|s - t\|} \frac{\partial \|s - t\|}{\partial n} \, d\sigma_s = \frac{-1}{2\pi\varepsilon} 2\pi\varepsilon x(s''') = -x(s'''),$$

s''' bedeutet hier eine gewisse Stelle am Kreisbogen ∂K_ε. Wenn wir ε nach Null streben lassen, dann konvergiert s''' gegen t. Wegen der Stetigkeit von x im Punkte t gilt deshalb

$$\lim_{\varepsilon \to 0} \frac{1}{2\pi} \int_{\partial K_\varepsilon} x(s) \frac{1}{\|s - t\|} \frac{\partial \|s - t\|}{\partial n} \, d\sigma_s = -\lim_{\varepsilon \to 0} x(s''') = -x(t). \tag{3.14.12}$$

Unter Berücksichtigung von (3.14.08), (3.14.09), (3.14.10) und (3.14.12) ist also der Grenzwert der linken Seite (3.14.07) gleich $x(t)$.

Nach 3° ist andererseits $\nabla^2 G = 0$ in $\Gamma - K_\varepsilon(t)$, da t nicht im Bereich liegt. Aus diesem Grund verschwindet das zweite Glied des Integranden an der rechten Seite von (3.14.07). Nach Voraussetzung ist $\nabla^2 x = f$ und f ist stetig, deswegen ist der Grenzwert an der rechten Seite von (3.14.07) genau die rechte Seite von (3.14.06). Damit haben wir die Formel (3.14.06) bewiesen. □

3. Die Existenz der Lösung der Aufgabe (3.14.05). Wir werden jetzt zeigen, wenn ∇^2 mit der Randbedingung $\mathscr{R}(x) = 0$ eine Greensche Funktion besitzt, dann hat das Problem (3.14.05) eine Auflösung.

Satz 2. *Setzen wir voraus, daß der Differentialoperator ∇^2 mit den Randbedingungen $\mathscr{R}(.) = 0$ eine Greensche Funktion hat, dann ist das Problem (3.14.05) auflösbar.*

Beweis. Wir bilden die rechte Seite von (3.14.06) und setzten diese mit $x(s)$ gleich. Nun beweisen wir, daß $x(s)$ eine Lösung von $\Delta x = f$ mit der vorgeschriebenen Randbedingung $R(x) = 0$ ist. Dazu beachten wir (3.14.03), wonach

$$\int_\Gamma G(s, t) f(t)\, dt = \frac{1}{2\pi} \int_\Gamma f(t) \log \|s - t\|\, dt + \int_\Gamma \gamma(s, t) f(t)\, dt$$

ist. Wir werden von den folgenden Bezeichnungen

$$\varphi(s) := \frac{1}{2\pi} \int_\Gamma f(t) \log \|s - t\|\, dt \tag{3.14.13}$$

$$(s \in \Gamma)$$

$$\psi(s) := \int_\Gamma \Gamma(s, t) f(t)\, dt \tag{3.14.14}$$

gebrauch machen. Die Differenzierbarkeit von ψ ist unproblematisch, da γ in Γ gleichmäßig stetig und die ersten zwei Ableitungen nach s ebenfalls gleichmäß stetig sind. Daraus folgt: $\psi \in C^{(2)}(\Gamma)$. Wir werden jetzt zeigen, daß auch φ zur Klasse $C^{(2)}(\Gamma)$ gehört.

Es sei s ein innerer Punkt von Γ und versetzen den Ursprung des Koordinatensystems in den Punkts s. Dabei führen wir Polarkoordinaten ein, die Polarkoordinaten von t seien (r, ϑ) (Abb. 9) Dann ist $dt = r\, dr\, d\vartheta$ $(r = \|s - t\|)$ und es ergibt sich

$$\varphi(s) = \frac{1}{2\pi} \int_\Gamma f(t) \log \|s - t\|\, dt$$

$$= \frac{1}{2\pi} \int_{\Gamma'} f(r, \vartheta) r \log r\, dr\, d\vartheta, \tag{3.14.15}$$

wobei Γ' dasjenige Gebiet ist in welches Γ durch Einführung der Polarkoordinaten überführt wird.

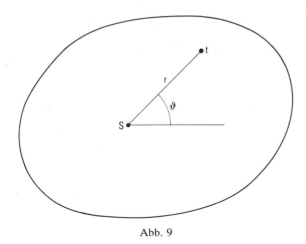

Abb. 9

Der Integrand an der rechten Seite von (3.14.15) ist beschränkt, die unabhängige Variable s tritt nur im Gebiet Γ' auf, sein Rand ist aber wieder glatt, deshalb ist auch $\varphi(s)$ eine glatte Funktion.

Man setzt

$$K(s, t) = K(t, s) := \frac{1}{2\pi} \log \|x - t\|$$

$$= \frac{1}{2\pi} \log \sqrt{(s_1 - t_1)^2 + (s_2 - t_2)^2},$$

dann gilt offensichtlich

$$\frac{\partial K}{\partial s_1} = -\frac{\partial K}{\partial t_1}; \qquad \frac{\partial K}{\partial s_2} = -\frac{\partial K}{\partial t_2}. \tag{3.14.16}$$

Wir erhalten nach der Greenschen Integrationsformel

$$\frac{\partial \varphi}{\partial s_1} = \int_\Gamma \frac{\partial K}{\partial s_1}(s, t) f(t)\, dt = -\int_\Gamma \frac{\partial K}{\partial t_1}(s, t) f(t)\, dt$$

$$= -\int_{\partial \Gamma} K(s, t) f(t)\, dt_2 + \int_\Gamma K(s, t) \frac{\partial f}{\partial t_1}\, dt$$

und mittels der gleichen Argumentation

$$\frac{\partial^2 \varphi}{\partial s_1^2}(s) = -\int_{\partial \Gamma} \frac{\partial K}{\partial s_1}(s, t) f(t)\, dt_2 + \int_\Gamma \frac{\partial K}{\partial s_1}(s, t) \frac{\partial f}{\partial t_1}\, dt$$

$$= \int_{\partial \Gamma} \frac{\partial K}{\partial s_1}(s, t) f(t)\, dt_2 - \int_\Gamma \frac{\partial K}{\partial t_1} \cdot \frac{\partial f}{\partial t_1}\, dt.$$

Die Integrale an der rechten Seite existieren, deshalb existiert auch $\partial^2\varphi/\partial s_1^2$. Genau so ergibt sich auch die Existenz von $\partial^2\varphi/\partial^2 s_2^2$ und man überzeugt sich leicht, wie oben

$$\frac{\partial^2\varphi}{\partial s_2^2}(s) = -\int_{\partial\Gamma} \frac{\partial K}{\partial t_2}(s,t)f(t)\,dt_1 - \int_\Gamma \frac{\partial K}{\partial t_2}(s,t)\frac{\partial f}{\partial t_2}\,dt.$$

Wenn wir jetzt diese eben gewonnenen Formeln addieren, ergibt sich

$$\nabla^2\varphi = \int_{\partial\Gamma} f(t)\left(\frac{\partial K}{\partial t_1}\,dt_2 - \frac{\partial K}{\partial t_2}\,dt_1\right)d\sigma_t - \int_\Gamma \left(\frac{\partial K}{\partial t_1}\frac{\partial f}{\partial t_1} + \frac{\partial K}{\partial t_2}\frac{\partial f}{\partial t_2}\right)dt$$

$$= \int_{\partial\Gamma} \frac{\partial K}{\partial n}(s,t)f(t)\,d\sigma_t - \int_\Gamma \left(\frac{\partial K}{\partial t_1}\frac{\partial f}{\partial t_1} + \frac{\partial K}{\partial t_2}\frac{\partial f}{\partial t_2}\right)dt.$$

Wir wollen jetzt wieder die Greensche Integrationsformel anwenden, deshalb schreiben wir um den innern Punkt $s\in\Gamma$ einen Kreis K_ε mit dem Radius ε genauso wie in Abb. 8. In dieser Weise ergibt sich:

$$\Delta\varphi = \int_{\partial\Gamma} \frac{\partial K}{\partial n}(s,t)f(t)\,d\sigma_t$$

$$-\lim_{\varepsilon\to 0} \int_{\Gamma - K_\varepsilon} \left(\frac{\partial K}{\partial t_1}\frac{\partial f}{\partial t_1} + \frac{\partial K}{\partial t_2}\frac{\partial f}{\partial t_2}\right)dt$$

$$= \int_{\partial\Gamma} \frac{\partial K}{\partial n}(s,t)f(t)\,dt - \int_{\partial\Gamma} \frac{\partial K}{\partial n}(s,t)f(t)\,dt - \lim_{\varepsilon\to 0} \int_{\partial K_\varepsilon} \frac{\partial K}{\partial n}(s,t)f(t)\,d\sigma_t$$

$$= -\lim_{\varepsilon\to 0} \int_{\partial K_\varepsilon} \frac{\partial K}{\partial n}(s,t)f(t)\,d\sigma_t = \frac{1}{2\pi}\int_{\partial K_\varepsilon} f(t)\frac{1}{\varepsilon}\frac{\partial\|s-t\|}{\partial\|s-t\|}\,d\sigma_t = f(s).$$

Wir haben demzufolge $\nabla^2\varphi = f$ erhalten. Von $\gamma(s,t)$ wissen wir, daß diese in Γ zweimal stetig differenzierbar in allen ihren Variablen ist und in Γ harmonisch ist, d.h. genügt der Gleichung $\nabla^2\gamma = 0$ für jeden Wert von $t\in\Gamma$, deshalb gilt

$$\nabla^2\psi = \int_\Gamma \nabla^2\gamma(s,t)f(t)\,dt = 0.$$

In dieser Weise ist $x = \varphi + \psi$ und x ist tatsächlich eine Lösung von $\nabla^2 x = f$. Was die Randbedingung anbelangt, auch diese ist befriedigt:

$$\mathscr{R}(x) = \int_\Gamma \mathscr{R}(G(.,t))f(t)\,dt = 0. \quad \square$$

Das Wesen der Sätze 1 und 2 besteht darin, daß man die Auflösung des Problems (3.14.05) auf das Problem (3.14.04) zurückgeführt hat. Nach Erfahrung kann dieses letztere in zahlreichen Fällen leichter gelöst werden wie (3.14.05). Das werden wir an Hand von Beispielen zeigen.

4. Zurückführung von zweidimensionalen Potentialtheoritischen Aufgaben auf Integralgleichungen. Wir werden jetzt immer voraussetzen, daß der Differentialoperator ∇^2 bezüglich der Randbedingung $\mathscr{R}(.) = 0$ eine Greensche Funktion $G(s, t)$ hat.

Es sei die Aufgabe

$$\nabla^2 x - \mu \rho x = f; \qquad \mathscr{R}(x) = 0 \qquad\qquad (3.14.16)$$

zu lösen, wobei μ eine Konstante, $\rho = \rho(s)$ eine in $\bar{\Gamma}$ definierte und stetige Funktion ist. Nehmen wir an, daß dieses Problem eine Auflösung x besitzt. Wenn wir die Differentialgleichung in die Form $\nabla^2 x = f + \mu \rho x$ umschreiben, dann muß nach Satz 1 die Funktion x der Integralgleichung

$$x(s) = \mu \int_\Gamma G(s, t)\rho(t)x(t) + \int_\Gamma G(s, t)f(t)\,dt \qquad\qquad (3.14.17)$$

genügen. Man sieht, das ist eine Integralgleichung zweiter Art. Wenn das Problem (3.14.16) inhomogen, d.h. $f \neq 0$ ($f \in C(\Gamma)$) ist, dann ist auch die Integralgleichung (3.14.17) inhomogen. Wäre nämlich die Störfunktion $F(s) := \int_\Gamma G(s, t)f(t)\,dt = 0$ ($s \in \Gamma$) obwohl $f \neq 0$ ist, so müßte $F(s) = 0$ ($s \in \Gamma$) nach Satz 2 eine Lösung des Problems $\nabla^2 y = f$, $\mathscr{R}(y) = 0$ sein, was offensichtlich nicht der Fall ist. Andererseits folgt aus Satz 2, daß jede Lösung von (3.14.17) die Aufgabe (3.14.16) befriedigt.

Ist die Aufgabe (3.14.16) homogen, d.h. ist $f = 0$ in Γ, dann wird diese in die homogene Integralgleichung

$$x(s) = \mu \int_\Gamma G(s, t)\rho(t)x(t)\,dt \qquad\qquad (3.14.18)$$

überführt.

5. Untersuchung der Integralgleichung (3.14.17). Der Kern der Integralgleichung (3.14.17) (bzw. (3.14.18)) ist

$$G(s, t)\rho(t) = K(s, t)\rho(t) + \gamma(s, t)\rho(t) \qquad (s, t \in \Gamma), \qquad (3.14.19)$$

wobei wie oben $K(s, t) = \dfrac{1}{2\pi} \log \|s - t\| = \dfrac{1}{2\pi} \log \sqrt{(s_1 - t_1)^2 + (s_2 - t_2)^2}$ ist. Der Kern unserer Integralgleichung ist entweder beschränkt, noch quadratisch integrierbar. Es fragt sich nun, was können wir mit unserer Integralgleichung anfangen?

Nach Satz 1; 2.35 können wir festellen, daß bei geeigneter Wahl der stetigen Funktion $p(s)$ $(s \in \bar{\Gamma})$ die zweite Iterierte von

$$\frac{p(t)}{\|s - t\|} \tag{3.14.20}$$

von der Gestalt $\log \|s - t\| \rho(t)$ ist (in unserem Fall ist $n = 2$, $\alpha = 1$). Nach Satz 3; 2.35 ist jede Iterierte von (3.14.20) von der dritten an beschränkt und da $K(s, t)$ die zweite Iterierte von (3.14.20) ist, ist die zweite Iterierte von K die vierte Iterierte von (3.14.20), also beschränkt. Daraus folgt, daß die zweite Iterierte von $G(s, t)\rho(t)$ auch beschränkt ist. Die Integraloperatoren, welche durch die Kerne $G(s, t)\rho(t)$, $K(s, t)\rho(t)$, $\gamma(s, t)\rho(t)$ erzeugt sind seien $\mathcal{G}$, $\mathcal{K}$ und $\mathcal{M}$, dann ist

$$\mathcal{G}^2 = \mathcal{K}^2 + \mathcal{M}^2 + \mathcal{K}\mathcal{M} + \mathcal{M}\mathcal{K}.$$

Der Kern von $\mathcal{K}^2$ ist beschränkt, wie wir es eben bemerkt haben, das gleiche gilt auch für $\mathcal{M}^2$, da γ eine, im Gebiet Γ harmonische und in $\bar{\Gamma}$ stetige Funktion ist. Aber auch $\mathcal{K}\mathcal{M}$ ist beschränkt, denn der Kern dieses Operator ist

$$\int_{\Gamma} \log \|s - \tau\| \, \rho(\tau)\gamma(\tau, t)\rho(t) \, d\tau \qquad (s, t \in \bar{\Gamma})$$

und dieses uneigentliche Integral existiert und stellt somit eine beschränkte Funktion von s und t dar. Der gleiche Sachverhalt gilt auch für $\mathcal{M}\mathcal{K}$ wegen der Symmetrie von $\log \|s - t\|$. Nach den Ausführungen von 2.35.4 gelten demzufolge die Fredholmsche Alternativsätze auch für die Integralgleichung (3.14.17).

Wir werden uns auf den in der Praxis meistens auftretenden Fall beschränken, wenn also $\rho \geqq 0$ ist. Wenn wir wieder $y(s) := x(s)\sqrt{\rho(s)}$ $(s \in \bar{\Gamma})$ einführen und die Gleichung (3.14.17) mit $\sqrt{\rho(s)}$ multiplizieren, erhalten wir folgendes

$$y(s) - \mu \int_{\Gamma} \sqrt{\rho(s)} \, G(s, t)\sqrt{\rho(t)} \, y(t) \, dt = F(s)\sqrt{\rho(s)}.$$

Das ist eine Fredholmsche Integralgleichung mit einem schwach singulären, symmetrischen Kern. Diese hat genau eine Auflösung wenn μ keine charakteristische Zahl von $\sqrt{\rho(s)} \cdot G(s, t) \cdot \sqrt{\rho(t)}$ ist. In diesem Fall hat auch (3.14.16) genau eine Lösung wie immer $f \in C(\bar{\Gamma})$ ist. Ist dagegen $f = 0$, dann übergeht (3.14.18) in eine homogene Integralgleichung mit symmetrischen schwach singulären Kern. Dieser hat charakteristische Zahlen, ist μ mit einer diesen gleich, so hat das homogene Problem (3.14.16) nichttriviale Lösungen.

Man kann zum Schluß bemerken, daß $\sqrt{\rho(s)}G(s, t)\sqrt{\rho(t)}$ unendlichviele charakteristische Zahlen (Eigenwerte) hat. Das folgt daraus, daß wie oben nachgewiesen wurde, $\mathscr{G}f = 0$ genau dann gilt, wenn $f = 0$ ist, $\mathscr{G}$ ist abgeschlossen, hat demzufolge abzählbar unendlichviele charakteristischen Zahlen.

3.15 Beispiele und Ergänzungen

a) Es sei Γ das Kreisgebiet $s_1^2 + s_2^2 = 1$ und x verschwinde am Rande von Γ d.h. es sei $u(s) = 1$, und $v(s) = 0$, $s \in \partial\Gamma$ in (3.14.02): $\mathscr{R}(x) = x(s) = 0$, $s \in \partial\Gamma$. Wir werden die Greensche Funktion $G(s, t)$ bestimmen.

Es sei $t = (t_1, t_2)$ ein innerer Punkt von Γ und $t' = (t_1', t_2')$ sein konjugierter Punkt bezüglich des Kreises $\partial\Gamma$ (Abb. 10). Dann gilt bekanntlich

$$\frac{t_1'}{\rho'} = \frac{t_1}{\rho},$$

wobei ρ bzw. ρ' der Abstand von t bzw. t' zum Ursprung it. Dann ist nach der Definition der konjugierten Punkte $\rho\rho' = 1$. Wir haben also

$$t_1' = t_1 \frac{\rho'}{\rho} = \frac{t_1}{\rho^2} = \frac{t_1}{t_1^2 + t_2^2}.$$

Analog

$$t_2' = \frac{t_2}{t_1^2 + t_2^2}.$$

Es sei nun $s = (s_1, s_1)$ ein, von t verschiedener innerer Punkt der Kreisscheibe Γ, r der Abstand von s zu t und r' der Abstand von s zu t'. Dann ist, wie bekannt

$$K(s, t) = \frac{-1}{2\pi} \log r = \frac{-1}{2\pi} \log \sqrt{(s_1 - t_1)^2 + (s_2 - t_2)^2}$$

eine harmonische Funktion (welche also für $s \neq t$ die Gleichung $\nabla^2 K(.,t) = 0$ befriedigt). Auch

$$K'(s, t) = \frac{1}{2\pi} \log r' = \frac{1}{2\pi} \log \sqrt{(s_1 - t_1')^2 + (s_2 - t_2')^2}$$

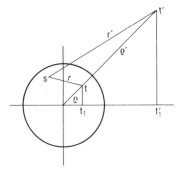

Abb. 10

ist für jedes festes t harmonisch, demzufolge ist auch die Differenz dieser Funktionen in Γ für $s \neq t$ harmonisch. Wir werden die Greensche Funktion in folgender Gestalt suchen:

$$G(s, t) = \frac{1}{2\pi} \log r - \frac{1}{2\pi} \log r' + g(s, t) = \frac{1}{2\pi} \log \frac{r}{r'} + g(s, t). \qquad (3.15.01)$$

Bei festem t bleibt r' von unten beschränkt. Wir lassen s jetzt auf die Kreislinie liegen. Dann ist nach einer wohlbekannten grundlegenden Eigenschaft der kongugierten Punkte $r/r' = c$ unabhängig von der Lage von s auf der Kreisline. Zuerst wollen wir diese Konstante c bestimmen. s kann der Schnittpunkt des Kreisbogens mit der Halbgeraden $0t'$ sein. Für diesen gilt dann $r = 1 - \rho$, $r' = \rho' - 1$ $(\rho \neq 0)$., deshalb ist

$$\frac{r}{r'} = \frac{1 - \rho}{\rho' - 1} = \frac{1 - \rho}{\frac{1}{\rho} - 1} = \rho = \sqrt{t_1^2 + t_2^2}$$

und das ist für jeden Randpunkt s gültig. Nach der Eigenschaft $1°$ der Greenschen Funktion in 3.14 muß

$$G(s, t) = \frac{1}{2\pi} \log \frac{r}{r'} + g(s, t) = 0$$

sein für jeden Punkt s auf $\partial\Gamma$. Daraus folgt

$$g(s, t) = -\frac{1}{2\pi} \log \frac{r}{r'} = \frac{-1}{2\pi} \log \sqrt{t_1^2 + t_2^2} = -\frac{1}{2\pi} \log \|t\|.$$

Die gesuchte Greensche Funktion ist also

$$G(s, t) = \frac{1}{2\pi} \log \frac{r}{r'} - \frac{1}{2\pi} \log \|t\|$$

$$= \frac{1}{2\pi} \log \frac{\|s - t\|}{\|s - t'\|} - \frac{1}{2\pi} \log \|t\| = \frac{1}{2\pi} \log \frac{\|s - t\|}{\|s - t'\| \|t\|}.$$

Hier ist $\gamma(s, t) = \frac{1}{2\pi} \log \|t\| \|s - t'\|$, das ist tatsächlich für jeden festen innern Punkt t eine harmonische Funktion.

b) Wir haben gesehen, daß im Ausdruck der Greenschen Funktion das Glied $\log \|s - t\|$ eine entscheidene Rolle spielt. Wir werden jetzt einige wichtige Eigenschaften dieses Gliedes festellen.

Es sei s ein innerer oder Randpunkt von Γ und t liege am (streckenweise glatten) Rand $\partial\Gamma$. Wir zeigen folgendes:

Satz 1

$$\frac{\partial}{\partial n_t} \log \frac{1}{\|s - t\|} = \frac{\cos(r_{st}, n_t)}{\|s - t\|},$$

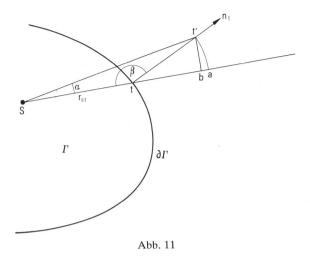

Abb. 11

wobei n_t die nach außen gerichtete Normale von $\partial\Gamma$ im Punkt t, r_{st} die, die Punkte s und t verbindende Gerade bedeutet.

Beweis. Es gilt

$$\frac{\partial}{\partial n_t}\log\frac{1}{\|s-t\|}=-\frac{\partial}{\partial n_t}\log\|s-t\|=-\frac{1}{\|s-t\|}\frac{\partial\|s-t\|}{\partial n_t}.$$

Aus der Abb. 11 kann man leicht entnehmen, daß $\dfrac{\partial\|s-t\|}{\partial n_t}=-\cos(r_{st},n_t)$ ist. Man wählt nämlich einen beliebigen Punkt t' ausserhalb von Γ auf der Normalen n_t. Es sei $d(s,t)=\|s-t'\|-\|s-t\|$. Wenn wir einen Kreisbogen mit dem Mittelpunkt s und Radius $\|s-t'\|$ konstruieren, so schneidet diese die Gerade $r_{s,t}$ im Punkt a. Die Senkrechte von t' auf r_{st} schneide diese letzte Gerade in b. Dann ist

$$d(s,t)=\|s-a\|-\|s-t\|=\|t-a\|=\|t-b\|+\|a-b\|$$

woraus folgt

$$\begin{aligned}
\frac{\partial\|s-t\|}{\partial n_t}&=\lim_{t'\to t}\frac{d(s,t)}{\|t-t'\|}=\lim_{t'\to t}\frac{\|t-b\|+\|a-b\|}{\|t-t'\|}\\
&=\lim_{t'\to t}\frac{\|t-b\|}{\|t-t'\|}+\lim_{t'\to t}\frac{\|a-b\|}{\|t-t'\|}=-\cos(r_{st},n_t)+\lim_{t'\to t}\frac{\|a-b\|}{\|t-t'\|}.
\end{aligned}$$

$$(3.15.02)$$

Wir betrachten den in der Abb. 11 bezeichneten Winkel α. Dann ist

$$\cos\alpha=\frac{\|s-b\|}{\|s-t'\|},$$

deswegen gilt

$$\|s-t'\| \cos \alpha = \|s-b\| = \|s-a\| - \|a-b\| = \|s-t'\| - \frac{\|s-t'\|\,\|a-b\|}{\|s-t'\|},$$

d.h.

$$\cos \alpha = 1 - \frac{\|a-b\|}{\|s-t'\|},$$

oder

$$\|a-b\| = \|s-t'\|\,(1-\cos \alpha) = \|s-t'\| \left(\frac{\alpha^2}{2!} - \frac{\alpha^4}{4!} + \frac{\alpha^6}{6!} \pm \cdots \right)$$

$$= \|s-t'\|\,\alpha^2 F(\alpha),$$

wobei $F(\alpha) = \dfrac{1}{2!} - \dfrac{\alpha^2}{4!} + \dfrac{\alpha^4}{6!} \mp \cdots$ eine in der Umgebung von $\alpha = 0$ beschränkte Funktion ist. Andererseits aber ist

$$\|b-t'\| = \|s-t'\| \sin \alpha$$

$$= \|s-t'\| \left(\alpha - \frac{\alpha^3}{3!} + \frac{\alpha^5}{5!} \pm \cdots \right) = \|s-t'\|\,\alpha G(\alpha),$$

wobei $G(\alpha) = 1 - \dfrac{\alpha^2}{3!} + \dfrac{\alpha^4}{5!} \mp \cdots$ eine in der Umgebung von $\alpha = 0$ beschränkte und in $\alpha = 0$ von Null verschiedene Funktion ist.

Wenn wir beachten, daß $\|t-t'\| > \|b-t'\|$ ist, dann ergibt sich

$$\frac{\|a-b\|}{\|t-t'\|} = \frac{\|s-t'\|\,\alpha^2 F(\alpha)}{\|t-t'\|} < \frac{\|s-t'\|\,\alpha^2 F(\alpha)}{\|b-t'\|}$$

$$= \frac{\|s-t'\|\,\alpha^2 F(\alpha)}{\|s-t'\|\,\alpha G(\alpha)} = \frac{F(\alpha)}{G(\alpha)}\,\alpha.$$

Für $t' \to t$, gilt $\alpha \to 0$, und da $G(0) = 1$ ist folgt

$$\lim_{t' \to t} \frac{\|a-b\|}{\|t-t'\|} = 0.$$

Damit haben wir nach (3.15.02) den Satz bewiesen. $\square$

c) Es sei

$$Q(s,t) := \frac{\cos (r_{st}, n_t)}{\|s-t\|} \quad (s, t \in \partial\Gamma). \tag{3.15.03}$$

Satz 2. *Der Rand $\partial\Gamma$ soll stetige Krümmung haben. Dann ist der in (3.15.03) definierter Kern $Q(s,t)$ stetig, wenn s und t beide die Kurve $\partial\Gamma$ durchlaufen.*

Beweis. Wir haben blos nachzuweisen, daß bei festem t der Grenzwert $\lim_{s \to t} Q(s,t)$ existiert und endlich ist. s bezeichne jetzt nicht den Punkt, sondern die Bogenlänge auf $\partial\Gamma$ von einem beliebigen, festen Punkt bis zum betrachteten Punkt, genau das soll auch die Bedeutung auch von t sein. Die natürliche Parameterdarstellung der Randkurve sei $u(s)$, $v(s)$, wobei u and v im Intervall $(0, l)$ zweimal stetig differenzierbare Funktionen sind (l bedeutet die Bogenlänge der Randkurve $\partial\Gamma$). Dann sind die rechtwinklige Komponenten von $n_t : (v'(t), -u'(t))$, und $r_{st} : (u(t)-u(s), v(t)-v(s))$, daher ist

$$Q(s, t) = \frac{[v(t)-v(s)]u'(t)-[u(t)-u(s)]v'(t)}{[u(t)-u(s)]^2+[v(t)-v(s)]^2}.$$

Die l'Hospitalsche Regel liefert

$$\lim_{s \to t} Q(s, t) = \frac{-v''(t)u'(t)+u''(t)v'(t)}{2} = Q(t, t). \quad \square$$

d) Es sei s ein beliebiger Punkt und t ein Randpunkt. Der Winkel welcher der Vektor von s nach t mit dem positiven Teil der ersten Koordinatenachse bildet sei w, die Richtung der Tangenten im Punkt t werden wir mit σ_t bezeichnen. Ist $\partial\Gamma$ ein glatter Rand, dann gilt:

Satz 3.

$$\frac{\partial}{\partial n_t} \log \frac{1}{\|s-t\|} = -\frac{dw}{d\sigma_t}.$$

Beweis. (s. Abb. 12). Aus der Abbildung entnimmt man unmittelbar, das die Projektion von $d\sigma_t$ auf die zum Vektor r_{st} senkrechte Richtung $-d\sigma_t \cdot \cos(r_{st}, n_t)$ ist, deshalb ist der Winkel dw mit welchem man das Bogenelement $d\sigma_t$ aus dem Punkt s sieht:

$$dw = -\frac{d\sigma_t \cos(r_{s,t}, n_t)}{\|s-t\|} = \frac{dw}{d\sigma_t} d\sigma_t,$$

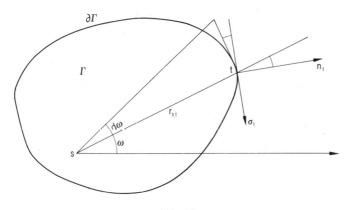

Abb. 12

daher ist

$$\frac{dw}{d\sigma_t} = -\frac{\cos(r_{s,t}, n_t)}{\|s - t\|} = \frac{\partial}{\partial n_t} \log \frac{1}{\|s - t\|}. \quad \square$$

e) Es soll das Integral

$$\int\limits_{\partial\Gamma} \frac{\partial}{\partial n_t} \log \frac{1}{\|s - t\|} d\sigma_t$$

berechnet werden, wenn s ein innerer, ein äußerer und ein Randpunkt von Γ ist. Dazu verwenden wir den Satz 3. Nach diesem ist

$$\int\limits_{\partial\Gamma} \frac{\partial}{\partial n_t} \log \frac{1}{\|s - t\|} d\sigma_t = -\int\limits_{\partial\Gamma} \frac{dw}{d\sigma_t} d\sigma_t = -\int\limits_{\partial\Gamma} dw = \begin{cases} -2\pi & \text{für } s \in \Gamma \\[2mm] -\pi & \text{für } s \in \partial\Gamma \\[2mm] 0 & \text{für } s \notin \Gamma \cup \partial\Gamma \end{cases}$$

$$(3.15.04)$$

f) Es seien jetzt s und t beide am Rande $\partial\Gamma$, s und t bedeute die Bogenlängewerte in diesem Punkten (wie im Beweis des Satzes 2), $(u(s), v(s))$ ist die natürliche Parameterdarstellung des Randes $\partial\Gamma$. Dann gilt

$$\frac{\partial}{\partial n_t} \log \frac{1}{\|s - t\|} = \frac{d}{ds} \arctan \frac{v(s) - v(t)}{u(s) - u(t)}. \qquad (3.15.05)$$

Nach der Definition von w (vgl. d.)) gilt $tgw = \dfrac{v(s) - v(t)}{u(s) - u(t)}$, woraus die Behauptung nach Satz 3, unmittelbar folgt.

3.16 Die Lösung der Grundaufgaben der Potentialtheorie mit Hilfe des Greenschen Kernes

1. Das Dirichletsche Problem. Die erste Grundaufgabe der Potential-theorie oder das *Dirichletsche Problem* lautet wie folgt: Es ist ein beschränktes Gebiet Γ in der Ebene gegeben, welches durch eine strecken-weise glatte und rektifizierbare Kurve $\partial\Gamma$ berandet ist. Es soll in Γ eine harmonische Funktion x bestimmt werden (d.h. eine solche die in Γ die Laplacesche Differentialgleichung $\nabla^2 x = 0$ befriedigt) welche am Rand $\partial\Gamma$ vorgegebene Werte annimmt: $x(s) = f(s)$, $s \in \partial\Gamma$. (f ist eine auf $\partial\Gamma$ definierte in voraus gegebene Funktion.)

Durch Anwendung der Ergebnisse der vorangehenden Abschnitten, können wir dieses wichtige Problem in folgender Weise lösen:

Es sei $F(s)$ ($s \in \Gamma \cup \partial\Gamma$) eine beliebige in Γ zweimal stetig differenzierbare Funktion welche an der Randkurve die vorgeschriebene Werte $f(s)$ ($s \in \partial\Gamma$) annimmt. Angenommen, daß unsere Aufgabe eine Lösung x hat, bilden wir die Funktion

$$X(s):= F(s)-x(s). \qquad (s \in \Gamma \cup \partial\Gamma) \qquad\qquad (3.16.01)$$

Offensichtlich gilt

$$X(s)=0 \quad \text{für} \quad s \in \partial\Gamma \qquad\qquad (3.16.02)$$

und

$$\nabla^2 X = \nabla^2 F \quad \text{in } \Gamma. \qquad\qquad (3.16.03)$$

Mit F ist natürlich auch $\nabla^2 F$ bekannt. Bezeichnet $G(s, t)$ den zu Γ gehörigen Greenschen Kern, dann ist die Lösung der Aufgabe (3.16.02), (3.16.03) nach (3.14.06)

$$X(s)= \int_\Gamma G(s, t)\nabla^2 F(t)\, dt \qquad (s \in \Gamma). \qquad\qquad (3.16.04)$$

Wenn wir schon X berechnet haben, dann erhalten wir die gesuchte Funktion x aus (3.16.01). Damit hätten wir schon unser Problem gelöst. Diese Lösung hat folgenden Schönheitsfehler: In der Auflösungsformel (3.16.04) steht eine willkürlich gewählte Funktion F, es scheint daß das Dirichletsche Problem unendlichviele Lösungen besitzt. In der Wirklichkeit jedoch ist die Lösung von der Wahl von F unabhängig. Das zu zeigen ist unser nächstes Ziel.

s bedeutet diesmal einen innern Punkt von Γ. Wir zeichnen um s als Mittelpunkt einen Kreis mit dem Radius ε. Dieser sei K_ε. Für ε genügend klein liegt K_ε im Gebiet (Abb. 13). Wir betrachten das beschränkte Gebiet $\Gamma - K_\varepsilon$. Nach der zweidimensionalen Greenschen Formel gilt:

$$\int_{\Gamma-K_\varepsilon} [G(s, t)\nabla^2 F(t) - F(t)\nabla^2 G(s, t)]\, dt$$

$$= \int_{\partial\Gamma} \left[G(s, t)\frac{\partial F}{\partial n_t} - F(t)\frac{\partial G(s, t)}{\partial n_t} \right] d\sigma_t$$

$$+ \int_{\partial K_\varepsilon} \left[G(s, t)\frac{\partial F}{\partial n_t} - F(t)\frac{\partial G(s, t)}{\partial n_t} \right] d\sigma_t, \qquad\qquad (3.16.05)$$

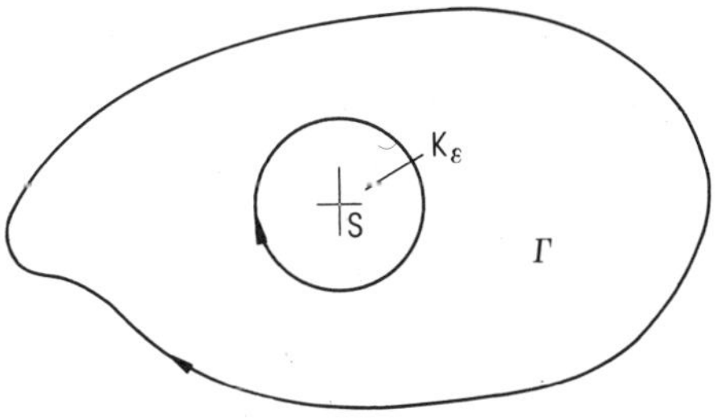

Abb. 13

wobei jetzt s festgehalten ist, n_t bezeichnet die nach aussen gerichtete Normale im Punkt t. Die Anwendung der Greenschen Formel ist gestattet, da $G(s, t)$ im Gebiet $\Gamma - K_\varepsilon$ glatt ist. Dabei gilt in $\Gamma - K_\varepsilon$ die Beziehung $\nabla^2 G(s, t) = 0$ (∇^2 wirkt auf t) und $G(s, t)$ verschwindet wenn t den Rand $\partial\Gamma$ durchläuft. Weiter ist am Rand $F(t) = f(t)$, deswegen gelten folgende Gleichungen:

$$\int_{\Gamma - K_\varepsilon} F(t)\nabla^2 G(s, t)\, dt = 0; \qquad \int_{\partial\Gamma} G(s, t)\frac{\partial F}{\partial n_t}\, d\sigma_t = 0;$$

$$\int_{\partial\Gamma} F(t)\frac{\partial G(s, t)}{\partial n_t}\, d\sigma_t = \int_{\partial\Gamma} f(t)\frac{\partial G(s, t)}{\partial n_t}\, d\sigma_t.$$

In Berücksichtigung dieser Feststellungen, nimmt (3.16.05) die folgende Gestalt an:

$$\int_{\Gamma - K_\varepsilon} G(s, t)\nabla^2 F(t)\, dt = -\int_{\partial\Gamma} f(t)\frac{\partial G(s, t)}{\partial n_t}\, d\sigma_t$$

$$+ \int_{\partial K_\varepsilon} \left[G(s, t)\frac{\partial F}{\partial n_t} - F(t)\frac{\partial G(s, t)}{\partial n_t} \right] d\sigma_t.$$

$$(3.16.06)$$

Wie wir schon erwähnt haben, bedeutet n_t die nach außen gerichtete Normale (vom Gebiets $\Gamma - K_\varepsilon$), das bedeutet, daß an der Kreislinie ∂K_ε hat n_t die Richtung nach dem Mittelpunkt des Radius. Wenn wir das in Kauf nehmen und beachten die explizite Form (3.14.03) der Greenschen Funktion, so ergibt sich folgendes

$$\int_{\partial K_\varepsilon} G(s, t)\frac{\partial F}{\partial n_t}\, d\sigma_t = \frac{1}{2\pi}\int_{\partial K_\varepsilon} \log\|s - t\|\frac{\partial F}{\partial n_t}\, d\sigma_t + \int_{\partial K_\varepsilon} \gamma(s, t)\frac{\partial F}{\partial n_t}\, d\sigma_t$$

$$= \frac{1}{2\pi} 2\pi\varepsilon \log\varepsilon\, \frac{\partial F}{\partial n_t}(t') + 2\pi\varepsilon\gamma(s, t'')\frac{\partial F}{\partial n_t}(t''),$$

$$(3.16.07)$$

hier bedeuten t', t'' gewisse Stellen an der Kreislinie ∂K_ε. Wegen der Stetigkeit von $\gamma(s, t)$ und der Beschränktkeit von $\dfrac{\partial F}{\partial n_t}$ folgt, daß die Glieder an der rechten Seite von (3.16.07) gegen Null streben für $\varepsilon \to 0$. Daher ist

$$\lim_{\varepsilon \to 0} \int_{\partial K_\varepsilon} G(s, t)\frac{\partial F}{\partial n_t}\, d\sigma_t = 0. \qquad\qquad (3.16.08)$$

Entlang des Kreisbogens ∂K_ε gilt

$$\frac{\partial G}{\partial n_t} = -\frac{\partial G}{\partial \|s-t\|} = \frac{-1}{2\pi} \frac{d}{d\|s-t\|} \log\|s-t\| - \frac{d}{d\|s-t\|} \gamma(s,t)$$

$$= \frac{-1}{2\pi} \frac{1}{\|s-t\|} - \frac{d}{d\|s-t\|} \gamma(s,t),$$

deshalb erhalten wir durch Anwendung des Mittelwertsatzes der Integralrechnung

$$\int\limits_{\partial K_\varepsilon} F(t) \frac{\partial G}{\partial n_t} d\sigma_t = -\frac{1}{2\pi\varepsilon} \int\limits_{\partial K_\varepsilon} F(t)\, d\sigma_t - \int\limits_{\partial K_\varepsilon} F(t) \frac{d}{d\|s-t\|} \gamma(s,t)\, d\sigma_t$$

$$= -F(\tau') - 2\pi\varepsilon F(\tau'') \frac{d}{d\|s-t\|} \gamma(s,\tau''),$$

wobei τ' und τ'' gewisse Stellen an $\partial \Gamma_\varepsilon$ sind. Lassen wir jetzt ε gegen 0 streben, dann gilt $\tau' \to s$, $\tau'' \to s$ und da F, $\dfrac{d}{d\|s-t\|} \gamma(s,t)$ beschränkt sind und F bezüglich s stetig ist, ergibt sich

$$\lim_{\varepsilon \to 0} \int\limits_{\partial K_\varepsilon} F(t) \frac{\partial G}{\partial n_t} d\sigma_t = -F(s),$$

also

$$\lim_{\varepsilon \to 0} \int\limits_{\partial K_\varepsilon} \left[G(s,t) \frac{\partial F}{\partial n_t} - F(t) \frac{\partial G}{\partial n_t} \right] d\sigma_t = F(s).$$

Beim Grenzübergang $\varepsilon \to 0$ hat demzufolge die rechte Seite von (3.16.06) einen Grenzwert, also existiert auch der Grenzwert der linken Seite:

$$\lim_{\varepsilon \to 0} \int\limits_{\Gamma - K_\varepsilon} G(s,t) \nabla^2 F(t)\, dt = \int\limits_{\Gamma} G(s,t) \nabla^2 F(t)\, dt = -\int\limits_{\partial\Gamma} \frac{\partial G}{\partial n_t} f(t)\, dt + F(s).$$

Das aber ist nach (3.16.04) genau $X(s)$. In Berücksichtigung von (3.16.01) gewinnen wir die grundlegend wichtige Formel

$$x(s) = \int\limits_{\partial\Gamma} \frac{\partial G}{\partial n_t}(s,t) f(t)\, d\sigma_t. \tag{3.16.09}$$

Das gilt für die Lösung der Dirichletschen Aufgabe, und wir sehen, daß x *von der willkürlichen Funktion F unabhängig ist.*

2. Das Neumannsche Problem.

Es soll jetzt eine in Γ harmonische Funktion x bestimmt werden deren Ableitung in Richtung der Normalen zum Rand $\partial\Gamma$ in voraus gegeben ist. Diese Aufgabe heißt (nach Carl Neumann) die

Neumannsche Aufgabe oder die *zweite Randwertaufgabe der Potential-theorie.* x soll dementsprechend folgenden Bedingungen genügen:

$$\nabla^2 x(s) = 0 \quad \text{für} \quad s \in \Gamma \quad \text{und} \quad \frac{\partial x}{\partial n}(s) = f(s) \quad \text{für} \quad s \in \partial\Gamma. \quad (3.16.10)$$

f ist eine, in den Randpunkten $\partial\Gamma$ definierte, in voraus gegebene Funktion. Hir soll Γ ein beschränktes Gebiet mit streckenweise glattem Rand sein. n bedeutet die nach außen gerichtete Normale zum Rand $\partial\Gamma$.

Die Idee der Lösung ist ähnlich zu der des Dirichletschen Problems. Es sei wieder $F(s)$ eine in Γ zweimal stetig differenzierbare Funktion welche in $\Gamma \cup \partial\Gamma$ stetig ist und für welche

$$\frac{\partial F}{\partial n}(s) = f(s) \qquad s \in \partial\Gamma \qquad\qquad (3.16.11)$$

gilt. Angenommen, daß die Aufgabe (3.16.10) eine Lösung x hat, betrachten wir anstatt $x(s)$ die Funktion

$$X(s) = F(s) - x(s) \qquad s \in \bar\Gamma = \Gamma \cup \partial\Gamma. \qquad (3.16.12)$$

Für diese gilt einerseits

$$\frac{\partial X}{\partial n}(s) = \frac{\partial F}{\partial n}(s) - \frac{\partial x}{\partial n}(s) = 0 \quad \text{für} \quad s \in \partial\Gamma, \qquad (3.16.13)$$

andererseits

$$\nabla^2 X = \nabla^2 F - \nabla^2 x = \nabla^2 F \quad \text{in } \Gamma. \qquad (3.16.14)$$

Falls F bekannt ist, so ist auch $\nabla^2 F$ bekannt. Wir werden anstatt das Problem (3.16.10) die Aufgabe (3.16.13), (3.16.14) lösen.

Wir setzen voraus, daß ∇^2 für das Gebiet Γ und die Randbedingung (3.16.13) eine Greensche Funktion $G(s, t)$ besitzt, welches wir nach dem in 3.14 beschriebenen Verfahren bestimmt haben. Dann ist die Lösung der Aufgabe (3.16.13), (3.16.14) nach (3.14.06)

$$X(s) = \int_\Gamma G(s, t)\nabla^2 F(t)\, dt, \qquad\qquad (3.16.15)$$

womit wir unser Problem eigentlich gelöst haben. Diesen Ausdruck werden wir derart umformen, daß die willkürliche Funktion F aus ihm verschwinde. Diese Umformung vollziehen wir genau so wie beim Dirichletschen Problem. K_ε, ∂K_ε bedeute das gleiche wie in 1, dann haben wir nach der Greenschen Formel

$$\int_{\Gamma - K_\varepsilon} [G(s, t)\nabla^2 F(t) - F(t)\nabla^2 G(s, t)]\, dt =$$

$$\int_{\partial\Gamma} \left[G(s, t)\frac{\partial F}{\partial n_t}(t) - F(t)\frac{\partial G(s, t)}{\partial n_t} \right] d\sigma_t + \int_{\partial K_\varepsilon} \left[G(s, t)\frac{\partial F}{\partial n_t}(t) - F(t)\frac{\partial G(s, t)}{\partial n_t} \right] d\sigma_t.$$

Im Gebiet $\Gamma - K_\varepsilon$ ist $\nabla^2 G(s,t) = 0$ (bei festem s) und nach der Definition von G gilt $\dfrac{\partial G(s,t)}{\partial n_t} = 0$ ($t \in \partial\Gamma$), daher ist

$$\int\limits_{\Gamma - K_\varepsilon} F(t)\nabla^2 G(s,t)\, dt = 0; \qquad \int\limits_{\partial\Gamma} F(t)\frac{\partial G(s,t)}{\partial n_t}\, d\sigma_t = 0.$$

Andererseits gilt nach (3.16.11)

$$\int\limits_{\partial\Gamma} G(s,t)\frac{\partial F}{\partial n_t}(t)\, d\sigma_t = \int\limits_{\partial\Gamma} G(s,t)f(t)\, d\sigma_t.$$

Wir haben also folgende Beziehung

$$\int\limits_{\Gamma - \partial K_\varepsilon} G(s,t)\nabla^2 F(t)\, dt = \int\limits_{\partial\Gamma} G(s,t)f(t)\, dt$$

$$+ \int\limits_{\partial K_\varepsilon} \left[G(s,t)\frac{\partial F}{\partial n_t} - F(t)\frac{\partial G(s,t)}{\partial n_t} \right] d\sigma_t.$$

Lassen wir ε gegen Null streben, dann ist der Grenzert des Integrals welches sich auf ∂K_ε bezieht aus den gleichen Gründen wie in 1 genau $F(s)$, deshalb gilt

$$\int\limits_{\Gamma} G(s,t)\nabla^2 F(t)\, dt = \int\limits_{\partial\Gamma} G(s,t)f(t)\, d\sigma_t + F(s).$$

Wenn wir nach (3.16.15) für die linke Seite $X(s)$ setzen, nachher (3.16.12) berücksichtigen ergibt sich sofort

$$x(s) = -\int\limits_{\Gamma} G(s,t)f(t)\, dt \qquad\qquad\qquad (3.16.16)$$

als die Lösung der Neumannschen Aufgabe.

Es soll hier bemerkt werden, wenn x eine Lösung der Neumannschen Aufgabe ist, dann ist auch $x + C$ eine, wobei C eine beliebige Konstante ist. Man überzeugt sich leicht, daß die Differenz von zwei Lösungen der Neumannschen Aufgabe eine Konstante ist. Diese Bemerkung ist eine Folge der Tatsache, daß C überall harmonisch ist und seine Ableitung in Richtung der Normale verschwindet.

3.17 Die Greensche Funktion des dreidimensionalen Laplaceschen Differentialoperators

1. Voraussetzungen über das Gebiet und den Rand. Es soll ein beschränktes Gebiet Γ in $\mathbb{R}^3$ betrachtet werden, welches durch eine Fläche

$\partial\Gamma$ berandet ist. Über dieser letzten soll vorausgesetzt werden, daß sie eine abgeschlossene *Ljapunoff–Fläche ist*.

Eine Fläche Φ heißt eine Ljapunoff–Fläche, falls sie in endlichviele Teilflächen Φ_k $(k = 1, 2, \ldots, n)$ zerlegt werden kann derart, daß jede Teilfläche Φ_k in jedem Punkt eine Normale besitzt und noch folgende Bedingungen erfüllt sind:
a) Es seien s und t zwei beliebige Punkte der Fläche Φ_k, der Winkel ϑ welcher durch die Normalen n_s, n_t eingeschloßen ist genüge der Ungleichung

$$0 < \vartheta < c \, \|s - t\|^\alpha, \qquad\qquad (3.17.01)$$

wobei c und α positive Konstanten sind, welche nicht von der Lage der Punkte s und t abhängen. (s und t bezeichnen gleichzeitig die Lagevektoren der Punkte, $\|.\|$ ist die dreidimensionalen euklidische Norm.)
b) Es existierte eine positive, nur von der Fläche Φ_k abhängige Konstante ε, so daß wenn wir zu jedem Punkt s die Kugel $K_\varepsilon(s)$ bilden, dann hat jede zu n_s parallelen Gerade höchstens einen gemeinsamen Punkt mit der Menge $\Phi_k \cap K_\varepsilon(s)$.

Es soll bemerkt werden, daß die mehrheit der in der Praxis vorkommenden Flächen (Kugeloberfläche, Ellipsoideboberfläche, Kreiskugel- und Kreiszylinderoberflächen u.s.w.) alle vom Ljapunoffschen Typ sind. Es existieren natürlich auch Flächen, welche den obigen Bedingungen nicht genügen, diese sind also keine Ljapunoff–Flächen. Die Fläche mit der Gleichung

$$s_2 - \sin \frac{1}{s_1} = 0, \qquad s_3 = \text{beliebig}$$

z.B. genügt der Bedingung b) nicht, eine solche wird von unsern Betrachtungen ausgeschlossen.

Unter Gebiet werden wir ein beschränktes, durch eine geschlossene Ljapunoff–Fläche begränzte Punktmenge verstehen. Das Wort Fläche wird immer Ljapunoff–Fläche bedeuten.

2. Definition der Greenschen Funktion in $\mathbb{R}^3$. Es sei Γ ein beschränktes Gebiet in $\mathbb{R}^3$ mit der Randfläche $\partial\Gamma$. Wir werden eine homogene Randbedingung $R(x)$ von der Gestalt

$$R(x) = u(s)x(s) + v(s)\frac{\partial x}{\partial n_s}(s) = 0 \qquad (s \in \partial\Gamma) \qquad (3.17.02)$$

angeben, wobei u und v in voraus gegebene, am Rand $\partial\Gamma$ definierte Funktionen sind. Unter *Greenschen Funktion* (oder Greenschen Kern) von

$$\nabla^2 = \frac{\partial^2}{\partial s_1^2} + \frac{\partial^2}{\partial s_2^2} + \frac{\partial^2}{\partial s_3^2} \qquad\qquad (3.17.03)$$

bezüglich des Gebietes Γ und der Randbedingung $R(.) = 0$ verstehen wir eine Funktion $G(s, t)$ (ausführlicher geschrieben $G(s_1, s_2, s_3; t_1, t_2, t_3)$),

welche folgende Eigenschaften besitzt:
1°) Für jeden festen Punkt $t \in \Gamma$ ist

$$\nabla^2 G(s, t) = 0 \qquad s \neq t;$$

2°) Für jeden festen Punkt $t \in \Gamma$ gilt

$$R(G(., t)) = 0,$$

3°) $G(s, t)$ hat folgende Gestalt

$$G(s, t) = \frac{1}{4\pi} \frac{1}{\|s - t\|} + \gamma(s, t), \qquad (s \neq t) \tag{3.17.04}$$

wobei $\gamma(., t)$ für jedes t eine Funktion aus der Klasse $C^{(2)}(\Gamma)$ ist. γ ist weiter eine in s und t symmetrische Funktion.

Wir wissen aus den Elementen der Analysis, daß für jeden festen Punkt t gilt

$$\nabla^2 \frac{1}{\|s - t\|} = 0, \qquad (s \neq t)$$

deshalb muß auch γ für jeden Punkt $s \in \Gamma$ eine harmonische Funktion sein. γ wird aus den vorgeschriebenen Randbedingungen berechnet.

3. Die Inverse des dreidimensionalen Laplace-operators. Es soll folgende Aufgabe gelöst werden: Es sei Γ ein beschrenktes Gebiet in $\mathbb{R}^3$ mit dem Rand $\partial\Gamma$. Man bestimme eine in Γ zur Klasse $C^{(2)}(\Gamma)$ gehörige und in $\bar{\Gamma} = \Gamma \cup \partial\Gamma$ stetige Funktion x, für welche

$$\nabla^2 x = -f \quad \text{in } \Gamma, \qquad R(x) = 0 \tag{3.17.05}$$

gilt.

Diesbezüglich gilt folgender Satz:

Satz 1. *Setzen wir voraus, daß die Greensche Funktion $G(s, t)$ von ∇^2 in Bezug Γ und $R(.)$ existiert. Hat die Aufgabe (3.17.05) eine Lösung, so ist diese von der Gestalt*

$$x(s) = \int_{\Gamma} G(s, t) f(t) \, dt, \tag{3.17.06}$$

wobei f eine in $\bar{\Gamma}$ gegebene stetige Funktion ist. Umgekehrt: Die in (3.17.06) definierte Funktion gehört der Klasse $C^{(2)}(\Gamma)$ an und befriedigt die Bedingungen (3.17.05)

($\int_{\Gamma}$ bedeutet ein dreifaches Integral erstreckt auf das Gebiet Γ, $dt = dt_1 \, dt_2 \, dt_3$).

Wie wichtig immer dieser Satz ist, bringen wir seinen *Beweis* hier nicht, einerseits um den Umfang dieses Buches nicht unbegründet zu vergrössern, andererseits, darum weil er eine wörtliche Wiederholung der Beweise von den Sätzen 1; 3.14 und 2; 3.14 ist. Der einzige Unterschied ist, daß man anstatt der zweidimensionalen, die dreidimensionalen Greensche Formel benutzt (Hier wird von der Voraussetzung, daß $\partial\Gamma$ eine Ljapunoffsche–Fläche ist, gebrauch gemacht.)

4. Anwendung der Theorie der Integralgleichungen zur Lösung der räumlichen potentialtheoretischen Grundaufgaben
a) Es soll folgende Aufgabe gelöst werden:

$$\nabla^2 x + \lambda\rho x = f, \qquad \mathcal{R}(x) = 0, \tag{3.17.07}$$

wobei λ eine (reelle oder komplexe Zahl), ρ eine in $\bar\Gamma$ definierte nichtnegative stetige Funktion und f eine gegebene, ebenfalls stetige Funktion in $\bar\Gamma$ ist. Nach Satz 1 hat diese Aufgabe genau dann eine Lösung x, wenn x folgender Integralgleichung genügt:

$$x(s) - \lambda \int_\Gamma G(s, t)\rho(t)x(t)\, dt = -\int_\Gamma G(s, t)f(t)\, dt. \tag{3.17.08}$$

Ist $f \not\equiv 0$, so ist die rechte Seite gewiß von Null verschieden. Wäre nämlich

$$\int_\Gamma G(s, t)f(t)\, dt = 0 \qquad (s \in \Gamma),$$

so hätte nach Satz 1 die Aufgabe $\nabla^2 x = f$; $R(x) = 0$ die Lösung $x = 0$, was nicht der Fall ist. Demzufolge ist die Integralgleichung (3.17.08) eine inhomogene Integralgleichung falls die Aufgabe (3.17.07) inhomogen ist.

Allerdings ist der Kern $G(s, t)\rho(t)$ der Integralgleichung nicht beschränkt. Ein Vergleich mit dem Kern (2.35.02) zeigt, daß unser Kern ein schwach singulärer Kern ist (hier ist $n = 3$, $\alpha = 1$), demzufolge gelten für ihn die Fredholmsche Sätze. Ist also die Aufgabe (3.17.07) inhomogen, dann hat diese genau eine Lösung, falls λ keine charakteristische Zahl des Kernes $G(s, t)\rho(t)$ ist (vorausgesetzt natürlich, daß die Greensche Funktion G vorhanden ist.) Diese kann man Auflösen indem man die inhomogene Integralgleichung (3.17.08) durch die in 2.35 beschriebenen Methode löst.

b) Falls $f(s) = 0$ $(s \in \Gamma)$ ist, dann handelt es sich um die homogene Aufgabe

$$\nabla^2 x + \lambda\rho x = 0 \qquad \mathcal{R}(x) = 0. \tag{3.17.09}$$

Diese ist mit der Integralgleichung

$$x(s) - \lambda \int_\Gamma G(s, t)\rho(t)x(t)\, dt = 0 \tag{3.17.10}$$

gleichwertig. Diese letzte besitzt genau dann nichttriviale Lösungen, wenn λ

mit einer der charakteristischen Zahlen der Kernes $G(s, t)\rho(t)$ gleich ist. Wenn wir wieder die Integralgleichung (3.17.10) mit $\sqrt{\rho(s)}$ multiplizieren und die neue unbekannte Funktion $y(s) := x(s)\sqrt{\rho(s)}$ einführen, dann gilt für diese letztere die Integralgleichung

$$y(s) - \lambda \int_\Gamma \sqrt{\rho(s)}\, G(s, t)\sqrt{\rho(t)}\, y(t)\, dt = 0.$$

Das ist eine homogene Integralgleichung zweiter Art mit dem reell symmetrischen schwach singulären Kern $\sqrt{\rho(s)}\, G(s, t)\sqrt{\rho(t)}$. Diese hat nach den Feststellungen von 2.35.4. 1° abzählbar unendlich viele charakteristische Zahlen, die Menge dieser haben im Endlichen keinen Häufungspunkt.

5. Ein Beispiel. Es sei diesmal Γ die Einheitskugel in $\mathbb{R}^3$, d.h.

$$\bar{\Gamma} = \{s \mid s \in \mathbb{R}^3 : \|s\| \leq 1\}.$$

Es soll die Greensche Funktion von ∇^2 bezüglich der Randbedingung $\mathscr{R}(x) = x(s) = 0 \quad s \in \partial\Gamma = \{s \mid \|s\| = 1\}$ bestimmt werden. Das Verfahren ist ähnlich zu dem welches wir im zweidimensionalen Fall (3.15a) kennengelernt haben.

Es seien s und t zwei Punkte in der Kugel Γ (mit den Koordinaten (s_1, s_2, s_3) bzw. (t_1, t_2, t_3)). Der konjugierte Punkt von t bezüglich der Kugeloberfläche sei t' und genau wie in (3.15a) (vgl. Abb. 10) bezeichne ρ und ρ' den Abstand von t bzw. t' zum Mittelpunkt der Kugel. Dann gilt $t_1'/\rho' = t_1/\rho$ (t_1', t_2', t_3' sind die rechtwinkligen Koordinaten von t'), woraus

$$t_1' = t_1 \frac{\rho'}{\rho} = \frac{t_1}{\rho^2} = \frac{t_1}{t_1^2 + t_2^2 + t_3^2}$$

in Berücksichtigung von $\rho\rho' = 1$ folgt. Analog ist

$$t_2' = \frac{t_2}{t_1^2 + t_2^2 + t_3^2}\,; \qquad t_3' = \frac{t_3}{t_1^2 + t_2^2 + t_3^2}.$$

Die gesuchte Greensche Funktion ist, wie immer von der Gestalt

$$G(s, t) = \frac{1}{4\pi} \frac{1}{\|s - t\|} + \gamma(s, t),$$

wobei $\gamma(., t)$ in Γ eine harmonische Funktion für jeden festen Punkt t in Γ ist mit der Eigenschaft, daß $G(s, t) = 0$ für $s \in \partial\Gamma$ gelte. Wir setzen

$$\gamma(s, t) = -\frac{1}{4\pi} \frac{1}{\|s - t'\|\,\|t\|}$$

und zeigen, daß diese Funktion den vorgeschriebenen Bedingungen genügt. Es ist klar, daß $\gamma(., t)$ für jeden festen Wert von t in $\bar{\Gamma}$ beschränkt und in Γ harmonisch ist, denn jede Funktion von der Gestalt $\dfrac{1}{\|s - t'\|}$ ist harmonisch (der Leser überzeuge sich durch ein direktes Rechnen darüber!) und γ ist mit dieser proportional (der Faktor ist bei festem t konstant). Nach der Eigenschaft der konjugierten Punkte bezüglich der Kugeloberfläche gilt bekanntlich

$$\frac{\|s - t\|}{\|s - t'\|} = c, \qquad (s \in \partial\Gamma)$$

wobei c eine, von der Lage des Punktes s an der Kugeloberfläche unabhängige Konstante ist (welche natürlich von t abhängt). Wählen wir als s den Schnittpunkt der Strecke $0, t'$ mit der Kugeloberfläche, für diesen ist $\|s - t\| = 1 - \rho, \|s - t'\| = \rho' - 1$, somit ist

$$c = \frac{\|s - t\|}{\|s - t'\|} = \frac{1 - \rho}{\rho' - 1} = \frac{1 - \rho}{\dfrac{1}{\rho} - 1} = \rho = \sqrt{t_1^2 + t_2^2 + t_3^2}.$$

Ist also s jetzt ein beliebiger von t verschiedener Punkt an der Kugeloberfläche, dann gilt

$$G(s, t) = \frac{1}{4\pi}\frac{1}{\|s - t\|} - \frac{1}{4\pi}\frac{1}{\|t\|}\frac{1}{\|s - t'\|} = \frac{1}{4\pi}\left(\frac{1}{\|s - t\|} - \frac{1}{\rho}\frac{1}{\|s - t'\|}\right)$$

$$= \frac{1}{4\pi}\left(1 - \frac{1}{\rho}\frac{\|s - t\|}{\|s - t'\|}\right)\frac{1}{\|s - t\|} = \frac{1}{4\pi}\left(1 - \frac{\rho}{\rho}\right)\frac{1}{\|s - t\|} = 0,$$

damit ist gezeigt, daß $\gamma(., t)$ tatsächlich eine passende Funktion ist. Der gesuchte Greensche Kern ist also

$$G(s, t) = \frac{1}{4\pi}\frac{1}{\|s - t\|} - \frac{1}{4\pi}\frac{1}{\|t\|}\frac{1}{\|s - t'\|} \qquad (s, t \in \Gamma). \tag{3.17.11}$$

Wir müssen nur noch überlegen, daß G auch dann beschränkt bleibt, wenn der sog. Aufpunkt t der Mittelpunkt der Kugel, d.h. $t = 0$ ist. Nach der Formel (3.17.11) ist das nicht ganz trivial. Wir wissen aber, daß $\rho\rho' = 1$ und $\rho' = \|t'\| = \|s - t' - s\| \geqq |\|s - t'\| - \|s\||$ ist. Daher folgt

$$1 = \rho\rho' > \|t\| \, |\|s - t'\| - \|s\|| > 0.$$

Wenn $\|t\| \to 0$, dann bleibt also $\|t\| \cdot \|s - t'\|$ beschränkt.

3.18 Das Dirichlet- und Neumansche Problem im dreidimensionalen Raum

1. Die explizite Gestalt der Lösung des Dirichletschen Problems.
Es sei in $\mathbb{R}^3$ ein beschränktes Gebiet Γ berandet durch eine abgeschlossene Ljapunoff–Fläche $\partial\Gamma$ vorgegeben. Das *Dirichletsche Problem* besteht in der Bestimmung einer in Γ harmonischen Funktion, welche am Rand $\partial\Gamma$ vorgeschriebene Werte annimmt. Es soll also sine in $\bar{\Gamma}$ definierte Funktion x bestimmt werden, welche in Γ der Laplaceschen Differentialgleichung

$$\nabla^2 x = 0$$

und auf dem Rand der Bedingung

$$x(s) = f(s) \qquad s \in \partial\Gamma$$

genügt, wobei f eine auf $\partial\Gamma$ definierte gegebene Funktion ist.

Wir werden ähnlich wie in 3.16.1 verfahren. F sei eine beliebige in Γ mindestens zweimal stetig differenzierbare Funktion welche an der Fläche $\partial\Gamma$ die vorgeschriebene Werte f annimmt.

Wir setzen jetzt voraus, daß die Dirichletsche Aufgabe eine Lösung x hat. Dann bilden wir die Funktion

$$X(s) = x(s) - F(s) \qquad (s \in \bar{\Gamma}). \tag{3.18.01}$$

Offensichtlich verschwindet diese auf $\partial\Gamma$ und genügt der Poissonschen Differentialgleichung

$$\nabla^2 X = -\nabla^2 F$$

im Gebiet Γ. Mit F ist natürlich auch $\nabla^2 F$ bekannt. Mit der Einführung der Funktion X haben wir das Dirichletsche Problem auf die Aufgabe (3.17.05) zurückgeführt. Ist $G(s, t)$ die zum Gebiet Γ gehörige Greensche Funktion (vorausgesetzt, daß diese existiert) dann haben wir nach Satz 1; 3.17

$$X(s) = \int_\Gamma G(s, t)\nabla^2 F(t)\, dt. \tag{3.18.02}$$

Wir zeigen, wie im zweidimensionalen Fall, daß x von der Wahl von F unabhängig ist und gewinnen eine gut brauchbare Form für die Lösung x. Diesen Beweis führen wir anolog zu den Überlegungen von 3.16.1.

Der Greensche Kern hat für $s = t$ eine Singularität. Halten wir s in Γ fest und legen eine Kugel mit dem Mittelpunkt s um ihn dessen Radius r so klein gewählt werden soll, daß diese Kugel $K_\varepsilon(s) = K_\varepsilon$ im Innern von Γ liegt. In Gebiet $\Gamma - K_\varepsilon$ ist $G(s, .)$ (als Funktion von t) harmonisch. Nach der bekannten (dreidimensionalen) Greenschen Formel gilt

$$\int\limits_{\Gamma - K_\varepsilon} [G(s, t)\nabla^2 F(t) - F(t)\nabla^2 G(s, t)]\, dt$$

$$= \int\limits_{\partial\Gamma}^{\partial K} \left[G(s, t)\frac{\partial F}{\partial n_t} - F(t)\frac{\partial}{\partial n_t} G(s, t) \right] d\sigma_t$$

$$+ \int\limits_{\partial K_\varepsilon} \left[G(s, t)\frac{\partial F}{\partial n_t} - F(t)\frac{\partial}{\partial n_t} G(s, t) \right] d\sigma_t, \tag{3.18.03}$$

wobei $d\sigma_t$ das Oberflächendifferential im Punkt t bedeutet. Diese Identität kann angewendet werden, da $\partial\Gamma$ eine Ljapunoff–Fläche ist.

Da $\nabla^2 G(s, .) = 0$ in $\Gamma - K_\varepsilon$ ist, hat die linke Seite dieser Gleichung die Form

$$\int\limits_{\Gamma - K_\varepsilon} G(s, t) \nabla^2 F(t)\, dt. \tag{3.18.04}$$

Nach der Definition verschwindet die Greensche Funktion in den Punkten der Oberfläche $\partial\Gamma$ und $F(t)$ ist damit $f(t)$ gleich, deshalb gilt

$$\int\limits_{\partial\Gamma} \left[G(s, t)\frac{\partial F}{\partial n_t} - F(t)\frac{\partial}{\partial n_t} G(s, t) \right] d\sigma_t = -\int\limits_{\partial\Gamma} F(t)\frac{\partial}{\partial n_t} G(s, t)\, d\sigma_t$$

$$= -\int\limits_{\partial\Gamma} f(t)\frac{\partial}{\partial n_t} F(s, t)\, d\sigma_t. \tag{3.18.05}$$

In Berücksichtigung von (3.18.04) und (3.18.05) nimmt (3.17.03) die folgende Gestalt an:

$$\int\limits_{\Gamma - K_\varepsilon} G(s, t)\nabla^2 F(t)\, dt = -\int\limits_{\partial\Gamma} f(t)\frac{\partial}{\partial n_t} G(s, t)\, d\sigma_t$$

$$+ \int\limits_{\partial K_\varepsilon} \left[G(s, t)\frac{\partial F}{\partial n_t} - F(t)\frac{\partial}{\partial n_t} G(s, t) \right] d\sigma_t, \tag{3.18.06}$$

n_t bezeichnet die zum Randpunkt t gehörige, bezüglich des Gebietes $\Gamma - K_\varepsilon$ nach außen gerichtete Normale. Diese ist in den Punkten der Kugeloberfläche K_ε der gegen den Mittelpunkt s gerichteter Radiusvektor. Deshalb gilt für $t \in \partial K_\varepsilon$

$$\frac{\partial}{\partial n_t} = -\frac{d}{d\|s - t\|}.$$

Wenn wir außerdem noch die explizite Gestalt (3.17.04) des Greenschen Kernes beachten, so ergibt sich

$$-\int\limits_{\partial K_\varepsilon} F(t)\frac{\partial}{\partial n_t} G(s, t)\, d\sigma_t = \int\limits_{\partial K_\varepsilon} F(t)\frac{\partial}{\partial\|s - t\|} G(s, t)\, d\sigma_t$$

$$= \frac{1}{4\pi} \int\limits_{\partial K_\varepsilon} F(t)\frac{d}{d\|s - t\|}\frac{1}{\|s - t\|}\, d\sigma_t$$

$$+ \int\limits_{\partial K_\varepsilon} F(t)\frac{\partial}{\partial\|s - t\|} \gamma(s, t)\, d\sigma_t. \tag{3.18.07}$$

Hier aber ist

$$\frac{d}{d\,\|s-t\|}\frac{1}{\|s-t\|} = -\frac{1}{\|s-t\|^2}$$

und an der Kugeloberfläche $\|s-t\| = \varepsilon$ konstant, daher wird nach dem Mittelwertsatz der Integralrechnung

$$-\int\limits_{\partial K_\varepsilon} F(t)\frac{\partial}{\partial n_t}G(s,t)\,d\sigma_t = -\frac{1}{4\pi}\int\limits_{\partial K_\varepsilon} F(t)\,dt + \int\limits_{\partial K_\varepsilon} F(t)\frac{\partial}{\partial\|s-t\|}\gamma(s,t)\,d\sigma_t$$

$$= -\frac{1}{4\pi\varepsilon^2}4\pi\varepsilon^2 F(t') + \int\limits_{\partial K_\varepsilon} F(t)\frac{\partial}{\partial\|s-t\|}\gamma(s,t)\,d\sigma_t$$

$$= -F(t') + \int\limits_{\partial K_\varepsilon} F(t)\frac{\partial}{\partial\|s-t\|}\gamma(s,t)\,d\sigma_t,$$

$$(3.18.08)$$

wobei t' ein gewisser Punkt an der Kugeloberfläche ∂K_ε ist. Wenn wir den Ausdruck (3.18.08) in (3.18.06) einsetzen, ergibt sich durch nochmalige Anwendung des Mittelwertsatzes

$$\int\limits_{\Gamma - K_\varepsilon} G(s,t)\nabla^2 F(t)\,dt = -\int\limits_{\partial\Gamma} f(t)\frac{\partial}{\partial n_t}G(s,t)\,d\sigma_t + \int\limits_{\partial K_\varepsilon} G(s,t)\frac{\partial F}{\partial n_t}\,d\sigma_t$$

$$- F(t') + \int\limits_{\partial K_\varepsilon} F(t)\frac{\partial}{\partial\|s-t\|}\gamma(s,t)\,d\sigma_t$$

$$= \int\limits_{\partial\Gamma} f(t)\frac{\partial}{\partial n_t}G(s,t)\,d\sigma_t - \frac{1}{4\pi\varepsilon}\int\limits_{\partial K_\varepsilon}\frac{\partial F}{\partial n_t}\,d\sigma_t$$

$$+ \int\limits_{\partial K_\varepsilon}\gamma(s,t)\frac{\partial F}{\partial n_t}\,d\sigma_t$$

$$- F(t') - \int\limits_{\partial K_\varepsilon} F(t)\frac{\partial}{\partial n_t}\gamma(s,t)\,d\sigma_t$$

$$= \int\limits_{\partial\Gamma} f(t)\frac{\partial}{\partial n_t}G(s,t)\,d\sigma_t - F(t') - \frac{1}{4\pi\varepsilon}4\pi\varepsilon^2\frac{\partial F}{\partial n_t}(t'')$$

$$+ 4\pi\varepsilon^2\gamma(s,t'')\frac{\partial F}{\partial n_t}(t''') - 4\pi\varepsilon^2 F(t'''')\frac{\partial}{\partial n_t}\gamma(s,t''''),$$

$$(3.18.09)$$

wobei t'', t'', t'''' gewisse Stellen an der Kugeloberfläche ∂K_ε sind. Führen wir den Grenzübergang $\varepsilon \to 0$ durch. Dann gelten t', t'', t'', $t'''' \to s$ und wegen der Stetigkeit von F, $\dfrac{\partial F}{\partial n_t}$, sowie die von $\gamma(s, .)$, $\dfrac{\partial \gamma}{\partial n_t}$ $(s, .)$ (als Funktionen von t) bleiben diese bei diesem Grenzübergang beschränkt, deswegen gelten folgende Bezeichnungen

$$\lim_{\varepsilon \to 0} F(t') = F(s)$$

$$\lim_{\varepsilon \to 0} \varepsilon \frac{\partial F}{\partial n_t}(t'') = 0, \qquad \lim_{\varepsilon \to 0} 4\pi \varepsilon^2 \gamma(s, t''') \frac{\partial F}{\partial n_t}(t'') = 0$$

$$\lim_{\varepsilon \to 0} 4\pi \varepsilon^2 F(t'''') \frac{\partial \gamma}{\partial n_t}(s, t'''') = 0.$$

Die rechte Seite von (3.18.09) hat also einen Grenzwert, somit hat auch die linke Seite und es gilt

$$\int_\Gamma G(s, t) \nabla^2 F(t)\, dt = \int_{\partial\Gamma} f(t) \frac{\partial}{\partial n_t} G(s, t)\, d\sigma_t - F(s).$$

Andererseits ist die linke Seite nach (3.17.02) gleich $X(s)$, deshalb ist

$$X(s) = \int_{\partial\Gamma} f(t) \frac{\partial}{\partial n_t} G(s, t)\, d\sigma_t - F(s).$$

Wir ziehen schließlich (3.18.01) heran, und erhalten

$$x(s) = \int_{\partial\Gamma} f(t) \frac{\partial}{\partial n_t} G(s, t)\, d\sigma_t \qquad\qquad (3.18.10)$$

als Lösung der räumlichen Dirichletschen Aufgabe.

Dieses Resultat ist in Anologie des Ergebnisses (3.16.09).

2. Das Poissonsche–Integral. Wir werden jetzt das Dirichletsche Problem bezüglich einer Kugel mit dem Mittelpunkt im Koordinatensystemursprung und Radius 1 berechnen. Dazu werden wir die Ergebnisse (3.18.10) und (3.17.11) verwenden.

Es sei s ein festgehaltener innerer Punkt in $\Gamma = K_1(\theta)$ und vertauschen im Ausdruck (3.17.11) s und t (was wegen der Symmetrie von $G(s, t)$ gestattet ist)

$$G(s, t) = \frac{1}{4\pi} \frac{1}{\|s - t\|} - \frac{1}{4\pi} \frac{1}{\|s\| \, \|t - s'\|}$$

wobei s' der zu s konjugierte Punkt ist. Wir haben nach (3.18.10) den

Ausdruck

$$\frac{\partial}{\partial n_t} G(s,t) = \frac{1}{4\pi} \left[\frac{\partial}{\partial n_t} \frac{1}{\|s-t\|} - \frac{1}{\|s\|} \frac{\partial}{\partial n_t} \frac{1}{\|t-s'\|} \right]$$

zu bilden.

Es gilt

$$\frac{\partial}{\partial n_t} \frac{1}{\|s-t\|} = \left(\frac{d}{d\|s-t\|} \frac{1}{\|s-t\|} \right) \frac{\partial \|s-t\|}{\partial n_t} = -\frac{1}{\|s-t\|^2} \cdot \frac{\partial \|s-t\|}{\partial n_t}.$$

Wir haben im Beweis des Satzes 1; 3.15 (an Hand der Abbildung 11) bewiesen, daß

$$\frac{\partial \|s-t\|}{\partial n_t} = -\cos(r_{s,t}, n_t)$$

ist (belanglos ist, daß die Überlegungen an der zitierten Stelle auf den zweidimensionalen Fall sich bezogen, da die Dimensionszahl überhaupt nicht ins Spiel gekommen ist). Deshalb gilt

$$\frac{\partial}{\partial n_t} \frac{1}{\|s-t\|} = \frac{1}{\|s-t\|^2} \cos(r_{s,t}, n_t).$$

Genauso erhält man

$$\frac{\partial}{\partial n_t} \frac{1}{\|t-s'\|} = \left(\frac{d}{d\|t-s'\|} \frac{1}{\|t-s'\|} \right) \frac{\partial \|t-s'\|}{\partial n_t}$$

$$= -\frac{1}{\|t-s'\|^2} \frac{d\|t-s'\|}{\partial n_t} = \frac{1}{\|t-s'\|} \cos(r_{ts}, n_t).$$

Nach dem Cosinussatz (s. Abb. 14) ergibt sich

$$\|s\|^2 = \|s-t\|^2 + 1 + 2\|s-t\| \cos(r_{s,t}, n_t)$$
$$\|s'\|^2 = \|s'-t\|^2 + 1 + 2\|s'-t\| \cos(r_{s,t}, n_t).$$

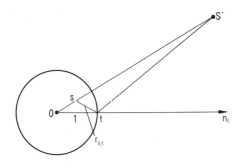

Abb. 14

Aus disen Gleichungen folgt

$$-\cos\left(r_{st},\, n_t\right) = \frac{1 + \|s - t\|^2 - \|s\|^2}{2\,\|s - t\|} \tag{3.18.11}$$

$$-\cos\left(r_{ts'},\, n_t\right) = \frac{1 + \|t - s'\|^2 - \|s'\|^2}{2\,\|s'\|}. \tag{3.18.12}$$

Da s und s' konjugierte Punkte sind, haben wir

$$\frac{\|s - t\|}{\|t - s'\|} = \frac{\|s\|}{\|t\|} = \|s\|$$

woraus

$$\|t - s'\| = \frac{\|s - t\|}{\|s\|} \tag{3.18.13}$$

folgt. Wir setzen diesen Ausdruck in (3.18.12) ein und erhalten

$$-(\cos r_{s't},\, n_t) = \frac{\|s\|^2 + \|s - t\|^2 - \|s'\|^2 \,\|s\|^2}{2\,\|s - t\| \cdot \|s\|}.$$

Andererseits aber widerum, weil s und s' konjugierte Punkte sind, ist $\|s\|\,\|s'\| = 1$, woraus folgt

$$-\cos\left(r_{s't},\, n_t\right) = \frac{\|s\|^2 + \|s - t\|^2 - 1}{2\,\|s - t\|\,\|s\|}.$$

Wenn wir die Beziehung (3.18.13) nochmals verwenden, ergibt sich

$$\frac{\partial}{\partial n_t}\, G(s, t) = \frac{1}{8\pi}\left[-\frac{1 + \|s - t\|^2 - \|s\|^2}{\|s - t\|^3} + \frac{1}{\|s\|\,\|t - s'\|^2}\,\frac{\|s\|^2 + \|s - t\|^2 - 1}{\|s - t\|\,\|s\|}\right]$$

$$= \frac{1}{8\pi}\left[-\frac{1 + \|s - t\|^2 - \|s\|^2}{\|s - t\|^3} + \frac{\|s\|^2}{\|s - t\|^2}\,\frac{\|s\|^2 + \|s - t\|^2 - 1}{\|s - t\|\,\|s\|^2}\right]$$

$$= \frac{1}{8\pi}\left[\frac{-1 - \|s - t\|^2 + \|s\|^2}{\|s - t\|^3} + \frac{\|s\|^2 + \|s - t\|^2 - 1}{\|s - t\|^3}\right]$$

$$= \frac{1}{4\pi}\,\frac{\|s\|^2 - 1}{\|s - t\|^3} = -\frac{1}{4\pi}\,\frac{1 - \|s\|^2}{\|s - t\|^3}.$$

Wir führen jetzt räumliche Polarkoordinaten ein:

$$s = (r, \vartheta, \varphi); \qquad t = (1, \theta, \Phi),$$

dann ist $\|s\| = r$, $\|s - t\| = (1 - r^2 - 2r \cos \gamma)^{1/2}$ und $d\sigma_t = d\theta\, d\Phi$, wobei γ der durch die zu s und t gehörigen Radien eingeschlossener Winkel ist. Dabei gilt

$$\cos \gamma = \cos \vartheta \,\cos \theta + \sin \vartheta \,\sin \theta \,\cos (\varphi - \Phi).$$

Wenn wir die obigen Formeln in (3.18.10) einsetzen, ergibt sich

$$x(s) = x(r, \vartheta, \varphi)$$

$$= \frac{1}{4\pi} \int\limits_0^{2\pi} \int\limits_0^{\pi} \frac{1 - r^2}{[1 + r^2 - 2r(\cos\vartheta\cos\theta + \sin\vartheta\sin\theta\cos(\varphi - \Phi)]^{3/2}}$$

$$\times f(\theta, \Phi) \, d\theta \, d\Phi. \qquad (0 \le r \le 1)$$

Diese Formel heißt das *Poissonsche Integral* bezüglich der Kugel.

Ganz anolog hätten wir eine Formel für die Lösung des Dirichletschen Problems bezüglich des Einheitskreises im zweidimensionalen Fall ableiten können. Diese lautet

$$x(r, \varphi) = \frac{1}{2\pi} \int\limits_0^{2\pi} \frac{1 - r^2}{1 + r^2 - 2r\cos(\varphi - \Phi)} f(\Phi) \, d\Phi \qquad (0 \le r \le 1),$$

wobei (r, φ) die Polarkoordinaten eines innern Punktes des Einheitskreises ist. Wir werden diese Formel auf einen andern Wege ableiten.

3. Eine Auflösungsformel für die Neumannsche Aufgabe. Es sei Γ wieder ein beschränktes, durch eine Ljapunoffsche abgeschlossene Fläche $\partial\Gamma$ begrenztes Gebiet im Raum $\mathbb{R}^3$, es soll diesmal eine in Γ harmonische Funktion x bestimmt werden (d.h. eine welche in Γ der Differentialgleichung $\nabla^2 x = 0$ genügt) und welche am Rand der Bedingung

$$\frac{\partial x(t)}{\partial n_t} = f(t) \qquad (t \in \partial\Gamma) \tag{3.18.14}$$

genügt. (Neumannsche Aufgabe.) Unser Ziel ist einen expliziten Ausdruck für die Lösung x zu bestimmen.

Der Gedankengang ist ähnlich zu den welchen wir bei dem Dirichletschen Problem verwendet haben.

Wir bezeichnen mit F eine in $\bar{\Gamma}$ zweimal stetig differenzierbare, sonst beliebige Funktion, welche an der Randfläche der Bedingung

$$\frac{\partial F(t)}{\partial n_t} = f(t) \qquad (t \in \partial\Gamma) \tag{3.18.15}$$

genügt. Wenn wir jetzt

$$X(s) = x(s) - F(s) \qquad (s \in \bar{\Gamma}) \tag{3.18.16}$$

setzen, dann befriedigt X folgende Gleichungen

$$\nabla^2 X = -\nabla^2 F \quad \text{in } \Gamma; \qquad \frac{\partial X}{\partial n_t} = 0 \quad \text{am Rande } \partial\Gamma.$$

Da die Randbedingung homogen ist, können wir die Auflösungsformel des

Satzes 1; 3.17 anwenden:

$$X(s) = \int_{\Gamma} G(s, t) \nabla^2 F(t) \, dt,$$

wobei G die Greensche Funktion des Gebietes Γ welche zur obigen homogenen Randbedingung gehört bedeutet (vorausgesetzt, daß diese vorhanden ist).

Genau wie in 3.18.1 gilt auch hier

$$\int_{\partial\Gamma} F(t) \frac{\partial G}{\partial n_t}(s, t) \, d\sigma_t = 0$$

und man kann für $\dfrac{\partial F}{\partial n_t}$ auf $\partial\Gamma$ $f(t)$ schreiben. So ergibt sich aus der räumlichen Greenschen Formel, wieder genauso wie aus (3.18.03)

$$\int_{\Gamma-K_\varepsilon} G(s, t) \nabla^2 F(t) \, dt = \int_{\partial\Gamma} G(s, t) f(t) \, d\sigma_t$$

$$+ \int_{\partial K_\varepsilon} \left[G(s, t) \frac{\partial F}{\partial n_t} - F(t) \frac{\partial G}{\partial n_t}(s, t) \right] d\sigma_t,$$

wobei die Bezeichnungen K_ε, ∂K_ε die gleichen sind wie in 3.18.1. Wir führen hier den Grenzübergang $\varepsilon \to 0$ durch, dann ergibt sich in Berücksichtigung obiger Bemerkungen

$$\int_{\Gamma} G(s, t) \nabla^2 F(t) \, dt = \int_{\partial\Gamma} G(s, t) f(t) \, dt - F(s),$$

woraus nach (3.18.16)

$$x(s) = \int_{\Gamma} G(s, t) f(t) \, dt$$

folgt. x erweist sich auch hier von der Wahl F unabhängig zu sein.

Es muß hier bemerkt werden, daß im Gegensatz zur Dirichletschen Aufgabe das Neumannsche Problem, wenn überhaupt, unendlich viele Lösung besitzt. Das liegt daran, daß mit $G(s, t)$ auch $G(s, t) + c$ eine zur obigen Randbedingung gehörige Greensche Funktion ist, wobei c eine beliebige Konstante ist, denn wegen $\dfrac{\partial c}{\partial n_t} = 0$ $(t \in \partial\Gamma)$ genügt, auch $G(s, t) + c$ den Bedingungen, welche der Greensche Kern zu erfüllen hat. Daraus folgt, wenn x eine Lösung der Neumannschen Aufgabe ist, dann ist auch $x + c$ (c konstant) eine.

3.2 Die Lösung der Potentialtheoretischen Grundaufgaben mit Hilfe Einfacher- und Doppelschichten

3.21 Integraloperatoren mit Cauchyschen Kernen

1. Hauptwert von uneigentlichen Integralen. Es sei $f(t)$ eine im Intervall (a, b) definierte Funktion, welche im Punkt c $(a < c < b)$ unbeschränkt ist. Existieren die uneigentlichen Integrale $\int_a^c f(t)\, dt$ und $\int_c^b f(t)\, dt$, so ist

$$\int_a^c f(t)\, dt + \int_c^b f(t)\, dt = \lim_{\substack{0<\varepsilon'\to 0 \\ 0<\varepsilon''\to 0}} \left[\int_a^{c-\varepsilon'} f(t)\, dt + \int_{c+\varepsilon''}^b f(t)\, dt \right] \qquad (3.21.01)$$

wobei ε' und ε'' unabhängig voneinander gegen Null streben definitionsgemäß das $\int_a^b f(t)\, dt$.

Es kann passieren, daß die Grenzwerte an der rechten Seite von (3.21.01) nicht existieren trotzdem ist der Grenzwert

$$\lim_{0<\varepsilon\to 0} \left[\int_a^{c-\varepsilon} f(t)\, dt + \int_{c+\varepsilon}^b f(t)\, dt \right] \qquad (3.21.02)$$

vorhanden. In diesem Fall wird der Grenzwert (3.21.02) der *Cauchysche Hauptwert* des Integrals $\int_a^b f(t)\, dt$ genannt und mit

$$\text{HW.} \int_a^b f(t)\, dt \qquad (3.21.03)$$

bezeichnet. Wenn die Gefahr eines Irrtums nicht vorhanden ist, schreibt man für (3.21.03) einfach nur

$$\int_a^b f(t)\, dt \qquad (3.21.04)$$

und kann höchstens die Bemerkung hinzufügen, daß das Integral (3.21.04) im Sinn des Cauchyschen Hauptwertes zu verstehen ist.

Wenn das uneigentliche Integral $\int_a^b f(t)\, dt$ existiert, dann existiert auch das Integral im Sinn des Cauchyschen Hauptwertes und die beiden Werte sind miteinander gleich. Umgekehrt gilt das natürlich i.A. nicht: Es kann passieren, daß das Integral im Sinn des Cauchyschen Hauptwertes vorhanden ist obwohl das uneigentliche Integral nicht existiert. Dazu ein Beispiel: Das uneigentliche Integral von $1/t$ bezüglich $(-1, 1)$ existiert offensichtlich nicht.

Dafür aber gilt

$$\text{HW} \int\limits_{-1}^{+1} \frac{dt}{t} = \lim_{0<\varepsilon\to 0} \left[\int\limits_{-1}^{-\varepsilon} \frac{dt}{t} + \int\limits_{\varepsilon}^{1} \frac{dt}{t} \right] = \lim_{0<\varepsilon\to 0} [\log \varepsilon - \log \varepsilon] = 0.$$

Der folgende Satz spielt in zahlreichen Anwendungen eine wesentliche Rolle:

Satz 1. *Ist $f(t) \in \text{Lip } \alpha$ $(0 < \alpha \leqq 1)$ im Intervall (a, b), dann existiert für ein c mit $a < c < b$ das Integral*

$$\text{HW} \int\limits_{a}^{b} \frac{f(t)}{t-c}\, dt. \tag{3.21.05}$$

Beweis. Auf Grund der Voraussetzung über $f(t)$ existiert eine Konstante K mit

$$|f(t') - f(t'')| \leqq K\, |t' - t''|^{\alpha} \qquad t', t'' \in (a, b). \tag{3.21.06}$$

Wir schreiben

$$\int\limits_{a}^{b} \frac{f(t)}{t-c}\, dt = \int\limits_{a}^{b} \frac{f(t)-f(c)}{t-c}\, dt + f(c) \int\limits_{a}^{b} \frac{dt}{t-c}. \tag{3.21.07}$$

Nach (3.21.06) gilt folgende Abschätzung

$$\left| \int\limits_{a}^{b} \frac{f(t)-f(c)}{t-c} \right| \leqq \int\limits_{a}^{b} \frac{|f(t)-f(c)|}{|t-c|}\, dt \leqq K \int\limits_{a}^{b} \frac{|t-c|^{\alpha}}{|t-c|}\, dt$$

$$= K \int\limits_{a}^{b} |t-c|^{\alpha-1}\, dt = \begin{cases} \dfrac{K}{\alpha} \left| \dfrac{b-c}{a-c} \right|^{\alpha} & \text{für} \quad 0 < \alpha < 1 \\[2mm] K(b-a) & \text{für} \quad \alpha = 1 \end{cases}$$

und

$$\text{HW} \int\limits_{a}^{b} \frac{dt}{t-c} = \lim_{0<\varepsilon\to 0} \left[\int\limits_{a}^{c-\varepsilon} \frac{dt}{t-c} + \int\limits_{c+\varepsilon}^{b} \frac{dt}{t-c} \right] = \log \frac{b-c}{c-a}. \quad \square$$

Man kann leicht den Begriff des Hauptwertes auf Kurvenintegrale übertragen. Es sei k eine Kurve in der Ebene mit stetiger Krümmung (diese kann eine offene oder geschlossene Kurve sein). c sei eine Komplexe Zahl deren entsprechender Punkt auf der Kurve k liegt, sei aber von den eventuellen Endpunkten von k verschieden. Wir zeichnen um c einen Kreis $K_{\varepsilon}(c)$ mit dem Radius $\varepsilon > 0$. Wenn wir jetzt denjenigen Teil von k

streichen, welcher gemeinsam mit $K_\varepsilon(c)$ ist, und bezeichnen den Rest der Kurve mit k_ε, dann betrachten wir den Grenzwert

$$\lim_{0<\varepsilon\to 0} \int_{k_\varepsilon} f(\xi)\, d\xi$$

(falls dieser existiert) als den Hauptwert des Kurvenintegrals $\int_k f(\xi)\, d\xi$. Ist $f(\xi)$ über k eigentlich oder uneigentlich integrierbar, dann ist auch der Hauptwert seines Integrals vorhanden und mit dem Integral gleich. Es kann aber passieren, daß der Hauptwert existiert obwohl die Funktion über k uneigentlich nicht integrierbar ist. In diesem Sinn kann der Cauchysche Hauptwert des Integrals als eine Verallgemeinerung des Begriffs des uneigentlichen Integrals betrachtet werden.

Die Funktion $f(t)$ sei in den Punkten der Kurve k definiert. Hier bedeutet $f\in \text{Lip}\,\alpha$, daß es eine Konstante K existiert für welche

$$|f(t')-f(t'')| \leqq K\,|t'-t''|^\alpha \qquad t',\,t''\in k \tag{3.21.08}$$

gilt. Es soll darauf geachtet werden, daß in der Bedingung (3.21.08) t' und t'' komplexe Zahlen sind zu deren gehörende Punkte auf der Kurve k liegen. Analog zum Satz 1 gilt folgende Behauptung:

Satz 2. *Es sei k eine (offene oder geschlossene) Kurve mit stetiger Krümmung in der komplexen Zahlenebene und f eine entlang der Kurve k definierte Funktion die der Klasse $\text{Lip}\,\alpha$ angehört. Dann existiert*

$$\text{HW} \int_k \frac{f(t)}{t-s}\, dt$$

wobei s ein beliebiger innerer Punkt von k ist.

Wir bringen den Beweis dieses Satzes nicht, er verläuft ganz analog wie der des Satzes 1.

2. Integraloperatoren mit Cauchyschen Kernen. Es sei k wieder eine Kurve wie in 1 und $x(t)\in \text{Lip}\,\alpha$ $(0<\alpha\leqq 1)$. Man kann im Prinzip das Integral

$$y(s):=\frac{1}{2\pi i} \int_k \frac{x(t)}{t-s}\, dt \tag{3.21.09}$$

für jedes $s\in\mathbb{C}$ für welches dieses Integral entweder im üblichen Sinn oder im Sinn des Cauchyschen Hauptwertes existiert bilden. Deshalb definiert (3.21.09) eine Integraltransformation. Der Kern dieser ist $\dfrac{1}{2\pi i}\dfrac{1}{t-s}$ $(t,s\in\mathbb{C})$, welchen wir *Cauchyschen Kern* nennen. Man kann beweisen, wenn k eine abgeschlossene glatte Kurve und $x\in \text{Lip}\,\alpha$ mit $0<\alpha<1$ ist, dann ist auch $y\in \text{Lip}\,\alpha$. In diesem Fall stellt also (3.21.09) eine lineare Abbildung der

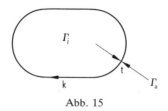

Abb. 15

Klasse Lip α in sich dar. Ist aber $\alpha = 1$, dann gilt $y \in$ Lip β, wobei β eine beliebige Zahl kleiner als 1 ist. Daß $y \in$ Lip α (bzw. Lip β) gilt, bedeutet, daß wir die Bildfunktion y in den Punkten der Kurve k betrachten.

Grundlegend für die Anwendungen ist folgender Satz:

Satz 3. *Es sei k eine glatte, geschlossene Kurve an der komplexen Zahlenebene $\mathbb{C}$. k zerlegt $\mathbb{C}$ in zwei Teile in ein «inneres» Γ_i und ein «äusseres» Γ_a Gebiet, wobei wir als äusseres Gebiet dasjenige betrachten, welches den unendlichen Punkt enthält (Abb. 15). Wenn $x(t) \in$ Lip α ($t \in k, 0 < \alpha \leqq 1$) ist, dann ist der Grenzwert von*

$$y(s) = \frac{1}{2\pi i} \int\limits_{k} \frac{x(\tau)}{\tau - s} d\tau \qquad (s \in \mathbb{C})$$

indem wir den Randpunkt t durch die Punkte von Γ_i annähern

$$\lim_{\Gamma_i \ni s \to t} y(s) = y_i(t) = \tfrac{1}{2}x(t) + \frac{1}{2\pi i} \int\limits_{k} \frac{x(\tau)}{\tau - t} d\tau \qquad (t \in k) \qquad (3.21.10)$$

und bei Annähern durch die Punkte von Γ_a ergibt sich

$$\lim_{\Gamma_a \ni s \to t} y(s) = y_a(t) = -\tfrac{1}{2}x(t) + \frac{1}{2\pi i} \int\limits_{k} \frac{x(\tau)}{\tau - t} d\tau \qquad (t \in k). \qquad (3.21.11)$$

Beide Integrale in (3.21.10) und (3.21.11) sind im Sinn des Cauchyschen Hauptwertes zu verstehen. In den Kurvenintegralen ist die Kurve k in positiver Richtung (in gegengesetzter Richtung der Uhrenzeigerbewegung) zu durchlaufen. Die Formeln gelten auch dann, wenn k aus mehreren geschlossenen Komponenten zusammengesetzt ist.

Wie entscheidend wichtig auch dieser Satz ist, bringen wir seinen Beweis hier nicht, denn er ist nicht der Gegenstand unseres Buches und kann in vielen Bücher über komplexe Funktionentheorie nachgelesen werden. [z.B. W. I. Smirnow: Lehrgang der höheren Mathematik. Teil III,2. S.91]

3.22 Die Lösung des Dirichletschen Problems

1. Das innere Dirichletsche Problem. Es sei wieder k eine geschlossene glatte ebene Kurve mit stetiger Krümmung welche ein einfach zusammenhängendes beschränktes Gebiet Γ_i bildet. Wir stellen uns zum Ziel das Dirichletsche Problem bezüglich Γ_i zu lösen, d.h. eine in Γ_i harmonische Funktion zu bestimmen, welche an der Randkurve k von Γ_i voraus gegebene Werte annimmt. Diese Aufgabe haben wir auf einem anderen Wege schon in 3.1.6 gelöst.

Hier werden wir aus der bekannten Tatsache ausgehen, daß der reelle und immaginäre Teil einer in einem Gebiet analytische Funktion einer komplexen Veränderlichen im Gebiet harmonishce Funktionen sind.

Wir bilden deswegen folgende Funktion

$$f(s) := \frac{1}{2\pi i} \int_k \frac{\mu(\tau)}{\tau - s} \, d\tau \qquad (s \in \Gamma_i), \tag{3.22.01}$$

wobei k in positiver Richnung zu durchlaufen ist. In dieser Formel bedeuten τ und s komplexe Zahlen dessen entschprechende Punkte auf dem Rand k bzw. in Γ_i sind. Wenn s im Innern von Γ_i liegt, dann stellt $f(s)$ eine in Γ_i analytische Funktion dar, sein reeller Teil genügt automatisch der Laplacescher Differentialgleichung. Es bleibt also übrig die bisher beliebige reellwertige Funktion $\mu(t)$ derart zu bestimmen, daß auch die Randbedingung erfüllt sei.

Lassen wir s durch die Punkte von Γ_i zum Randpunkt t konvergieren, dann erhalten wir als Grenzwert nach (3.21.10)

$$f(t) = \tfrac{1}{2}\mu(t) + \frac{1}{2\pi i} \int_k \frac{\mu(\tau)}{\tau - t} \, d\tau \qquad (t \in k). \tag{3.22.02}$$

Spalten wir von (3.22.02) den reellen Teil ab indem wir beachten, daß μ eine reellwertige Funktion ist.

Es sei Re $f(t) = u(t)$ $(t \in k)$, $u(t)$ ist eine in voraus gegebene Funktion, dann erhalten wir aus (3.22.02)

$$2u(t) = \mu(t) + \frac{1}{\pi} \int_k \frac{\mu(\tau)}{\tau - t} \, d\tau$$

$$= \mu(t) + \frac{1}{\pi} \int_k \mu(\tau) \, \mathrm{Im} \frac{1}{\tau - t} \, d\tau. \tag{3.22.03}$$

Wir haben jetzt den Kern des Integrals explizit zu berechnen. Deshalb setzen wir $\tau - t = re^{i\vartheta}$ und erhalten

$$\mathrm{Im} \left(\frac{d\tau}{\tau - t} \right) = \mathrm{Im} \left(d \log (\tau - t) \right) = d\vartheta = \frac{d\vartheta}{d\sigma_t} \, d\sigma_t,$$

wobei $d\sigma_t$ das Bogenelement an der Kurve k im Punkt t ist. Nach den

Cauchy–Riemannschen Gleichungen ergibt sich

$$\frac{d\vartheta}{d\sigma_t} = \frac{\partial \log r}{\partial n_t} = \frac{\partial \log |\tau - t|}{\partial n_t} = \frac{1}{|\tau - t|} \frac{\partial |\tau - t|}{\partial n_t},$$

wobei n_t die nach außen gerichtete Normale von k im Punkt t bedeutet. Dann ist, wie wir das schon im Satz 1; 3.15 festgestellt haben:

$$\frac{\partial \log |\tau - t|}{\partial n_t} = -\frac{\cos (r_{\tau t}, n_t)}{|\tau - t|},$$

wobei $r_{\tau t}$ von τ nach t gerichtet ist. Im Endergebnis haben wir also

$$\operatorname{Im} \left(\frac{d\tau}{\tau - t} \right) = -\frac{\cos (r_{\tau t}, n_t)}{|\tau - t|} \, d\sigma_t.$$

Dieser Kern bleibt bei $t \to \tau$ stetig, denn bei diesem Grenzübergang strebt $\cos (r_{\tau t}, n_t)$ wegen der stetigen Krümmung von k in der Größenordnung von $|\tau - t|$ gegen Null wie man ohne Schwierigkeiten sieht. (3.22.03) ist also eine Integralgleichung für $\mu(t)$ mit stetigem Kern:

$$\mu(t) - \frac{1}{\pi} \int_k \frac{\cos (r_{\tau, t}, n_t)}{|\tau - t|} \mu(\tau) \, d\sigma_t = 2u(t). \tag{3.22.04}$$

Wenn wir aus dieser μ berechnen und in (3.22.01) einsetzen, nachher den reellen Teil von $f(s)$ abspalten, erhalten wir die Lösung des innern Dirichletschen Problems.

Das zweite Glied an der linken Seite von (3.22.04) heißt das *Potential einer Doppelschicht* von der Dichte μ.

Ob unsere Aufgabe überhaupt eine Lösung hat, das liegt demzufolge auf der Auflösbarkeit der Fredholmschen Integralgleichung (3.22.04). Wir zeigen, daß diese nebst beliebiger Funktion $u(t)$ immer eine eindeutige Lösung hat.

Mit andern Worten: Es wird bewiesen, daß $\dfrac{1}{\pi}$ keine charakteristische Zahl des Kernes $\dfrac{\cos (r_{\tau t}, n_t)}{|\tau - t|}$ ist.

Dazu betrachtet man die homogene Integralgleichung

$$\mu(t) - \frac{1}{\pi} \int_k \frac{\cos (r_{\tau t}, n_t)}{|\tau - t|} \mu(\tau) \, d\sigma_\tau = 0 \tag{3.22.05}$$

und zeigt, daß diese nur die triviale Lösung hat.

Wenn wir nämlich voraussetzen, daß (3.22.05) eine nicht identisch verschwindende Lösung, etwa $\mu_0(t)$ hat, dann bilden wir mit dieser die Funktion

$$f_0(s) = \frac{1}{2\pi i} \int_k \frac{\mu_0(\tau)}{\tau - s} \, ds \qquad (s \in \Gamma_i)$$

deßen Realteil in Γ_i der Laplaceschen Differentialgleichung mit der Randbedingung $\text{Re}\,[f_0(t)] = 0$ $(t \in k)$ genügt. Das aber kann nur so sein, wenn $\text{Re}\,[f_0(s)] = 0$ ist. Aus den Cauchy–Riemannschen Gleichungen folgt, daß $f_0(s)$ eine rein imaginäre Konstante, etwa $i\alpha$ ist (α reell), d.h.

$$i\alpha = \frac{1}{2\pi i} \int_k \frac{\mu_0(\tau)}{\tau - s}\, d\tau \qquad (s \in \Gamma_i).$$

Andererseits aber gilt bekanntlich

$$i\alpha = \frac{1}{2\pi i} \int_k \frac{i\alpha}{\tau - s}\, d\tau \qquad (s \in \Gamma_i),$$

woraus

$$\frac{1}{2\pi i} \int_k \frac{\mu_0(\tau) - i\alpha}{\tau - s}\, d\tau = 0 \qquad (s \in \Gamma_i)$$

folgt. Die an der linken Seite stehende Funktion hat beim Grenzübergang $s \to t$ $(s \in \Gamma_i)$ nach (3.21.10) den Grenzwert

$$\tfrac{1}{2}[\mu_0(t) - i\alpha] + \frac{1}{2\pi i} \int_k \frac{\mu_0(\tau) - i\alpha}{\tau - t}\, d\tau = 0 \qquad (t \in k)$$

(weil der Grenzwert einer identisch verschwindenden Funktion 0 ist). Wenn wir den Kern des Integrals und die Definition von μ_0 beachten, ergibt sich

$$i\alpha + \frac{i\alpha}{\pi} \int_k \frac{\cos(r_{\tau t}, n_t)}{|\tau - t|}\, d\sigma_t = 0,$$

was nach (3.15.04) $2i\alpha = 0$, also $\alpha = 0$ mit sich bringt. μ_0 ist also identisch Null.

Da $\dfrac{1}{\pi}$ keine charakteristische Zahl der Gleichung (3.22.04) ist und der Kern stetig ist, kann man diese Integralgleichung nach dem Alternativsatz eindeutig lösen. Dazu kann man eine numerische Lösungsmethoden verwenden.

2. Das zweidimensionale Poisson- Integral. k bedeute diesmal den Einheitskreis und werden den Kern explizit berechnen. Wir wissen nach Satz 1; 3.15, daß

$$-\frac{\cos(r_{\tau t}, n_t)}{|\tau - t|} = \frac{\partial}{\partial n_t} \log r_{\tau t}$$

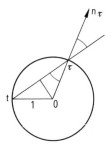

Abb. 16

ist. Aus der Abb. 16 ist sofort zu entnehmen, daß $\cos{(r_{\tau t},\, n_t)} = -\dfrac{|\tau - t|}{2}$ ist,

deshalb ist der Kern $\dfrac{|\tau - t|}{2\,|\tau - t|} = \dfrac{1}{2}$ und unsere Integralgleichung (3.22.04) übergeht in die folgende

$$\mu(t) + \frac{1}{2\pi} \int_k \mu(\tau)\, d\sigma_t = 2u(t).$$

$\dfrac{1}{2\pi} \displaystyle\int_k \mu(\tau)\, d\sigma_t$ ist eine (zwar vorläufig noch unbekannte) konstante γ, deshalb nimmt μ folgende Gestalt an:

$$\mu(t) = 2u(t) - \gamma.$$

Um γ zu bestimmen, setzen wir diesen Ausdruck in die Integralgleichung zurück:

$$2u(t) = \gamma + \frac{1}{2\pi} \int_k 2u(\tau)\, d\sigma_\tau - \frac{\gamma}{2\pi} \int_k d\sigma_t = 2u - \gamma + \frac{1}{\pi} \int_0^{2\pi} u(e^{i\vartheta})\, d\vartheta - \gamma$$

$$= 2u(t)$$

woraus

$$\gamma = \frac{1}{2\pi} \int_0^{2\pi} u(e^{i\vartheta})\, d\vartheta$$

folgt. Die gesuchte Dichtefunktion ist dementsprechend

$$\mu(t) = 2u(t) - \frac{1}{2\pi} \int_0^{2\pi} u(e^{i\vartheta})\, d\vartheta.$$

Wenn wir den eben gewonnen Ausdruck von μ in das Integral (3.22.01) einsetzen und den Realteil von $f(s)$ abspalten, so ergibt sich durch ein leichtes Rechnen

$$x(s) = x(\rho, \varphi) = \operatorname{Re} f(s) = \frac{1}{2\pi} \int_0^{2\pi} \frac{1-\rho^2}{1+\rho^2 - 2\rho \cos(\varphi - \vartheta)} u(e^{i\vartheta}) \, d\vartheta$$

wie wir das in 3.18 schon behauptet haben $(0 < \rho < 1)$. Diese Formel heißt das zweidimensionale *Poissonsche Integral*.

3. Die äußere Dirichletsche Aufgabe. k sei eine geschlossene Kurve wie oben und Γ_a bezeichne das äußere durch k bestimmte Gebiet (d.h. Γ_a sei das Komplementärgebiet von Γ_i). Die äußere Dirichletsche Aufgabe besteht in der Bestimmung einer in Γ_a harmonischen Funktion welche an der Randkurve k vorgegebene Werte annimmt.

Wenn wir wieder die Lösung in Form eines Cauchyschen Integrals suchen, dann haben wir damit schon den Wert 0 im unendlichen Punkt vorgeschrieben, da das Cauchysche Integral im Unendlichen gleich Null ist. Das aber ist eine Einschränkung welche wir vermeiden wollen. Wir machen deswegen den folgenden Ansatz:

$$f(s) = \frac{1}{2\pi i} \int_k \frac{\mu(\tau)}{\tau - s} \, d\tau + \frac{1}{2\pi} \int_k \mu(\tau) \, d\sigma_\tau \qquad (s \in \Gamma_a), \tag{3.22.06}$$

wobei μ wieder eine, vorläufig unbekannte Dichtefunktion ist.

Lassen wir in (3.22.06) den Punkt s gegen den am Rand k liegenden Punkt t durch die Punkte Γ_a konvergieren und bezeichnen wir mit $u(t)$ die am Rand k in voraus gegebene Funktion dessen Werte die gesuchte harmonische Funktion anzunehmen hat. Noch (3.21.11) ergibt sich bei diesem Grenzübergang:

$$f(t) = -\tfrac{1}{2}\mu(t) + \frac{1}{2\pi i} \int_k \frac{\mu(\tau)}{\tau - t} \, d\tau + \frac{1}{2\pi} \int_k \mu(\tau) \, d\sigma_\tau = u(t), \qquad (t \in k)$$

woraus nach dem selben Genankengang wie oben folgt

$$\mu(t) + \frac{1}{\pi} \int_k \frac{\cos(r_{\tau t}, n_t)}{|\tau - t|} \mu(\tau) \, d\sigma_\tau - \frac{1}{\pi} \int_k \mu(\tau) \, d\sigma_\tau = -2u(t).$$

Nach Satz 1; 3.15 können wir diese Integralgleichung in die folgende Gestalt setzen:

$$\mu(t) + \frac{1}{\pi} \int_k \frac{\partial}{\partial n_\tau} \log \frac{1}{|\tau - t|} \mu(\tau) \, d\sigma_\tau - \frac{1}{\pi} \int_k \mu(\tau) \, d\sigma_\tau = -2u(t).$$

$$\tag{3.22.07}$$

Um die Auflösbarkeit von (3.22.07) entscheiden zu können ziehen wir die Formel (3.15.04) heran. Nach dieser gilt

$$\int_k \frac{\partial}{\partial n_\tau} \log \frac{1}{|\tau - t|} \, d\sigma_\tau = -\pi \qquad (t \in k),$$

woraus

$$1 + \frac{1}{\pi} \int_k \frac{\partial}{\partial n_\tau} \log \frac{1n}{|\tau - t|} \, d\sigma_\tau = 0 \qquad (t \in k)$$

folgt. Diese Gleichung aber bedeutet, daß die Funktion $x(t) \equiv 1$, $t \in k$ eine Eigenfunktion des Kernes $K(t, \tau) = \frac{\partial}{\partial n_t} \log \frac{1}{|\tau - t|}$ $(\tau, t \in k)$ ist welche zur charakteristischen Zahl $-\frac{1}{\pi}$ gehört. In der Integralgleichung (3.22.07) ist also der Faktor $-\frac{1}{\pi}$ eine charakteristische Zahl, woraus folgt, daß diese Gleichung nicht immer auflösbar ist. $\frac{1}{\pi} \int_k \mu(\tau) \, d\sigma_\tau$ ist eine unbekannte Konstante, welche wir mit c bezeichnen wollen. Wenn wir (3.22.07) umschreiben

$$\mu(t) + \frac{1}{\pi} \int_k \frac{\partial}{\partial n_\tau} \log \frac{1}{|\tau - t|} \mu(\tau) \, d\tau = c - 2u(t) \qquad (t \in k), \qquad (3.22.08)$$

dann hat diese, nach den Fredholmschen Alternativsatz genau dann eine Lösung, wenn $c - 2u(t)$ zu jeder Eigenfunktion $p(t)$ des Kernes $\frac{\partial}{\partial n_t} \log \frac{1}{|\tau - t|}$ orthogonal ist, welche zur charakteristischen Zahl $-\frac{1}{\pi}$ gehört. (3.22.07) hat also eine Lösung, wenn

$$\int_k [c - 2u(t)] p(t) \, d\sigma_t = c \int_k p(t) \, d\sigma_t - 2 \int_k u(t) p(t) \, dt = 0$$

gilt. Man sieht leicht ein, daß $\int_k p(t) \, d\sigma_t \neq 0$ ist, deswegen läßt sich c bestimmen. Wenn wir c bestimmt haben, dann kann man schon (3.22.08) bzw. (3.22.07) auflösen und mit der so bestimmten Dichtefunktion das Integral (3.22.06) bilden, welches uns die Auflösung liefert.

Die Integralgleichung (3.22.08) (bzw. (3.22.07)) besitzt wieder nach dem Fredholmschen Alternativsatz unendlichviele Lösungen da $-\frac{1}{\pi}$ eine charakteristische Zahl ist. Bis also das innere Dirichletsche Problem eindeutig auflösbar ist, hat die äußere Dirichletsche Aufgabe unendlichviele Lösungen.

3.23 Die räumlichen potentialtheoretischen Grundaufgaben

1. Das Potential einer Einfachen– und einer Doppelschicht im Raum. Es sei diesmal k eine geschlossene Ljapunoffsche Fläche und $\rho(t)$ eine auf k definierte stetige nichtnegative Funktion. Die Funktion

$$V(s) := \frac{1}{4\pi} \int_k \frac{\rho(t)}{\|s-t\|}\, d\sigma_t \qquad (s \in \mathbb{R}^3) \tag{3.23.01}$$

heißt das *Potential einer einfachen Schicht*, wobei ρ als die Dichtefunktion dieser einfachen Schicht bezeichnet wird. Das Integral in (3.23.01) ist als Oberflächenintegral zu verstehen wobei $d\sigma_t$ das Oberflächendifferential im Punkt t bedeutet.

Der Ausdruck

$$W(s) := \frac{1}{4\pi} \int_K \frac{\partial}{\partial n_t} \frac{1}{\|s-t\|}\, \rho(\tau)\, d\sigma_\tau \qquad (s \in \mathbb{R}^3) \tag{3.23.02}$$

wird als *Potential einer Doppelschicht* bezeichnet, $\rho(t)$ ist hier die *Dichte der Doppelschicht*.

Die im Raum $\mathbb{R}^3$ unter (3.23.01) und (3.23.02) definierte Funktionen besitzen folgende Eigenschaften:

Satz 1. *Die Funktionen $V(s)$ und $W(s)$ sind in den Gebieten Γ_i und Γ_a harmonisch, wobei Γ_i das durch die Fläche k definiertes beschränktes («inneres») und Γ_a das den unendlichen Punkt enthaltene («äusseres») Gebiet bedeutet.*

Beweis. Ist $s \notin k$, dann sind die Kerne der Integraloperatoren (3.23.01) und (3.23.02) stetige Funktionen. Wenn Ω ein abgeschlossenes beschränktes Gebiet in Γ_i oder Γ_a ist, dann sind die Kerne obiger Integraloperatoren für $s \in \Omega$ stetige und beschränkte Funktionen für welche bei festem $t \in k$

$$\nabla^2 \frac{1}{\|s-t\|} = 0 \quad \text{bzw.} \quad \nabla^2 \frac{\partial}{\partial n_t} \frac{1}{\|s-t\|} = 0$$

gilt. Unter unsern Voraussetzungen darf man bei der Bildung von $\nabla^2 V$ bzw. $\nabla^2 W$ das Integralzeichen mit dem Differentialoperator ∇^2 vertauschen, deswegen sind V und W in Ω harmonische Funktionen. Da aber Ω unter obigen Einschränkungen beliebig gewählt werden kann, folgt die Behauptung. $\square$

Zum Satz 3; 3.21 anolog sind folgende Sätze:

Satz 2. *Die Funktion $V(s)$ ist überall in $\mathbb{R}^3$ (also auch an der Fläche k) stetig. Wenn wir die nach Γ_i gerichtete Normale der Fläche k im Punkt $t \in k$ mit i_t,* *die nach Γ_a gerichtete mit a_t bezeichnen, dann gelten folgende Beziehungen:*

$$\frac{\partial V}{\partial i_t} = \tfrac{1}{2}\rho(t) + \frac{1}{4\pi} \int\limits_k \frac{\cos(r_{\tau t}, n_t)}{\|\tau - t\|^2} \rho(\tau)\, d\sigma_\tau \qquad (t \in k) \tag{3.23.03}$$

$$\frac{\partial V}{\partial a_t} = -\tfrac{1}{2}\rho(t) + \frac{1}{4\pi} \int\limits_k \frac{\cos(r_{\tau,t}, n_t)}{\|\tau - t\|^2} \rho(\tau)\, d\sigma_t \qquad (t \in k) \tag{3.23.04}$$

d.h.

$$\frac{\partial V}{\partial i_t} - \frac{\partial V}{\partial a_t} = -\rho(t) \qquad (t \in k). \tag{3.23.05}$$

Bezüglich des Potentials einer Doppelschicht kann man folgende Behauptung formulieren:

Satz 3. *Bei der Annäherung des Oberflächenpunktes $t \in k$ durch s durch Punkte von Γ_i bzw. Γ_a ergeben sich folgende Grenzwerte:*

$$W_i(t) := \lim_{\substack{s \to t \\ s \in \Gamma_i}} W(s) = -\tfrac{1}{2}\rho(t) + \frac{1}{4\pi} \int\limits_k \frac{\cos(r_{\tau t}, n_t)}{\|\tau - t\|^2} \rho(\tau)\, d\sigma_\tau \tag{3.23.06}$$

$$W_a(t) := \lim_{\substack{s \to t \\ s \in \Gamma_a}} W(s) = \tfrac{1}{2}\rho(t) + \frac{1}{4\pi} \int\limits_k \frac{\cos(r_{\tau,t}, n_t)}{\|\tau - t\|^2} \rho(\tau)\, d\sigma_\tau \tag{3.23.06/a}$$

$$W_a(t) - W_i(t) = \rho(t) \qquad (t \in k). \tag{3.23.07}$$

Wie wichtig auch die Sätze 2 und 3 sind, müßen wir auf ihre Beweise hier verzichten. Den Interessenten weisen wir auf die Literatur über Potentialtheorie [z.B. W. L. Smirnow: Lehrgang der Höcheren Mathematik. Teil IV. Berlin 1958. S. 498 und 491].

2. Die Lösung des innern Dirichlertschen Problems mit Hilfe einer Doppelschnicht. An der Fläche geben wir die Funktion $f(t)$ $(t \in k)$ an und suchen eine in Γ_i harmonische Funktion, welche am Rand k die Werte $f(t)$ annimmt. Wir suchen die Lösung in der Form des Potentials $W(s)$ einer Doppelschicht mit unbekannter Dichtefunktion ρ. W ist in Γ_i harmonisch, soll derart bestimmt werden, daß $W_i(t) = f(t)$ $(t \in k)$ sei. Es muß also nach (3.23.06)

$$\rho(t) - \frac{1}{2\pi} \int\limits_K \frac{\cos(r_{\tau t}, n_\tau)}{\|\tau - t\|^2} \rho(\tau)\, d\sigma_\tau = -2f(t) \qquad (t \in k)$$

gelten. Das ist eine Fredholmsche Integralgleichung zweiter Art. Wir zeigen, daß diese eindeutig aufgelöst werden kann wie immer auch $f(t)$ ist. Dazu müßen wir beweisen, daß $\mu = \dfrac{1}{2\pi}$ keine charakteristische Zahl des Kernes ist.

Im Gegenteil zur Behauptung nehmen wir an, daß $1/2\pi$ eine charakteristische Zahl wäre. Das würde Bedeuten, es existiert eine Funktion $\rho_h(t)$ $(t \in k)$ mit

$$\int_k \rho_h^2(\tau) \, d\sigma_\tau = 1 \qquad (3.23.08)$$

welche die Integralgleichung

$$\rho_h(t) - \frac{1}{2\pi} \int_k \frac{\cos(r_{\tau t}, n_\tau)}{\|\tau - t\|^2} \rho_h(\tau) \, d\sigma_t = 0$$

befriedigt. Wir bilden mit ρ_h als Dichtefunktion das Potential der Doppelschicht:

$$W_h(s) = \frac{1}{4\pi} \int_k \frac{\partial}{\partial n_\tau} \frac{1}{\|s - \tau\|} \rho_h(\tau) \, d\sigma_\tau.$$

Wenn $s \to t$, $s \in \Gamma_i$ dann strebt $W_h(s)$ offersichtlich gegen Null. Dabei ist $W(s) \equiv 0$ auch eine in Γ_i harmonische Funktion welche am Rand verschwindet, deswegen ist wegen der Eindeutigkeit des Dirichletschen Problems $W_h(s) = 0$ $(s \in \Gamma_i)$. Dann aber folgt

$$\frac{\partial W_h}{\partial i_t} = \frac{\partial W_h}{\partial a_t} = 0 \qquad (t \in k),$$

deshalb ist $W_h(s)$ eine Konstante in Γ_a. Nach (3.23.07) ist

$$\rho_h(t) = W_{ha}(t) - W_{hi}(t) = W_{ha}(t).$$

Andererseits strebt $W_h(s)$ gegen Null für $\|s\| \to \infty$, deshalb ist $W_h(s) = 0$ auch im äußern Gebiet Γ_a. Dann aber ist $\rho_h(t) = 0$ $(t \in k)$. Das aber widerspricht der Bedingung (3.23.08). Das innere Dirichletsche Problem besitzt immer eine Lösung wie immer man $f(t)$ angibt.

Auch das äußere Dirichtsche Problem kann ähnlich wie oben gelöst werden. Hier machen wir den Ansatz

$$W(s) = \frac{1}{4\pi} \int_k \frac{\partial}{\partial n_\tau} \frac{1}{\|s - \tau\|} \rho(\tau) \, d\sigma_\tau - \frac{1}{2\|s\|} \int_k \rho(\tau) \, d\sigma_\tau,$$

wobei wir jetzt voraussetzen, daß das Gebiet Γ_i den Ursprung des Koordinatensystems in Innern enthält. Wenn wir jetzt (3.23.06) anwenden, erhalten wir wieder eine inhomogene Fredholmsche Integralgleichung für ρ.

3. Die Neumannsce Aufgabe. Wir suchen die Lösung der äußern Neumannschen Aufgabe in Form des Potentials einer einfachen Schicht, so erhalten wir auf Grund von (3.23.04) die Integralgleichung

$$\rho(t) - \frac{1}{2\pi} \int_K \frac{\cos(r_{\tau t}, n_t)}{\|\tau - t\|^2} \rho(\tau) \, d\sigma_\tau = -2g(t),$$

wobei $g(t)$ eine in voraus gegebene Funktion ist, für welche $\frac{\partial V}{\partial a_t} = g(t)$ gilt. Man kann zeigen, daß $\frac{1}{2\pi}$ keine charakteristische Zahl des Kernes ist, deshalb läßt sich diese Aufgabe für jede Funktion $g(t)$ eindeutig als das Potential V einer einfachen Schicht lösen.

(3.23.03) führt zur folgenden Integralgleichung

$$\rho(t) + \frac{1}{2\pi} \int_k \frac{\cos(r_{\tau t}, n_t)}{\|\tau - t\|^2} \rho(\tau) \, d\sigma_\tau = 2g(t), \tag{3.23.09}$$

wenn wir die innere Neumannsche Aufgabe in der Gestalt einer einfachen Schicht lösen wollen. Die genauere Untersuchungen zeigen, daß $-1/2\pi$ eine charakteristische Zahl ist zu welcher die identisch Eins eine (und die einzige) Eigenfunktion ist. Deshalb hat (3.23.09) dann und nur dann eine Lösung, wenn $\int_k g(\tau) \, d\sigma_\tau = 0$ ist. Falls diese Bedingung erfüllt ist, dann besitzt (3.23.09) und damit die innere Neumannsche Aufgabe unendlichviele Lösungen.

Literaturhinweise

Das vorliegende Verzeichnis enthält die Titeln von einigen Standardwerken welche wir zum Weiterstudium der, in unserem Buch behandelten Themen empfehlen.

COHRAN, J. A. *The Analysis of Linear Integral Equations.* New York 1972

FENYÖ, S. und STOLLE, H. W. *Theorie und Praxis der Linearen Integralgleichungen* I–IV. Basel (in Druck)

GOFFMAN, C. und PEDRIK, G. *First Course in Functional Analysis.* New York 1965.

GREEN, C. D. *Integral Equation Methods.* London 1969

HIRZEBRUCH, F. und SCHARLAU, W. *Einführung in die Funktionalanalysis.* Mannheim–Wien–Zürich. 1971

KAMKE, E. *Differentialgleichungen.* Lösungsmethoden und Lösungen Bd.I.4. Auflage. Leipzig. 1951

KANTORROWITSCH, L. W. und AKILOW, G. P. *Funktionalanalysis in Normierten Räumen.* Berlin. 1964

RIESZ, F. und SZ. NAGY, B. *Lecons d'Analyse Fonctionnelle.* Budapest–Paris, 1965

SMITHIES, F. *Integral Equations.* Cambridge. 1965

WILANSKY, A. *Functional Analysis.* New York–Toronto–London 1964

YOSHIDA, K. *Lectures on Differential and Integral Equations.* New York–London. 1960

ZABREYKO, P. P., KOSHELEV, A. I., KRASNOSELSKII, M. A., MIKHLIN, S. G., RAKOVSHCHIK, L. S. und STETSENKO, V. YA. *Integral Equations – a reference text.* Leyden. 1975

Sachregister